国外优秀数学著作
原 版 系 列

微积分代数样条和多项式及其在数值方法中的应用

U0363070

● 〔俄罗斯〕弗拉基米尔·伊万诺维奇·基列耶夫

● 〔俄罗斯〕塔季扬娜·康斯坦季诺夫娜·比留科娃

（俄 文）

著

哈尔滨工业大学出版社
HARBIN INSTITUTE OF TECHNOLOGY PRESS

黑版贸审字 08-2020-058 号

Copyright/АВТОРСКОЕ ПРАВО © 2015 OmniScriptum GmbH & Co. KG
Alle Rechte vorbehalten./Все права защищены. Saarbrücken 2015

图书在版编目(CIP)数据

微积分代数样条和多项式及其在数值方法中的应用:
俄文/(俄罗斯)弗拉基米尔·伊万诺维奇·基列耶夫,
(俄罗斯)塔季扬娜·康斯坦季诺夫娜·比留科娃著. —
哈尔滨:哈尔滨工业大学出版社,2022.8
　ISBN 978-7-5767-0242-2

　Ⅰ.①微…　Ⅱ.①弗…　②塔…　Ⅲ.①微积分-俄文
Ⅳ.①O172

中国版本图书馆 CIP 数据核字(2022)第 122506 号

WEIJIFEN DAISHU YANGTIAO HE DUOXIANGSHI JI QI ZAI
SHUZHI FANGFA ZHONG DE YINGYONG

策划编辑　刘培杰　杜莹雪
责任编辑　刘家琳　李　欣
封面设计　孙茵艾
出版发行　哈尔滨工业大学出版社
社　　址　哈尔滨市南岗区复华四道街 10 号　邮编 150006
传　　真　0451-86414749
网　　址　http://hitpress.hit.edu.cn
印　　刷　哈尔滨圣铂印刷有限公司
开　　本　886 mm×1 230 mm　1/32　印张 12　字数 228 千字
版　　次　2022 年 8 月第 1 版　2022 年 8 月第 1 次印刷
书　　号　ISBN 978-7-5767-0242-2
定　　价　128.00 元

(如因印装质量问题影响阅读,我社负责调换)

Киреев Владимир Иванович, профессор НИТУ МИСиС, д.ф.-м.н., заслуженный деятель науки РФ, лауреат премии им. проф. Н.Е.Жуковского, научные работы: смешанные краевые задачи газодинамики, численные методы матфизики. Бирюкова Татьяна Константиновна, к.ф.-м.н., ст.науч.сотр. Ин-та проблем информатики ФИЦ ИУ РАН, науч.интересы: сист. анализ, вычисл. математика

Содержание

Глава 3.
Одномерные параболические глобальные
интегродифференциальные сплайны

Рецензия на монографию В.И.Киреева, Т.К.Бирюковой «Интегродифференциальные алгебраические сплайны и многочлены и их применение в численных методах»

В практике научных теоретических и экспериментальных исследований, при решении задач математической физики, в том числе при геометрическом моделировании обводов проектируемых объектов различного назначения, широко используются численные методы аппроксимации сеточных функций алгебраическими многочленами. Среди различных классов алгебраических многочленов наиболее широкое применение нашли сплайн-функции, которые обеспечивают требуемую гладкость функций, соответствующих аппроксимируемым геометрическим формам. Однако до последнего времени при решении задач аппроксимации широко применялись и применяются дифференциальные сплайны нечетной степени. Наиболее распространенными среди них являются кубические сплайны. Но этот класс сплайнов является неполным, так как классический (дифференциальный) способ их построения не позволяет получить алгебраические сплайны произвольной четной степени. Предложенные Шенбергом параболические дифференциальные сплайны неудобны в практическом применении, из-за необходимости смещения узлов этих сплайнов относительно узлов интерполяции, что сильно снижает их эффективность. Кроме того, все классические дифференциальные сплайны не являются консервативными в смысле сохранения площадей под кривыми и объемов под поверхностями.

В рецензируемой монографии, написанной профессором НИТУ МИСИС, д.ф.-м.н. В.И.Киреевым и ст. научным сотрудником института проблем информатики РАН, к.ф.-м.н. Т.К.Бирюковой на основе совместных многолетних научных исследований, излагается новый эффективный консервативный метод теории приближений, основанный на использовании интегральной невязки в качестве условия согласования приближаемой и восполняющей функций. В монографии очень доступно и методически обоснованно раскрыто, что данный метод существенно модернизирует аппарат теории приближений и расширяет как его конструктивные и регуляризирующие свойства, так и возможности при построении сплайн-функций четной степени. Используемый авторами интегральный подход в теории приближений распространен в книге на разделы численного анализа, в которых изложена обобщенная теория аппроксимации применительно к явным и неявным операторам (методам) численного дифференцирования и интегрирования на нерегулярном шаблоне, а также к численным схемам решения обыкновенных дифференциальных уравнений на неравномерной сетке. В книге описана новая весьма интересная с научной и практической точек зрения теория подобия, объединяющая аппроксимационные формулы численного анализа с классическими формулами физики и с широко известными теоремами математического анализа. Эта теория открывает новые возможности конструирования алгоритмов численных методов.

Книга будет интересна как для студентов и преподавателей университетов, так и для научных работников и инженеров, применяющих вычислительные методы в практике научных исследований. Рекомендую книгу для опубликования.

Профессор МАИ, д.ф.-м.н., заслуженный
деятель науки РФ   В.Ф.Формалев
Подпись В.Ф.Формалева удостоверяю

Зам. декана ф-та № 9   С.Н. Вахнеев

Введение

В.1. Краткий обзор классических методов аппроксимации сеточных функций

При проектировании элементов конструкций различных изделий широко используется математический аппарат моделирования, построенный на основе методов вычислительной математики. Так, при конструировании сложных геометрических форм (в авиастроении, горном деле, архитектуре, судостроении, при производстве автомобилей, турбин, в легкой промышленности и др.), в задачах математической физики (например, при расчете течений жидкостей и газов) применяются методы аппроксимации алгебраическими многочленами и полиномиальными сплайнами [1-3, 7, 9, 11-21, 23, 25, 28-32, 34-43, 45-56, 59, 62-64, 67-71, 73-79, 81-85, 88-91, 94, 97, 99-101, 103-107, 110-112, 117, 118, 125, 126, 129, 138].

В технике гармонического анализа сигналов, сжатия данных, в теории рядов, в частности, как альтернатива преобразованию Фурье и другим интегральным преобразованиям, в настоящее время интенсивно развивается теория вейвлетов (всплесков). Использование цепочек вложенных пространств сплайнов позволяет строить вейвлетные разложения числовых потоков [33, 80, 96, 108].

В последнее время методы аппроксимации сплайнами используются также при создании систем автоматизации проектирования изделий, в компьютерной графике, в алгоритмах сжатия информации при передаче видеоизображений и речевых сигналов по каналам связи, при расчетах сейсмической активности, в геоинформационных системах, в медицинских исследованиях (компьютерная томография, ультразвуковые исследования и т. п.), при анализе функционирования различных информационных систем [5, 10, 27, 92, 93, 95, 147] и в других областях науки.

Теория приближения функций начала развиваться с разработки методов многочленной аппроксимации в трудах П. Л. Чебышева, К. Вейерштрасса, М. В. Келдыша [53], А. О. Гельфонда [26], В. Л. Гончарова [29] и др.

Наиболее часто встречающиеся задачи теории приближений – это задачи интерполяции и сглаживания функций, а также задачи, в которых аппроксимация присутствует как промежуточный этап исследований – численное дифференцирование и интегрирование, численное решение дифференциальных и интегральных уравнений, конструирование разностных схем решения задач с обыкновенными дифференциальными уравнениями и уравнениями в частных производных, расчеты газодинамических течений на основе консервативных схем – при переходе с одной расчетной сетки на другую (более мелкую или более грубую) [2-4, 13, 19, 43, 46, 55, 61, 62, 75, 78, 94, 107, 146].

Классический метод решения задачи интерполяции функций, то есть задачи приближенного восстановления на отрезке $[a,b]$ функции $f(x)$, заданной в узлах сетки

$$\Delta_n : a = x_0 < x_1 < ... < x_i < x_{i+1} < ... < x_n = b \qquad (\text{В.1})$$

так, чтобы значения аппроксимирующей и аппроксимируемой функций в узлах сетки совпадали, состоит в построении интерполяционных многочленов Лагранжа, Ньютона, Чебышева, Гаусса, Беселя и др. [2, 21, 31, 32, 46, 66, 94]. Однако практические возможности применения классических многочленов ограничены по следующим причинам. Во-первых, с увеличением числа узлов интерполяции как на равномерных (регулярных) сетках, так и на нерегулярных сетках возникают вычислительные сложности при решении систем линейных уравнений для нахождения коэффициентов многочленов, к тому же в процессе вычислений происходит быстрое накопление погрешностей округлений (они велики уже при $n \approx 20$). Во-вторых, последовательность интерполяционных многочленов, получаемых при увеличении числа узлов интерполяции, для некоторых классов функций, вообще говоря, расходится. Широко известен пример Рунге (1901 г.), состоящий в том, что процесс интерполирования многочленами Лагранжа не сходится на отрезке [-1, 1] с ростом n даже для гладкой и сколь угодно раз дифференцируемой функции $f(x) = \dfrac{1}{1 + 25x^2}$. Следует отметить также, что интерполяционные многочлены высокой степени имеют осцилляционный характер.

Поэтому в вычислительной практике нашли широкое применение методы кусочно-многочленной аппроксимации, когда отрезок $[a, b]$ разбивается на частичные отрезки, на каждом из которых аппроксимируемая функция $f(x)$ приближенно заменяется многочленом невысокой степени. Одним из таких методов является интерполирование с помощью сплайн-функций (сплайнов: spline – рейка) – кусочно-многочленных непрерывных алгебраических функций, имеющих на рассматриваемом отрезке $[a, b]$ некоторое число непрерывных производных. К числу основных преимуществ сплайн-аппроксимации можно отнести следующие:

– устойчивость сплайнов относительно локальных возмущений (поведение сплайна в окрестности какой-либо точки не влияет или мало влияет на поведение сплайна в целом);

– наличие экстремальных свойств у сплайнов некоторой степени;

– хорошая сходимость сплайн-интерполяции (при увеличении числа узлов n), в отличие от многочленной;

– малое влияние на точность интерполяции ошибок округления;

– однородная структура гладких кусочно-многочленных функций и, в силу этого, простота компьютерной реализации сплайн-функций и экономичность алгоритмов их построения.

Впервые метод интерполяции сплайнами был предложен в работе Шенберга (США) [141] (в этой статье Шенберг ввел термин «сплайн-функция») в 1946 г. и развит в его последующих работах [140, 142-145]. В числе первых научных статей, посвященных кусочно-многочленной интерполяции, наиболее значимыми стали также работы Биркгофа и Гарабедяна [120], де Бора, Линча [119, 121, 122], Уолша, Алберга, Нильсона [113, 148] в начале 60-х г.г. В отечественной литературе теория сплайн-функций начала развиваться в конце 60-х – начале 70-х г.г. Вопросы аппроксимации функций одной и двух переменных кусочно-многочленными функциями в этот период рассматривались в работах Ю. С. Завьялова [37-41], Ю. Н. Субботина [99, 100], В. А. Василенко [14, 17], В. М. Тихомирова [102] и др.

В настоящее время к числу наиболее известных монографий, посвященных теории сплайн-функций, относятся работы [1, 11, 15, 40, 41, 50, 75, 79, 97]. Методы приближения сплайнами вошли в программы технических университетов при обучении численным методам аппроксимации функций [2, 21, 30, 34, 46, 59, 66, 71, 79]. Вопросы аппроксимации сплайнами широко обсуждаются на конференциях [5, 44, 82, 98].

В современной теории сплайнов можно выделить два направления – алгебраическое и вариационное. В первом из них сплайны трактуются как некоторые гладкие кусочно-многочленные (включая обобщенные многочлены) функции с однородной структурой. Решение задач аппроксимации и изучение аппроксимативных свойств сплайнов при этом сводятся к решению систем линейных алгебраических уравнений [40, 41, 45, 47, 51, 52, 54, 55, 97, 117]. В вариационном направлении под сплайнами понимаются элементы гильбертовых (или банаховых) пространств, минимизирующих соответствующие функционалы, и исследуются свойства этих решений [13, 20, 74, 78, 136].

При решении задач интерполяции сеточных функций наиболее распространенными являются методы, основанные на кубических сплайнах. Эти сплайны имеют развитое математическое обоснование [1, 24, 40, 41, 75, 79, 97, 112], характеризуются сходимостью и устойчивостью. Вопросам сходимости одномерных интерполяционных кубических сплайнов при различных краевых (граничных) условиях и дополнительных ограничениях на расположение узлов интерполяции (например, при ограничениях на соседние узлы) посвящены работы [22, 36, 42, 116, 127, 131-133]. Сходимость двумерных кубических интерполяционных сплайнов исследуется в [35, 118, 123, 124]. Локальные свойства сходимости кубических интерполяционных сплайнов и свойства их сходимости для функций, имеющих разрывы, изучаются в [114, 130].

В основной части данной книги описываются ранее не изученные интегродифференциальные сплайны. Результаты их численного исследования в ряде случаев сопоставляются с традиционными дифференциальными сплайнами. Поэтому здесь приводятся некоторые особенности конструирования традиционных одномерных кубических интерполяционных сплайнов для сеточной функции одной переменной.

Эти сплайны $S_3(x) = \bigcup\limits_{i=0}^{n-1} S_{3,i}(x)$, состоящие из кубических многочленов $S_{3,i}(x)$ (определенных на частичных отрезках $[x_i, x_{i+1}]$), как из звеньев, строятся на основе дифференциальных условий согласования с аппроксимируемой сеточной функцией $f(x_i)$:

$$S_3(x_i) = f(x_i), \quad S_3'(x_i) = f'(x_i), \ i = 0, 1, \ldots, n \ ; \qquad (\text{В.2})$$

или

$$S_3(x_i) = f(x_i), \quad S_3''(x_i) = f''(x_i), \ i = 0, 1, \ldots, n \ . \qquad (\text{В.3})$$

Здесь x_i – узлы сетки Δ_n: $a = x_0 < x_1 < \ldots < x_i < x_{i+1} < \ldots < x_n = b$.

В соответствии с дифференциальным характером условий согласования эти сплайны могут быть идентифицированы как *дифференциальные*.

Произвольное i-е звено одномерного кубического интерполяционного сплайна, определяемого условиями (В.2) на отрезке $[x_i, x_{i+1}]$, имеет вид:

$$S_{3_1,i}(x) = f_i + \overline{m}_i(x - x_i) + \left(\frac{3\nabla f_i}{h_{i+1}^2} - \frac{\Delta \overline{m}_i}{h_{i+1}}\right)(x - x_i)^2 + \left(-\frac{2\nabla f_i}{h_{i+1}^3} + \frac{\Delta \overline{m}_i}{h_{i+1}^2}\right)(x - x_i)^3, \ (\text{В.4})$$

где $f_i = f(x_i)$, $\overline{m}_i = S_{3_1}'(x_i)$, $h_{i+1} = x_{i+1} - x_i$, $\nabla f_i = \Delta f_i - \overline{m}_i h_{i+1}$, $\Delta f_i = f_{i+1} - f_i$, $\Delta \overline{m}_i = \overline{m}_{i+1} - \overline{m}_i$.

Обеспечение непрерывности второй производной сплайна $S_{3_1}(x)$ требует, чтобы значения его параметров $\overline{m}_i$ вычислялись из трехдиагональной системы линейных алгебраических уравнений (СЛАУ):

$$\frac{1}{h_i}\overline{m}_{i-1} + 2\left(\frac{1}{h_i} + \frac{1}{h_{i+1}}\right)\overline{m}_i + \frac{1}{h_{i+1}}\overline{m}_{i+1} = 3\left(\frac{\Delta f_i}{h_{i+1}^2} + \frac{\Delta f_{i-1}}{h_i^2}\right), \ i = 1, 2, \ldots, n-1 \ (\text{В.5})$$

в совокупности с краевыми условиями (для замыкания системы).

Если для записи формулы звена кубического интерполяционного сплайна выбрать условия (В.3), то это звено на отрезке $[x_i, x_{i+1}]$ будет иметь вид:

$$S_{3_2,i}(x) = f_i + \left(\frac{\Delta f_i}{h_{i+1}} - \frac{m_i}{2} h_{i+1} - \frac{\Delta m_i}{6} h_{i+1} \right)(x-x_i) + \frac{m_i}{2}(x-x_i)^2 + \frac{\Delta m_i}{6h_{i+1}}(x-x_i)^3, \text{ (В.6)}$$

где $m_i = S''_{3_2}(x_i)$, $\Delta m_i = m_{i+1} - m_i$.

В этом случае обеспечение непрерывности первой производной сплайна $S_{3_2}(x)$ требует, чтобы значения его параметров m_i вычислялись из следующей СЛАУ:

$$m_{i-1}h_i + 2m_i(h_i + h_{i+1}) + m_{i+1}h_{i+1} = 6\left(\frac{\Delta f_i}{h_{i+1}} - \frac{\Delta f_{i-1}}{h_i} \right), \quad i = 1, 2, \ldots, n-1 \quad \text{(В.7)}$$

в совокупности с краевыми условиями.

Таким образом, сплайны $S_{3_1}(x)$, $S_{3_2}(x)$, получающиеся путем объединения звеньев (алгебраических многочленов (В.4) и (В.6) соответственно) в составную функцию, имеют на отрезке $[a,b]$ непрерывные первые и вторые производные, если их параметры $\overline{m}_i$ и m_i вычисляются из СЛАУ (В.5) и (В.7) соответственно (в совокупности с краевыми условиями), то есть $S_{3_1}(x)$, $S_{3_2}(x) \in C^2_{[a,b]}$.

Подчеркнем, что здесь в правых частях формул (В.4), (В.5) и (В.6), (В.7) и в дальнейшем, в отличие от общепринятой формы в математической литературе, некоторые слагаемые записаны в виде приращений, что диктуется требованиями выявления подобия дифференциальных и описываемых ниже интегродифференциальных сплайнов.

В работах [1, 40, 75, 94, 97] и других приводятся доказательства единственности кубического интерполяционного сплайна дефекта 1 с узлами на сетке Δ_n (В.1) и двумя заданными краевыми условиями на концах отрезка $[a,b]$. (Для сплайна $S_r(x)$ степени r, принадлежащего классу гладкости $C_{[a,b]}^{\mu}$, дефект равен $\mu - r$). Тем самым, сплайны $S_{3_1}(x)$, $S_{3_2}(x)$ являются эквивалентными при нахождении их параметров $\overline{m}_i$ и m_i из СЛАУ (В.5), (В.7) (соответственно) в случае эквивалентных краевых условий, накладываемых, соответственно, на производные первого и второго порядка.

При аппроксимации гладких функций ($f(x) \in C_{[a,b]}^{\mu}$ ($\mu \geq 4$)) кубические интерполяционные сплайны имеют четвертый порядок сходимости [1, 40, 41, 94, 97]. Значит с таким же порядком точности должны задаваться и исходные данные, то есть аппроксимируемая функция. Однако на практике в широком классе вычислительных задач исходные данные (значения функции в узлах сетки) задаются с меньшей точностью, например, $O(h^2)$ или $O(h^3)$. Поэтому четвертый порядок сходимости кубических дифференциальных сплайнов в таких случаях на самом деле не обеспечивается и затраты вычислительных ресурсов на расчеты кубических сплайнов не являются оправданными.

В связи с этим часто является целесообразным использовать аппроксимационные алгоритмы на базе многочленов или сплайн-функций второй степени, обеспечивающих третий порядок сходимости.

Методы построения интерполяционных параболических сплайнов, основанных на дифференциальных условиях согласования с аппроксимируемой функцией, и их сходимость исследуются в работах [11, 42, 49, 79, 94, 97, 134, 141].

При конструировании классических одномерных параболических интерполяционных сплайнов дефекта 1 узлы сплайна обычно смещаются относительно узлов интерполяции [79, с. 16-25], [97, с. 33-45]. Это связано с тем, что если построить параболический сплайн, узлы которого совпадают с узлами интерполяции, то получается неустойчивый вычислительный процесс для определения коэффициентов сплайна по отношению к погрешностям в исходных данных и соответствующая последовательность интерполяционных сплайнов в общем случае может расходиться. Как отмечено в [97, с. 42-43], причина неустойчивости заключается в том, что число параметров такого сплайна равно $3n$ (n-число звеньев сплайна, каждое звено параболического сплайна определяют 3 коэффициента), а число уравнений для их определения, получающихся из условий интерполяции и условий непрерывности первой производной сплайна в узлах сетки, равно $3n-1$. Таким образом, имеется один свободный параметр, что обусловливает асимметрию по отношению к краевым условиям (т. е. при задании краевого условия предпочтение отдается одному из концов отрезка).

Впервые устойчивый метод построения параболического интерполяционного сплайна со смещением узлов на равномерной сетке предложил Шенберг [141]. Приведем здесь некоторые особенности применения этого метода. Формула звена традиционного дифференциального интерполяционного параболического сплайна (Д-сплайна) на отрезке $[x_i, x_{i+1}]$ в случае неравномерной сетки имеет вид [97, с. 35-36]:

$$S_{2\text{Д},i}(x) = f_i + \overline{m}_i(x - x_i) + c_i(x - x_i)^2 + d_i(x - \overline{x}_{i+1})_+^2 , \qquad (\text{В.8})$$

где

x_i – узлы интерполяции (узлы сетки Δ_n: $a = x_0 < x_1 < .. < x_i < ... < x_n = b$);

$\overline{x}_i$ – узлы сплайна (узлы сетки $\overline{\Delta}_n$: $a = \overline{x}_0 < \overline{x}_1 < .. < \overline{x}_i < ... < \overline{x}_n < \overline{x}_{n+1} = b$),

при этом $x_{i-1} < \overline{x}_i < x_i$ ($i = 1, 2, ..., n$);

$$(x - \overline{x}_{i+1})_+ = \begin{cases} x - \overline{x}_{i+1}, & \text{если } x > \overline{x}_{i+1} \\ 0, & \text{если } x \le \overline{x}_{i+1} \end{cases};$$

$$h_{i+1} = x_{i+1} - x_i, \quad \overline{h}_{i+1} = x_{i+1} - \overline{x}_{i+1} \ (i = 0, 1, \ldots, n-1);$$

$$f_i = f(x_i), \quad \overline{m}_i = S'_{2Д}(x_i);$$

$$c_i = \frac{\overline{m}_{i+1} - \overline{m}_i}{2 \, h_{i+1}} - \frac{f_{i+1} - f_i}{h_{i+1}(\overline{h}_{i+1} - h_{i+1})} + \frac{\overline{m}_i + \overline{m}_{i+1}}{2(\overline{h}_{i+1} - h_{i+1})};$$

$$d_i = \frac{f_{i+1} - f_i}{\overline{h}_{i+1}(\overline{h}_{i+1} - h_{i+1})} - \frac{\overline{m}_i + \overline{m}_{i+1}}{2} \cdot \frac{h_{i+1}}{\overline{h}_{i+1}(\overline{h}_{i+1} - h_{i+1})}.$$

В этом случае параметры $\overline{m}_i$ сплайна (В.8) находятся из трехдиагональной СЛАУ, имеющей вид:

$$\frac{h_i - \overline{h}_i}{h_i \overline{h}_i} \overline{m}_{i-1} + \left(\frac{h_i + \overline{h}_i}{h_i \overline{h}_i} + \frac{2h_{i+1} - \overline{h}_{i+1}}{h_{i+1}(h_{i+1} - \overline{h}_{i+1})} \right) \overline{m}_i + \frac{\overline{h}_{i+1}}{h_{i+1}(h_{i+1} - \overline{h}_{i+1})} \overline{m}_{i+1} =$$

$$= 2 \left(\frac{f_i - f_{i-1}}{h_i \overline{h}_i} + \frac{f_{i+1} - f_i}{h_{i+1}(h_{i+1} - \overline{h}_{i+1})} \right) \quad (i = 1, 2, \ldots, n-1). \qquad (В.9)$$

Для замыкания системы (В.9) используются краевые условия различных типов [79], [97, с. 36-38].

Из приведенных соотношений видно, что формулы для вычисления коэффициентов c_i, d_i $(i = 0, 1, \ldots, n-1)$ звена сплайна $S_{2Д,i}(x)$ и коэффициенты трехдиагональной СЛАУ (В.9) имеют достаточно сложную структуру, поэтому процесс построения сплайна

$$S_{2Д}(x) = \bigcup_{i=0}^{n-1} S_{2Д,i}(x)$$ в ряде случаев требует неоправданного

увеличения затрат вычислительных ресурсов. Дополнительные ресурсы требуются также на реализацию алгоритма расположения узлов сплайна $\overline{x}_i$, смещаемых относительно узлов интерполяции x_i, при этом величина смещения, вообще говоря, имеет некоторые ограничения. Кроме того, система (В.9) получается на основе условия непрерывности второй производной сплайна $S_{2Д}(x)$ в узлах

20

интерполяции x_i $(i=1,2,\ldots,n-1)$. Однако такое дополнительное условие для некоторых классов функций (например, имеющих разрывную вторую производную) может привести к искажению результатов аппроксимации, например в окрестностях точек разрыва второй производной функции, и к несоответствию аппроксимирующей и аппроксимируемой функций. Тем самым, исходя из требований к точности аппроксимации, ограничивается область применения указанных сплайнов.

Поскольку двумерные параболические интерполяционные сплайны конструируются на основе одномерных [97], то при их построении также необходимо для обеспечения устойчивости смещать узлы сплайна относительно узлов интерполяции и поэтому им присущи те же недостатки.

Множество традиционных глобальных сплайнов нечетной степени $S_{2m-1}(x)$ $(m=1,2,3,\ldots)$ является неполным и требует восполнения на основе построения дополняющего множества сплайнов четной степени $S_{2m}(x)$ $(m=1,2,3,\ldots)$.

Сплайны Шенберга не решают эту задачу, поскольку алгоритм их построения не обобщается на сплайны степеней выше второй.

Следует отметить, что в теории сплайнов до недавнего времени, насколько известно авторам, общего метода построения множества сплайнов произвольных четных степеней не было. Это связано с тем, что традиционным способом без специальных доработок не могут быть получены устойчивые глобальные сплайны четной степени минимального дефекта, так как для получения формулы одного (i-го) звена сплайна четной степени

$$S_{2m,i}(x) = \sum_{k=0}^{2m} a_{k,i}\,(x-x_i)^k \qquad (\text{В.10})$$

21

должно быть задано нечетное количество условий согласования, равное $2m+1$. Следовательно, получается неодинаковое количество условий, приходящихся на левый и правый узлы отрезка $[x_i, x_{i+1}]$, для которого строится звено (В.10). Это обусловливает неустойчивость расчетного алгоритма при нахождении неопределенных параметров глобальных сплайнов.

Кроме того, следует отметить, что классические методы интерполяции алгебраическими многочленами не учитывают интегральных свойств интерполируемых функций.

Во многих задачах приближения кривых и поверхностей предпочтительно, чтобы аппроксимирующие функции являлись консервативными, т. е, например, сохраняли площади под исходными кривыми и объемы под аппроксимируемыми поверхностями. Традиционные параболические одномерные и двумерные дифференциальные сплайны не являются консервативными в указанном смысле, поскольку в их построении не участвует интегральное условие согласования. В современных вычислительных алгоритмах математической физики также отдается предпочтение консервативным методам, конструируемым для интегральных законов сохранения массы, импульса и энергии [3, 62, 107]. Поэтому желательно, чтобы аппроксимационные алгоритмы, встраиваемые в расчетные схемы, тоже удовлетворяли условию консервативности.

Из вышеизложенного краткого анализа методов теории приближения следует актуальность разработки новых подходов к численной аппроксимации, удовлетворяющих современным требованиям, в числе которых наиболее важными являются консервативность, устойчивость, простота реализации, однородность структуры, экономичность, гибкость алгоритмов в смысле возможности учета локальных свойств аппроксимируемых функций.

22

В настоящей книге в развитие способов аппроксимации, предложенных авторами в работах [59], [71], [54-56], [5-9], [58, 60, 67-70] и др., описан новый метод построения множества простых устойчивых интегродифференциальных сплайнов (ИД-сплайнов) четной степени, в которых для получения формулы звена сплайна наряду с дифференциальными условиями на концах отрезка $[x_i, x_{i+1}]$ используется интегральное условие согласования звена сплайна с аппроксимируемой функцией на указанном отрезке. Это условие на отрезке $[x_i, x_{i+1}]$ имеет вид:

$$\delta S_{2m,i}^{(-1)} = \int_{x_i}^{x_{i+1}} S_{2m,i}(x)\,dx - \hat{I}_i^{i+1} = 0, \qquad (В.12)$$

где $2m$ – степень сплайна, $\hat{I}_i^{i+1} = \int_{x_i}^{x_{i+1}} f(x)\,dx$ – значение определенного интеграла от аппроксимируемой функции $f(x)$ на отрезке $[x_i, x_{i+1}]$, вычисляемое по одной из квадратурных формул (КФ) [2], [21], [66], [87], с использованием сеточных значений исходной функции $f(x_i)$. Верхний индекс (-1) в обозначении невязки указывает на ее интегральный характер. В качестве других условий согласования на указанном отрезке применяются традиционные дифференциальные условия:

$$\delta S_{2m,i}^{(p)}(x_j) = S_{2m,i}^{(p)}(x)\big|_{x=x_j} - f^{(p)}(x)\big|_{x=x_j} = 0, \quad j=i, i+1,$$

где $p \geq 0$ – порядок производной. При $p = 0$ это условие является условием интерполяции.

Интегральный и дифференциальный характер условий согласования обусловливает название излагаемого в данной монографии метода, как *интегродифференциального*.

Таким образом, введение интегрального условия в качестве одного из условий согласования искомого сплайна и приближаемой функции предоставляет уникальную возможность получить семейство сплайн-функций произвольной четной степени, которое дополняет семейство традиционных сплайн-функций нечетной степени и, таким образом, обеспечивает *полноту множества* алгебраических сплайнов. Тогда требуемая точность аппроксимации может быть обеспечена путем выбора сплайна нужной степени – четного или нечетного.

Кроме того, интегральное условие позволяет получить новые интегродифференциальные интерполяционные многочлены (ИД-многочлены) произвольной четной степени: $S_2(x)$ – многочлен второй степени на одном частичном отрезке исходной сеточной функции, $S_4(x)$ – многочлен четвертой степени на сдвоенном частичном отрезке и т. д., а также сконструировать алгебраические многочлены наилучшего интегрального приближения [59].

Следует подчеркнуть особые *качественные аппроксимационные свойства* сплайнов четной степени и многочленов интегрального типа, связанные с применением интегрального условия согласования (В.12). Это интегральное условие выполняет, во-первых, *регуляризирующую функцию*, т.к. в силу интегрального характера «замыкает» концы отрезка $[x_i, x_{i+1}]$ и, таким образом, уравнивает количество дифференциальных условий согласования на левом и правом концах отрезка, требующихся для определения расчетной формулы звена сплайна. Во-вторых, это условие, в силу указанного интегрального свойства, обеспечивает *свойство консервативности* как ИД-сплайнов четной степени, так и сглаживающих многочленов интегрального типа: *сохранение площади* под получаемым сплайном или многочленом для аппроксимируемой функции одной переменной $f(x_i)$ или *объема* – для аппроксимируемой функции двух переменных $z(x_i, y_j)$.

С помощью интегрального условия согласования авторами в ранее опубликованных работах сконструированы достаточно простые, экономичные, устойчивые одномерные и двумерные параболические ИД-сплайны. В статьях авторов [59], [5, 54, 60] описаны также несколько типов глобальных ИД-сплайнов повышенной (четвертой) степени и оригинальные ИД-многочлены и ИД-сплайны произвольной четной степени. ИД-сплайны четной степени апробированы при решении конкретных задач по аппроксимации как одномерных, так и двумерных функций [5, 44, 54].

Сплайны четных степеней, построенные с применением интегрального условия согласования, в теоретическом смысле не являются альтернативными сплайнам нечетных степеней, а дополняют множество традиционных одномерных и двумерных дифференциальных сплайнов нечетных степеней. В практическом же смысле сплайны четной степени могут использоваться вместо сплайнов нечетной степени, т. к. они являются более экономичными и эффективными.

Для получения формул (операторов) численного дифференцирования и интегрирования в данной книге использовались также интегродифференциальные сплайны нечетной (третьей) степени. Однако эти сплайны для решения задачи интерполяции не используются и поэтому здесь подробно не рассматриваются.

Исследование интегродифференциального метода приближения позволило сформулировать в обобщенной форме *принцип подобия* в теории локальной и глобальной аппроксимации производных, интегралов и в численных схемах решения обыкновенных дифференциальных уравнений, обобщить классические теоремы Коши и Лагранжа о среднем значении на основе этого принципа, а также увязать эти математические формулы с формулами физики [64, 66], [6].

Сплайны эффективно применяются также в задачах сглаживания, возникающих при обработке данных, имеющих значительные погрешности, связанные с неточностью измерений или расчетных алгоритмов.

Традиционно задача сглаживания поставлена как задача о нахождении функции, минимизирующей функционал:

$$\lambda \int_a^b \left| \frac{d^l}{dx^l} \varphi(x) \right| dx + \sum_{i=0}^n \nu_i [\varphi(x_i) - f_i]^2 , \qquad (\text{B.13})$$

где $\{f_i\}_{i=0}^n$ – функция, заданная с погрешностью в узлах сетки $\Delta_n : a = x_0 < x_1 < ... < x_i < x_{i+1} < ... < x_n = b$.

Важную роль в развитии подходов к сглаживанию с помощью сплайнов сыграло открытое в 1957 г. Дж. Холлидеем экстремальное свойство кубических интерполяционных сплайнов [128], формулировка которого звучит так: среди всех функционалов из $C^2_{[a,b]}$, интерполирующих данные значения, минимум функционала $\int_a^b \left| \varphi''(x) \right|^2 dx$ достигается на кубическом сплайне $S(x)$ с краевыми условиями $S''(a) = 0$, $S''(b) = 0$. Это свойство было обобщено затем на случай сплайнов произвольной нечетной степени в работах Дж. Уолша, Дж. Алберга, Э. Нильсона [1, 148].

Впервые задачу сглаживания как задачу о минимизации выпуклого функционала (B.13) (при $\nu_i = 1$) сформулировал Шенберг в 1964 г., опираясь на экстремальное свойство интерполяционных сплайнов. Он доказал утверждение о том, что решением задачи о минимизации функционала (B.13) (при $\nu_i = 1$) на множестве $W_2^l[a,b]$

26

функций с интегрируемым квадратом l-ой производной является сплайн степени $2l-1$ с краевыми условиями $S''(a)=0$, $S''(b)=0$ и такой сплайн единственен. В 1967 г. К. Райнш [139] показал, что для случая кубических сплайнов решение этой задачи сводится к решению системы с пятидиагональной матрицей, и выписал ее вид.

Другой распространенный подход к проблеме сглаживания с помощью сплайнов связан с задачей о минимизации функционала

$$\int_a^b \left| \frac{d^l}{dx^l} \varphi(x) \right| dx \qquad (\text{В.14})$$

при ограничениях

$$\left| \varphi(x_i) - f_i \right| \le \varepsilon_i, \ \varepsilon_i \ge 0, \ i = 0,1,\ldots,n. \qquad (\text{В.15})$$

Решением задачи о минимизации функционала (В.14) на множестве функций $W_2^l[a,b]$ служат так называемые сплайны на выпуклом множестве (под выпуклым множеством понимается множество функций, задаваемое неравенствами (В.15)) [20].

Указанные задачи сглаживания решаются, как правило, в рамках вариационного подхода в теории приближения. Систематически вариационный подход к сплайн-аппроксимации изложен в монографии Ж. П. Лорана [78]. Общим вопросам сглаживания в гильбертовых пространствах посвящены работы [20, 115, 135]. Сглаживание в конкретных функциональных гильбертовых пространствах функций одной и нескольких переменных исследуется в работах [14, 38, 39, 94, 137, 139, 145]. Методы построения сглаживающих сплайнов рассматриваются также в работах [97, 103, 104].

В традиционных методах сглаживания, основанных на применении вариационного подхода, как правило, используются сплайны нечетных степеней.

В данной книге (в подразделе 3.3) описаны новые методы сглаживания функций консервативными параболическими сплайнами, основанными на применении алгебраического подхода к сплайн-аппроксимации. В нижеследующих подразделах 1.1, 1.2 и главе 8 излагается материал, посвященный подобию операторов численного дифференцирования, интегрирования, сплайнов четной и нечетной степеней. Основы этой теории впервые изложены в работах [64, 66].

Разработка описываемой в данной книге обобщенной теории алгебраических сплайн-функций четных и нечетных степеней, приложений этой теории в численном анализе, обусловливает необходимость введения целого ряда определений и понятий. Напомним здесь также основные определения, применяемые в предметной области аппроксимации сеточных функций.

В.2. Основные понятия и определения, применяемые в предметной области аппроксимации сеточных функций

Определение В.1. **Численные методы** – это методы приближенного решения задач прикладной математики, основанные на реализации алгоритмов, соответствующих математическим моделям. Наука, изучающая численные методы, называется также **численным анализом**, или **вычислительной математикой**.

Численные методы, в отличие от аналитических, дают *не общие, а частные решения*, которые определяются не в континуальных (Ω) , а в дискретных областях изменения независимых переменных (Ω_h). При этом требуется выполнить достаточное количество арифметических и логических действий над числовыми и логическими массивами. В силу приближенного характера вычислений этот процесс, в свою очередь, связан с некоторыми основными требованиями или понятиями, относящимися к конкретным задачам и численным методам (схемам) –

28

устойчивостью, зависящей от *хорошей обусловленности* задачи, *сходимостью*, *высокой точностью*, *экономичностью*, а также параметрами методов – шагами дискретизации h_Ω или разбиения исходной области Ω, в которой решается задача, количеством итераций (для итерационных методов), соотношениями шагов для неравномерного разбиения и др.

Некоторые из перечисленных здесь требований являются противоречивыми, поэтому при выполнении исследований чем-то приходится жертвовать, например, точностью или экономичностью метода.

Дадим краткие определения указанных понятий.

Определение В.2. Численный метод называется **сходящимся**, если при стремлении параметров метода к определенным предельным значениям (например, шагов сетки h_Ω к нулю (при $h_\Omega \to 0$)) результаты расчета стремятся к точному решению, т.е.

$$\hat{y}\Big|_{h_\Omega \to 0} \to y\Big|_\Omega \ (\hat{y} \ \text{и} \ y - \text{приближенное и точное решения}$$

соответственно).

Определение В.3. Задача является **хорошо обусловленной**, если при небольших изменениях входных данных результаты ее решения изменяются незначительно (непрерывная зависимость решения от исходных данных) и при любых исходных данных из возможного диапазона их изменения задача однозначно разрешима.

Определение В.4. Численный метод называется **устойчивым**, если результаты расчета непрерывно зависят от входных (исходных) данных задачи (т. е. выполняется условие хорошей обусловленности задачи) и погрешность округления, связанная с реализацией численного метода, при заданных пределах изменения параметров численного метода остается ограниченной.

29

Для получения оценок погрешностей аппроксимационных формул в книге используются понятия «O большое от h^k» (h – шаг сетки) [21, стр. 11], класс функций $C_{[a,b]}^{\mu}$ [21, стр. 13], разложение функции по формуле Тейлора [21, стр. 29]. Рассмотрим эти понятия.

Определение В.5. Пусть $R(h)$ – некоторая функция переменной h (как правило, $R(h)$ – остаточное слагаемое некоторой аппроксимационной формулы) с конечной областью определения D_R на полуоси $h > 0$, причем $h \in D_R$. Тогда, если при некотором $h \le h_0$ справедливо неравенство $|R(h)| \le ch^k$, где $c = \text{const}$, не зависящая от h, k – целое число, $h_0 > 0$, то пишут $R(h) = O(h^k)$ и говорят, что $R(h)$ есть «O большое от h^k» при $h \to 0$.

В этом случае значение k соответствует порядку аппроксимации аппроксимационной формулы (оператора).

Согласно приведенному определению справедливы свойства:

а) если $R_1(h) = O(h^k)$, $R_2(h) = O(h^k)$, причем $D_{R_1} = D_{R_2}$, то $R_1(h) \pm R_2(h) = O(h^k)$, поскольку справедливо

$|R_1(h) \pm R_2(h)| \le |R_1(h)| + |R_2(h)|$, т.е. $O(h^k) \pm O(h^k) = O(h^k)$;

б) $\dfrac{R_1(h)}{h^p} = O(h^{k-p})$; $R_1(h) \cdot h^p = O(h^{k+p})$;

в) если α – произвольная константа, не зависящая от h, то $\alpha R_1(h) = O(h^k)$;

г) если $R_1(h) = O(h^{k_1})$, $R_2(h) = O(h^{k_2})$, то произведение $R_1(h) \cdot R_2(h) = O(h^{k_1 + k_2})$, а сумма $R_1(h) + R_2(h) = O(h^{k_3})$, где $k_3 = \min(k_1, k_2)$.

Определение В.6. Пусть функция $f(x)$ определена на отрезке $[a,b] \equiv G$ и имеет на нем непрерывные производные до порядка μ включительно. Тогда считается, что $f(x)$ принадлежит классу $C^{\mu}[G]$, и для обозначения этого используется запись $f \in C^{\mu}[G]$. При $\mu = 0$ вместо $C^{\mu}[G]$ будет использоваться обозначение $C[G]$ (функция непрерывна на отрезке $[a,b]$).

Запись $f \in C^{\mu}[G]$ означает, что на некотором интервале $\tilde{G} \equiv (A,B)$, который включает в себя $[a,b]$, существует μ раз непрерывно дифференцируемая функция $\tilde{f}(x)$, такая, что $\tilde{f}(x) \equiv f(x)$ на $G = [a,b]$. Тогда значения производных от $f(x)$ на концах $[a,b]$ будут соответствовать производным функции $\tilde{f}(x)$ в этих точках (данное обобщение приведено в связи с тем, что в математическом анализе производные определяются во внутренних точках области определения функции, от которой вычисляются $f^{(k)}(x)$).

Формула Тейлора [21, стр. 29]. Пусть задана функция $f(x) \in C^{k+1}[a,b]$. Тогда в точке $x_0 \in [a,b]$ справедлива формула Тейлора:

$$f(x) = f(x_0) + f'(x_0)(x - x_0) + \frac{f''(x_0)}{2!}(x - x_0)^2 + \ldots + \frac{f^{(k)}(x_0)}{k!}(x - x_0)^k +$$

(В.16)

$$+ \frac{f^{(k+1)}(\xi)}{(k+1)!}(x - x_0)^{k+1} = \sum_{j=0}^{k} \frac{f^{(j)}(x_0)}{j!}(x - x_0)^j + R_{k+1}(x),$$

где $x \in [a,b], x \neq x_0$; ξ — некоторая точка, лежащая строго между точками x и x_0; $R_{k+1}(x) = \frac{f^{(k+1)}(\xi)}{(k+1)!}(x - x_0)^{k+1}$ — остаточный член в форме Лагранжа. Индексы, указанные в круглых скобках вверху, здесь и далее означают порядки производных.

Так как по предположению производная $f^{(k+1)}(x)$ непрерывна на отрезке $[a,b]$, то она ограничена на этом отрезке, т.е. величина $M_{k+1} = \max\limits_{[a,b]} \left| f^{(k+1)}(x) \right| < +\infty$. Поэтому справедлива оценка остаточного члена

$$\left| R_{k+1}(x) \right| \le \frac{M_{k+1}}{(k+1)!} \left| x - x_0 \right|^{k+1}.$$

Следовательно, $\left| R_{k+1}(x) \right| = O\!\left(\left| x - x_0 \right|^{k+1} \right) = O(h^{k+1})$, где $h = \left| x - x_0 \right|$.

Тогда формула (В.16) может быть записана в виде

$$f(x) = \sum_{j=0}^{k} \frac{f^{(j)}(x_0)}{j!} (x - x_0)^j + O(h^{k+1}). \qquad (\text{В.17})$$

Рассмотрим частный случай формулы (В.17). Положим $x = x_{i+1}$, $x_0 = x_i$, $h_{i+1} = x_{i+1} - x_i$, где значения x_i, x_{i+1} задают отрезок $[x_i, x_{i+1}] \subset [a,b]$. Тогда получаем

$$f(x_{i+1}) = f(x_i) + f'(x_i) h_{i+1} + \frac{f''(x_i)}{2!} h_{i+1}^2 + ... + \frac{f^{(k)}(x_i)}{k!} h_{i+1}^k + O(h_{i+1}^{k+1}). \ (\text{В.18})$$

Обозначая $f_{i+1} = f(x_{i+1})$, $f_i = f(x_i)$, $f_i^{(p)} = f^{(p)}(x_i), p = 1,2,...,$ и учитывая, что остаточный член в форме Лагранжа имеет вид $\dfrac{f^{(k)}(\xi)}{(k+1)!} h_{i+1}^{k+1}$, $\xi \in (x_i, x_{i+1})$, формулу (В.18) можно записать в форме

$$f_{i+1} = f_i + f_i' h_{i+1} + \frac{f_i''}{2!} h_{i+1}^2 + ... + \frac{f_i^{(k)}}{k!} h_{i+1}^k + \frac{h_{i+1}^{k+1}}{(k+1)!} f^{(k+1)}(\xi), \ \xi \in (x_i, x_{i+1}). \ (\text{В.19})$$

Справедливо следующее утверждение [21, стр 56].

Утверждение В.1. Пусть $f(x) \in C[a,b]$, $\xi_i \in [a,b]$, $(i = 1,2,...,n)$ – произвольные точки, принадлежащие отрезку $[a,b]$. Тогда существует такая точка $\xi \in [a,b]$, что

$$\frac{f(\xi_1) + ... + f(\xi_n)}{n} = f(\xi).$$

При изложении материала книги в дальнейшем используются термины «явные» операторы или формулы и «неявные» формулы или методы.

Определение В.7. Под термином **«явные» операторы или формулы** здесь понимается общепринятая запись аппроксимационных операторов для производных или интегралов. Таким образом, **явными аппроксимационными операторами (формулами, методами)** называются аппроксимационные операторы (формулы, методы), с помощью которых искомое значение результата в точке (для интегралов – на отрезке) вычисляется через значения исходных данных в нескольких соседних точках (для интегралов – на соседних отрезках).

В отличие от явных формул (методов) **неявная формула (метод)** предполагает определение искомых значений интегралов, функций, производных из систем алгебраических уравнений. Например, для вычисления производной первого порядка неявным методом применяется система (В.5).

Определение В.8. **Определенными параметрами** в алгебраических соотношениях (в формулах многочленов, звеньев сплайнов, в уравнениях и системах для вычисления значений функций, производных и интегралов) здесь и ниже будут называться параметры, значения которых заданы или предварительно вычислены.

Определение В.9. **Неопределенными параметрами** в указанных алгебраических соотношениях здесь и в дальнейшем тексте будут называться параметры, вычисляемые по явным формулам или неявными методами путем решения алгебраических уравнений и систем.

Например, для кубических дифференциальных сплайнов, звенья которых имеют вид (В.4) и (В.6), определенными параметрами являются значения сеточных функций $f(x_i)$ в узлах x_i и, следовательно, их приращения $\Delta f_i, \Delta f_{i-1}$, а неопределенными – производные первого порядка $\overline{m}_i$ или второго порядка m_i, вычисляемые с использованием систем (В.5), (В.7).

В.3. Дискретизация и принцип соответствия порядков аппроксимации дискретных моделей для интегралов, функций и производных

В данной книге согласно концепции теории приближения рассматриваются способы замены непрерывных математических моделей их дискретными аналогами (дискретизацией задач).

Например, для решения задачи Коши

$$\frac{dy}{dx} = f(x, y); \quad y(x_0) = y_0, \quad x \in [a, b] \equiv \Omega \qquad (В.20)$$

дифференциальная модель (В.20) (обозначим ее $M(Ly, y_0 \to y)$, где в скобках слева от стрелки указаны известные данные – дифференциальный оператор Ly и начальное значение y_0, а справа от стрелки – искомая функция) заменяется дискретной моделью (ДМ) $(L_h y, y_0 \to \hat{y}_i)$, в которой вместо непрерывной области Ω изменения x рассматривается сетка $\Omega_n = \{x_0, x_1, ..., x_n\}$ со значениями $x_{i+1} = x_i + h_{i+1}$, $i = 0, 1, ..., n-1$, $h_{i+1} = x_{i+1} - x_i$, и с разностным оператором $L_h y$, определенным в точках x_i (узлах сетки).

Данный процесс замены модели $M(Ly, y_0 \to y)$ моделью ДМ $(L_h y, y_0 \to \hat{y}_i)$, соответствующей дискретной задаче, называется *процессом дискретизации* модели. При этом в книге используются сетки двух типов – *равномерные* (или *регулярные*), если $h_{i+1} = \text{const}$ при всех i, и *неравномерные* (или *нерегулярные*) ($h_{i+1} = \text{var}$) – в противном случае.

После получения решения дискретной задачи найденные значения $\hat{y}_i$ могут обрабатываться с помощью других дискретных моделей типа дифференцирования ДМ$_1$ ($\hat{y}_i \to \hat{y}'$) или интегрирования ДМ$_2$ ($\hat{y}_i \to \hat{I}_i^{i+1}$). Эти дискретные модели могут использоваться в составе или независимо от каких-либо более общих моделей дифференциального типа, на основе которых получаются решения $\hat{y}_i$.

Подчеркнем, что указанные совокупности операций дифференцирования и интегрирования выполняются не с помощью классического математического анализа, приспособленного только к непрерывным функциям, а на основе аппарата теории приближений сеточных функций, т.е. на дискретных моделях. Класс этих дискретных моделей расширен (по сравнению с традиционными) за счет использования теории интегродифференциальных сплайнов в [7, 9, 54, 55, 57-69].

В книге приводится описание моделей:

— *численного дифференцирования* двух типов: ДМ$_1$ ($\hat{f}_i, \hat{I}_i^{i+1} \to \hat{f}_i^{(p)}$) ($\hat{f}_i$ – исходная сеточная функция, p – порядок производных, $\hat{f}_i^{(p)}$ – либо значение производной, либо ее аппроксимационная формула); ДМ$_1$ ($\hat{I}_i^{i+1} \to \hat{f}_i^{(p)}$);

— *численного интегрирования* двух типов: ДМ$_2$ ($\hat{f}_i, \hat{f}_i^{(p)} \to \hat{I}_i^{i+1}$) ($p = 1, 2, 3$); ДМ$_2$ ($\hat{f}_i \to \hat{I}_i^{i+1}$);

— *восстановления функций* по интегралам и по совокупности интегралов и производных: ДМ$_3$ ($\hat{I}_i^{i+1} \to \hat{f}_i$), ДМ$_3$ ($\hat{I}_i^{i+1}, \hat{f}_i^{(p)} \to \hat{f}_i$) и др.

Здесь и далее символом I_i^{i+1} обозначается определенный интеграл

$$I_i^{i+1} = \int\limits_{x_1}^{x_{i+1}} f(x)\,dx \quad (y = f(x)),$$

а символом $\hat{I}_i^{i+1}$ – его приближенное значение, вычисленное, например, по одной из квадратурных формул (приведенных, в частности, в подразделе 7.3).

Заметим, что часть из указанных моделей может быть использована при решении какой-либо другой более общей задачи. В этом случае все входящие в задачу величины определенным образом увязываются между собой в формулах. Кроме того, увязка между функциями, производными и интегралами существует в вычислительной практике, например, при формулировке задач обработки данных, аппроксимации результатов экспериментов, анализе силовых и тепловых характеристик летательных аппаратов и других технических систем.

При решении таких задач необходимо уметь сохранять требуемый *порядок аппроксимации* непрерывной модели ее дискретным представлением (о порядке аппроксимации - см. подраздел В.2 введения). Для этого следует увязывать по порядку аппроксимации все математические объекты, входящие в одну модель, или разные модели, соединяемые в одну. Данный порядок определяется величинами $P_{0,0}, P_{0,1}, P_{0,2},\ldots$ – порядками аппроксимации (точности) исходных данных, указанных слева от стрелки в приведенных выше обозначениях математических моделей, и конкретной связью известных и искомых величин, входящих в эту модель. Для получения P_1 – априорно заданной точности результата необходимо, чтобы $P_{0,0}, P_{0,1}, P_{0,2},\ldots$ по величине не были меньше P_1. Без учета этого соответствия требуемый порядок результата может не достигаться, что приводит к понижению его точности.

Проблема «увязки» порядков $P_{0,0}, P_{0,1}, P_{0,2}, \ldots$ и P_1, насколько известно авторам, в литературе до настоящего времени не акцентировалась, так как не рассматривался четкий принцип соответствия порядков аппроксимации входящих в различные дискретные модели значений функций, производных, интегралов и других математических объектов.

Данный принцип следует из представления значения $F(x_{i+1})$ первообразной функции $F(x)$ в точке x_{i+1} на некотором опорном отрезке $[x_i, x_{i+1}]$ относительно точки x_i.

Действительно, применим формулу Тейлора (В.18) для функции $F(x) \in C^{k+1}[a,b]$:

$$F(x_{i+1}) = F(x_i) + F'(x_i)\, h_{i+1} + \frac{F''(x_i)}{2!} h_{i+1}^2 + \ldots + \frac{F^{(k)}(x_i)}{k!} h_{i+1}^k + O(h_{i+1}^{k+1}).$$

Так как $F(x)$ первообразная, то справедливы равенства $F'(x_i) = f(x_i)$, $F''(x_i) = f'(x_i)$, $\ldots$, $F^{(k)}(x_i) = f^{(k-1)}(x_i)$.

Обозначая $F_{i+1} = F(x_{i+1})$, $F_i = F(x_i)$, $f_i = f(x_i)$, $f_i' = f'(x_i) = F''(x_i)$ и т.д., имеем

$$F_{i+1} = F_i + h_{i+1} \cdot f_i + \frac{h_{i+1}^2}{2} f_i' + \ldots + \frac{h_{i+1}^k}{k!} f_i^{(k-1)} + O(h_{i+1}^{k+1}). \quad \text{(В.21)}$$

Учитывая, что здесь остаточное слагаемое в форме Лагранжа имеет вид

$$\frac{F^{(k+1)}(\xi)}{(k+1)!} h_{i+1}^{k+1} = \frac{f^{(k)}(\xi)}{(k+1)!} h_{i+1}^{k+1}, \; \xi \in (x_i, x_{i+1}),$$

формулу (В.21) можно переписать следующим образом:

$$F_{i+1} = F_i + h_{i+1} \cdot f_i + \frac{h_{i+1}^2}{2} f_i' + \ldots + \frac{h_{i+1}^k}{k!} f_i^{(k-1)} + \frac{f^{(k)}(\xi)}{(k+1)!} h_{i+1}^{k+1}.$$

Из (В.21) с использованием формулы Ньютона–Лейбница

$$I_i^{i+1} = \int\limits_{x_i}^{x_{i+1}} f(x)dx = F(x_{i+1}) - F(x_i) = F_{i+1} - F_i$$

получается следующее представление интеграла:

$$I_i^{i+1} = h_{i+1} \cdot f_i + \frac{h_{i+1}^2}{2} f_i' + \dots + \frac{h_{i+1}^k}{k!} f_i^{(k-1)} + O(h_{i+1}^{k+1}). \qquad (В.22)$$

Формула (В.22) хотя и используется в дальнейшем для построения аппроксимационных соотношений для интегралов и производных (см. п.п. 7.2.2, 7.3.2), здесь рассматривается только как абстрактная связь между интегралом, функцией и ее производными различных порядков.

Эта связь фактически фиксирует соответствие порядков аппроксимации объектов интегрального, функционального и дифференциального типов, составляющих некоторую, вообще говоря, произвольную, модель (аппроксимацию).

Рассмотрим способ использования связи (В.22) для анализа некоторых из вышеприведенных моделей, например,

$$ДМ_2(\hat{f}_i \to \hat{I}_i^{i+1}). \qquad (В.23)$$

Величины, указываемые в скобках сразу за обозначением модели, будем называть ее *параметрами* (в данном случае параметрами аппроксимации). Включаемый в число параметров моделей интеграл является одноинтервальным, т.е. он определяется на одном отрезке, однако, его аппроксимация может строиться не на одном отрезке $[x_i, x_{i+1}]$, а на некотором *шаблоне* или *опорном отрезке,* который может включать большее число узлов сетки.

В модели (В.23) интегралы $\hat{I}_i^{i+1}$ определяются по значениям функции $\hat{f}_i$, которые измерены или вычислены с некоторой погрешностью. Пусть эта погрешность составляет величину $O(h_{i+1}^3)$ и при вычислении интегралов на каждом из отрезков $[x_i, x_{i+1}]$ указанную точность необходимо сохранить. Иными словами, нам требуется найти порядок аппроксимации интеграла $\hat{I}_i^{i+1}$, который соответствовал бы порядку точности заданной функции, по которой вычисляется интеграл. С этой целью из (В.22) устанавливается связь между двумя включенными в модель (В.23) объектами $\hat{I}_i^{i+1}$ и $\hat{f}_i$: $\hat{I}_i^{i+1} = h_{i+1}\hat{f}_i$. Учитывая в правой части этого равенства остаточное слагаемое для значений $\hat{f}_i$, получаем

$$\hat{I}_i^{i+1} = h_{i+1}(\hat{f}_i + O(h_{i+1}^3)) = h_{i+1}\hat{f}_i + O(h_{i+1}^4).$$

Таким образом, расчет интегралов $\hat{I}_i^{i+1}$ на каждом из отрезков $[x_i, x_{i+1}]$ с точностью $O(h_{i+1}^4)$ соответствует точности $O(h_{i+1}^3)$ для $\hat{f}_i$ (или наоборот).

Если же взять модель $ДМ_2(\hat{f}, \hat{f}_i' \rightarrow \hat{I}_i^{i+1})$, в которой интегралы определяются по $\hat{f}_i$ и $\hat{f}_i'$, то для соблюдения соответствия порядков аппроксимации $\hat{I}_i^{i+1}, \hat{f}_i, \hat{f}_i'$ производные должны быть рассчитаны (аппроксимированы) с точностью не ниже $O(h_{i+1}^2)$.

Для модели $ДМ_3(\hat{I}_i^{i+1} \rightarrow f_i)$, являющейся обратной по отношению к модели (В.23), вышеуказанное соответствие также справедливо, т.е. при задании интегралов $\hat{I}_i^{i+1}$ с точностью не ниже $O(h_{i+1}^4)$ модель обеспечивает вычисление функции с точностью не ниже $O(h_{i+1}^3)$.

Аналогичный анализ может быть выполнен и для других моделей, в частности для моделей, использующих другие сочетания заданных и определяемых математических объектов.

В общей форме рассмотренный *принцип соответствия порядков аппроксимации* интегралов, функций и производных можно сформулировать в виде утверждения.

Утверждение В.2. Если некоторая аппроксимационная формула или дискретная математическая модель содержит в качестве исходных и искомых параметров сеточную функцию $\hat{f}_i$, ее одну или несколько производных $\hat{f}_i^{(p)}$, и одноинтервальные интегралы $\hat{I}_i^{i+1}$, имеющие порядки аппроксимации P_f, $P_{f^{(p)}}$, P_I соответственно, то эта модель обеспечивает соответствие указанных порядков в случае, если $P_I \geq P_f + 1$; $P_{f^{(p)}} \geq P_f + p$, где p – порядок производной.

Замечания.

1. В данном утверждении порядок P_f принят в качестве «базового», с которым сопоставляются порядки $P_{f^{(p)}}$ и P_I. В качестве «базового» порядка может быть принят также и любой другой, т. е. $P_{f^{(p)}}$ или P_I.

2. Сформулированный принцип соответствия легко распространяется также на модели, включающие дифференциальные уравнения.

В.4. Основное содержание книги

В книге, состоящей из введения и девяти глав, излагаются основы теории интегродифференциального метода приближения функций алгебраическими многочленами и сплайнами и пути применения этой теории в численном анализе. Метод основан на использовании интегральной невязки в качестве условия согласования приближаемой и восполняющей функций.

В главе 1 определены исходные положения и определения, необходимые для конструирования аппроксимационных операторов, интегродифференциальных сплайнов четной степени и соответствующих им алгебраических многочленов.

Глава 2 посвящена описанию и математическому обоснованию многочленов 2-й степени интегродифференциального типа, а также локальных параболических ИД-сплайнов. Здесь доказываются теоремы об оценке погрешностей аппроксимации сеточных функций и их производных параболическими ИД-многочленами и локальными параболическими ИД-сплайнами. Доказано утверждение о сходимости локального ИД-сплайна.

В главе 3 изучаются одномерные параболические ИД-сплайны, конструируемые глобальным способом. При этом рассматриваются ИД-сплайны двух типов: слабосглаживающие – близкие к интерполяционным, и сильносглаживающие. Последние предназначены для сглаживания сеточных функций, заданных с большим разбросом. Эти сплайны составляют альтернативу методу наименьших квадратов и в более полной мере учитывают локальные особенности аппроксимируемых функций [58].

В главе 4 описаны консервативные двумерные параболические ИД-сплайны. Консервативность этих сплайнов обусловлена двумерным интегральным условием согласования, обеспечивающим равенство объемов под аппроксимируемой функцией и искомым

41

двумерным сплайном. Здесь доказана теорема сходимости двумерного параболического ИД-сплайна и приводятся результаты численных экспериментов, свидетельствующие о высокой точности аппроксимации поверхностей. Предложены кубатурные формулы, полученные при анализе двумерных параболических ИД-сплайнов.

В главе 5 изучаются одномерные и двумерные ИД-сплайны четвертой и произвольной четной степени. Дается их математическое обоснование, приводятся численные результаты аппроксимации функций различных классов гладкости.

Применение интегрального условия согласования расширяет в большой степени аппарат теории приближения функций. Так, становится возможным сконструировать сглаживающие многочлены наилучшего интегрального приближения (глава 6). Эти многочлены представляют собой линейные комбинации интегральных разностей соответствующего порядка, впервые введенных в рассмотрение в работах [59, 71]. В главе 6 приведены доказательства по оценкам погрешностей аппроксимации сеточных функций многочленами наилучшего интегрального приближения $P_r(x)$ ($r = 1, 2, 3$).

Применительно к равномерным и неравномерным (нерегулярным) сеткам, на которых задаются аппроксимируемые функции, в главе 7 приведены и обоснованы по порядку аппроксимации новые типы явных операторов и неявных схем численного дифференцирования и интегрирования. В их числе рассматриваются функциональные, интегральные, функционально-интегральные аппроксимационные формулы для производных первого и второго порядков, а также одноинтервальные составные, функциональные и функционально-дифференциальные квадратурные формулы 4-го, 5-го и 6-го порядков аппроксимации. Впервые в научной литературе изложены неявные схемы численного дифференцирования и интегрирования, предоставляющие возможность глобального определения производных и интегралов путем решения систем линейных алгебраических уравнений.

На основе исследований звеньев сплайнов четных и нечетных степеней и обобщенных аппроксимационных операторов [64], [6] в главе 8 описан принцип подобия в теории приближения производных, интегралов и формул звеньев-многочленов для сплайн-функций четных и нечетных степеней. Здесь представлен материал о связи формулы Лагранжа и Коши о среднем значении с формулами физики для равномерного и равноускоренного движения материальной точки. Записана интегральная норма для контроля точности численного расчета производных.

В заключительной 9-й главе рассмотрены численные схемы решения задачи Коши для обыкновенных дифференциальных уравнений (ОДУ), построенные с применением параметрических соотношений для ИД-сплайнов и их следствий (впервые предложенные авторами в работе [57] и развитые в данной монографии). Приводятся дискретные одно-, двух- и трехшаговые дискретные схемы второго и третьего порядков точности решения задачи Коши для ОДУ на нерегулярном шаблоне. Описаны алгоритмы явных последовательных сплайн-методов решения задачи Коши, позволяющие избежать решения нелинейных алгебраических уравнений.

Изложение материала сравнительно простое и доступное широкому кругу читателей, знакомых с основами численного анализа. Книга будет интересна для студентов и преподавателей университетов, научных работников, аспирантов и инженеров, применяющих численные методы на практике.

Формулы, таблицы, рисунки, теоремы имеют двойную нумерацию, где первая цифра указывает номер главы, а вторая – номер формулы, таблицы, рисунка, теоремы в данной главе.

Глава 1. Исходные положения для конструирования аппроксимационных операторов и интегродифференциальных сплайнов

В данной главе вводится принцип подобия аппроксимационных операторов на основе понятия обобщенных базовых функций, определяются исходные положения для конструирования интегродифференциальных сплайнов четных степеней.

1.1 Базовые функции в аппроксимационных операторах численного анализа. Использование определенных интегралов в качестве базовых функций

В классических трудах по численным методам (в частности, в [2, 4, 21, 46]) аппроксимационные операторы численного дифференцирования и интегрирования получаются на основе разложения функций в ряд Тейлора или использования интерполяционных многочленов. Эти операторы имеют локальный характер и выражаются, как правило, явно через линейную комбинацию значений сеточной функции $f_i = f(x_i)$ $(i = 0, 1, \ldots, n)$ в узлах заданной сетки Δ_n: $a = x_0 < x_1 < \ldots < x_i < x_{i+1} < \ldots < x_n = b$, представляющей собой разбиение отрезка $[a, b]$. Например, на четырехточечном шаблоне $(x_{i-2}, x_{i-1}, x_i, x_{i+1})$ явный аппроксимационный оператор для первой производной f'_{i-2} в левой крайней точке x_{i-2} шаблона записывается так [21]:

$$\hat{f}'_{i-2} = \frac{1}{6h}(-2f_{i-2} - 3f_{i-1} + 6f_i - f_{i+1}).$$

На трехточечном шаблоне (x_{i-1}, x_i, x_{i+1}) квадратурная формула парабол (Симпсона), т.е. интегральный оператор (также явный) имеет вид:

$$\hat{I}_{i-1}^{i+1} = \frac{h}{3}(f_{i-1} + 4f_i + f_{i+1}). \tag{1.1}$$

Функциональную зависимость для явного дифференциального оператора в произвольной точке некоторого шаблона $(x_{i-t_1}, \ldots, x_i, \ldots, x_{i+t_2})$ применительно к функции одной переменной можно записать общей формулой:

$$\hat{f}_{i\pm s}^{(p)} = \hat{f}_{i\pm s}^{(p)}(f_{i-t_1}, \ldots, f_i, \ldots, f_{i+t_2}). \tag{1.2}$$

Здесь $t_2 + t_1 + 1$ равно количеству точек, составляющих аппроксимационный шаблон $(x_{i-t_1}, \ldots x_{i_1}, \ldots, x_{i+t_2})$, на котором строится формула аппроксимации производной p-го порядка $(t_1 \leq |s| \leq t_2)$, нижние индексы $i \pm s$ в обозначении оператора (1.2) указывают номера узлов, для которых записан оператор. Такую же связь можно установить и для записанного выше оператора (1.1) или любого другого классического квадратурного оператора. Из записи двух приведенных традиционных аппроксимационных операторов и из (1.2) видно, что они зависят только от значений функции в узлах соответствующего шаблона. Аналогичные зависимости имеют место также для большей части классических операторов численного дифференцирования и интегрирования [2, 4, 19, 21, 32, 40, 46, 66]. Сеточные значения функции $f_i = f(x_i)$ $(i = 0, 1, \ldots, n)$, заключенные в скобки в правых частях вышеприведенных и других аппроксимационных формул, здесь и в дальнейшем изложении будут называться базовыми функциями, как для дифференциального оператора $\hat{f}_{i\pm s}^{(p)}$, так и интегрального оператора $\hat{I}_i^{i+1}$, являющегося, вообще говоря, функционалом.

В данной книге характер базовых функций по сравнению с традиционной теорией численного анализа расширен – **аппроксимация функций и их производных в общем случае может** быть выполнена как по известным значениям **функций (и значениям их производных)**, так и по величинам **определенных интегралов**. Соответственно, **множество базовых функций** в различных задачах аппроксимации, излагаемых в данной книге, **дополняется интегралами**. Для каждой задачи приближения (в зависимости от специфики задачи, известных исходных данных, требований к точности аппроксимации и других условий) множество базовых функций может включать как значения определенных интегралов на отрезках разбиения, так и сеточные значения функции и (или) ее производные. В связи с указанным расширением вводится следующее определение, содержащее обобщение понятия базовых функций.

Определение 1.1. **Базовыми функциями** для некоторого произвольного аппроксимационного оператора $\hat{A}_j$ (обозначаемого буквенным символом с крышкой сверху), называются сеточные функции (или их приращения) и (или) их производные (или их приращения) и (или) в общем случае определенные интегралы (функционалы – приращения первообразных), через которые выражается этот оператор и которые входят в его правую часть.

Приведенное обобщение базовых функций расширяет область применимости аппарата численного анализа при проведении исследований. В частности, в книге излагаются разработанные авторами методы аппроксимации функций и их производных через априори известные значения определенных интегралов на отрезках или через вычисленные значения этих интегралов по отрезкам, составляющим шаблон, в то время как традиционные методы аппроксимации не предусматривают вычисления значений функции и ее производных через интегралы. Кроме того, в классической литературе по численным методам в систематическом виде не описываются неявные операторы численного дифференцирования и интегрирования. В отличие от приведенных выше примеров явных операторов, неявные операторы соответствуют неявным методам вычисления производных и интегралов, заключающихся в решении трехдиагональных систем линейных алгебраических уравнений. При этом системы уравнений для вычисления интегралов впервые описаны в работах авторов [66, 72].

В классической литературе по численным методам отсутствует также систематическое изложение локальных формул для аппроксимации интегралов через значения функций и производных, формул связи приращений аппроксимируемой функции $\Delta f_i = f_{i+1} - f_i$ на отрезке $[x_i, x_{i+1}]$ с производными в узлах на концах отрезка. Кроме того, в большинстве книг по вычислительной математике не приведены в систематическом изложении формулы для аппроксимации производных и интегралов на нерегулярных сетках (шаблонах), заданных с неравномерным шагом. Интегродифференциальный метод, излагаемый далее в книге, лишен перечисленных ограничений.

Далее излагается обобщающая методика (прием), применяющаяся для записи формул численного анализа в части теории приближений и методов решения ОДУ. На основе этой методики далее формулируется и реализуется практически принцип подобия математических объектов: аппроксимационных операторов, алгебраических соотношений, уравнений или систем, применяющийся для получения соответствующих новых подобных объектов (операторов, соотношений, уравнений или систем). Понятие подобия в книге используется для построения сплайнов, вывода операторов численного дифференцирования и интегрирования, построения численных схем решения задачи Коши для обыкновенных дифференциальных уравнений. Прием заключается в реализации следующих положений.

1) Запись как традиционных аппроксимационных явных формул (операторов), так и представленных в книге явных и неявных операторов интегрального типа, а также формул звеньев сплайнов и иных математических объектов осуществляется с помощью базовых функций, представляющих собой не сами значения функции и ее производные $f_i^{(p)}$ в узлах разностной сетки Δ_n, а приращения функций и их производных: $\Delta f_i^{(p)} = f_{i+1}^{(p)} - f_i^{(p)}$ ($p = 0, 1, 2,...$ – порядок производной) на отрезке $[x_i, x_{i+1}]$.

2) Использование в дополнение к указанным базовым функциям вида $\Delta f_i^{(p)}$ интегральных базовых функций, записанных в виде определенного интеграла $I_i^{i+1} = \int\limits_{x_i}^{x_{i+1}} f(x)dx$ по отрезкам разбиения $[x_i, x_{i+1}]$. Эти интегралы являются, в соответствии с формулой Ньютона-Лейбница, приращениями первообразной $F(x_i)$ на отрезках $[x_i, x_{i+1}]$:

$$I_i^{i+1} = \int\limits_{x_i}^{x_{i+1}} f(x)dx = \Delta F_i = F_{i+1} - F_i = \Delta f_i^{(-1)} = f_{i+1}^{(-1)} - f_i^{(-1)} \ .$$

Для удобства последующего изложения введем понятие **обобщенного порядка производной** (p), применяемого как для сеточной функции или ее производных, так и для первообразной. Так, при $p = -1$: $f_i^{(-1)} = F(x_i)$ – значение первообразной в точке x_i; при $p = 0$: $f_i^{(0)} = f(x_i)$ – значение функции в точке x_i;

при $p = 1, 2, ...$: $f_i^{(p)} = f^{(p)}(x_i)$ – значения производных функции первого, второго и более высоких порядков в точке x_i.

Указанное обобщение применительно к записи аппроксимационных операторов предоставляет следующие новые возможности.

1) Базовые функции, используемые в аппроксимационных операторах, принимают общий вид: $\Delta f_i^{(p)} = f_{i+1}^{(p)} - f_i^{(p)}$ ($p = -1, 0, 1, 2, ...$) и позволяют при изменении p осуществлять преобразование подобия с использованием в качестве базовых функций как определенные интегралы, так и аппроксимируемые функции и их производные.

2) На основе использования интегралов I_i^{i+1} в качестве базовых функций ниже записываются формулы интегродифференциальных многочленов и сплайнов (одномерных и двумерных произвольной четной степени), обладающих рядом преимуществ по отношению к традиционным дифференциальным сплайнам.

3) Дополнение множества базовых функций интегралами I_i^{i+1} дает возможность записать ряд новых формул и методов численного дифференцирования, восполнения функций по известным значениям определенных интегралов на частичных отрезках, формул и алгоритмов численного интегрирования и численного решения задачи Коши для ОДУ, обладающих устойчивостью и высокой точностью аппроксимации. Подчеркнем, что, например, задача восполнения сеточных функций по значениям определенных интегралов в классических книгах по численным методам и статьях других авторов вообще не рассматривалась.

4) На основе проведенного обобщения в книге сформулирован и применен на практике принцип подобия, позволивший получить новые аппроксимационные формулы, установить соответствие между

50

формулами по подобию, построить новые одномерные и двумерные сплайн-функции интегродифференциального типа произвольной четной степени, установить подобие этих сплайнов уже известным дифференциальным сплайнам нечетной степени, получить новые численные схемы решения ОДУ, а также другие новые методы и алгоритмы.

Перейдем теперь к предварительному (краткому) описанию принципа подобия на примере простейших аппроксимационных операторов.

1.2 Принцип подобия аппроксимационных операторов

В данном подразделе формулируется принцип подобия применительно к теории локальной и глобальной аппроксимации сеточных функций, производных и интегралов, а также для построения численных схем решения дифференциальных уравнений.

Отметим, что впервые наиболее общая форма аппроксимационных операторов систематически рассмотрена в книге [66]. В ней же кратко рассмотрен вопрос о подобии формул аппроксимации производных по значениям сеточной функции и самих функций, аппроксимированных по значениям определенных интегралов.

В данной монографии вопросы подобия в теории аппроксимации производных, интегралов, разностных схем решения задач Коши для ОДУ, формул для дифференциальных и интегродифференциальных сплайнов и вытекающих из них соотношений рассматриваются на основе работ [64], [6] более широко и методически более обоснованно.

51

Принцип подобия имеет достаточно общий характер и иллюстрируется в последующем тексте в различных подразделах. В связи с этим возникает необходимость здесь дать основные понятия этого принципа (или метода), а также пояснить его применительно к явным формулам численного дифференцирования. Далее (в главах 8, 9) приводится обобщение принципа подобия для других математических формул, относящихся как к математическому анализу, так и к численным методам теории приближений (в частности, к формулам сплайн-функций и соотношениям для вычисления их параметров) и схемам решения обыкновенных дифференциальных уравнений.

Принцип подобия далее формулируется с помощью определений 1.2-1.4.

Определение 1.2. **Две совокупности базовых функций**, характеризующихся некоторым порядком производной $p = -1, 0, 1, 2...$, **называются подобными**, если они могут быть получены друг из друга путем соответствующего изменения (уменьшения или увеличения) порядков производных этих функций на одинаковую величину Δp.

Определение 1.3. **Базовые функции, входящие в математические (аппроксимационные) объекты (операторы, формулы, уравнения, системы уравнений)** назовем **параметрами этих объектов.** Таким образом, **подобные совокупности базовых функций,** входящие в математические объекты (операторы, формулы, уравнения, системы уравнений), **являются совокупностями подобных параметров** указанных объектов.

Определение 1.4. **Первый математический объект (оператор, формула, уравнение, система уравнений) является подобным второму математическому объекту,** если он может быть преобразован ко второму математическому объекту путем выполнения следующих действий:

– замена совокупности базовых функций (параметров), характеризующихся некоторым порядком производной $p = -1, 0, 1, 2...$, относительно которых записан первый математический объект, на подобную (в смысле определения 1.2) совокупность базовых функций (параметров), характеризующуюся пониженным или повышенным порядком производных на величину Δp;

– в случае подобных операторов – заменяется также и обозначение оператора путем соответствующего изменения (уменьшения или увеличения) порядка его производной на ту же величину Δp.

Например, оператор $\hat{f}_i = \dfrac{1}{2h}(I_i^{i+1} + I_{i-1}^i)$ подобен оператору $\hat{f}_i' = \dfrac{1}{2h}(\Delta f_i + \Delta f_{i-1})$, как иллюстрируется ниже.

Принцип установления соответствия одних математических объектов (операторов, формул, уравнений, систем уравнений) другим подобным им математическим объектам здесь называется **принципом подобия математических объектов (операторов, формул, уравнений, систем уравнений).** В частности, подобными могут быть аппроксимационные операторы, формулы звеньев сплайнов, вытекающие из них соотношения связи параметров сплайнов или уравнения для вычисления их значений. **Аппроксимационные операторы, соотношения или системы, формулы звеньев сплайнов и сами сплайны являются подобными,** если они записаны относительно подобных параметров (являющихся базовыми функциями) и имеют одинаковые коэффициенты, зависящие от шага (шагов) сетки.

Как будет показано ниже, принципу подобия присуще обобщающее свойство, т.к. он устанавливает соответствие (подобие) как классических, так и описываемых в данной работе новых формул теории приближений, в том числе формул численного дифференцирования и интегрирования, формул, относящихся к дифференциальным и интегродифференциальным сплайнам, а также к схемам решения ОДУ.

Кроме того, показано, что этот принцип распространяется на формулы математического анализа, в частности, позволяет обобщить интегральную формулу Римана и теоремы Коши и Лагранжа о средних значениях и увязать формулы, соответствующие этим теоремам, с формулами физики и квадратурной формулой.

При формировании некоторой группы подобных операторов вначале выбирается **базовый** оператор, по которому затем формируются последующие операторы группы, являющиеся подобными базовому. Например, в качестве базовых операторов могут быть выбраны дифференциальные операторы для аппроксимации функций или производных по приращениям первообразных (т.е. по значениям определенных интегралов $\Delta F_i = \int\limits_{x_i}^{x_{i+1}} f(x_i)dx$) или по приращениям функций ($\Delta f_{i-1}, \Delta f_i, ...$) [66], операторы для аппроксимации интегралов по линейной комбинации значений функций f_i на некотором аппроксимационном шаблоне. При получении подобных операторов некоторой группы, её базовый оператор как в левой, так и в правой части видоизменяется в соответствии с принципом подобия – порядок производных в левой и правой частях базового оператора постепенно либо повышается, либо (при возможности) понижается.

Для иллюстрации принципа подобия рассмотрим простейший конкретный пример его применения к операторам аппроксимации производных и восстановления функций. При этом правые части аппроксимационных операторов будем записывать через приращения функции $\Delta f_i = f_{i+1} - f_i$ (здесь $f_{i+1} = f(x_{i+1})$, $f_i = f(x_i)$) или первообразной $I_i^{i+1} = F(x_{i+1}) - F(x_i)$.

Так, например, классическая формула для аппроксимации производной первого порядка на трехточечном регулярном шаблоне:

$$\hat{f}_i' = \frac{1}{2h}(f_{i+1} - f_{i-1}) \qquad (1.3)$$

через приращения записывается в виде:

$$\hat{f}_i' = \frac{1}{2h}(\Delta f_i + \Delta f_{i-1}). \qquad (1.4)$$

Тогда, понижая порядок производной в левой и правой частях формулы (1.4), получим:

$$\hat{f}_i = \frac{1}{2h}(I_i^{i+1} + I_{i-1}^i). \qquad (1.5)$$

Формула (1.5) представляет аппроксимацию (восстановление) функции f_i по значениям определенных интегралов на отрезках, прилежащих к узлу x_i, в котором восстанавливается функция. То есть значение $\hat{f}_i$ равно среднему значению интегралов на прилежащих к узлу x_i отрезках. Представляя сумму интегралов по формуле $I_{i-1}^{i+1} = I_i^{i+1} + I_{i-1}^i$, получим $\hat{f}_i = \frac{1}{2h} I_{i-1}^{i+1}$. Это означает, что $\hat{f}_i$ совпадает со среднеинтегральным значением функции, т. е. $f_{cp} = \hat{f}_i = \frac{1}{2h} I_{i-1}^{i+1}$.

Подчеркнем, что в данном примере группу подобных формул составляют две формулы (1.4) и (1.5).

Замечание. В последующем материале (в главах 7 и 8) изложенный здесь кратко принцип подобия в применении к одному дифференциальному оператору будет применен к другим математическим формулам.

1.3 Исходные положения для конструирования интегродифференциальных сплайнов четных степеней. Локальные и глобальные сплайны

1.3.1 Основные определения, используемые при описании сплайнов

Дадим общее определение сплайнов, справедливое как для дифференциальных, так и для интегродифференциальных сплайнов.

Определение 1.5. **Сплайном** (или **сплайн-функцией**) $S_r(x)$ степени r, аппроксимирующим сеточную функцию $f_i = f(x_i)$ на сетке Δ_n (В.1), называется совокупность алгебраических многочленов (звеньев сплайна) степени r с коэффициентами $a_{k,i}$:

$$S_{r,i}(x) = \sum_{k=0}^{r} a_{k,i}(x - x_i)^k , \qquad (1.6)$$

определенных на частичных отрезках $[x_i, x_{i+1}]$, $i = 0, 1, \dots, n-1$ и соединенных вместе по всем частичным отрезкам в многозвенную функцию $S_r(x) = \bigcup_{i=0}^{n-1} S_{r,i}(x)$, определенную и непрерывную на всем отрезке $[a,b]$ вместе со всеми своими производными $S_r^{(p)}(x)$ до некоторого порядка μ ($p = 1, 2, \dots, \mu$ - порядок производной) (т. е. $S_r(x) \in C_{[a,b]}^{p}$).

Определение 1.6. **Дефект сплайна**: $q = r - \mu$ – это разность между степенью сплайна r и наибольшим порядком μ производной $S_r^{(\mu)}(x)$, непрерывной на отрезке $[a,b]$.

Значения коэффициентов сплайна $a_{k,i}$ определяются условиями, накладываемыми на звенья сплайна. В качестве таких условий используются приведенные ниже условия согласования (1.7), (1.8) искомого сплайна с аппроксимируемой функцией $f(x_i)$, а также условия непрерывности сплайна и его производных (условия гладкости сплайна), называемые условиями стыковки (1.9).

Определение 1.7. **Условиями согласования** звеньев $S_{r,i}(x)$ сплайна (многочленов степени r) с исходной функцией $f_i = f(x_i)$ на соответствующем частичном отрезке $[x_i,\, x_{i+1}]$ называются условия, накладываемые на невязки интегрального и дифференциального типов:

$$\delta S_{r,i}^{(-1)}(x_i, x_{i+1}) = \int\limits_{x_i}^{x_{i+1}} [S_{r,i}(x) - f(x)]dx = 0\,; \qquad (1.7)$$

$$\delta S_{r,i}^{(p_1)}(x_k) = S_{r,i}^{(p_1)}(x_k) - f^{(p_1)}(x_k) = 0 \ (k = i,\, i+1), \qquad (1.8)$$

где p_1 – порядки производных, принимающие целые значения из промежутка $0 \leq p_1 \leq \mu$.

Определение 1.8. **Алгебраический многочлен** $S_{r\text{Д},i}(x)$, коэффициенты которого получаются только на основе дифференциальных условий согласования (1.8), **называется дифференциальным многочленом (Д-многочленом).** Если звенья сплайна представляют собой дифференциальные многочлены, то этот **сплайн называется дифференциальным (Д-сплайном).**

Определение 1.9. **Алгебраический многочлен** $S_{r\,\text{ИД},i}(x)$, коэффициенты которого получаются на основе совокупности интегрального условия согласования (1.7) и дифференциальных условий согласования (1.8), **называется интегродифференциальным многочленом (ИД-многочленом).** Если звенья сплайна представляют собой интегродифференциальные многочлены, то этот **сплайн называется интегродифференциальным (ИД-сплайном).**

ИД-многочлены и ИД-сплайны впервые предложены авторами в [7, 9, 54-56, 59]. ИД-сплайны, приводимые в нижеследующем материале, могут быть интерполяционными и интерполяционно-сглаживающими.

Определение 1.10. Коэффициенты $a_{k,i}$ в правой части формулы звена сплайна $S_{r,i}(x)$ выражаются через известные (определенные) и неизвестные (неопределенные) **параметры сплайна** или **многочлена.** **Параметры дифференциального сплайна или многочлена** имеют вид: $f_i^{(p)} = f^{(p)}(x_i)$ (или $\Delta f_i^{(p)} = f_{i+1}^{(p)} - f_i^{(p)}$ – приращения). **Параметры интегродифференциального сплайна или многочлена** представляют собой совокупность $f_i^{(p)}$ (или их приращений $\Delta f_i^{(p)}$) и определенных интегралов $I_i^{i+1} = \int\limits_{x_i}^{x_{i+1}} f(x)\,dx.$ Здесь $p = 0,1,\ldots$ – порядок производной.

В зависимости от того, заданы те или иные параметры сплайна в постановке задачи или нет, они именуются **определенными** или **неопределенными.**

Замечание. Условия согласования для традиционных сплайнов нечетной степени $S_{2m-1}(x)$ имеют дифференциальный характер (1.8). Общее количество условий согласования для формирования звена сплайна нечетной степени должно быть равно количеству коэффициентов $a_{k,i}$ алгебраического многочлена – звена сплайна $S_{2m-1,i}(x)\big|_{x\in[x_i, x_{i+1}]}$, то есть $2m$. Таким образом, на каждый из узлов x_i и x_{i+1} звена приходится m условий согласования. Так, для кубических сплайнов должны быть заданы по два условия на каждый узел звена сплайна, соответствующего некоторому произвольному отрезку $[x_i, x_{i+1}]$, для сплайна пятой степени по три условия и т.д. Подчеркнем, что в качестве одной пары условий согласования в сплайнах нечетной степени должны быть обязательно заданы два функциональных условия согласования на концах отрезка $[x_i, x_{i+1}]$ в виде (1.8) при $p_1 = 0$. Если же эти два функциональных условия не задаются, то нельзя определить коэффициент $a_{0,i}$ в алгебраическом многочлене (1.6).

Для построения сплайна минимального дефекта на его звенья накладываются требуемые условия непрерывности сплайна и его производных в узлах – условия стыковки.

Определение 1.11. **Условие стыковки** для некоторого внутреннего узла x_i сетки Δ_n, общего для звена $S_{r,i-1}(x)$, относящегося к частичному отрезку $[x_{i-1}, x_i]$, и звена $S_{r,i}(x)$, определенного на частичном отрезке $[x_i, x_{i+1}]$, имеет вид:

$$S_{r,i-1}^{(p_2)}(x)\Big|_{x=x_i} = S_{r,i}^{(p_2)}(x)\Big|_{x=x_i}, \qquad (1.9)$$

где p_2 – порядки производных, принимающие целые значения из промежутка $0 \le p_2 \le \mu$.

Условия стыковки обычно дополняются краевыми (граничными) условиями, определяющими значения сплайна и (если требуется) его производных на концах отрезка $[a,b]$.

Для построения сплайна, то есть для однозначного нахождения коэффициентов $a_{k,i}$ ($k = 0, 1, \ldots, r$) всех его звеньев ($i = 0, 1, \ldots, n-1$), необходимо выбирать условия согласования (из (1.7), (1.8)) и условия стыковки (1.9) (в совокупности с краевыми условиями) так, чтобы общее количество условий было равно количеству коэффициентов $a_{k,i}$, то есть $(r+1)\cdot n$. Для построения сплайна дефекта $q = r - \mu$, то есть обеспечения непрерывности сплайна и его производных до порядка μ включительно, условия согласования и стыковки надо выбирать так, чтобы в соотношениях (1.8) и (1.9) множества порядков производных $\{p_1\}$ и $\{p_2\}$ в пересечении давали пустое множество, то есть $\{p_1\}\bigcap\{p_2\} = \varnothing$, а их объединение составляло последовательность $0, 1, 2, \ldots, \mu$, то есть $\{p_1\}\bigcup\{p_2\} = \{0, 1, 2, \ldots, \mu\}$.

1.3.2 Локальные и глобальные сплайны, типы параметрических задач

Определение 1.12. **Сплайн** называется **локальным**, если все неопределенные параметры, относящиеся к каждому его звену $S_{r,i}(x)$, при $[x_i, x_{i+1}]$, $i = 0, 1, ..., n-1$, находятся локально по явным аппроксимационным формулам. (Метод аппроксимации локальными сплайнами называется **локальной аппроксимацией**.) **Формулы (операторы) для нахождения неопределенных параметров** в этом случае **называются локальными**.

Для построения локальных сплайнов используются только условия согласования, поскольку не ставится цель обеспечить минимальный дефект. Количество условий согласования, необходимых для получения формулы звена локального сплайна $S_{r,i}(x)$, должно соответствовать степени сплайна и равняться количеству коэффициентов $a_{k,i}$ ($k = 0, 1, ..., r$), т. е. $r+1$. Условия стыковки на локальный сплайн не накладываются. Сплайн-аппроксимация (как правило, это интерполяция) локальными сплайнами сводится, таким образом, к нахождению значений неопределенных параметров по аппроксимационным формулам. Недостаток локальной интерполяции состоит в том, что такой способ не предусматривает обеспечения минимального дефекта сплайна.

Альтернативой локальному сплайну является глобальный сплайн.

Определение 1.13. **Сплайн** называется **глобальным**, если неопределенные параметры, относящиеся к каждому его звену $S_{r,t}(x)$, $t = i$, при $x \in [x_i, x_{i+1}]$, $i = 0, 1, ..., n-1$, находятся совместно с параметрами, характеризующими все остальные звенья $S_{r,t}(x)$, $t \neq i$. Аппроксимация с помощью глобальных сплайнов называется **глобальной аппроксимацией**, а соответствующий способ нахождения параметров – **глобальным способом**.

В построении глобального сплайна участвуют условия стыковки (из которых вытекают уравнения для вычисления неопределенных параметров), выбираемые так, чтобы обеспечить непрерывность тех производных (как можно большего порядка ($p = 0,1,2,\ldots$), которые не включены в условия согласования. (Непрерывность производных, включенных в условия согласования вида (1.8), гарантируется самими условиями согласования).

Неопределенные параметры в глобальных сплайнах для всех звеньев вычисляются, как правило, путем решения систем линейных алгебраических уравнений с трехдиагональной матрицей (с диагональным преобладанием) методом прогонки [19, 21, 40, 46, 79, 94]. При этом каждая система, записанная для внутренних узлов сетки $\{x_i, i = 1, 2, \ldots, n-1\}$, дополняется двумя граничными условиями. Глобальный способ аппроксимации, по сравнению с локальным способом, обеспечивает минимальный дефект сплайна. Поэтому глобальные сплайны получили более широкое распространение в вычислительной практике.

Определение 1.14. **Параметрическими соотношениями (уравнениями)** называются соотношения, связывающие неопределенные и определенные параметры.

При решении задачи аппроксимации с помощью сплайн-функций параметрические соотношения, как правило, получаются из условий стыковки звеньев сплайна и используются для нахождения значений неопределенных параметров. Например, параметрическими уравнениями при конструировании кубических дифференциальных сплайнов являются уравнения (В.5), (В.7). Параметрические соотношения в данной книге используются также для вывода новых типов формул численного дифференцирования и интегрирования (см. главу 7).

Определение 1.15. **Параметрическая задача** – это задача нахождения из параметрических соотношений значений неопределенных параметров с использованием известных значений определенных параметров.

Определение 1.16. **Порядок** L **параметров** I_i^{i+1}, $f_i^{(p)}$ (или $\Delta f_i^{(p)}$) **сплайна или его звена (многочлена)** – это порядок, соответствующий либо первообразной, либо функции, либо производной: $L = -1$ для параметров I_i^{i+1} (разности первообразных), $L = p$ $(p = 0,1,2,...)$ для параметров $f_i^{(p)}$ (или $\Delta f_i^{(p)}$)). (Понятие параметров сплайна или многочлена введено в определении 1.10.)

Определение 1.17. Параметрическая задача называется **прямой (обратной)**, если порядки всех неопределенных параметров больше (меньше) порядков определенных параметров. Если в задаче аппроксимации порядки одних неопределенных параметров больше, а порядки других меньше порядков определенных параметров, то параметрическая задача называется **смешанной**.

Данная классификация используется далее при описании методов построения параболических интегродифференциальных сплайнов.

1.3.3 Принцип конструирования одномерных и двумерных интегродифференциальных сплайнов четных степеней. Основные математические задачи, решаемые на основе сплайнов четных степеней

Как было отмечено во введении, для получения формулы одного звена сплайна четной степени на отрезке $[x_i, x_{i+1}]$

$$S_{2m,i}(x) = \sum_{k=0}^{2m} a_{k,i}(x - x_i)^k \qquad (1.10)$$

должно быть задано нечетное количество условий согласования, равное $2m+1$. Поэтому на основе только дифференциальных условий согласования и без сдвига узлов сплайна относительно узлов аппроксимируемой функции нельзя построить устойчивые глобальные сплайны четной степени минимального дефекта [79]. Неодинаковое количество условий, приходящихся на левый и правый концы отрезка $[x_i, x_{i+1}]$, на котором строится звено сплайна, обусловливает неустойчивость расчетного алгоритма при нахождении неопределенных параметров глобальных сплайнов четной степени со звеньями вида (1.10).

Авторами в работах [7, 9, 55, 56, 60, 67-69] и др. предложен и обоснован новый метод построения множества устойчивых интегродифференциальных сплайнов четной степени с использованием интегрального условия согласования (1.7) и традиционных дифференциальных условий согласования (1.8). Соотношения связи определенных и неопределенных параметров для сплайнов четной степени получаются так же, как и для сплайнов нечетной степени, из условия (1.9) непрерывности функций или производных соответствующего порядка.

Интегродифференциальный метод построения одномерных и двумерных сплайнов четной степени дополняет множество традиционных сплайнов нечетной степени. Таким образом, совокупность дифференциальных сплайнов нечетной степени и интегродифференциальных сплайнов четной степени образует **полное множество** алгебраических сплайнов. При решении практических задач по аппроксимации функций, обладающих заданными свойствами, требуемая точность может быть обеспечена путем выбора четного или нечетного глобального сплайна нужной степени.

Для нахождения параметров как одномерных, так и двумерных ИД-сплайнов в вышеуказанных и других работах предложены и методически исследованы экономичные глобальные алгоритмы, позволяющие учитывать локальные свойства аппроксимируемых функций.

Для построения двумерных интерполяционных параболических ИД-многочленов $S_{2,2,(i,j)}(x,y)$ (из которых, как из звеньев, могут быть составлены двумерные параболические ИД-сплайны) в прямоугольной области $\Omega_{i,j}=[x_i,x_{i+1}]\times[y_j,y_{j+1}]$ используется двумерное интегральное условие согласования с аппроксимируемой функцией $f(x,y)$:

$$\delta S_{2,2,(i,j)}^{(-1,-1)}(x_i,x_{i+1},y_j,y_{j+1})=\iint\limits_{\Omega_{i,j}}[S_{2,2,(i,j)}(x,y)-f(x,y)]\,dxdy=0 \quad (1.11)$$

в совокупности с традиционными условиями интерполяции и одномерными условиями согласования на границах области $\Omega_{i,j}$.

Подчеркнем, что использование интегрального условия согласования как в одномерном, так и в двумерном случае обеспечивает:

1) симметричность условий согласования, определяющих параметры звена одномерного сплайна на отрезке $[x_i,x_{i+1}]$ и двумерного сплайна в области $\Omega_{i,j}$, и, тем самым, возможность построения как устойчивых одномерных и двумерных

параболических ИД-сплайнов минимального дефекта (т. е. дефекта 1), узлы которых совпадают с узлами исходной сеточной функции, так и интегродифференциальных или интегральных интерполяционных или сглаживающих многочленов.

2) выполнение **свойства консервативности** ИД-сплайнов четной степени – т. е. **сохранения площади** под получаемым сплайном – для аппроксимируемой функции одной переменной $f(x_i)$ или **объема** – для аппроксимируемой функции двух переменных $z(x_i, y_j)$.

Применительно к одномерным параболическим ИД-сплайнам дефекта 1 в книге описываются новые экономичные методы решения следующих основных задач аппроксимации:

– задачи приближения функции, заданной на сетке Δ_n: $a = x_0 < x_1 < ... < x_i < x_{i+1} < ... < x_n = b$ с малой погрешностью (не превышающей $O(H^3)$, $H = \max\limits_{i=1,2,...,n} h_i$) (слабое сглаживание применительно к задаче аппроксимации сеточной функции, заданной с малой погрешностью) – см. подраздел 3.2;

– задачи сглаживания функции, заданной на сетке Δ_n с погрешностью, превышающей $O(H^3)$ (сильное сглаживание применительно к задаче сглаживания сеточной функции, заданной с большой погрешностью – данный метод сглаживания является альтернативным классическому методу наименьших квадратов) – см. подраздел 3.3;

– задачи восстановления функции $f(x)$, заданной с помощью интегралов на частичных отрезках $[x_i, x_{i+1}]$: $I_0^1, I_1^2,..., I_{n-1}^n$,

где $I_i^{i+1} = \int\limits_{x_i}^{x_{i+1}} f(x)dx$ $(i = 0,1,...,n-1)$ – см. подраздел 3.4.

Задача восстановления функции по интегралам не имеет аналогов в классическом численном анализе и в этой книге используется при конструировании параболических интегродифференциальных сплайнов как составная часть метода слабого сглаживания. Задача может найти применение в практике приближения функций, заданной определенными интегралами.

Для решения первой задачи в работе сконструированы так называемые слабосглаживающие параболические ИД-сплайны $\tilde{S}_{2\text{ИД}1}(x)$.

Отличие метода слабого сглаживания от обычной интерполяции состоит в том, что для функций $f(x) \in C_{[a,b]}^{\mu}$ ($\mu \geq 3$) обеспечивается порядок аппроксимации $O(H^3)$ на всем отрезке $[a,b]$, при этом в узлах сеточной функции x_i невязки $\delta\tilde{S}_{2\text{ИД}}(x_i) = \tilde{S}_{2\text{ИД}}(x_i) - f(x_i)$ не нулевые, а имеют порядок $O(H^3)$. Как было отмечено, в практических задачах порядок точности исходных данных, как правило, не превышает $O(H^3)$. В этих случаях слабосглаживающие сплайны в сущности являются интерполяционными, так как условия интерполяции в узлах сеточной функции выполняются с порядком $O(H^3)$.

В книге описаны также двумерные параболические слабосглаживающие ИД-сплайны, аппроксимирующие сеточные функции $f(x_i, y_j)$, заданные с малой погрешностью на сетке

$$\Delta_{n_x, n_y} = \Delta_{n_x} \times \Delta_{n_y} \ (\Delta_{n_x}: a = x_0 < x_1 < ... < x_{n_x} = b, \ \Delta_{n_y}: c = y_0 < y_1 < ... < y_{n_y} = d).$$

Показано, что для двумерных функций (поверхностей) $f(x,y) \in C_{\Omega}^{\mu_x, \mu_y}(\mu_x, \mu_y \geq 3)$ (где $\Omega = [a,b] \times [c,d]$ — прямоугольная область), заданных с погрешностью, не превышающей $O(H_x^3 + H_y^3)$, слабосглаживающие ИД-сплайны $\tilde{S}_{2,2\text{ИД}}(x,y)$ обеспечивают порядок

аппроксимации $O(H_x^3 + H_y^3)$ ($H_x = \max\limits_{i=1,2,\ldots,n_x} h_{xi}$, $H_y = \max\limits_{j=1,2,\ldots,n_y} h_{yj}$,

$h_{xi+1} = x_{i+1} - x_i$, $h_{yj+1} = y_{j+1} - y_j$) во всей области Ω (и, в частности, в

узлах сеточной функции (x_i, y_j)) (см подраздел 4.3). Двумерные

параболические слабосглаживающие ИД-сплайны $\tilde{S}_{2,2\text{ИД}}(x,y)$

конструируются на основе одномерных ИД-сплайнов $\tilde{S}_{2\text{ИД}}(x,y)$ и

удовлетворяют двумерному интегральному условию согласования

(1.11), одномерным интегральным условиям согласования на границах

частичных областей $\Omega_{i,j} = [x_i, x_{i+1}] \times [y_j, y_{j+1}]$ и условиям

непрерывности сплайна и его частных производных до первого

порядка по каждой из переменных.

В книге приводятся доказательства теорем об оценках
погрешностей аппроксимации функций различных классов гладкости
одномерными и двумерными параболическими слабосглаживающими
ИД-сплайнами и доказаны теоремы их сходимости (см подразделы
3.2, 4.3).

Для решения задачи сглаживания одномерных сеточных
функций, заданных с большой погрешностью (превышающей $O(H^3)$),
в монографии представлен метод аппроксимации с помощью
параболических ИД-сплайнов дефекта 1, основанных на интегральном
условии согласования с исходной функцией (сильносглаживающие
ИД-сплайны) – см. подраздел 3.3. Интегральные параметры
ИД-сплайнов при этом вычисляются так, чтобы получающиеся
сплайны осредняли погрешности измерений или вычислений и
восстанавливали исходную функцию. Алгоритмы построения
сильносглаживающих ИД-сплайнов характеризуются устойчивостью,
простотой реализации, экономичностью.

В книге рассмотрены также способы восстановления функции, заданной своими интегралами на частичных отрезках, с помощью ИД-сплайнов (см. подраздел 3.4).

Использование интегральных условий согласования позволяет конструировать одномерные и двумерные ИД-многочлены и ИД-сплайны произвольной четной степени, узлы которых совпадают с узлами аппроксимируемой сеточной функции (см главу 5). Формулы звеньев ИД-сплайнов в этом случае достаточно просты и способ их построения не представляет особых вычислительных сложностей.

Глава 2. Одномерные параболические интегродифференциальные многочлены и локальные интегродифференциальные сплайны

В данной главе конструируются одномерные параболические ИД-многочлены и локальные интерполяционные ИД-сплайны и выводятся оценки погрешностей аппроксимации ими функций различных классов гладкости на одном частичном отрезке.

2.1 Построение параболических ИД-многочленов и локальных интерполяционных ИД-сплайнов

Пусть на отрезке $[a, b]$ в узлах сетки Δ_n задана сеточная функция одной переменной $f_i = f(x_i)$ как сеточное представление формульной функции $f(x)$. Ставится задача получения на основе условий согласования (1.7), (1.8) алгебраического ИД-многочлена второй степени $S_{2,i}(x) = \sum_{k=0}^{2} a_{k,i}(x - x_i)^k$, аппроксимирующего функцию $f(x_i)$ на частичном отрезке $[x_i, x_{i+1}]$, и конструирования на его основе локального ИД-сплайна, аппроксимирующего $f(x_i)$ на $[a,b]$ с дефектом $q = 2$. Для оценки погрешностей аппроксимации будет предполагаться, что $f(x) \in C_{[a,b]}^{\mu}$ ($\mu \geq 3$).

В соответствии с постановкой задачи, с помощью интегрального условия согласования (1.7) при $r = 2$ и двух функциональных условий согласования (1.8) при $r = 2$, $p_1 = 0$ для $k = i, i+1$: $S_{2,i}(x_k) = f(x_k) = f_k$ (являющихся условиями интерполяции) путем разрешения уравнений (получающихся из (1.7), (1.8) при $p_1 = 0$, $k = i, i+1$) относительно коэффициентов $a_{k,i}$, получается формула первого интерполяционного ИД-многочлена на $[x_i, x_{i+1}]$:

$$S_{2\text{ИД}1,i}(x) = f_i + \left(\frac{6\nabla I_i^{i+1}}{h_{i+1}^2} - \frac{2\Delta f_i}{h_{i+1}} \right)(x - x_i) + \left(-\frac{6\nabla I_i^{i+1}}{h_{i+1}^3} + \frac{3\Delta f_i}{h_{i+1}^2} \right)(x - x_i)^2, \quad (2.1)$$

где $h_{i+1} = x_{i+1} - x_i$, $\nabla I_i^{i+1} = I_i^{i+1} - f_i h_{i+1}$, $\Delta f_i = f_{i+1} - f_i$.

В формуле (2.1) значения функции f_i рассматриваются как определенные параметры, а интегралы I_i^{i+1} – как неопределенные параметры.

Тогда если объединить $S_{2\text{ИД}1,i}(x)$ на всех частичных отрезках $[x_i, x_{i+1}]$ ($i = 0, 1, \ldots, n - 1$), рассматривая их в качестве звеньев сплайна, то получится локальный интерполяционный параболический ИД-сплайн на отрезке $[a, b]$:

$$S_{2\text{ИД}1}(x) = \bigcup_{i=0}^{n-1} S_{2\text{ИД}1,i}(x). \qquad (2.2)$$

Этот сплайн имеет дефект $q = 2$, если вычисление значений неопределенных параметров I_i^{i+1} осуществляется локальным способом по соответствующим квадратурным формулам.

Интегральное условие согласования (1.7) и два дифференциальных условия согласования (1.8) при $r = 2$, $p_1 = 1$ для $k = i, i + 1$: $S'_{2,i}(x_k) = f'(x_k) = f'_k$ на отрезке $[x_i, x_{i+1}]$ определяют формулу второго ИД-многочлена:

$$S_{2\text{ИД}2,i}(x) = \left(\frac{I_i^{i+1}}{h_{i+1}} - \frac{1}{2} f'_i h_{i+1} - \frac{1}{6} \Delta f'_i h_{i+1} \right) + f'_i(x - x_i) + \frac{\Delta f'_i}{2h_{i+1}}(x - x_i)^2, \, (2.3)$$

где $\Delta f'_i = f'_{i+1} - f'_i$.

Следует отметить, что для построения параболических ИД-многочленов используется двухточечный шаблон (x_i, x_{i+1}). В то же время классические интерполяционные многочлены второй степени, определяемые только функциональными условиями

70

согласования, строятся на двух смежных отрезках, то есть на трехточечном шаблоне (x_i, x_{i+1}, x_{i+2}), что приводит к отсутствию гибкости и невозможности «подстроить» алгоритм интерполяции в соответствии с локальными свойствами функции, реализующимися внутри шаблона, на котором проводится аппроксимация, например, в областях быстрого изменения значений интерполируемой функции или в местах разрыва ее производных.

Таким образом, использование интегродифференциального метода позволяет повысить гибкость интерполирования, поскольку параболические ИД-многочлены замыкаются на одном отрезке $[x_i, x_{i+1}]$ и зависят как от значений функции в узлах $f(x_i)$, $f(x_{i+1})$, так и от интегралов $I_i^{i+1} = \int_{x_i}^{x_{i+1}} f(x)dx$. В этом случае для более точного вычисления интегралов в особых локальных зонах (в которых исходная функция имеет особенности, например, разрывы производных или большие изменения в малых окрестностях) можно конструировать «уточненные» алгоритмы, учитывающие поведение функции в данной конкретной области. Для этого могут быть применены представленные в главах 7 и 8 различные виды квадратурных формул, построенных, в общем случае, на нерегулярном шаблоне.

В дальнейшем на базе полученных ИД-многочленов $S_{2\text{ИД}1,i}(x)$, $S_{2\text{ИД}2,i}(x)$ строятся параболические ИД-сплайны минимального дефекта $q = 1$.

2.2 Оценки погрешностей аппроксимации функций ИД-многочленами второй степени и локальными параболическими ИД-сплайнами на одном частичном отрезке

Оценки погрешностей аппроксимации функций различных классов гладкости $\mu = 1, 2, 3$ с помощью ИД-многочленов $S_{2И\!Д1,i}(x)$ и $S_{2И\!Д2,i}(x)$ на отрезке $[x_i, x_{i+1}]$ (формулы (2.1) и (2.3) соответственно) здесь выводятся в предположении, что параметры I_i^{i+1}, f_i, f_{i+1} многочлена $S_{2И\!Д1,i}(x)$ и параметры I_i^{i+1}, f_i', f_{i+1}' многочлена $S_{2И\!Д2,i}(x)$ известны точно или вычислены с погрешностью, не превышающей $O(h^{\mu+2})$ – для I_i^{i+1}, $O(h^{\mu+1})$ – для f_i, f_{i+1}, $O(h^{\mu})$ – для f_i', f_{i+1}' (здесь $h = x_{i+1} - x_i$). Таким образом, оценивается максимальный порядок аппроксимации функций многочленами $S_{2И\!Д1,i}(x)$, $S_{2И\!Д2,i}(x)$.

Под погрешностью аппроксимации здесь понимается расстояние между аппроксимирующей и аппроксимируемой функциями (и их производными), введенное в пространстве непрерывных на отрезке $[a, b]$ функций с нормой $\left\| g(x) \right\|_{[a,b]} = \max\limits_{x \in [a,b]} \left| g(x) \right|$.

Обозначим $R^{(p)}(x) = S_r^{(p)}(x) - f^{(p)}(x)$ ($p = 0; 1$- порядок производной) – остаточное слагаемое аппроксимации. Тогда погрешностью является норма

$$\left\| R^{(p)}(x) \right\|_{[x_i, x_{i+1}]} = \max\limits_{x \in [x_i, x_{i+1}]} \left| R^{(p)}(x) \right| \quad \text{– для частичного отрезка } [x_i, x_{i+1}]$$

и

$$\left\| R^{(p)}(x) \right\|_{[a,b]} = \max\limits_{x \in [a,b]} \left| R^{(p)}(x) \right| \quad \text{– для всего отрезка } [a, b].$$

Многочлены $S_{2И\!Д1,i}(x)$ и $S_{2И\!Д2,i}(x)$ в форме Лагранжа имеют вид:

$$S_{2\text{ИД}1,i}(x) = \frac{6u(1-u)}{h_{i+1}}I_i^{i+1} + (1-u)(1-3u)f_i + u(3u-2)f_{i+1}, \qquad (2.4)$$

$$S_{2\text{ИД}2,i}(x) = \frac{1}{h_i}I_i^{i+1} + \frac{1}{6}(-3u^2+6u-2)h_{i+1}f_i' + \frac{1}{6}(3u^2-1)h_{i+1}f_{i+1}', \quad (2.5)$$

где $u = \dfrac{x-x_i}{h_{i+1}}(0 \le u \le 1)$.

Остаточное слагаемое интерполяции многочленом $S_{2\text{ИД}1,i}(x)$ (2.4) на отрезке $[x_i, x_{i+1}]$ выражается разностью:

$$R_{2\text{ИД}1}(x) = S_{2\text{ИД}1,i}(x) - f(x) = \frac{\varphi_1(u)}{h_{i+1}}I_i^{i+1} + \varphi_2(u)f_i + \varphi_3(u)f_{i+1} - f(x), (2.6)$$

где $\varphi_1(u) = 6u(1-u)$, $\varphi_2(u) = (1-u)(1-3u)$, $\varphi_3(u) = u(3u-2)$.

Пусть $f(x) \in C^3_{[x_i,x_{i+1}]}$. Считая, что параметры $I_i^{i+1} = F_{i+1} - F_i$ и f_i, f_{i+1} (здесь $F_i = F(x_i), F_{i+1} = F(x_{i+1})$, где $F(x)$ – первообразная) известны точно или вычислены с точностью не ниже $O(h^5)$ – для I_i^{i+1}, $O(h^4)$ – для f_i и f_{i+1}, заменим их в (2.6) разложениями по формуле Тейлора (В.19) в точке $x \in (x_i, x_{i+1})$ так, чтобы остаточные слагаемые рядов Тейлора в форме Лагранжа содержали третью производную функции $f(x)$.

Разложения $F_i, F_{i+1}, f_i, f_{i+1}$ относительно точки x имеют вид:

$$F_i = F(x) - h_{i+1}uf(x) + \frac{h_{i+1}^2 u^2}{2}f'(x) - \frac{h_{i+1}^3 u^3}{6}f''(x) + \frac{h_{i+1}^4 u^4}{24}f'''(\xi),$$

$$F_{i+1} = F(x) + h_{i+1}(1-u)f(x) + \frac{h_{i+1}^2(1-u)^2}{2}f'(x) + \frac{h_{i+1}^3(1-u)^3}{6}f''(x) + \frac{h_{i+1}^4(1-u)^4}{24}f'''(\eta),$$

$$f_i = f(x) - h_{i+1}uf'(x) + \frac{h_{i+1}^2 u^2}{2}f''(x) - \frac{h_{i+1}^3 u^3}{6}f'''(\xi),$$

$$f_{i+1} = f(x) + h_{i+1}(1-u)f'(x) + \frac{h_{i+1}^2(1-u)^2}{2}f''(x) + \frac{h_{i+1}^3(1-u)^3}{6}f'''(\eta).$$

(Здесь $x_i < \xi < x$, $x < \eta < x_{i+1}$).

73

Требования к точности задания или априорного вычисления параметров I_i^{i+1}, f_i, f_{i+1} выбраны так, чтобы эта точность на порядок превышала степени h_{i+1} в остаточных слагаемых рядов Тейлора и не влияла на искомую погрешность интерполяции.

Подставляя эти разложения в (2.6), получим:

$$R_{2\text{ИД1}}(x) = \frac{h_{i+1}^3}{12} u^3 (1-u)(-3u^2 + 6u - 2) f'''(\xi) + \frac{h_{i+1}^3}{12} u(1-u)^3 (3u^2 - 1) f'''(\eta)$$

$(\xi, \eta \in (x_i, x_{i+1}))$.

Здесь учитывается, что точка ξ $(x_i < \xi < x)$ для разложения F_i та же, что и для разложения f_i, и точка η $(x < \eta < x_{i+1})$ для разложения F_{i+1} та же, что и для разложения f_{i+1}.

Обозначим $\psi_1(u) = (1-u)(-3u^2 + 6u - 2)$, $\psi_2(u) = u(1-u)^3 (3u^2 - 1)$.

Тогда $\quad \left| R_{2\text{ИД1}}(x) \right| \le \frac{h_{i+1}^3}{12} \left(\left| \psi_1(u) \right| \cdot \left| f'''(\xi) \right| + \left| \psi_2(u) \right| \cdot \left| f'''(\eta) \right| \right).$

По теореме о среднем [40, с. 43] если $g(x) \in C_{[\xi, \eta]}$ и α и β имеют одинаковые знаки, то $\exists \zeta \in [\xi, \eta]: \quad \alpha g(\xi) + \beta g(\eta) = (\alpha + \beta) g(\zeta)$. Следовательно, если принять в качестве $g(x)$ функцию $\left| f'''(x) \right|$ и в качестве коэффициентов α, β значения $\left| \psi_1(u) \right|$, $\left| \psi_2(u) \right|$ в данной конкретной точке u $(u \in [0, 1])$, и поскольку $\xi, \eta \in [x_i, x_{i+1}]$, то существует такая точка $\zeta \in [x_i, x_{i+1}]$, что $\forall x \in [x_i, x_{i+1}]$ (то есть $\forall u \in [0, 1]$) выполняется неравенство:

$$\left| R_{2\text{ИД1}}(x) \right| \le \frac{h_{i+1}^3}{12} \left(\left| \psi_1(u) \right| + \left| \psi_2(u) \right| \right) \left| f'''(\zeta) \right|.$$

Пусть $\left\| f^{(p)}(x) \right\|_{[x_i, x_{i+1}]} = \max\limits_{x \in [x_i, x_{i+1}]} \left| f^{(p)}(x) \right|$ (p - порядок производной).

Тогда

$$\left| R_{2\text{ИД1}}(x) \right| \le \frac{h_{i+1}^3}{12} \cdot \gamma(u) \cdot \left\| f'''(x) \right\|_{[x_i, x_{i+1}]}, \text{ где } \gamma(u) = \left| \psi_1(u) \right| + \left| \psi_2(u) \right|. \quad (2.7)$$

Правая часть неравенства (2.7) является мажорантой для модуля остаточного слагаемого. Поэтому максимальную величину модуля остаточного слагаемого $R_{2\text{ИД1}}(x)$ на отрезке $[x_i, x_{i+1}]$ можно оценить по формуле:

$$\left\|R_{2\text{ИД1}}(x)\right\|_{[x_i, x_{i+1}]} \leq \frac{h_{i+1}^3}{12} \max_{u \in [0,1]} \gamma(u) \cdot \left\|f'''(x)\right\|_{[x_i, x_{i+1}]}.$$

Оценка максимальной погрешности получается путем вычисления максимума функции $\gamma(u)$ при $0 \leq u \leq 1$.

График функции $\gamma(u)$ приведен на рисунке 2.1.

Максимум функции $\gamma(u)$ при $0 \leq u \leq 1$ достигается в двух точках $u_1^* = \dfrac{\sqrt{3}-1}{2\sqrt{3}} \approx 0.21133$, $u_2^* = \dfrac{\sqrt{3}+1}{2\sqrt{3}} \approx 0.78868$, симметричных относительно середины отрезка, и равен $\dfrac{1}{6\sqrt{3}} \approx 0.09623$ (точки **B** и **D** на рисунке 2.1).

Таким образом, при $f(x) \in C_{[x_i, x_{i+1}]}^3$ оценка погрешности интерполяции функции $f(x)$ ИД-многочленом $S_{2\text{ИД1},i}(x)$ на отрезке $[x_i, x_{i+1}]$ будет иметь вид:

$$\left\|R_{2\text{ИД1}}(x)\right\|_{[x_i, x_{i+1}]} = \left\|S_{2\text{ИД1},i}(x) - f(x)\right\|_{[x_i, x_{i+1}]} \leq \frac{h_{i+1}^3}{72\sqrt{3}} \left\|f'''(x)\right\|_{[x_i, x_{i+1}]} \approx$$
$$\approx 0.00802 \cdot h_{i+1}^3 \left\|f'''(x)\right\|_{[x_i, x_{i+1}]}.$$

Анализ мажорирующей функции $M(u) = \sigma \cdot \gamma(u)$ (где

$\sigma = \dfrac{h_{i+1}^3}{12} \left\|f'''(x)\right\|_{[x_i, x_{i+1}]}$) в правой части неравенства (2.7) показывает,

что в точках $u_L = 0, u_R = 1$ (то есть при $x = x_i, x = x_{i+1}$) $\gamma(u_L) = \gamma(u_R) = 0$ (точки **A** и **E** на рисунке 2.1) и $M(u_L) = M(u_R) = 0$ (в силу выполнения условий интерполяции $S_{2\text{ИД1},i}(x_i) = f(x_i)$,

$S_{2\text{ИД1},i}(x_{i+1}) = f(x_{i+1})$), а в точке $u_C = \dfrac{1}{2}$ ($x = x_i + \dfrac{h_{i+1}}{2}$ – середина отрезка $[x_i, x_{i+1}]$) функция $\gamma(u)$ имеет локальный минимум: $\gamma(u_C) = 0.03125$ (точка **C** на рисунке 2.1) и $M(u)$ принимает значение:

$$M(u_C) = \frac{0.03125}{12} h_{i+1}^3 \left\| f'''(x) \right\|_{[x_i, x_{i+1}]} \approx 0.00260 \cdot h_{i+1}^3 \left\| f'''(x) \right\|_{[x_i, x_{i+1}]}.$$

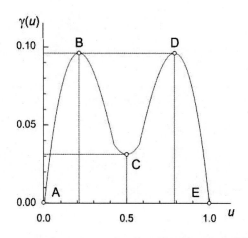

Рисунок 2.1 – График функции $\gamma(u)$. На графике обозначены точки: A(0.0, 0.0), E(1.0, 0.0) – точки, соответствующие узлам интерполяции; B(0.21133, 0.09623), D(0.78868, 0.09623) – точки локального максимума функции $\gamma(u)$;

C(0.5, 0.03125) – точка локального минимума функции $\gamma(u)$.

Для нахождения оценки погрешности $\left\| R^{(1)}_{2ИД1}(x) \right\|_{[x_i, x_{i+1}]}$ приближения производной $f'(x)$ при $f(x) \in C^3_{[x_i, x_{i+1}]}$ с помощью производной $S'_{2ИД1,i}(x)$ на отрезке $[x_i, x_{i+1}]$ в выражении для остаточного слагаемого аппроксимации производной, определяемого соотношением

$$R^{(1)}_{2ИД1}(x) = S'_{2ИД1,i}(x) - f'(x) =$$
$$= \frac{d\varphi_1(u)}{du} \frac{du}{dx} \frac{I_i^{i+1}}{h_{i+1}} + \frac{d\varphi_2(u)}{du} \frac{du}{dx} f_i + \frac{d\varphi_3(u)}{du} \frac{du}{dx} f_{i+1} - f'(x),$$

необходимо заменить величины $I_i^{i+1} = F_{i+1} - F_i$, f_i, f_{i+1} их разложениями по формуле Тейлора в точке $x \in (x_i, x_{i+1})$ (так, чтобы остаточные слагаемые рядов Тейлора в форме Лагранжа содержали третью производную функции $f(x)$).

После приведения подобных слагаемых и с учетом того, что $\dfrac{du}{dx} = \dfrac{1}{h_{i+1}}$, получается следующее соотношение:

$$R_{2\text{ИД}1}^{(1)}(x) = \frac{h_{i+1}^2}{12} u^3 (6u^2 - 15u + 8) f'''(\xi) + \frac{h_{i+1}^2}{12} (1-u)^3 (6u^2 + 3u - 1) f'''(\eta)$$
$(\xi, \eta \in (x_i, x_{i+1}))$.

В результате применения теоремы о среднем получается оценка:

$$\left| R_{2\text{ИД}1}^{(1)}(x) \right| \le \frac{h_{i+1}^2}{12} \gamma^{[1]}(u) \cdot \left\| f'''(x) \right\|_{[x_i, x_{i+1}]}, \qquad (2.8)$$

где $\gamma^{[1]}(u) = \left| \psi_1^{[1]}(u) \right| + \left| \psi_2^{[1]}(u) \right|$,

$\psi_1^{[1]}(u) = u^3 (6u^2 - 15u + 8)$, $\psi_2^{[1]}(u) = (1-u)^3 (6u^2 + 3u - 1)$.

График функции $\gamma^{[1]}(u)$ приведен на рисунке 2.2.

Максимум функции $\gamma^{[1]}(u)$ достигается в точках $u_L = 0, u_R = 1$ (то есть на концах отрезка $[x_i, x_{i+1}]$) и равен 1 (точки **A** и **E** на рисунке 2.2). Следовательно, при $f(x) \in C_{[x_i, x_{i+1}]}^3$ погрешность приближения $f'(x)$ с помощью $S'_{2\text{ИД}1,i}(x)$ на отрезке $[x_i, x_{i+1}]$ имеет вид:

$$\left\| R_{2\text{ИД}1}^{(1)}(x) \right\|_{[x_i, x_{i+1}]} = \left\| S'_{2\text{ИД}1,i}(x) - f'(x) \right\|_{[x_i, x_{i+1}]} \le \frac{h_{i+1}^2}{12} \left\| f'''(x) \right\|_{[x_i, x_{i+1}]}.$$

Заметим, что минимум мажорирующей функции в правой части неравенства (2.8) $M^{[1]}(u) = \sigma^{[1]} \cdot \gamma^{[1]}(u)$ (где $\sigma^{[1]} = \dfrac{h_{i+1}^2}{12} \left\| f'''(x) \right\|_{[x_i, x_{i+1}]}$) достигается в точках $u_1 \approx 0.22846$, $u_2 \approx 1 - 0.22846 = 0.77154$, симметричных относительно точки $u_C = \dfrac{1}{2}$ (середина отрезка $[x_i, x_{i+1}]$): $\gamma^{[1]}(u_1) = \gamma^{[1]}(u_2) \approx 0.05894$ (точки **B** и **D** на рисунке 2.2) и

$$M^{[1]}(u_1) = M^{[1]}(u_2) \approx \frac{0.05894}{12} h_{i+1}^2 \left\| f'''(x) \right\|_{[x_i, x_{i+1}]} \approx 0.00491 \cdot h_{i+1}^2 \left\| f'''(x) \right\|_{[x_i, x_{i+1}]}$$

В точке $u_C = \dfrac{1}{2}$ функция $\gamma^{[1]}(u)$ и, следовательно, $M^{[1]}(u)$

имеет локальный максимум: $\gamma^{[1]}(u_C) = \dfrac{1}{2}$ (точка **C** на рисунке 2.2) и

$$M^{[1]}(u_C) = \frac{h_{i+1}^2}{24} \left\| f'''(x) \right\|_{[x_i, x_{i+1}]}.$$

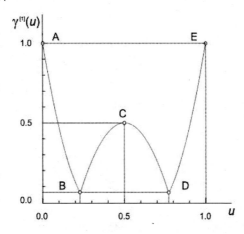

Рисунок 2.2 – График функции $\gamma^{[1]}(u)$. На графике обозначены точки:
A(0.0, 0.0), E(1.0, 0.0) – точки максимума функции $\gamma^{[1]}(u)$;
B(0.22846, 0.05894), D(0.77154, 0.05894) – точки локального
    минимума функции $\gamma^{[1]}(u)$;
C(0.5, 0.5) – точка локального максимума функции $\gamma^{[1]}(u)$.

Аналогичным способом находятся оценки погрешностей аппроксимации функции $f(x)$ и ее производной $f'(x)$ с помощью ИД-многочлена $S_{2\text{ИД}2,i}(x)$ (2.5) и его производной $S'_{2\text{ИД}2,i}(x)$ при $f(x) \in C^3_{[x_i, x_{i+1}]}$. Соответствующие остаточные слагаемые аппроксимации представляются в виде:

$$R_{2ИД2}(x) = S_{2ИД2,i}(x) - f(x) =$$

$$= \frac{1}{h_{i+1}} I_i^{i+1} + \frac{1}{6}(-3u^2 + 6u - 2)h_{i+1}f_i' + \frac{1}{6}(3u^2 - 1)h_{i+1}f_{i+1}' - f(x),$$

$$R_{2ИД2}^{(1)}(x) = S_{2ИД2,i}'(x) - f'(x) = (1-u)f_i' + u f_{i+1}' - f'(x).$$

После разложения в ряды Тейлора величин $I_i^{i+1} = F_{i+1} - F_i, f_i', f_{i+1}'$ в точке $x \in (x_i, x_{i+1})$ (так, чтобы остаточные слагаемые рядов Тейлора в форме Лагранжа содержали третью производную функции $f(x)$) и приведения подобных слагаемых получаются следующие выражения:

$$R_{2ИД2}(x) = \frac{h_{i+1}^3}{24}u^2(-7u^2 + 12u - 4)f'''(\xi) + \frac{h_{i+1}^3}{24}(1-u)^2(7u^2 - 2u - 1)f'''(\eta),$$

$$R_{2ИД2}^{(1)}(x) = \frac{h_{i+1}^2}{2}u^2(1-u)f'''(\xi) + \frac{h_{i+1}^2}{2}u(1-u)^2 f'''(\eta) \quad (\xi, \eta \in (x_i, x_{i+1})).$$

Применяя теорему о среднем [40, с. 43], можно показать, что

$$\left| R_{2ИД2}(x) \right| = \left| S_{2ИД2,i}(x) - f(x) \right| \le$$

$$\le \frac{h_{i+1}^3}{24}\left(\left| u^2(-7u^2 + 12u - 4) \right| + \left| (1-u)^2(7u^2 - 2u - 1) \right| \right) \left\| f'''(x) \right\|_{[x_i, x_{i+1}]},$$

$$\left| R_{2ИД2}^{(1)}(x) \right| = \left| S_{2ИД2,i}'(x) - f'(x) \right| \le \frac{h_{i+1}^2}{2}\left(u(1-u) \right) \left\| f'''(x) \right\|_{[x_i, x_{i+1}]}.$$

Максимальное значение мажорирующей функции $\left| u^2(-7u^2 + 12u - 4) \right| + \left| (1-u)^2(7u^2 - 2u - 1) \right|$ для величины $\left| R_{2ИД2}(x) \right|$ при $u \in [0,1]$ достигается в точках $u_L = 0, u_R = 1$ (то есть на концах отрезка $[x_i, x_{i+1}]$) и равно 1. Минимальное значение достигается в точке $u_C = \frac{1}{2}$ (в середине отрезка $[x_i, x_{i+1}]$) и равно $\frac{1}{8}$.

Максимум мажорирующей функции $u(1-u)$ для величины $\left| R_{2ИД2}^{(1)}(x) \right|$ при $u \in [0,1]$ достигается в точке $u_C = \frac{1}{2}$ и равен $\frac{1}{4}$.

Следовательно, оценки погрешностей аппроксимации $f(x)$ и $f'(x)$ с помощью $S_{2ИД2,i}(x)$ и $S_{2ИД2,i}'(x)$ при $f(x) \in C_{[x_i, x_{i+1}]}^3$ имеют вид:

$$\left\| R_{2ИД2}(x) \right\|_{[x_i, x_{i+1}]} = \left\| S_{2ИД2,i}(x) - f(x) \right\|_{[x_i, x_{i+1}]} \le \frac{h_{i+1}^3}{24}\left\| f'''(x) \right\|_{[x_i, x_{i+1}]},$$

$$\left\| R_{2ИД2}^{(1)}(x) \right\|_{[x_i, x_{i+1}]} = \left\| S_{2ИД2,i}'(x) - f'(x) \right\|_{[x_i, x_{i+1}]} \le \frac{h_{i+1}^2}{8}\left\| f'''(x) \right\|_{[x_i, x_{i+1}]}.$$

Аналогично определяются оценки погрешностей аппроксимации функции $f(x)$ и ее производной ИД-многочленами $S_{2\text{ИД}1,i}(x)$, $S_{2\text{ИД}2,i}(x)$ и их производными соответственно при $f(x) \in C^{\mu}_{[x_i,x_{i+1}]}$, $\mu = 1, 2$.

Все полученные результаты обобщаются в виде следующих двух теорем.

Теорема 2.1. **Об оценке погрешностей аппроксимации функций ИД-многочленом** $S_{2\text{ИД}1,i}(x)$.

Если параболический ИД-многочлен $S_{2\text{ИД}1,i}(x)$ на отрезке $[x_i, x_{i+1}]$ интерполирует функцию $f(x) \in C^{\mu}_{[x_i,x_{i+1}]}$ ($\mu = 1, 2, 3$), причем параметры ИД-многочлена $I_i^{i+1} = \int\limits_{x_i}^{x_{i+1}} f(x)dx$, $f_k = f(x_k)$ ($k = i, i+1$) известны точно или вычислены с точностью не ниже $O(h^{\mu+2})$, $O(h^{\mu+1})$ соответственно, то справедливы оценки:

$$\left\| R^{(p)}_{2\text{ИД}1}(x) \right\|_{[x_i,x_{i+1}]} = \left\| S^{(p)}_{2\text{ИД}1,i}(x) - f^{(p)}(x) \right\|_{[x_i,x_{i+1}]} \leq T^{(\text{ИД}1)}_{\mu,p} h^{\mu-p}_{i+1} \left\| f^{(\mu)}(x) \right\|_{[x_i,x_{i+1}]}, (2.9)$$

где $p = 0; 1$ – порядок производной, $T^{(\text{ИД}1)}_{\mu,p}$ – константы, приведенные в таблице 2.1.

Таблица 2.1 – Значения констант в оценках погрешностей приближения функций различных классов гладкости и их производных ИД-многочленом $S_{2\text{ИД}1,i}(x)$

Порядок производной	$T^{(\text{ИД}1)}_{3,0}$ $\left(f(x) \in C^3_{[x_i,x_{i+1}]} \right)$	$T^{(\text{ИД}1)}_{2,0}$ $\left(f(x) \in C^2_{[x_i,x_{i+1}]} \right)$	$T^{(\text{ИД}1)}_{1,0}$ $\left(f(x) \in C^1_{[x_i,x_{i+1}]} \right)$
$p = 0$	$\dfrac{1}{72\sqrt{3}} \approx 0.00802$	$\dfrac{1}{25\sqrt{2}} \approx 0.02828$	$\dfrac{1}{6}$
$p = 1$	$\dfrac{1}{12}$	$\dfrac{1}{4}$	2

Следствие 2.1 **Сходимость локального параболического ИД-сплайна** $S_{2\text{ИД}1}(x)$.

Поскольку оценки, приведенные в теореме 2.1, справедливы для любого частичного отрезка $[x_i, x_{i+1}] \subset [a, b]$, $i = 0, 1, \ldots, n-1$, то соответствующие оценки для всего отрезка $[a, b]$ получаются заменой в формуле (2.9) h_{i+1} на $H = \max\limits_{i=1,2,\ldots,n} h_i$ и $\|\cdot\|_{[x_i, x_{i+1}]}$ на $\|\cdot\|_{[a,b]}$:

$$\left\| S_{2\text{ИД}1}^{(p)}(x) - f^{(p)}(x) \right\|_{[a,b]} \le T_{\mu,p}^{(\text{ИД}1)} H^{\mu-p} \left\| f^{(\mu)}(x) \right\|_{[a,b]}. \qquad (2.10)$$

Следовательно, при $f(x) \in C_{[a,b]}^{\mu}$ $(\mu = 1, 2, 3)$ локальные ИД-сплайны $S_{2\text{ИД}1}(x)$ (2.2) равномерно сходятся к функции $f(x)$ на последовательности сеток $\Delta_n : a = x_0 < x_1 < \ldots < x_i < x_{i+1} < \ldots < x_n = b$ по крайней мере со скоростью H^{μ}, а их производные при $f(x) \in C_{[a,b]}^{\mu}$ $(\mu = 2, 3)$ равномерно сходятся к $f'(x)$ по крайней мере со скоростью $H^{\mu-1}$ с ростом n.

Теорема 2.2. **Об оценке погрешностей аппроксимации функций ИД-многочленом** $S_{2\text{ИД}2,i}(x)$.

Если параболический ИД-многочлен $S_{2\text{ИД}2,i}(x)$ на отрезке $[x_i, x_{i+1}]$ аппроксимирует функцию $f(x) \in C_{[x_i, x_{i+1}]}^{\mu}$ $(\mu = 1, 2, 3)$, причем параметры ИД-многочлена $I_i^{i+1} = \int\limits_{x_i}^{x_{i+1}} f(x)dx$, $f_k' = f'(x_k)$ $(k = i, i+1)$ известны точно или вычислены с точностью не ниже $O(h^{\mu+2})$, $O(h^{\mu 1})$ соответственно, то справедливы оценки:

$$\left\| R_{2\text{ИД}2}^{(p)}(x) \right\|_{[x_i, x_{i+1}]} = \left\| S_{2\text{ИД}2,i}^{(p)}(x) - f^{(p)}(x) \right\|_{[x_i, x_{i+1}]} \le T_{\mu,p}^{(\text{ИД}2)} h_{i+1}^{\mu-p} \left\| f^{(\mu)}(x) \right\|_{[x_i, x_{i+1}]},$$

где $p = 0; 1$ – порядок производной, $T_{\mu,p}^{(\text{ИД}2)}$ – константы, приведенные в таблице 2.2.

Таблица 2.2 – Значения констант в оценках погрешностей приближения функций различных классов гладкости и их производных ИД-многочленом $S_{2\text{ИД}2,i}(x)$

Порядок производной	$T_{3,0}^{(\text{ИД}2)}$ $\left(f(x) \in C_{[x_i,x_{i+1}]}^3\right)$	$T_{2,0}^{(\text{ИД}2)}$ $\left(f(x) \in C_{[x_i,x_{i+1}]}^2\right)$	$T_{1,0}^{(\text{ИД}2)}$ $\left(f(x) \in C_{[x_i,x_{i+1}]}^1\right)$
$p = 0$	$\dfrac{1}{24}$	$\dfrac{\sqrt{3}}{27} \approx 0.06415$	$\dfrac{2}{3}$
$p = 1$	$\dfrac{1}{8}$	$\dfrac{1}{2}$	2

Из доказательства вышеприведенных оценок (см. теоремы 2.1 и 2.2) видно, что дальнейшее повышение степени гладкости функции $f(x)$ (выше, чем $\mu = 3$) не приводит к увеличению порядка приближения относительно h_{i+1} или к уменьшению констант $T_{\mu,p}^{(\text{ИД}1)}$, $T_{\mu,p}^{(\text{ИД}2)}$.

Для сравнения рассмотрим результаты интерполяции функций классическим многочленом второй степени $L_2(x)$, приведенные в [41, с. 17-18].

Интерполяционный многочлен в случае задания значений функции в точках $f_k = f(x_k)$ $(k = i-1, i, i+1)$ имеет вид:

$$L_2(x) = f_{i-1} + (x - x_{i-1})f[x_{i-1}, x_i] + (x - x_{i-1})(x - x_i)f[x_{i-1}, x_i, x_{i+1}],$$

где $f[x_{i-1}, x_i]$, $f[x_{i-1}, x_i, x_{i+1}]$ – разделенные разности 1-го и 2-го порядков:

$$f[x_{i-1}, x_i] = \frac{f(x_i) - f(x_{i-1})}{x_i - x_{i-1}}, \quad f[x_{i-1}, x_i, x_{i+1}] = \frac{f[x_i, x_{i+1}] - f[x_{i-1}, x_i]}{x_{i+1} - x_{i-1}}.$$

Остаточное слагаемое интерполяции выражается разностью:

$$R_{L_2}(x) = L_2(x) - f(x).$$

Тогда при $f(x) \in C^3_{[x_{i-1}, x_{i+1}]}$

$$\left\| R_{L_2}(x) \right\|_{[x_{i-1}, x_{i+1}]} \leq \frac{\sqrt{3}}{27} H^3 \left\| f'''(x) \right\|_{[x_{i-1}, x_{i+1}]} \approx 0.0642 \cdot H^3 \left\| f'''(x) \right\|_{[x_{i-1}, x_{i+1}]},$$

при $f(x) \in C^2_{[x_{i-1}, x_{i+1}]}$ $\left\| R_{L_2}(x) \right\|_{[x_{i-1}, x_{i+1}]} \leq 0.1546 \cdot H^3 \left\| f'''(x) \right\|_{[x_{i-1}, x_{i+1}]},$

где $H = \max(h_i, h_{i+1})$, $h_i = x_i - x_{i-1}$, $h_{i+1} = x_{i+1} - x_i$.

В результате сопоставления погрешности интерполяции $\left\| R_{2\text{ИД}1}(x) \right\|_{[x_i, x_{i+1}]}$ ИД-многочленом $S_{2\text{ИД}1, i}(x)$ и погрешности интерполяции $\left\| R_{L_2}(x) \right\|_{[x_{i-1}, x_{i+1}]}$ многочленом $L_2(x)$ видно, что при $f(x) \in C^3$ константа в оценке $\left\| R_{2\text{ИД}1}(x) \right\|_{[x_i, x_{i+1}]}$ в 8 раз меньше, а при $f(x) \in C^2$ – в 5.5 раз меньше соответствующих констант в оценке $\left\| R_{L_2}(x) \right\|_{[x_{i-1}, x_{i+1}]}$. Таким образом, интерполяция ИД-многочленом $S_{2\text{ИД}1, i}(x)$ существенно точнее, чем многочленом $L_2(x)$.

Оценки приближения производной $f'(x)$ с помощью $L'_2(x)$ в узлах интерполяции являются следующими [41, с. 18]:

при $f(x) \in C^3_{[x_{i-1}, x_{i+1}]}$ $\left| R^{(1)}_{L_2}(x_j) \right| \leq K_j H^2 \left\| f'''(x) \right\|_{[x_{i-1}, x_{i+1}]}$, где $K_0 = K_2 = \frac{1}{3}$, $K_1 = \frac{1}{6}$,

при $f(x) \in C^2_{[x_{i-1}, x_{i+1}]}$ $\left| R^{(1)}_{L_2}(x_j) \right| \leq K_j H^2 \left\| f'''(x) \right\|_{[x_{i-1}, x_{i+1}]}$, где $K_0 = K_2 = \frac{2}{3}$, $K_1 = \frac{1}{2}$.

(Аппроксимация крайних узлах x_{i-1}, x_{i+1} является менее точной, чем в среднем узле x_i).

Из оценок, приведенных в таблицах 2.1 и 2.2, видно, что при аппроксимации ИД-многочленом $S_{2\text{ИД}1, i}(x)$ максимальная погрешность $\left\| R^{(1)}_{2\text{ИД}1}(x) \right\|_{[x_i, x_{i+1}]}$ приближения производной $f'(x)$ для

$f(x) \in C^3_{[x_i, x_{i+1}]}$ в 4 раза меньше, а для $f(x) \in C^2_{[x_i, x_{i+1}]}$ в $\dfrac{8}{3}$ раз меньше, чем погрешность приближения $f'(x)$ с помощью $L'_2(x)$ в крайних узлах интерполяции.

При аппроксимации с помощью ИД-многочлена $S_{2\text{ИД}2,i}(x)$ значения производной $S'_{2\text{ИД}2,i}(x)$ в узлах сетки совпадают со значениями $f'(x)$ в этих точках (из условий (1.8)). Максимальная погрешность $\left\| R^{(1)}_{2\text{ИД}2}(x) \right\|_{[x_i, x_{i+1}]}$ при $f(x) \in C^3_{[x_i, x_{i+1}]}$ в $\dfrac{8}{3}$ раз меньше, а при $f(x) \in C^2_{[x_i, x_{i+1}]}$ в $\dfrac{4}{3}$ раз меньше, чем погрешность приближения $f'(x)$ с помощью $L'_2(x)$ в крайних узлах интерполяции.

Таким образом, в главе 2 выведены формулы одномерных параболических ИД-многочленов $S_{2\text{ИД}1,i}(x)$ и $S_{2\text{ИД}2,i}(x)$, на основе многочлена $S_{2\text{ИД}1,i}(x)$ построен локальный интерполяционный ИД-сплайн $S_{2\text{ИД}1}(x)$. Получены оценки погрешностей аппроксимации функций $f(x) \in C^\mu_{[x_i, x_{i+1}]}$ $\mu = 1, 2, 3$ и их производных $f'(x)$ ИД-многочленами и доказана сходимость локального параболического ИД-сплайна $S_{2\text{ИД}1}(x)$.

Глава 3. Одномерные параболические глобальные интегродифференциальные сплайны

В данной главе рассматриваются различные постановки задач аппроксимации функций одной переменной $y = f(x)$ (подраздел 3.1) и методы их решения на основе одномерных параболических глобальных ИД-сплайнов минимального дефекта. Проводится построение слабосглаживающих и сильносглаживающих ИД-сплайнов, применяемых в задачах аппроксимации сеточных функций, заданных с малой погрешностью (подраздел 3.2) и с большой погрешностью (подраздел 3.3) соответственно, а также сплайнов, восстанавливающих функции по заданным значениям определенных интегралов (подраздел 3.4).

Приводятся результаты численных экспериментов по аппроксимации функций одномерными параболическими глобальными ИД-сплайнами (подраздел 3.5).

В материале, излагаемом в данной главе, используются формулы аппроксимации производных и интегралов, приведенные в главе 7.

3.1 Постановка задач аппроксимации одномерными параболическими глобальными ИД-сплайнами

Использование аппарата интегродифференциальных сплайнов позволяет решить следующие задачи аппроксимации.

3.1.1 Постановка задачи слабого сглаживания сеточных функций

Задача 1.

Пусть функция $f(x)$ задана в узлах сетки Δ_n (В.1) с малой погрешностью: $\{f_i = f(x_i) \pm \theta_i\}_{i=0}^n$, где θ_i ($i = 0, 1, \ldots, n$) – погрешности измерения или вычисления значений функции, не превышающие $O(H^3)$ ($H = \max\limits_{i=1,2,\ldots n} h_i$, $h_i = x_i - x_{i-1}$).

Требуется построить глобальный параболический ИД-сплайн $\widetilde{S}_{2\text{ИД}}(x)$ с узлами на сетке Δ_n, имеющий для $f(x) \in C_{[a,b]}^{\mu}$ ($\mu \geq 3$) погрешность аппроксимации $\left\| \widetilde{S}_{2\text{ИД}}(x) - f(x) \right\|_{[a,b]} = \max\limits_{x \in [a,b]} \left| \widetilde{S}_{2\text{ИД}}(x) - f(x) \right|$, не превышающую $O(H^3)$, и удовлетворяющий следующим условиям:

1) $\int\limits_{x_i}^{x_{i+1}} \widetilde{S}_{2\text{ИД}}(x)dx = \hat{I}_i^{i+1}$, $i = 0, 1, \ldots, n-1$ \hfill (3.1)

– интегральное условие согласования;

2) $\widetilde{S}_{2\text{ИД}}^{(p)}(x)\Big|_{x=x_i}^{[x_{i-1}, x_i]} = \widetilde{S}_{2\text{ИД}}^{(p)}(x)\Big|_{x=x_i}^{[x_i, x_{i+1}]}$, $p = 0, 1$; $i = 1, 2, \ldots, n-1$ \hfill (3.2)

– условие непрерывности сплайна и его первой производной в узлах сетки Δ_n.

Здесь $\hat{I}_i^{i+1}$ – заданные или предварительно вычисленные (с точностью не ниже $O(H^4)$) интегралы от функции $f(x)$ на частичных отрезках $[x_i, x_{i+1}]$, образуемых сеткой Δ_1.

Параболический сплайн, удовлетворяющий условиям (3.2), имеет дефект $q = 1$, близок к интерполяционному (погрешность приближения $O(H^3)$ – см. п. 3.2.4) и поэтому здесь будет называться **слабосглаживающим**.

3.1.2 Постановка задачи сильного сглаживания сеточных функций

Задача 2.

Пусть функция $f(x)$ задана в узлах сетки Δ_n (см. (В.1)) приближенно: $\{\tilde{f}_i = f(x_i) \pm \varepsilon_i\}_{i=0}^n$, где ε_i $(i = 0, 1, \ldots, n)$ – погрешности измерения или вычисления значений функции в узлах сетки Δ_n, возможно превышающие $O(H^3)$. Требуется построить сглаживающий глобальный параболический ИД-сплайн дефекта $q = 1$, удовлетворяющий интегральному условию согласования (3.1).

Метод аппроксимации, соответствующий постановке задачи 2, здесь будем называть **методом сильного сглаживания**, а соответствующий сплайн – **сильносглаживающим сплайном**.

3.1.3 Постановка задачи восстановления функций по интегралам

Задача 3.

Пусть некоторая функция определена только значениями определенных интегралов от нее на частичных отрезках $[x_i, x_{i+1}]$ (x_i $(i = 0, 1, \ldots, n)$ – узлы сетки Δ_n (В.1)): $I_0^1, I_1^2, \ldots, I_{n-1}^n$, где $I_i^{i+1} = \int\limits_{x_i}^{x_{i+1}} f(x)dx$ $(i = 0, 1, \ldots, n-1)$. Требуется восстановить непрерывно-дифференцируемую функцию $f(x)$ путем построения глобального параболического ИД-сплайна дефекта $q = 1$.

Далее рассматриваются методы решения указанных задач аппроксимации.

3.2 Слабосглаживающие параболические глобальные ИД-сплайны

3.2.1 Построение слабосглаживающих параболических глобальных ИД-сплайнов

Как было отмечено в подразделе В.1, при построении традиционных параболических дифференциальных сплайнов $S_{2Д}(x)$ (звенья которых имеют вид (В.8)) для обеспечения их устойчивости узлы сплайна смещаются относительно узлов сеточной функции [79, с. 16-25], [97, с. 33-45], что приводит к существенному усложнению расчетных алгоритмов.

В данном подразделе предлагается новый более простой и эффективный устойчивый метод аппроксимации функций $f(x)$, заданных на сетке Δ_n, с помощью глобальных параболических ИД-сплайнов $\tilde{S}_{2ИД1}(x)$ и $\tilde{S}_{2ИД2}(x)$, основанных на совокупности интегрального условия согласования (3.1) сплайна и аппроксимируемой функции и условий непрерывности (3.2) сплайна и его производной. Узлы сплайна при этом совпадают с узлами сеточной функции, а разность значений сплайна и функции как в узлах сетки Δ_n, так и на всем рассматриваемом отрезке $[a,b]$ для функций класса $C_{[a,b]}^{\mu}$ ($\mu \geq 3$) имеет порядок $O(H^3)$ (это будет показано в п. 3.2.4). Таким образом, указанные сплайны близки к интерполяционным, а метод аппроксимации называется слабосглаживающим.

Поскольку в широком классе практических задач порядок точности в исходных данных (порядок точности значений сеточной функции $f(x_i)$) не превышает $O(H^3)$, то в таких случаях аппроксимацию методом слабого сглаживания для гладких функций $f(x) \in C_{[a,b]}^{\mu}$ ($\mu \geq 3$) можно считать интерполяцией с точностью $O(H^3)$.

88

Слабосглаживающие сплайны, построенные указанным способом, удовлетворяют интегральному условию согласования с исходной функцией и, следовательно, обладают свойством консервативности в том смысле, что на $[a, b]$ и на всех частичных отрезках $[x_i, x_{i+1}]$, $i = 0, 1, \ldots, n-1$ интегралы от сплайна и аппроксимируемой функции одинаковы. Тем самым, метод слабого сглаживания при решении задач аппроксимации кривых, обладающих интегральными свойствами, является более адекватным как в частичных областях, так и в полной области определения.

В книге далее рассматриваются последовательные алгоритмы нахождения неопределенных параметров таких сплайнов с требуемым порядком точности, учитывающие локальные свойства аппроксимируемых функций (см. п.п. 3.2.2, 3.2.3).

Для построения слабосглаживающего ИД-сплайна $\widetilde{S}_{2\text{ИД}}(x) = \bigcup\limits_{i=0}^{n-1} \widetilde{S}_{2\text{ИД}, i}(x)$, удовлетворяющего условиям (3.1) и (3.2), необходимо вычислить значения коэффициентов $a_{k,i}$ ($k = 0, 1, 2$) составляющих его звеньев $\widetilde{S}_{2\text{ИД}, i}(x) = \sum\limits_{k=0}^{2} a_{k,i}(x - x_i)^k$.

Рассмотрим два способа нахождения коэффициентов $a_{k,i}$.

Способ 1. Коэффициенты сплайна $a_{k,i}$ ($k = 0, 1, 2$) выразим из (3.1) и (3.2) при $p = 0$ (условие интегрального согласования сплайна и аппроксимируемой функции и условие непрерывности сплайна соответственно).

В этом случае система уравнений для определения коэффициентов $a_{k,i}$, вытекающая из интегральных условий (3.1) согласования сплайна и аппроксимируемой функции на отрезках $[x_i, x_{i+1}]$ для $i = 0, 1, \ldots, n-1$ и условий (3.2) (записанных относительно x_{i+1})

при $p = 0$, обеспечивающих непрерывность сплайна в точках x_{i+1} для $i = 0, 1, \ldots, n-2$, имеет вид:

$$
\begin{cases}
a_{0,i} h_{i+1} + \dfrac{a_{1,i}}{2} h_{i+1}^2 + \dfrac{a_{2,i}}{3} h_{i+1}^3 = \hat{I}_i^{i+1}, & i = 0, 1, \ldots, n-1; \\
a_{0,i} + a_{1,i} h_{i+1} + a_{2,i} h_{i+1}^2 = a_{0,i+1}, & i = 0, 1, \ldots, n-2.
\end{cases}
\tag{3.3}
$$

Дополнительно введем обозначение:

$$
a_{0,n} = a_{0,n-1} + a_{1,n-1} h_n + a_{2,n-1} h_n^2 = \widetilde{S}_{2\text{ИД},\, n-1}(x_n).
\tag{3.4}
$$

Путем преобразования (3.3) в совокупности с (3.4) относительно $a_{0,i}$ получается следующая система:

$$
\begin{cases}
a_{1,i} = \dfrac{6\left(\hat{I}_i^{i+1} - a_{0,i} h_{i+1}\right)}{h_{i+1}^2} - \dfrac{2\left(a_{0,i+1} - a_{0,i}\right)}{h_{i+1}}, & i = 0, 1, \ldots, n-1; \\[4mm]
a_{2,i} = \dfrac{-6\left(\hat{I}_i^{i+1} - a_{0,i} h_{i+1}\right)}{h_{i+1}^3} + \dfrac{3\left(a_{0,i+1} - a_{0,i}\right)}{h_{i+1}^2}, & i = 0, 1, \ldots, n-1.
\end{cases}
\tag{3.5}
$$

Обозначим: $\widetilde{f}_i = a_{0,i}$ ($i = 0, 1, \ldots, n$) – параметры, равные значениям сплайна в узлах сетки Δ_n.

Тогда из системы (3.5) получается формула звена $\widetilde{S}_{2\text{ИД}1,\, i}(x)$ ИД-сплайна $\widetilde{S}_{2\text{ИД}1}(x) = \bigcup\limits_{i=0}^{n-1} \widetilde{S}_{2\text{ИД}1,\, i}(x)$ на отрезке $[x_i, x_{i+1}]$:

$$
\widetilde{S}_{2\text{ИД}1,\, i}(x) = \widetilde{f}_i + \left(\frac{6 \nabla \hat{I}_i^{i+1}}{h_{i+1}^2} - \frac{2 \Delta \widetilde{f}_i}{h_{i+1}} \right)(x - x_i) + \left(-\frac{6 \nabla \hat{I}_i^{i+1}}{h_{i+1}^3} + \frac{3 \Delta \widetilde{f}_i}{h_{i+1}^2} \right)(x - x_i)^2, \tag{3.6}
$$

где $\nabla \hat{I}_i^{i+1} = \hat{I}_i^{i+1} - \widetilde{f}_i h_{i+1}$, $\Delta \widetilde{f}_i = \widetilde{f}_{i+1} - \widetilde{f}_i$.

Выполнение условия (3.2) при $p = 1$ (условие непрерывности первой производной сплайна $\widetilde{S}_{2\text{ИД}1}(x)$) обеспечивается, если параметры $\widetilde{f}_i$ ($i = 0, 1, \ldots, n$) удовлетворяют следующим соотношениям (полученным из (3.2) при $p = 1$ путем алгебраических преобразований):

$$
\frac{1}{h_i} \widetilde{f}_{i-1} + 2\left(\frac{1}{h_i} + \frac{1}{h_{i+1}} \right) \widetilde{f}_i + \frac{1}{h_{i+1}} \widetilde{f}_{i+1} = 3\left(\frac{\hat{I}_i^{i+1}}{h_{i+1}^2} + \frac{\hat{I}_{i-1}^i}{h_i^2} \right), \quad i = 1, 2, \ldots, n-1. \tag{3.7}
$$

Равенства (3.7) в совокупности с краевыми условиями, например, заданными в виде:

$$\tilde{f}_0 = f(x_0), \quad \tilde{f}_n = f(x_n) \qquad (3.8)$$

представляют собой трехдиагональную СЛАУ. Согласно критерию Адамара [40, с. 333], трехдиагональная матрица коэффициентов левой части системы (3.7) в совокупности с краевыми условиями (например, вида (3.8)) невырождена, поскольку имеет диагональное преобладание. Система (3.7) в совокупности с краевыми условиями имеет единственное решение, которое можно найти экономичным методом прогонки, являющимся в данном случае устойчивым в силу диагонального преобладания матрицы СЛАУ [21, с. 163-166].

Таким образом, из (3.5), (3.7) с заданными краевыми условиями и с известными или предварительно вычисленными значениями интегральных параметров $\hat{I}_i^{i+1}$ $(i = 0, 1, \ldots, n-1)$ единственным образом находятся коэффициенты сплайна $a_{0,i}, a_{1,i}, a_{2,i}$ $(i = 0, 1, \ldots, n-1)$. Следовательно, существует единственный параболический сплайн с узлами на сетке Δ_n, определяемый условиями (3.1), (3.2), двумя заданными краевыми условиями на концах отрезка $[a, b]$ и значениями интегральных параметров $\hat{I}_i^{i+1}$. (Задача нахождения неопределенных параметров $\tilde{f}_i$ $(i = 0, 1, \ldots, n)$ из системы (3.7) с учетом краевых условий по известным или предварительно вычисленным значениям интегральных параметров $\hat{I}_i^{i+1}$ является параметрически прямой задачей).

Сравнивая формулу звена $\tilde{S}_{2\text{ИД}1,i}(x)$ (3.6) на отрезке $[x_i, x_{i+1}]$ с формулой интерполяционного ИД-многочлена 2-ой степени $S_{2\text{ИД}1,i}(x)$ (2.1), можно видеть, что они отличаются только тем, что вместо точных значений функции f_i в узлах сетки здесь

91

используются их приближенные значения $\tilde{f}_i$, определяемые из системы (3.7) (в совокупности с краевыми условиями), и вместо точных значений интегралов I_i^{i+1} – величины $\hat{I}_i^{i+1}$, известные из исходных данных или найденные по квадратурным формулам.

Для нахождения интегралов $\hat{I}_i^{i+1}$ используются следующие левосторонние и правосторонние квадратурные формулы:

$$\hat{I}_{i-1}^{i} = \frac{h_i^3}{6H_i^{i+1}}\left(-\frac{1}{h_{i+1}}f_{i+1} + \frac{H_i^{i+1}H_i^{3(i+1)}}{h_i^2 h_{i+1}}f_i + \frac{H_{2i}^{3(i+1)}}{h_i^2}f_{i-1} \right), \qquad (3.9)$$

$$\hat{I}_i^{i+1} = \frac{h_{i+1}^3}{6H_i^{i+1}}\left(\frac{H_{3i}^{2(i+1)}}{h_{i+1}^2}f_{i+1} + \frac{H_i^{i+1}H_{3i}^{i+1}}{h_i\, h_{i+1}^2}f_i - \frac{1}{h_i}f_{i-1} \right), \qquad (3.10)$$

где $H_{ki}^{l(i+1)} = kh_i + lh_{i+1}$ ($k,l>0$ – натуральные числа).

При равномерной сетке узлов ($h = const$) (3.9), (3.10) принимают вид:

$$\hat{I}_{i-1}^{i} = \frac{h}{12}\left(-f_{i+1} + 8f_i + 5f_{i-1} \right), \qquad (3.11)$$

$$\hat{I}_i^{i+1} = \frac{h}{12}\left(5f_{i+1} + 8f_i - f_{i-1} \right). \qquad (3.12)$$

Квадратурные формулы (3.9), (3.10) получаются при фиксированных $i-1, i, i+1$ из параметрических соотношений:

$$\frac{1}{3}\left(\frac{1}{h_i}f_{i-1} + 2\left(\frac{1}{h_i} + \frac{1}{h_{i+1}} \right)f_i + \frac{1}{h_{i+1}}f_{i+1} \right) = \frac{\hat{I}_i^{i+1}}{h_{i+1}^2} + \frac{\hat{I}_{i-1}^{i}}{h_i^2} , \qquad (3.13)$$

$$-\frac{1}{h_i^2}f_{i-1} + \left(\frac{1}{h_{i+1}^2} - \frac{1}{h_i^2} \right)f_i + \frac{1}{h_{i+1}^2}f_{i+1} = 2\left(\frac{\hat{I}_i^{i+1}}{h_{i+1}^3} - \frac{\hat{I}_{i-1}^{i}}{h_{i1}^3} \right). \qquad (3.14)$$

Соотношения (3.13) и (3.14) получаются из формул, представляющих собой условия стыковки (1.9) при $p = 1, 2$ звеньев (3.6) сплайна $\tilde{S}_{2\text{ид}1}(x)$ (т. е. условия непрерывности его первой и второй производной во внутренних узлах сетки).

Замечание. Формулы (3.9), (3.10) более подробно анализируются в главе 7 в п. 7.3.1.

Далее в п. 3.2.4 будет показано, что при $f(x) \in C_{[a,b]}^3$ погрешность вычисления интегралов по формулам (3.9), (3.10):

$$\max_{i=0,1,\ldots,n-1} \left| \hat{I}_i^{i+1} - I_i^{i+1} \right|$$ имеет порядок $O(H^4)$ и погрешность

$$\max_{i=0,1,\ldots,n} \left| \tilde{f}_i - f_i \right| = \max_{i=0,1,\ldots,n} \left| \tilde{S}_{2\text{ИД1}}(x_i) - f_i \right|$$ имеет порядок $O(H^3)$ при

вычислении $\tilde{f}_i$ из системы (3.7) в совокупности с краевыми условиями (3.8) (если $\hat{I}_i^{i+1}$ известны точно или найдены с точностью не ниже $O(H^4)$), где $H = \max\limits_{i=1,2,\ldots,n} h_i$.

Число операций, требующихся для определения коэффициентов сплайна $\tilde{S}_{2\text{ИД1}}(x)$ (если интегралы $\hat{I}_i^{i+1}$ ($i=0,1,\ldots,n-1$) известны), составляет приблизительно $26n$, в то время как для традиционного дифференциального сплайна $S_{2\text{Д}}(x)$ число операций для нахождения его коэффициентов составляет $37n$ (примерно в 1.4 раза больше).

Сплайн $\tilde{S}_{2\text{ИД1}}(x)$ является подобным кубическому интерполяционному сплайну $S_{3_1}(x)$ (звено которого имеет вид (В.4)), а система (3.7) является подобной системе (В.5) (вытекающей из условия непрерывности второй производной $S''_{3_1}(x)$), из которой находятся параметры $\overline{m}_i = S'_{3_1}(x_i)$ сплайна $S_{3_1}(x)$.

Системы (3.7) и (В.5) совпадают с точностью до порядков производных в правой и левой частях, если для $\tilde{f}_k$ ($k=i-1,i,i+1$) в формуле (3.7) и для приращения Δf_k ($k=i-1,i$) в формуле (В.5) считать порядок производной равным 0, а для $\hat{I}_k^{k+1} = F_{k+1} - F_k = \Delta F_k$ ($k=i-1,i$) в формуле (3.7) считать порядок производной равным -1 (согласно обозначениям, введенным в подразделе 1.1). Для проведения сопоставления сплайнов $\tilde{S}_{2\text{ИД}1}(x)$ и $S_{3_1}(x)$ следует проинтегрировать сплайн $\tilde{S}_{2\text{ИД}1}(x)$ и повысить на единицу порядок производных в формуле, полученной после интегрирования, а также в правой и левой частях системы (3.7), то есть вместо $\tilde{f}_i$ подставить $\overline{m}_i$, а вместо $\hat{I}_k^{k+1} = F_{k+1} - F_k = \Delta F_k$ $(k = i - 1, i)$ подставить Δf_k. Здесь $F_k = F(x_k)$ – значение первообразной функции $f(x)$ в точке x_k. Вопрос о подобии параболических ИД-сплайнов и кубических дифференциальных сплайнов более подробно освещается в главе 8.

Существует также другой способ нахождения коэффициентов $a_{0,i}, a_{1,i}, a_{2,i}$ сплайна, удовлетворяющего условиям (3.1), (3.2).

Способ 2. Коэффициенты сплайна выразим из (3.1) и (3.2) при $p = 1$ (условие интегрального согласования сплайна и аппроксимируемой функции и условие непрерывности первой производной сплайна соответственно).

Система уравнений для определения коэффициентов $a_{k,i}$, вытекающая из интегральных условий (3.1) согласования сплайна и аппроксимируемой функции на отрезках $[x_i, x_{i+1}]$ для $i = 0, 1, \ldots, n-1$ и условий (3.2) (записанных относительно x_{i+1}) при $p = 1$, обеспечивающих непрерывность первой производной сплайна в точке x_{i+1} для $i = 0, 1, \ldots, n-2$, имеет вид:

$$\begin{cases} a_{0,i} h_{i+1} + \dfrac{a_{1,i}}{2} h_{i+1}^2 + \dfrac{a_{2,i}}{3} h_{i+1}^3 = \hat{I}_i^{i+1}, & i = 0, 1, \ldots, n-1; \\ a_{1,i} + 2a_{2,i} h_{i+1} = a_{1,i+1}, & i = 0, 1, \ldots, n-2. \end{cases} \quad (3.15)$$

Дополнительно введем обозначение:

$$a_{1,n} = a_{1,n-1} + 2a_{2,n-1} h_n = S'_{2,n-1}(x_n). \quad (3.16)$$

Путем преобразования (3.15) в совокупности с (3.16) относительно $a_{1,i}$, получается следующая система:

$$\begin{cases} a_{0,i} = \dfrac{\hat{I}_i^{i+1}}{h_{i+1}} - \dfrac{1}{2} a_{1,i} h_{i+1} - \dfrac{1}{6}(a_{1,i+1} - a_{1,i})h_{i+1}, & i = 0,1,\ldots,n-1; \\[3mm] a_{2,i} = \dfrac{a_{1,i+1} - a_{1,i}}{2h_{i+1}}, & i = 0,1,\ldots,n-1. \end{cases} \quad (3.17)$$

Обозначим: $\overline{m}_i = a_{1,i}$ $(i = 0,1,\ldots,n)$ — параметры, равные значениям первой производной сплайна в узлах сетки Δ_n.

Тогда из системы (3.17) получается формула звена $\tilde{S}_{2\text{ИД}2,i}(x)$ второго ИД-сплайна $\tilde{S}_{2\text{ИД}2}(x) = \bigcup\limits_{i=0}^{n-1} \tilde{S}_{2\text{ИД}2,i}(x)$ на отрезке $[x_i, x_{i+1}]$:

$$\tilde{S}_{2\text{ИД}2,i}(x) = \left(\frac{\hat{I}_i^{i+1}}{h_{i+1}} - \frac{\overline{m}_i}{2} h_{i+1} - \frac{\Delta\overline{m}_i}{6} h_{i+1} \right) + \overline{m}_i(x - x_i) + \frac{\Delta\overline{m}_i}{2h_{i+1}}(x - x_i)^2, \ (3.18)$$

где $\Delta\overline{m}_i = \overline{m}_{i+1} - \overline{m}_i$.

Выполнение условия (3.2) при $p = 0$ (условие непрерывности сплайна $\tilde{S}_{2\text{ИД}2}(x)$) обеспечивается, если параметры $\overline{m}_i$ $(i = 0,1,\ldots,n)$ удовлетворяют следующим соотношениям (полученным из (3.2) при $p = 0$ путем алгебраических преобразований):

$$\overline{m}_{i-1}h_i + 2\overline{m}_i(h_i + h_{i+1}) + \overline{m}_{i+1}h_{i+1} = 6\left(\frac{\hat{I}_i^{i+1}}{h_{i+1}} - \frac{\hat{I}_{i-1}^i}{h_i} \right), i = 1,2,\ldots,n-1. \ (3.19)$$

При добавлении двух краевых условий для нахождения $\overline{m}_0 = \tilde{S}'_{2\text{ИД}2}(x_0)$, $\overline{m}_n = \tilde{S}'_{2\text{ИД}2}(x_n)$ трехдиагональная матрица системы (3.19) невырождена в силу диагонального преобладания и система имеет единственное решение, которое можно найти методом прогонки. Из системы (3.19) в совокупности с двумя краевыми условиями (для определения $\overline{m}_0$, $\overline{m}_n$) по известным или предварительно найденным значениям интегралов $\hat{I}_i^{i+1}$ $(i = 0,1,\ldots,n-1)$ можно вычислить значения неопределенных параметров $\overline{m}_i$ $(i = 0,1,\ldots,n)$ (параметрически прямая задача). Система (3.19) обеспечивает для функций $f(x) \in C_{[a,b]}^3$ порядок точности аппроксимации производных $\overline{m}_i$ $O(H^2)$ (если $\overline{m}_0, \overline{m}_n$ найдены с точностью не ниже $O(H^2)$).

Звено $\tilde{S}_{2\text{ИД}2,i}(x)$ (3.18) сплайна $\tilde{S}_{2\text{ИД}2}(x)$ на отрезке $[x_i, x_{i+1}]$ отличается от ИД-многочлена $S_{2\text{ИД}2,i}(x)$ (2.3) только тем, что вместо точных значений производных f_i' в узлах сетки здесь используются их приближенные значения $\overline{m}_i$, найденные из системы (3.19).

В силу единственности параболического сплайна с узлами на сетке Δ_n, удовлетворяющего условиям (3.1), (3.2), сплайны $\tilde{S}_{2\text{ИД}1}(x)$ и $\tilde{S}_{2\text{ИД}2}(x)$ являются эквивалентными при эквивалентных краевых условиях, одинаковых значениях параметров $\hat{I}_i^{i+1}$ и при вычислении параметров $\tilde{f}_i$ для $\tilde{S}_{2\text{ИД}1}(x)$ из системы (3.7), а $\overline{m}_i$ для $\tilde{S}_{2\text{ИД}2}(x)$ – из системы (3.19).

Сплайн $\tilde{S}_{2\text{ИД}2}(x)$ является подобным кубическому интерполяционному сплайну $S_{3_2}(x)$ (звено которого имеет вид (В.6)), а система (3.19) является подобной системе (В.7), используемой для нахождения параметров $m_i = S_{3_2}''(x_i)$ этого сплайна. Системы (3.19) и (В.7) совпадают с точностью до порядков производных.

Подобие сплайна $\tilde{S}_{2\text{ИД}1}(x)$ сплайну $S_{3_1}(x)$ и сплайна $\tilde{S}_{2\text{ИД}2}(x)$ сплайну $S_{3_2}(x)$ также подтверждает эквивалентность двух интегродифференциальных сплайнов $\tilde{S}_{2\text{ИД}1}(x)$ и $\tilde{S}_{2\text{ИД}2}(x)$ при эквивалентных краевых условиях и одинаковых значениях параметров $\hat{I}_i^{i+1}$ (поскольку сплайны $S_{3_1}(x)$ (В.4) и $S_{3_2}(x)$ (В.6) являются эквивалентными при эквивалентных краевых условиях в силу единственности кубического интерполяционного сплайна [40, с. 99]).

3.2.2 Алгоритмы нахождения неопределенных параметров слабосглаживающих параболических ИД-сплайнов

В данном подразделе предлагаются алгоритмы нахождения неопределенных параметров сплайнов $\tilde{S}_{2\text{ИД}1}(x)$ и $\tilde{S}_{2\text{ИД}2}(x)$.

Пусть на сетке Δ_n задана функция $\{f_i = f(x_i) \pm \theta_i\}_{i=0}^n$ (θ_i – погрешность, не превышающая $O(H^3)$). Тогда обоснованными и корректными являются следующие два алгоритма вычисления неопределенных параметров $\tilde{f}_i$ – для сплайна $\tilde{S}_{2\text{ИД}1}(x)$ и $\overline{m}_i$ – для сплайна $\tilde{S}_{2\text{ИД}2}(x)$.

Алгоритм 3.1. Нахождение неопределенных параметров $\tilde{f}_i$ сплайна $\tilde{S}_{2\text{ИД}1}(x)$ с точностью $O(H^3)$. При этом предвартельно вычисляются интегральные параметры $\hat{I}_i^{i+1}$ с точностью $O(H^4)$.

1. На первом этапе параметры $\hat{I}_i^{i+1}$ ($i = 0,1,\ldots,n-1$) вычисляются по заданным значениям функции f_i ($i = 0,1,\ldots,n$) в узлах x_i сетки Δ_n с помощью КФ (3.9), (3.10) – при переменном шаге $h = \text{var}$ или (3.11), (3.12) – при равномерном шаге $h = \text{const}$. Порядок аппроксимации интегралов по указанным формулам равен четырем, что соответствует порядку сходимости самих сплайнов $\tilde{S}_{2\text{ИД}1}(x)$, равному трем.

2. На втором этапе параметры $\tilde{f}_i$ ($i = 0,1,\ldots,n$) находятся методом прогонки из трехдиагональной СЛАУ, составленной из уравнений (3.7) и краевых условий (3.8).

Порядок точности $O(H^4)$ вычисления интегралов по КФ (3.9), (3.10) соответствует порядку точности $O(H^3)$ вычисления значений функции из системы (3.7) в совокупности с краевыми условиями (3.8).

Далее найденные значения параметров $\hat{I}_i^{i+1}$ и $\tilde{f}_i$ подставляются в формулу (3.6) и, тем самым, получается звено $\tilde{S}_{2\text{ИД}1,i}(x)$ ИД-сплайна $\tilde{S}_{2\text{ИД}1}(x)$. При вычислении параметров $\hat{I}_i^{i+1}$ и $\tilde{f}_i$ по алгоритму 3.1 ИД-сплайн $\tilde{S}_{2\text{ИД}1}(x)$ имеет дефект $q=1$.

В качестве граничных соотношений для решения СЛАУ (3.7), кроме указанных выше условий $\tilde{f}_0 = f_0, \tilde{f}_n = f_n$, можно использовать следующие формулы (вытекающие из квадратурной формулы трапеций [2, с. 84]), имеющие порядок аппроксимации $O(H^2)$:

$$\tilde{f}_0 = -\tilde{f}_1 + \frac{2}{h_1}\hat{I}_0^1, \qquad \tilde{f}_n = -\tilde{f}_{n-1} + \frac{2}{h_n}\hat{I}_{n-1}^n. \qquad (3.20)$$

При использовании в качестве граничных условий формул (3.20) имеет место некоторая потеря точности аппроксимации на концах отрезка $[a, b]$ (поскольку, как указано выше, вычисление $\tilde{f}_i$ из (3.7) осуществляется с точностью $O(H^3)$.

В случае, если требуется более высокий (третий) порядок аппроксимации, то можно в качестве граничных соотношений использовать формулы (несколько более сложные), приведенные в [58, 66], получающиеся из КФ Симпсона (КФ парабол):

$$\hat{f}_0 + \frac{H_1^2}{h_2}\hat{f}_1 = \frac{h_1^2}{H_1^2}\left(\frac{2H_1^2 + h_1}{h_1^3}I_0^1 + \frac{1}{h_2^2}I_1^2\right) \ \ (i = 0) \ , \qquad (3.21)$$

$$\frac{H_{n-1}^n}{h_{n-1}}\hat{f}_{n-1} + \hat{f}_n = \frac{h_n^2}{H_{n-1}^n}\left(\frac{1}{h_{n-1}^2}I_{n-2}^{n-1} + \frac{2H_{n-1}^n + h_n}{h_n^3}I_{n-1}^n\right) \ \ (i = n) \ , \qquad (3.22)$$

где $H_1^2 = h_1 + h_2$, $H_{n-1}^n = h_{n-1} + h_n$,

либо формулы, полученные из параметрических соотношений для кубических сплайнов, приведенных в [55]:

$$\tilde{f}_0 = -\tilde{f}_1 + \frac{2}{h_1}\hat{I}_0^1 + \frac{h_1}{6}(\overline{m}_1 - \overline{m}_0), \ \ \tilde{f}_n = -\tilde{f}_{n-1} + \frac{2}{h_n}\hat{I}_{n-1}^n + \frac{h_n}{6}(\overline{m}_n - \overline{m}_{n-1}). \ (3.23)$$

Формулы (3.21)-(3.23) имеют порядок аппроксимации $O(H^3)$ [66].

Для вычисления производных $\overline{m}_0$, $\overline{m}_n$ в соотношении (3.23) при $h = \text{const}$ можно применить приведенные ниже лево- и правосторонние формулы (3.29), а для вычисления $\overline{m}_1$, $\overline{m}_{n-1}$ — формулы (3.29) или следующие (центральные) формулы, также имеющие порядок аппроксимации $O(h^2)$ (см. [66]):

$$\overline{m}_i = \frac{1}{h^2}(\hat{I}_i^{i+1} - \hat{I}_{i-1}^i). \tag{3.24}$$

При $h = \text{var}$ для вычисления $\overline{m}_0$, $\overline{m}_1$, $\overline{m}_n$, $\overline{m}_{n-1}$ можно использовать приведенные ниже формулы (3.30), (3.31).

Значения $\tilde{f}_1$, $\tilde{f}_{n-1}$ в (3.20)-(3.23) можно найти по следующим лево- и правосторонним (но не крайним) аппроксимационным формулам порядка точности $O(H^3)$ ([71]):

$$\tilde{f}_i = \frac{1}{H_i^{i+2}}\left(-\frac{h_i h_{i+1}}{h_{i+2} H_{i+1}^{i+2}} \hat{I}_{i+1}^{i+2} + \frac{h_i[(H_{i+1}^{i+2})^2 + H_i^{i+1}(H_{i+1}^{i+2} + h_{i+1})]}{h_{i+1} H_i^{i+1} H_{i+1}^{i+2}} \hat{I}_i^{i+1} + \frac{h_{i+1} H_i^{i+2}}{h_i H_i^{i+1}} \hat{I}_{i-1}^i \right),$$
$$\tilde{f}_{i+1} = \frac{1}{H_i^{i+2}}\left(\frac{h_{i+1} H_i^{i+1}}{h_{i+2} H_{i+1}^{i+2}} \hat{I}_{i+1}^{i+2} + \frac{h_{i+2}[(H_i^{i+1})^2 + H_{i+1}^{i+2}(H_i^{i+1} + h_{i+1})]}{h_{i+1} H_i^{i+1} H_{i+1}^{i+2}} \hat{I}_i^{i+1} - \frac{h_{i+1} h_{i+2}}{h_i H_i^{i+1}} \hat{I}_{i-1}^i \right), \tag{3.25}$$

где $H_i^{i+2} = h_i + h_{i+1} + h_{i+2}$.

В случае $h = \text{const}$ формулы (3.25) принимают вид:

$$\tilde{f}_i = \frac{1}{6h}\left(-\hat{I}_{i+1}^{i+2} + 5\hat{I}_i^{i+1} + 2\hat{I}_{i-1}^i\right), \quad \tilde{f}_{i+1} = \frac{1}{6h}\left(2\hat{I}_{i+1}^{i+2} + 5\hat{I}_i^{i+1} - \hat{I}_{i-1}^i\right). \tag{3.26}$$

Алгоритм 3.2. Нахождение неопределенных параметров $\overline{m}_i$ сплайна $\tilde{S}_{2\text{ИД2}}(x)$ с точностью $O(H^2)$. При этом предварительно вычисляются интегральные параметры $\hat{I}_i^{i+1}$ с точностью $O(H^4)$.

1. На первом этапе параметры $\hat{I}_i^{i+1}$ $(i = 0, 1, \ldots, n-1)$ вычисляются по заданным значениям функции f_i $(i = 0, 1, \ldots, n)$ аналогично п.1 способа 3.1.

2. На втором этапе параметры $\overline{m}_i$ ($i = 0, 1, \ldots, n$) находятся методом прогонки из трехдиагональной СЛАУ, составленной из уравнений (3.19) и двух дополнительных аппроксимационных соотношений (в качестве краевых условий):

$$\overline{m}_{i-1} = \frac{1}{H_i^{i+1}}\left(-\frac{h_i}{h_{i+1}} f_{i+1} + \frac{\left(H_i^{i+1}\right)^2}{h_i h_{i+1}} f_i - \frac{H_i^{i+1} + h_i}{h_i} f_{i-1} \right) \text{ при } i = 1 \text{ , } \quad (3.27)$$

$$\overline{m}_{i+1} = \frac{1}{H_i^{i+1}}\left(\frac{H_i^{i+1} + h_{i+1}}{h_{i+1}} f_{i+1} - \frac{\left(H_i^{i+1}\right)^2}{h_i h_{i+1}} f_i + \frac{h_{i+1}}{h_i} f_{i-1} \right) \text{ при } i = n-1, \quad (3.28)$$

по которым вычисляются производные $\overline{m}_0, \overline{m}_n$ на концах отрезка $[a, b]$.

Формулы (3.27), (3.28) получаются из анализа параболических дифференциальных сплайнов и приведены в [66, с. 235]. В [66, с. 235-236] показано также, что эти формулы обеспечивают порядок точности вычисления производных $O(H^2)$.

При $h = \text{const}$ (3.27), (3.28) переходят в известные соотношения численного анализа [2, с. 78]:

$$\overline{m}_{i-1} = \frac{1}{2h}\left(-f_{i+1} + 4f_i - 3f_{i-1} \right), \quad \overline{m}_{i+1} = \frac{1}{2h}\left(3f_{i+1} - 4f_i + f_{i-1} \right).$$

Порядок точности $O(H^4)$ вычисления интегралов по КФ (3.9), (3.10) соответствует порядку точности $O(H^2)$ вычисления производных из системы (3.19).

После подстановки найденных значений интегралов $\hat{I}_i^{i+1}$ и производных $\overline{m}_i$ в формулу (3.18) получается звено $\tilde{S}_{2\text{ИД}2,i}(x)$ ИД-сплайна $\tilde{S}_{2\text{ИД}2}(x)$. При вычислении параметров $\hat{I}_i^{i+1}$ и $\overline{m}_i$ по алгоритму 3.2 ИД-сплайн $\tilde{S}_{2\text{ИД}2}(x)$ имеет дефект $q = 1$.

Для замыкания СЛАУ к уравнениям (3.19) можно добавить также следующие граничные соотношения:

а) в случае равномерной сетки узлов Δ_n ($h = \mathrm{const}$):

$$\overline{m}_{i-1} = \frac{1}{h^2}(-2\hat{I}_{i-1}^i + 3\hat{I}_i^{i+1} - \hat{I}_{i+1}^{i+2}) \quad \text{при} \quad i = 1,$$

$$\overline{m}_{i+1} = \frac{1}{h^2}(\hat{I}_{i-2}^{i-1} - 3\hat{I}_{i-1}^i + 2\hat{I}_i^{i+1}) \quad \text{при} \quad i = n-1 \tag{3.29}$$

(формулы (3.29) выводятся в главе 7 – см. соотношения (7.31));

б) в случае неравномерной сетки узлов Δ_n ($h = \mathrm{var}$):

$$\overline{m}_0 = \frac{h_1 + h_2}{h_2}\overline{m}_1 - \frac{h_1}{h_2}\overline{m}_2, \qquad \overline{m}_n = \frac{h_{n-1} + h_n}{h_{n-1}}\overline{m}_{n-1} - \frac{h_n}{h_{n-1}}\overline{m}_{n-2}. \tag{3.30}$$

(Формулы (3.30) получаются из условия непрерывности второй производной сплайна $\tilde{S}_{2\text{ИД}2}(x)$ в точках x_1, x_{n-1}).

При этом значения $\overline{m}_1, \overline{m}_2, \overline{m}_{n-1}, \overline{m}_{n-2}$ в формулах (3.30) следует вычислять по лево- и правосторонним (но не крайним) аппроксимационным формулам для производных:

$$\overline{m}_i = \frac{2}{A}\left[\frac{h_i^2 - h_{i+1}^2}{h_{i+2}}\hat{I}_{i+1}^{i+2} + \frac{3h_{i+1}H_{i+1}^{i+2} + (h_{i+2}^2 - h_i^2)}{h_{i+1}}\hat{I}_i^{i+1} - \frac{H_{i+1}^{i+2}(H_{i+1}^{i+2} + h_{i+1})}{h_i}\hat{I}_{i-1}^i\right],$$

$$\overline{m}_{i+1} = \frac{2}{A}\left[\frac{H_i^{i+1}(H_i^{i+1} + h_{i+1})}{h_{i+2}}\hat{I}_{i+1}^{i+2} - \frac{3h_{i+1}H_i^{i+1} + (h_i^2 - h_{i+2}^2)}{h_{i+1}}\hat{I}_i^{i+1} + \frac{h_{i+1}^2 - h_{i+2}^2}{h_i}\hat{I}_{i-1}^i\right], \tag{3.31}$$

где $A = h_{i+1}^2(2h_i + h_{i+1} + 2h_{i+2}) + h_{i+1}(h_{i+2}^2 + h_i^2) + h_i h_{i+2}(h_i + 3h_{i+1} + h_{i+2})$.

Формулы (3.29) – (3.31) имеют порядок аппроксимации производных $O(H^2)$ и приведены в [55, 66].

В каждом из двух предложенных алгоритмов решается смешанная параметрическая задача – сначала обратная (расчет интегралов $\hat{I}_i^{i+1}$ по известным значениям функции f_i), а затем прямая (в алгоритме 3.1 расчет параметров $\tilde{f}_i$, а в алгоритме 3.2 – параметров $\overline{m}_i$ по вычисленным на предыдущем этапе интегралам $\hat{I}_i^{i+1}$).

Если сопоставить алгоритм 3.2 с соответствующим алгоритмом интерполяции кубическими дифференциальными сплайнами (В.6), в котором из СЛАУ (В.7) определяются вторые производные m_i, то можно отметить следующее.

Для параболических ИД-сплайнов производные вычисляются через интегралы, а для кубических дифференциальных сплайнов – через приращения функции. При осуществлении прогонки [21, с. 165] рекуррентные соотношения для обратного хода, из которых находятся значения первых производных $\chi_i = \overline{m}_i$ (для параболических ИД-сплайнов) или вторых производных $\chi_i = m_i$ (для кубических дифференциальных сплайнов): $\chi_i = P_i \chi_{i+1} + Q_i$ $i = 1, 2, \ldots, n-1$, различаются только величинами Q_i, что обусловлено различием правых частей СЛАУ (3.19) и (В.7): при $h = \mathrm{const}$ правая часть системы (3.19) пропорциональна интегральному приращению $\Delta \hat{I}_{i-1}^i = \hat{I}_i^{i+1} - \hat{I}_{i-1}^i$ (интегральной разности первого порядка), а в системе (В.7) правая часть пропорциональна $\Delta^2 f_{i-1} = \Delta f_i - \Delta f_{i-1}$ – функциональной конечной разности второго порядка. Однако известно, что с ростом порядка разностей точность их вычисления быстро убывает. Так, если ε – абсолютная погрешность значений функции, то погрешность второй разности $\Delta^2 f_{i-1}$ равна 4ε, а для первой интегральной разности эта погрешность (без учета погрешности вычисления интеграла) равна 2ε. Погрешность вычисления интеграла в силу устойчивости операции численного интегрирования увеличивает погрешность вычисления $\Delta \hat{I}_{i-1}^i$ незначительно. Таким образом, параболические ИД-сплайны $\widetilde{S}_{2\text{ИД}2}(x)$ обеспечивают лучшую устойчивость по сравнению с подобными им кубическими дифференциальными сплайнами.

102

Следует отметить, что, как было показано в п. 3.2.1, сплайны $\tilde{S}_{2\text{ИД}1}(x)$ и $\tilde{S}_{2\text{ИД}2}(x)$ с узлами на сетке Δ_n являются эквивалентными при эквивалентных краевых условиях, если параметры $\hat{I}_i^{i+1}$ для двух указанных сплайнов имеют одинаковые значения, а величины $\tilde{f}_i$ для $\tilde{S}_{2\text{ИД}1}(x)$ вычисляются из системы (3.7) и $\overline{m}_i$ для $\tilde{S}_{2\text{ИД}2}(x)$ – из системы (3.19). Но в алгоритмах 3.1 и 3.2 граничные соотношения для систем (3.7) и (3.19) являются разными, что влечет за собой некоторое отличие результатов аппроксимации.

Рассмотренные алгоритмы нахождения параметров слабосглаживающих сплайнов предоставляют расширенные возможности учета локальных свойств аппроксимируемых функций.

3.2.3 Вычисление неопределенных параметров слабосглаживающих ИД-сплайнов с учетом особенностей аппроксимируемых функций

Преимуществом метода слабого сглаживания на основе ИД-сплайнов по сравнению с интерполяцией традиционными параболическими дифференциальными сплайнами $S_{2\text{Д}}(x)$, звенья которых выражаются формулой (В.8), является возможность при вычислении коэффициентов сплайнов учитывать априорную информацию об аппроксимируемой функции – наличие локальных экстремумов, областей быстрого роста или убывания, областей немонотонных изменений функции, точек разрыва функции или ее производных и другие особенности.

Гибкость метода обеспечивается тем, что значения интегральных параметров $\hat{I}_i^{i+1}$ перед подстановкой их в системы (3.7) и (3.19), получающиеся из условий непрерывности производных сплайнов $\tilde{S}_{2\text{ИД}1}(x)$ и $\tilde{S}_{2\text{ИД}2}(x)$ соответственно, можно вычислять с учетом локальных свойств функции по любой квадратурной формуле, обеспечивающей требуемую точность $O(H^4)$.

В следующих подпунктах рассматриваются различные способы вычисления интегральных параметров $\hat{I}_i^{i+1}$ сплайнов $\tilde{S}_{2\text{ид}1}(x)$ и $\tilde{S}_{2\text{ид}2}(x)$ в зависимости от вида аппроксимируемой функции и ее особенностей на рассматриваемом отрезке $[a, b]$.

3.2.3.1 Вычисление интегральных параметров $\hat{I}_i^{i+1}$ с точностью $O(H^4)$ при аппроксимации функций, имеющих на отрезке $[a, b]$ особые точки

При нахождении $\hat{I}_i^{i+1}$ по квадратурным формулам (3.9), (3.10) порядка $O(H^4)$ в алгоритмах 3.1 и 3.2 значение интеграла $\hat{I}_i^{i+1}$ на отрезке $[x_i, x_{i+1}]$ зависит только от значений функции в точках x_i, x_{i+1} и в одной из соседних с ними точек. Предлагаемый локальный метод вычисления параметров особенно удобен при аппроксимации функций, имеющих на $[a, b]$ особые точки. Под особой точкой функции здесь будем понимать ярко выраженный экстремум, точку перегиба, точку разрыва функции или ее производной. Рассмотрим методики учета особенностей в поведении функций, которые позволяют повысить точность аппроксимации слабосглаживающими сплайнами.

Если особая точка x^* совпадает с каким-либо узлом сплайна x_k, то интеграл $\hat{I}_{k-1}^k$ следует вычислять по правосторонней КФ (3.10) (шаблон $[x_{k-2}, x_{k-1}, x_k]$), а интеграл $\hat{I}_k^{k+1}$ – по левосторонней КФ (3.9) (шаблон $[x_k, x_{k+1}, x_{k+2}]$). В этом случае изменение поведения функции в особой точке x^* не влияет на точность приближения интегралов.

Пусть особая точка x^* не совпадает с узлом сплайна и принадлежит интервалу (x_k, x_{k+1}). Тогда, если для вычисления $\hat{I}_{k-1}^{k}$ применить правостороннюю КФ (3.10) (основанную на шаблоне $[x_{k-2}, x_{k-1}, x_k]$), а для вычисления $\hat{I}_{k+1}^{k+2}$ – левостороннюю КФ (3.9) (основанную на шаблоне $[x_{k+1}, x_{k+2}, x_{k+3}]$), то ошибки в интегралах $\hat{I}_{k-1}^{k}$, $\hat{I}_{k+1}^{k+2}$, будут меньше, так как интервал (x_k, x_{k+1}) с особой точкой исключен из аппроксимационных шаблонов. Интеграл же $\hat{I}_{k}^{k+1}$ можно найти по формуле $\hat{I}_{k}^{k+1} = \dfrac{\hat{I}_{k,L}^{k+1} + \hat{I}_{k,R}^{k+1}}{2}$, где значение $\hat{I}_{k,L}^{k+1}$ вычисляется по КФ (3.10), основанной на шаблоне $[x_{k-1}, x_k, x_{k+1}]$, а $\hat{I}_{k,R}^{k+1}$ вычисляется по КФ (3.9), основанной на шаблоне $[x_k, x_{k+1}, x_{k+2}]$.

На рисунке 3.1 проиллюстрированы преимущества изложенного выше способа вычисления значений $\hat{I}_{i}^{i+1}$ с учетом особых точек на примере аппроксимации функции $f(x) = |x|$ сплайном $\tilde{S}_{2\text{ИД}1}(x)$. На рисунке 3.1 (**A**) представлены графики ИД-сплайнов $\tilde{S}_{2\text{ИД}1}(x)$ с разными способами вычисления интегральных параметров в случае, если особая точка $x^* = 0$ совпадает с узлом сплайна. Пунктиром показан график сплайна при вычислении $\hat{I}_{i}^{i+1}$ по КФ (3.10) без учета расположения особой точки и сплошной линией – график сплайна, построенного с учетом расположения особой точки: при вычислении $\hat{I}_{k-1}^{k}$ по КФ (3.10) на шаблоне $[x_{k-2}, x_{k-1}, x_k]$ и $\hat{I}_{k}^{k+1}$ – по КФ (3.9) на шаблоне $[x_k, x_{k+1}, x_{k+2}]$.

На рисунке 3.1(**B**) представлены графики ИД-сплайнов $\tilde{S}_{2\text{ИД}1}(x)$ с разными способами вычисления интегральных параметров в случае, если особая точка $x^* \in (x_k, x_{k+1})$ не совпадает с узлом сплайна. Пунктиром показан график сплайна при вычислении $\hat{I}_{i}^{i+1}$ по КФ (3.10) без учета расположения особой точки и сплошной линией – график сплайна, построенного с учетом расположения особой точки: при вычислении $\hat{I}_{k-1}^{k}$ по КФ (3.10) на шаблоне $[x_{k-2}, x_{k-1}, x_k]$, $\hat{I}_{k+1}^{k+2}$ – по КФ (3.9) на шаблоне $[x_{k+1}, x_{k+2}, x_{k+3}]$, $\hat{I}_{k}^{k+1}$ – по формуле $\hat{I}_{k}^{k+1} = \dfrac{\hat{I}_{k,L}^{k+1} + \hat{I}_{k,R}^{k+1}}{2}$, где значение $\hat{I}_{k,L}^{k+1}$ вычисляется по КФ (3.10), основанной на шаблоне $[x_{k-1}, x_k, x_{k+1}]$, а $\hat{I}_{k,R}^{k+1}$ вычисляется по КФ (3.9), основанной на шаблоне $[x_k, x_{k+1}, x_{k+2}]$.

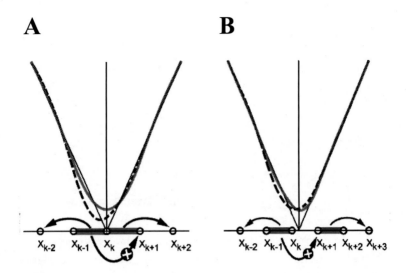

Рисунок 3.1 – **А** – способ учета расположения особой точки при аппроксимации функции $f(x) = |x|$ сплайном $\tilde{S}_{2ИД1}(x)$, если особая точка совпадает с узлом сплайна,
В – способ учета расположения особой точки при аппроксимации функции $f(x) = |x|$ сплайном $\tilde{S}_{2ИД1}(x)$, если особая точка находится между узлами сплайна.

На графиках видно влияние способа вычисления интегралов на точность аппроксимации. Такой способ учета особенностей функции при незначительном усложнении алгоритма позволяет существенно повысить точность аппроксимации методом слабого сглаживания. Численные результаты, приведенные в пп. 3.5.1.2, показывают, что при аппроксимации некоторых классов функций, имеющих на $[a, b]$ особые точки, с помощью сплайна $\tilde{S}_{2ИД1}(x)$, параметры которого находятся с учетом локальных свойств аппроксимируемых функций, точность получается выше, чем при аппроксимации традиционным параболическим дифференциальным сплайном $S_{2Д}(x)$, звенья которого выражаются формулой (В.8).

106

3.2.3.2 Вычисление интегральных параметров $\hat{I}_i^{i+1}$ с повышенной точностью $O(H^5)$ в случае равномерной сетки узлов Δ_n (h = const)

Для повышения точности расчетов значения интегральных параметров $\hat{I}_i^{i+1}$ сплайнов $\tilde{S}_{2\text{ИД}1}(x)$ и $\tilde{S}_{2\text{ИД}2}(x)$ в случае равномерной сетки Δ_n ($h = \text{const}$) можно вычислять по формулам порядка $O(H^5)$ по заданным значениям функции f_i в узлах x_i сетки Δ_n ($i = 0, 1, \ldots, n$) (эти формулы приведены в [66] и ниже в пп. 7.3.1.2):

$$\hat{I}_{i-1}^{i} = \frac{h}{24}\bigl(9f_{i-1} + 19f_i - 5f_{i+1} + f_{i+2}\bigr) - \text{левосторонняя формула}, \quad (3.32)$$

$$\hat{I}_i^{i+1} = \frac{h}{24}\bigl(-f_{i-1} + 13(f_i + f_{i+1}) - f_{i+2}\bigr) - \text{центральная формула}, \quad (3.33)$$

$$\hat{I}_i^{i+1} = \frac{h}{24}\bigl(f_{i-2} - 5f_{i-1} + 19f_i + 9f_{i+1}\bigr) - \text{правосторонняя формула}. \quad (3.34)$$

Для гладких функций $f(x)$ при $h = \text{const}$ этот способ вычисления интегралов является особенно эффективным, поскольку погрешности вычисления интегралов, имеющие порядок $O(H^5)$, незначительно влияют на результаты аппроксимации. Численные исследования (см. п. 3.5.1) показывают, что в этом случае точность приближения функции и ее производной сплайном $\tilde{S}_{2\text{ИД}1}(x)$ выше, чем с помощью традиционного параболического дифференциального сплайна $S_{2\text{Д}}(x)$.

При аппроксимации функций, имеющих на $[a, b]$ особые точки, целесообразно применять следующее правило. Если особая точка x^* совпадает с узлом сплайна x_k, то значение интеграла $\hat{I}_{k-1}^{k}$ следует вычислять по правосторонней КФ (3.34) при $i = k - 1$, а $\hat{I}_k^{k+1}$ – по левосторонней КФ (3.32) при $i = k + 1$. Если x^* не совпадает с узлом сплайна и принадлежит интервалу (x_k, x_{k+1}), то для вычисления $\hat{I}_{k-1}^{k}$ следует применять правостороннюю КФ (3.34) при $i = k - 1$, для вычисления $\hat{I}_{k+1}^{k+2}$ – левостороннюю КФ (3.32) при $i = k + 2$, а для вычисления $\hat{I}_k^{k+1}$ – центральную КФ (3.33) при $i = k$.

107

3.2.3.3 Вычисление интегральных параметров $\hat{I}_i^{i+1}$ с точностью $O(H^4)$ при аппроксимации функций, имеющих на отрезке $[a, b]$ одну особую точку

Если аппроксимируемая функция $f(x)$ имеет на рассматриваемом отрезке $[a, b]$ особые точки (локальные экстремумы, точки разрыва функции или ее производных), то целесообразно использовать такую сетку узлов Δ_n, чтобы особые точки совпадали с узлами сетки.

В случае, когда $f(x)$ имеет на $[a, b]$ только одну особую точку x^*, совпадающую с одним из узлов сетки Δ_n ($x^* = x_k$), и при этом узлы сетки либо расположены равномерно на $[a, b]$, либо «сгущаются» в окрестности особой точки (то есть $\delta_{i+1} \le 1$ при $i < k$ и $\delta_{i+1} \ge 1$ при $i \ge k$, где $\delta_{i+1} = \dfrac{h_{i+1}}{h_i}$), наиболее эффективным является следующий способ вычисления значений интегральных параметров $\hat{I}_i^{i+1}$ сплайнов $\tilde{S}_{2\text{ид}1}(x)$ и $\tilde{S}_{2\text{ид}2}(x)$.

Если особая точка x^* совпадает с узлом сетки x_k, то для нахождения значений интегралов $\hat{I}_i^{i+1}$ ($i = 1, 2, \dots k-1$) (слева от особой точки) используется правосторонняя рекуррентная формула:

$$\hat{I}_i^{i+1} = -\delta_{i+1}^2 \hat{I}_{i-1}^i + \frac{h_{i+1}^3}{3} L_i(h, f), \quad i = 1, 2, \dots, k-1, \qquad (3.35)$$

а для нахождения значений $\hat{I}_{i-1}^i$ ($i = k+1, \dots, n-2, n-1$) (справа от особой точки) – левосторонняя рекуррентная формула:

$$\hat{I}_{i-1}^i = -\left(\delta_{i+1}^{-1}\right)^2 \hat{I}_i^{i+1} + \frac{h_i^3}{3} L_i(h, f), \quad i = n-1, n-2, \dots, k+1, \qquad (3.36)$$

где $L_i(h, f) = \dfrac{1}{h_i} f_{i-1} + 2\left(\dfrac{1}{h_i} + \dfrac{1}{h_{i+1}}\right) f_i + \dfrac{1}{h_{i+1}} f_{i+1}$ – функция, аппроксимирующая сумму «удельных» интегралов по каждой паре смежных отрезков (утроенная левая часть в (3.13)).

108

Формулы (3.35) и (3.36) получаются непосредственно из соотношения (3.13). Формула (3.35) соответствует правостороннему обратному ходу метода прогонки при решении СЛАУ (3.13), а (3.36) – левостороннему обратному ходу. Поскольку для правостороннего алгоритма условие устойчивости прогонки выполняется при сгущающейся вправо сетке ($\delta_{i+1} \le 1$), а для левостороннего – при сгущающейся влево сетке ($\delta_{i+1} \ge 1$) (см. [94, с. 45-47]), то данный метод вычисления интегральных параметров $\hat{I}_i^{i+1}$ является устойчивым.

Соотношения (3.35), (3.36) при $f(x) \in C_{[a,b]}^{\mu}$ ($\mu \ge 3$) обеспечивают порядок точности вычисления интегралов $O(H^4)$.

На крайних частичных отрезках значения $\hat{I}_0^1$, $\hat{I}_{n-1}^n$ находятся по КФ (3.9) при $i = 1$ и (3.10) при $i = n - 1$ соответственно.

Результаты численных экспериментов, приведенные в п. 3.5.1, подтверждают эффективность данного способа вычисления интегралов.

3.2.4 Теорема сходимости слабосглаживающего параболического ИД-сплайна

В п. 2.2 были получены оценки погрешностей интерполяции локальными ИД-сплайнами $S_{2ИД1}(x)$ при точных значениях параметров I_i^{i+1}, f_i, f_{i+1} (формула (2.10)). В данном подразделе выводятся оценки погрешностей и доказывается сходимость для глобального слабосглаживающего ИД-сплайна $\tilde{S}_{2ИД1}(x)$ (со звеньями (3.6)), параметры $\tilde{f}_i$ ($i = 0, 1, \ldots, n$) которого определяются глобальным способом из трехдиагональной СЛАУ, составленной из системы (3.7) и краевых условий $\tilde{f}_0 = f_0$, $\tilde{f}_n = f_n$, после предварительного вычисления интегралов $\hat{I}_i^{i+1}$ ($i = 0, 1, \ldots, n - 1$) по формулам (3.9), (3.10) (алгоритм 3.1 п. 3.2.2).

Теорема 3.1 О сходимости одномерного глобального параболического ИД-сплайна.

Пусть функцию $f(x)$ ($x \in [a,b]$), заданную с точностью не ниже $O(H^4)$ ($h_i = x_i - x_{i-1}$, $H = \max\limits_{i=1,2,\ldots,n} h_i$) на сетке Δ_n (В.1) с коэффициентом неравномерности сетки $Q = \max\limits_{i=1,2,\ldots,n} h_i \Big/ \min\limits_{i=1,2,\ldots,n} h_i$, аппроксимирует слабосглаживающий глобальный параболический ИД-сплайн $\tilde{S}_{2\text{ИД}1}(x)$. Тогда если $f(x) \in C^3_{[a,b]}$ и параметры $\hat{I}_i^{i+1}$ ($i = 0,1,\ldots,n-1$) определяются по формулам (3.9), (3.10), а $\tilde{f}_i$ ($i = 0,1,\ldots,n$) – из трехдиагональной СЛАУ, составленной из системы (3.7) и краевых условий $\tilde{f}_0 = f_0 = f(x_0)$, $\tilde{f}_n = f_n = f(x_n)$, то справедливы оценки:

$$\left\| \tilde{S}_{2\text{ИД}1}^{(p)}(x) - f^{(p)}(x) \right\|_{[a,b]} \leq H^{3-p} \left(T_{3,p}^{(\text{ИД}1)} + K_p Q^{1+p} \right) \left\| f'''(x) \right\|_{[a,b]}, \quad (3.37)$$

где $p = 0; 1$ – порядок производной;

константы имеют значения: $T_{3,0}^{(\text{ИД}1)} = \dfrac{1}{72\sqrt{3}}$, $T_{3,1}^{(\text{ИД}1)} = \dfrac{1}{12}$, $K_0 = \dfrac{11}{48}$, $K_1 = \dfrac{25}{24}$.

Таким образом, с ростом n при $f(x) \in C^3_{[a,b]}$ сплайны $\tilde{S}_{2\text{ИД}1}(x)$ равномерно сходятся к функции $f(x)$ на последовательности сеток Δ_n: $a = x_0 < x_1 < \ldots < x_i < x_{i+1} < \ldots < x_n = b$ по крайней мере со скоростью H^3, а их производные $\tilde{S}'_{2\text{ИД}1}(x)$ равномерно сходятся к $f'(x)$ по крайней мере со скоростью H^2.

Доказательство теоремы 3.1.

Формула звена сплайна $\tilde{S}_{2\text{ИД}1}(x)$ на отрезке $[x_i, x_{i+1}]$ в форме Лагранжа записывается следующим образом:

110

$$\widetilde{S}_{2\text{ИД}\,1,i}(x) = \frac{6u(1-u)}{h_{i+1}} \hat{I}_i^{i+1} + (1-u)(1-3u)\widetilde{f}_i + u(3u-2)\widetilde{f}_{i+1}, \quad (3.38)$$

где $u = \dfrac{x - x_i}{h_{i+1}} (0 \le u \le 1)$, $\hat{I}_i^{i+1}$ – значения интегралов, полученные по формулам (3.9), (3.10), а $\widetilde{f}_i$ – значения функциональных параметров, найденные из трехдиагональной СЛАУ, составленной из системы (3.7) и краевых условий $\widetilde{f}_0 = f_0$, $\widetilde{f}_n = f_n$.

Сплайн $\widetilde{S}_{2\text{ИД}1}(x)$ представляет собой объединение звеньев (3.38):

$$\widetilde{S}_{2\text{ИД}1}(x) = \bigcup_{i=0}^{n-1} \widetilde{S}_{2\text{ИД}1,i}(x) . \quad (3.39)$$

Для нахождения погрешности аппроксимации функции $f(x)$ (и ее производной) с помощью сплайна $\widetilde{S}_{2\text{ИД}1}(x)$ (3.39) (и его производной) $\left| \widetilde{S}_{2\text{ИД}1}^{(p)}(x) - f^{(p)}(x) \right|$ ($p = 0; 1$) для любого $x \in [a, b]$ ($x \in [a, b]$) запишем соотношение:

$$\left| \widetilde{S}_{2\text{ИД}1}^{(p)}(x) - f^{(p)}(x) \right| \le \left| S_{2\text{ИД}1}^{(p)}(x) - f^{(p)}(x) \right| + \left| \widetilde{S}_{2\text{ИД}1}^{(p)}(x) - S_{2\text{ИД}1}^{(p)}(x) \right|,$$

где $S_{2\text{ИД}1}(x)$ – сплайн (2.2), параметры которого I_i^{i+1}, f_i, f_{i+1} известны точно (или вычислены с точностью не ниже $O(H^5)$ для I_i^{i+1} и $O(H^4)$ для f_i, f_{i+1}). Так как последнее неравенство верно для $\forall\, x \in [a, b]$, то

$$\left\| \widetilde{S}_{2\text{ИД}1}^{(p)}(x) - f^{(p)}(x) \right\|_{[a,b]} \le \left\| S_{2\text{ИД}1}^{(p)}(x) - f^{(p)}(x) \right\|_{[a,b]} + \left\| \widetilde{S}_{2\text{ИД}1}^{(p)}(x) - S_{2\text{ИД}1}^{(p)}(x) \right\|_{[a,b]} \quad (3.40)$$

Оценки первого слагаемого правой части неравенства (3.40) уже найдены в п. 2.2 (формула (2.10)). Оценки второго слагаемого получаются следующим образом. На отрезке $[x_i, x_{i+1}]$ при $p = 0$ разность $\widetilde{S}_{2\text{ИД}1}^{(p)}(x) - S_{2\text{ИД}1}^{(p)}(x)$ представляется в виде:

$$\widetilde{S}_{2\text{ИД}}(x) - S_{2\text{ИД}}(x) = \frac{6u(1-u)}{h_{i+1}}(\hat{I}_i^{i+1} - I_i^{i+1}) + (1-u)(1-3u)(\widetilde{f}_i - f_i) + u(3u-2)(\widetilde{f}_{i+1} - f_{i+1})$$

и при $p = 1$ в виде:

$$\widetilde{S}'_{2\text{ИД}}(x) - S'_{2\text{ИД}}(x) = \frac{6(1-2u)}{h_{i+1}^2}(\hat{I}_i^{i+1} - I_i^{i+1}) + \frac{2(3u-2)}{h_{i+1}}(\widetilde{f}_i - f_i) + \frac{2(3u-1)}{h_{i+1}}(\widetilde{f}_{i+1} - f_{i+1}).$$

Обозначим: $\varphi_1(u) = 6u(1-u)$, $\quad \varphi'_1(u) = \dfrac{d\varphi_1(u)}{du} = 6(1-2u)$,

$$\varphi_2(u) = (1-u)(1-3u), \quad \varphi'_2(u) = \frac{d\varphi_2(u)}{du} = 2(3u-2),$$

$$\varphi_3(u) = u(3u-2), \quad \varphi'_3(u) = \frac{d\varphi_3(u)}{du} = 2(3u-1).$$

На отрезке $[x_i, x_{i+1}]$ справедливо неравенство:

$$\left|\widetilde{S}_{2\text{ИД}}^{(p)}(x) - S_{2\text{ИД}}^{(p)}(x)\right| \le \frac{1}{h_{i+1}^{p+1}} \max_{u \in [0,1]} \left|\varphi_1^{(p)}(u)\right| \cdot \left|\hat{I}_i^{i+1} - I_i^{i+1}\right| +$$

$$+ \frac{1}{h_{i+1}^p} \max_{u \in [0,1]} \left|\varphi_2^{(p)}(u)\right| \cdot \left|\widetilde{f}_i - f_i\right| + \frac{1}{h_{i+1}^p} \max_{u \in [0,1]} \left|\varphi_3^{(p)}(u)\right| \cdot \left|\widetilde{f}_{i+1} - f_{i+1}\right|.$$

Поскольку последнее неравенство выполняется для любого отрезка $[x_i, x_{i+1}]$ $(i = 0, 1, \ldots, n-1)$, то $\forall\, x \in [a, b]$ верно соотношение:

$$\left\|\widetilde{S}_{2\text{ИД}}^{(p)}(x) - S_{2\text{ИД}}^{(p)}(x)\right\|_{[a,b]} \le \frac{1}{\left(\min\limits_{i=1,\ldots n} h_i\right)^{1+p}} \max_{u \in [0,1]} \left|\varphi_1^{(p)}(u)\right| \cdot \max_{i=0,1,\ldots n-1} \left|\hat{I}_i^{i+1} - I_i^{i+1}\right| +$$

$$+ \frac{1}{\left(\min\limits_{i=1,\ldots n} h_i\right)^p} \max_{u \in [0,1]} \left[\left|\varphi_2^{(p)}(u)\right| + \left|\varphi_3^{(p)}(u)\right|\right] \cdot \max_{i=0,1,\ldots n} \left|\widetilde{f}_i - f_i\right|. \qquad (3.41)$$

Можно показать, что

$$\max_{u \in [0,1]} \left|\varphi_1(u)\right| = \frac{3}{2} \text{ при } u = \frac{1}{2}; \quad \max_{u \in [0,1]} \left[\left|\varphi_2(u)\right| + \left|\varphi_3(u)\right|\right] = 1 \text{ при } u = 0, u = 1;$$

$$\max_{u \in [0,1]} \left|\varphi'_1(u)\right| = 1 \text{ при } u = 0; \quad \max_{u \in [0,1]} \left[\left|\varphi'_2(u)\right| + \left|\varphi'_3(u)\right|\right] = 6 \text{ при } u = 0, u = 1.$$

Далее выводятся оценки погрешностей вычисления интегралов $\max\limits_{i=0,1,\ldots,n-1}\left|\hat{I}_i^{i+1}-I_i^{i+1}\right|$ при нахождении $\hat{I}_i^{i+1}$ $(i=0,1,\ldots,n-1)$ по формулам (3.9), (3.10) и погрешностей вычисления значений функции в узлах сетки Δ_n $\max\limits_{i=0,1,\ldots n}\left|\tilde{f}_i-f_i\right|$ при нахождении $\tilde{f}_i$ $(i=0,1,\ldots,n)$ из трехдиагональной СЛАУ, составленной из системы (3.7) и краевых условий $\tilde{f}_0=f_0$, $\tilde{f}_n=f_n$.

1) Оценка погрешности $\max\limits_{i=0,1,\ldots n-1}\left|\hat{I}_i^{i+1}-I_i^{i+1}\right|$.

Отклонения значений интегралов $\hat{I}_i^{i+1}$, вычисленных по формулам (3.9), (3.10), от точных I_i^{i+1} имеют вид:

$$\left|\hat{I}_{i-1}^{i}-I_{i-1}^{i}\right|=\left|\frac{h_i^3}{6H_i^{i+1}}\left(-\frac{1}{h_{i+1}}f_{i+1}+\frac{H_i^{i+1}H_i^{3(i+1)}}{h_i^2 h_{i+1}}f_i+\frac{H_{2i}^{3(i+1)}}{h_i^2}f_{i-1}\right)-\left(F_i-F_{i-1}\right)\right|, \quad (3.42)$$

$$\left|\hat{I}_i^{i+1}-I_i^{i+1}\right|=\left|\frac{h_{i+1}^3}{6H_i^{i+1}}\left(\frac{H_{3i}^{2(i+1)}}{h_{i+1}^2}f_{i+1}+\frac{H_i^{i+1}H_{3i}^{i+1}}{h_i\,h_{i+1}^2}f_i-\frac{1}{h_i}f_{i-1}\right)-\left(F_{i+1}-F_i\right)\right|, \quad (3.43)$$

где F_k $(k=i-1,i,i+1)$ – значения первообразной $F(x)$ для функции $f(x)$ в точках x_k $(I_{i-1}^i=F_i-F_{i-1}, I_i^{i+1}=F_{i+1}-F_i)$.

Оценки правых частей равенств (3.42), (3.43) можно получить, заменив значения F_{i-1}, F_{i+1}, f_{i-1}, f_{i+1} (здесь $I_{i-1}^i=F_i-F_{i-1}, I_i^{i+1}=F_{i+1}-F_i$, где $F_i=F(x_i)$ – значения первообразной) их разложениями в ряды Тейлора относительно точки x_i (так, чтобы остаточные слагаемые рядов Тейлора в форме Лагранжа содержали третью производную функции $f(x)$ при $f(x)\in C_{[a,b]}^3$). Тогда

$$\begin{aligned}
\left|\hat{I}_{i-1}^i-I_{i-1}^i\right| &\le \frac{h_i^4(1+2\delta_{i+1})}{72}\left\|f'''(x)\right\|_{[x_{i-1},x_{i+1}]}, \\
\left|\hat{I}_i^{i+1}-I_i^{i+1}\right| &\le \frac{h_{i+1}^4(1+2\delta_{i+1}^{-1})}{72}\left\|f'''(x)\right\|_{[x_{i-1},x_{i+1}]},
\end{aligned} \quad (3.44)$$

113

где $\hat{I}_{i-1}^{i}$, $\hat{I}_{i}^{i+1}$ – значения интегралов, вычисленные по формулам (3.9),

(3.10) соответственно; I_{i-1}^{i}, I_{i}^{i+1} – их точные значения;

$\delta_{i+1} = \dfrac{h_{i+1}}{h_i}$ – параметр, характеризующий неравномерность сетки.

Поскольку оценки (3.44) справедливы для любого отрезка $[x_i, x_{i+1}]$ $(i = 0, 1, \ldots, n-1)$, то

$$\max_{i=0,1,\ldots,n-1} \left| \hat{I}_i^{i+1} - I_i^{i+1} \right| \le \frac{1}{24} H^4 \left\| f'''(x) \right\|_{[a,b]} \text{, где } H = \max_{i=1,2,\ldots,n} h_i . \quad (3.45)$$

2) Оценка погрешности $\max\limits_{i=0,1,\ldots n} \left| \widetilde{f}_i - f_i \right|$.

Для разности $\widetilde{f}_i - f_i$ из формулы (3.7) получается следующая система:

$$\frac{1}{h_i}\left(\widetilde{f}_{i-1} - f_{i-1} \right) + 2\left(\frac{1}{h_i} + \frac{1}{h_{i+1}} \right)\left(\widetilde{f}_i - f_i \right) + \frac{1}{h_{i+1}}\left(\widetilde{f}_{i+1} - f_{i+1} \right) =$$

$$= 3\left(\frac{\hat{I}_i^{i+1}}{h_{i+1}^2} + \frac{\hat{I}_{i-1}^{i}}{h_i^2} \right) - \frac{1}{h_i} f_{i-1} - 2\left(\frac{1}{h_i} + \frac{1}{h_{i+1}} \right) f_i - \frac{1}{h_{i+1}} f_{i+1}, \ \ i = 1, 2, \ldots, n-1 \,(3.46)$$

с краевыми условиями: $\widetilde{f}_0 - f_0 = 0$, $\widetilde{f}_n - f_n = 0$.

Обозначим: $\quad z_k = \widetilde{f}_k - f_k;\ \ k = i-1,\, i,\, i+1;\ \ i = 1, 2, \ldots, n-1;$

$g_i = 3\left(\dfrac{\hat{I}_i^{i+1}}{h_{i+1}^2} + \dfrac{\hat{I}_{i-1}^{i}}{h_i^2} \right) - \dfrac{1}{h_i} f_{i-1} - 2\left(\dfrac{1}{h_i} + \dfrac{1}{h_{i+1}} \right) f_i - \dfrac{1}{h_{i+1}} f_{i+1}, \ \ i = 1, 2, \ldots, n-1;$

$g_0 = g_n = 0$.

Тогда система (3.46) перепишется в виде:

$$\frac{1}{h_i} z_{i-1} + 2\left(\frac{1}{h_i} + \frac{1}{h_{i+1}} \right) z_i + \frac{1}{h_{i+1}} z_{i+1} = g_i, \ \ i = 1, 2, \ldots, n-1;\ \ z_0 = z_n = 0. \ (3.47)$$

В [40, с. 334] доказана следующая теорема.

Если матрица A системы $A \cdot z = g$ с диагональным преобладанием, то справедлива оценка:

$$\max_{i=0,1,\ldots,n} \left| z_i \right| \le \max_{i=0,1,\ldots,n} \frac{\left| g_i \right|}{d_i},$$

где $d_i = \left| a_{i,i} \right| - \sum\limits_{j \ne i} \left| a_{i,j} \right|$ $(i, j = 0, 1, \ldots, n)$, $a_{i,j}$ – элементы матрицы A.

Для системы (3.47) $d_i = \left(\dfrac{1}{h_i} + \dfrac{1}{h_{i+1}} \right)$ $(i = 1, 2, \ldots, n-1)$, $d_0 = d_n = 1$.

Поскольку $g_0 = g_n = 0$, то $\dfrac{|g_0|}{d_0} = \dfrac{|g_n|}{d_n} = 0$. Следовательно,

$$\max_{i=0,1,\ldots n} |z_i| \le \max_{i=1,2,\ldots,n-1} \left(\left(\dfrac{h_i h_{i+1}}{h_i + h_{i+1}} \right) \cdot |g_i| \right) = \max_{i=1,2,\ldots,n-1} \left(\dfrac{h_i h_{i+1}}{h_i + h_{i+1}} \right) \cdot \max_{i=1,2,\ldots,n-1} |g_i| \le .$$

$$\le \dfrac{\left(\max\limits_{i=1,2,\ldots,n} h_i \right)^2}{2 \cdot \left(\min\limits_{i=1,2,\ldots,n} h_i \right)} \max_{i=0,1,\ldots,n} |g_i|$$

Обозначим $Q = \dfrac{\max\limits_{i=1,2,\ldots,n} h_i}{\min\limits_{i=1,2,\ldots,n} h_i}$ – коэффициент неравномерности сетки.

Таким образом,

$$\max_{i=0,1,\ldots,n} |\tilde{f}_i - f_i| \le \dfrac{H}{2} \cdot Q \cdot \max_{i=0,1,\ldots,n} |g_i| . \qquad (3.48)$$

Теперь необходимо найти оценку величины $\max\limits_{i=0,1,\ldots,n} |g_i|$.

Для этого представим g_i в виде:

$$g_i = 3 \left(\dfrac{I_i^{i+1} + \delta\, I_i^{i+1}}{h_{i+1}^2} + \dfrac{I_{i-1}^i + \delta I_{i-1}^i}{h_i^2} \right) - \dfrac{1}{h_i} f_{i-1} - 2 \left(\dfrac{1}{h_i} + \dfrac{1}{h_{i+1}} \right) f_i - \dfrac{1}{h_{i+1}} f_{i+1},$$

где $\delta I_k^{k+1} = \hat{I}_k^{k+1} - I_k^{k+1}$ $(k = i-1, i)$, I_k^{k+1} – точное значение интеграла,

$\hat{I}_k^{k+1}$ – вычисленное значение интеграла по формуле (3.9) или (3.10).

Тогда

$$|g_i| \le \left| 3 \left(\dfrac{I_i^{i+1}}{h_{i+1}^2} + \dfrac{I_{i-1}^i}{h_i^2} \right) - \dfrac{1}{h_i} f_{i-1} - 2 \left(\dfrac{1}{h_i} + \dfrac{1}{h_{i+1}} \right) f_i - \dfrac{1}{h_{i+1}} f_{i+1} \right| + 3 \left(\dfrac{|\delta I_i^{i+1}|}{h_{i+1}^2} + \dfrac{|\delta I_{i-1}^i|}{h_i^2} \right).$$

Обозначим:

$$g_i^* = 3\left(\frac{I_i^{i+1}}{h_{i+1}^2} + \frac{I_{i-1}^i}{h_i^2}\right) - \frac{1}{h_i}f_{i-1} - 2\left(\frac{1}{h_i} + \frac{1}{h_{i+1}}\right)f_i - \frac{1}{h_{i+1}}f_{i+1}, \ i = 1,2,\ldots,n-1;$$

$$g_0^* = g_n^* = 0;$$

$$\Delta g_i = 3\left(\frac{\left|\delta I_i^{i+1}\right|}{h_{i+1}^2} + \frac{\left|\delta I_{i-1}^i\right|}{h_i^2}\right), \ i = 1,2,\ldots,n-1; \ g_0^* = \ g_n^* = 0.$$

Тогда $\left|g_i\right| \le \left|g_i^*\right| + \Delta g_i \ \ (i = 1,2,\ldots,n-1)$.

Оценка $\left|g_i^*\right|$ при $f(x) \in C_{[a,b]}^3$ находится с помощью разложения величин F_{i-1}, F_{i+1}, f_{i-1}, f_{i+1} (где $I_{i-1}^i = F_i - F_{i-1}$, $I_i^{i+1} = F_{i+1} - F_i$, F_l – значения первообразной функции $f(x)$ в точках $x_l \ (l = i-1, i, i+1)$) в ряды Тейлора относительно точки x_i так, чтобы остаточные слагаемые рядов Тейлора в форме Лагранжа содержали третью производную функции $f(x)$, и имеет вид:

$$\left|g_i^*\right| \le \frac{h_i^2 + h_{i+1}^2}{24}\left\|f'''(x)\right\|_{[a,b]}.$$ Следовательно, $\displaystyle\max_{i=0,1,..,n}\left|g_i^*\right| \le \frac{H^2}{12}\left\|f'''(x)\right\|_{[a,b]}.$

Из формул (3.44) получается оценка: $\displaystyle\max_{i=0,1,\ldots,n}\left(\Delta g_i\right) \le \frac{H^2}{4}\left\|f'''(x)\right\|_{[a,b]}.$

Тогда:

$$\max_{i=0,1,\ldots,n}\left|g_i\right| \le \max_{i=0,1,\ldots,n}\left|g_i^*\right| + \max_{i=0,1,\ldots n}\left(\Delta g_i\right) = .$$

$$= \left(\frac{H^2}{12} + \frac{H^2}{4}\right)\left\|f'''(x)\right\|_{[a,b]} = \frac{H^2}{3}\left\|f'''(x)\right\|_{[a,b]} \quad (3.49)$$

Таким образом, из формул (3.48), (3.49) следует:

$$\max_{i=0,1,\ldots,n}\left|\tilde{f}_i - f_i\right| \le \left(\frac{H^3}{24} + \frac{H^3}{8}\right) \cdot Q \cdot \left\|f'''(x)\right\|_{[a,b]} = \frac{H^3}{6} \cdot Q \cdot \left\|f'''(x)\right\|_{[a,b]} \ (3.50)$$

при $f(x) \in C_{[a,b]}^3$.

Заметим, что если в формуле (3.7) значения интегралов $\hat{I}_i^{i+1}$ $(i = 0, 1, \ldots, n-1)$ известны точно или вычислены с точностью не ниже $O(H^5)$, то оценка для $\max\limits_{i=0,1,\ldots,n} \left| \widetilde{f}_i - f_i \right|$ при $f(x) \in C_{[a,b]}^3$ имеет вид:

$$\max_{i=0,1,\ldots,n} \left| \widetilde{f}_i - f_i \right| \leq \frac{H^3}{24} \cdot Q \cdot \left\| f'''(x) \right\|_{[a,b]}.$$

Итак, из формул (3.41), (3.45), (3.50) вытекает:

$$\left\| \widetilde{S}_{2\text{ИД1}}^{(p)}(x) - S_{2\text{ИД1}}^{(p)}(x) \right\|_{[a,b]} \leq$$

$$\leq \frac{K_{I,p}}{\left(\min\limits_{i=1,2,\ldots,n} h_i \right)^{1+p}} \frac{H^4}{24} \left\| f'''(x) \right\|_{[a,b]} + \frac{K_{f,p}}{\left(\min\limits_{i=1,2,\ldots,n} h_i \right)^{p}} \frac{H^3}{6} \cdot Q \left\| f'''(x) \right\|_{[a,b]} =$$

$$= \left(\frac{K_{I,p}}{24} + \frac{K_{f,p}}{6} \right) H^{3-p} Q^{1+p} \left\| f'''(x) \right\|_{[a,b]} \quad (p = 0, 1),$$

где
$$K_{I,0} = 3/2, \quad K_{f,0} = 1,$$
$$K_{I,1} = 1, \qquad K_{f,1} = 6.$$

Обозначим: $K_p = \dfrac{K_{I,p}}{24} + \dfrac{K_{f,p}}{6}$. Тогда

$$\left\| \widetilde{S}_{2\text{ИД1}}^{(p)}(x) - S_{2\text{ИД1}}^{(p)}(x) \right\|_{[a,b]} \leq K_p H^{3-p} Q^{1+p} \left\| f'''(x) \right\|_{[a,b]} \text{ при } f(x) \in C_{[a,b]}^3, \ (3.51)$$

где $p = 0; 1$ – порядок производной, $K_0 = \dfrac{11}{48}, K_1 = \dfrac{25}{24}$.

Окончательно, из формул (3.40), (2.10), (3.51) получается оценка (3.37) для $\left\| \widetilde{S}_{2\text{ИД1}}^{(p)}(x) - f^{(p)}(x) \right\|_{[a,b]}$ при $f(x) \in C_{[a,b]}^3$.

Тем самым, теорема 3.1 доказана.

Заметим, что если функция $f(x) \in C_{[a,b]}^4$ задана на равномерной сетке Δ_n (В.1) с точностью не ниже $O(h^5)$ и параметры $\hat{I}_i^{i+1} (i = 0, 1, \ldots, n-1)$ сплайна $\widetilde{S}_{2\text{ИД1}}(x)$ находятся по формулам (3.32)-(3.34) порядка точности $O(h^5)$ ($\max\limits_{i=0,1,\ldots,n-1} \left| \hat{I}_i^{i+1} - I_i^{i+1} \right| \leq \dfrac{63}{1440} h^5 \left\| f^{(4)}(x) \right\|_{[a,b]}$), то аналогично можно показать, что

$$\max_{i=0,1,\ldots,n} \left| \widetilde{f}_i - f_i \right| \leq \frac{213}{1440} h^4 \left\| f^{(4)}(x) \right\|_{[a,b]},$$

то есть в этом случае точность приближения функции $f(x)$ сплайном $\widetilde{S}_{2\text{ИД1}}(x)$ в узлах сетки Δ_n повышается на порядок.

Аналогичным способом можно найти оценки погрешностей аппроксимации функции $f(x)$ (и ее производной) с помощью сплайна $\widetilde{S}_{2\text{ИД}1}(x)$ (и его производной) при $f(x) \in C_{[a,b]}^{\mu}$, $\mu = 1, 2$.

Для этого необходимо вывести оценки для $\max\limits_{i=0,1,\ldots,n-1} \left| \hat{I}_i^{i+1} - I_i^{i+1} \right|$ и

$\max\limits_{i=0,1\ldots,n} \left| \widetilde{f}_i - f_i \right|$ при $f(x) \in C_{[x_i, x_{i+1}]}^{\mu}$, $\mu = 1, 2$. Чтобы получить эти оценки, необходимо провести те же рассуждения, что и при доказательстве теоремы 3.1, но разложения в ряды Тейлора величин F_{i-1}, F_{i+1}, f_{i-1}, f_{i+1} относительно точки x_i в формулах (3.42), (3.43) и в правой части системы (3.46) следует производить так, чтобы остаточные слагаемые рядов Тейлора в форме Лагранжа содержали вторую производную функции $f(x)$ для $f(x) \in C_{[x_i, x_{i+1}]}^{2}$ и первую производную для $f(x) \in C_{[x_i, x_{i+1}]}^{1}$.

Таблица 3.1 содержит оценки величин $\max\limits_{i=0,1,\ldots,n-1} \left| \hat{I}_i^{i+1} - I_i^{i+1} \right|$ и

$\max\limits_{i=0,1,\ldots,n} \left| \widetilde{f}_i - f_i \right|$ для функций $f(x) \in C_{[a,b]}^{\mu}$ ($\mu = 1, 2, 3$) при вычислении $\hat{I}_i^{i+1}$ ($i = 0,1,\ldots,n-1$) по формулам (3.9), (3.10), а $\widetilde{f}_i$ ($i = 0,1,\ldots,n$) – из трехдиагональной СЛАУ, составленной из системы (3.7) и краевых условий $\widetilde{f}_0 = f_0 = f(x_0)$, $\widetilde{f}_n = f_n = f(x_n)$.

Таблица 3.1 – Оценки величин $\max\limits_{i=0,1,\ldots,n-1} \left| \hat{I}_i^{i+1} - I_i^{i+1} \right|$ и $\max\limits_{i=0,1\ldots,n} \left| \widetilde{f}_i - f_i \right|$

Класс функции $f(x)$ Погрешность	$C_{[a,b]}^{3}$	$C_{[a,b]}^{2}$	$C_{[a,b]}^{1}$
$\max\limits_{i=0,1,\ldots,n-1} \left\| \hat{I}_i^{i+1} - I_i^{i+1} \right\|$	$\dfrac{H^4}{24} \left\| f'''(x) \right\|_{[a,b]}$	$\dfrac{H^3}{12} \cdot Q \cdot \left\| f''(x) \right\|_{[a,b]}$	$\dfrac{H^2}{6} \cdot Q \cdot \left\| f'(x) \right\|_{[a,b]}$
$\max\limits_{i=0,1\ldots,n} \left\| \widetilde{f}_i - f_i \right\|$	$\dfrac{H^3}{6} \cdot Q \cdot \left\| f'''(x) \right\|_{[a,b]}$	$\dfrac{H^2}{4} \cdot Q^2 \cdot \left\| f''(x) \right\|_{[a,b]}$	$\dfrac{H}{2} \cdot Q(1+Q) \cdot \left\| f'(x) \right\|_{[a,b]}$

Теперь, также как и при доказательстве теоремы 3.1, можно найти оценки норм $\left\|\tilde{S}_{2\text{ИД}1}^{(p)}(x) - f^{(p)}(x)\right\|_{[a,b]}$, учитывая соотношения (3.40), (3.41), следствие 2.1 из теоремы 2.1 (неравенство (2.10)) и оценки, приведенные в таблице 3.1.

Окончательно, оценки погрешностей аппроксимации функции $f(x) \in C_{[a,b]}^{\mu}$ ($\mu = 1, 2, 3$) с помощью слабосглаживающего ИД-сплайна $\tilde{S}_{2\text{ИД}1}(x)$ (а также оценки приближения производной $f'(x)$ с помощью $\tilde{S}'_{2\text{ИД}1}(x)$) при определении параметров $\hat{I}_i^{i+1}$ ($i = 0, 1, \ldots, n-1$) по формулам (3.9), (3.10) и нахождении затем значений $\tilde{f}_i$ ($i = 0, 1, \ldots, n$) из трехдиагональной СЛАУ, составленной из системы (3.7) и краевых условий $\tilde{f}_0 = f_0 = f(x_0)$, $\tilde{f}_n = f_n = f(x_n)$, представлены в таблице 3.2.

Таблица 3.2 – Оценки погрешностей аппроксимации функции $f(x)$ с помощью ИД-сплайна $\tilde{S}_{2\text{ИД}1}(x)$

Погрешность	Оценка при $f(x) \in C_{[a,b]}^3$	Оценка при $f(x) \in C_{[a,b]}^2$	Оценка при $f(x) \in C_{[a,b]}^1$
$\left\|\tilde{S}_{2\text{ИД}1}^{(p)}(x) - f^{(p)}(x)\right\|_{[a,b]} \leq$	$H^{3-p}\left(T_{3,p} + K_{3,p}Q^{1+p}\right)M_3$	$H^{2-p}\left(T_{2,p} + K_{2,p}Q^{2+p}\right)M_2$	$H^{1-p}\left(T_{1,p} + \left(K_{1,p} + K_{1,p}^* Q\right)Q^{1+p}\right)M_1$
$p = 0$	$T_{3,0} = \dfrac{1}{72\sqrt{3}}, K_{3,0} = \dfrac{11}{48}$	$T_{2,0} = \dfrac{1}{25\sqrt{2}}, K_{2,0} = \dfrac{9}{24}$	$T_{1,0} = \dfrac{1}{6}, K_{1,0} = \dfrac{1}{2}, K_{1,0}^* = \dfrac{3}{4}$
$p = 1$	$T_{3,1} = \dfrac{1}{12}, K_{3,1} = \dfrac{25}{24}$	$T_{2,1} = \dfrac{1}{8}, K_{2,1} = \dfrac{19}{12}$	$T_{1,1} = 2, K_{1,1} = 3, K_{1,1}^* = \dfrac{19}{6}$

(Здесь $M_3 = \|f'''(x)\|_{[a,b]}$, $M_2 = \|f''(x)\|_{[a,b]}$, $M_1 = \|f'(x)\|_{[a,b]}$).

Из оценок, приведенных в таблице 3.2, следует, что при $f(x) \in C_{[a,b]}^{\mu}$ ($\mu = 1, 2, 3$) ИД-сплайны $\tilde{S}_{2\text{ИД}1}(x)$ равномерно сходятся к функции $f(x)$ на последовательности сеток Δ_n: $a = x_0 < x_1 < \ldots < x_i < x_{i+1} < \ldots < x_n = b$ по крайней мере со скоростью H^{μ} с ростом n, а их производные при $f(x) \in C_{[a,b]}^{\mu}$ ($\mu = 2, 3$) равномерно сходятся к $f'(x)$ по крайней мере со скоростью $H^{\mu-1}$.

Дальнейшее увеличение степени гладкости функции $f(x)$ не приводит к увеличению порядка приближения относительно H.

3.3 Сильносглаживающие параболические глобальные ИД-сплайны

В данном подразделе рассматриваются методы сглаживания глобальными параболическими ИД-сплайнами функции, заданной в узлах сетки Δ_n (В.1) приближенно: $\{f_i = f(x_i) \pm \varepsilon_i\}_{i=0}^{n}$, где ε_i – погрешности измерения или вычисления значений функции, превышающие $O(H^3)$ (*задача 2* (п. 3.1.2)).

3.3.1 Метод решения задачи сильного сглаживания сеточных функций на основе параболических глобальных ИД-сплайнов

В п. 3.2.1 были изучены сплайны $\tilde{S}_{2ИД1}(x)$ (формула (3.6)) и $\tilde{S}_{2ИД2}(x)$ (формула (3.18)) дефекта $q = 1$ и указаны способы нахождения их параметров для случая, когда необходимо выполнить слабое сглаживание сеточных функций, заданных с малой погрешностью.

Эти же сплайны можно применять и для сильного сглаживания функций, заданных с большой погрешностью $\{\tilde{f}_i = f(x_i) \pm \varepsilon_i\}_{i=0}^{n}$ на сетке Δ_n (ε_i – погрешности измерения или вычисления значений функции в узлах сетки Δ_1, превышающие $O(H^3)$), если их интегральные параметры $\hat{I}_i^{i+1}$ ($i = 0, 1, \ldots, n-1$) вычислять так, чтобы получающиеся сплайны осредняли погрешности измерений или вычислений и восстанавливали исходную функцию $f(x)$. Значения параметров $\hat{I}_i^{i+1}$ в этом случае следует находить с помощью интегрального условия согласования сплайна и исходной функции (3.1).

120

3.3.2 Нахождение неопределенных параметров сильносглаживающих параболических ИД-сплайнов

Интегральные параметры $\hat{I}_i^{i+1}$ ($i = 0, 1, \ldots, n-1$) сильносглаживающих ИД-сплайнов можно найти по следующей методике.

1. Сначала на основе априорной информации об исходной функции $f(x)$ определяется множество $P_{up} = \{p_{i_{up}} = (x_{i_{up}}, \tilde{f}_{i_{up}}) : \tilde{f}_{i_{up}} \geq f(x_{i_{up}})\}$ – множество всех точек сеточной функции, ограничивающих "полосу разброса" сверху ($\tilde{f}_{i_{up}} = f(x_{i_{up}}) + \varepsilon_{i_{up}}$) и множество $P_{dn} = \{p_{i_{dn}} = (x_{i_{dn}}, \tilde{f}_{i_{dn}}) : \tilde{f}_{i_{dn}} < f(x_{i_{dn}})\}$ – множество всех точек сеточной функции, ограничивающих "полосу разброса" снизу ($\tilde{f}_{i_{dn}} = f(x_{i_{dn}}) - \varepsilon_{i_{dn}}$). При этом $\{i_{up}\} \bigcap \{i_{dn}\} = \varnothing$ и $\{i_{up}\} \bigcup \{i_{dn}\} = \{0, 1, 2, \ldots n\}$ (см. рисунок 3.2).

2. Далее строятся две ломаных: верхняя $L_{up}(x)$, состоящая из отрезков, последовательно соединяющих все точки из множества P_{up}, и нижняя – $L_{dn}(x)$, состоящая из отрезков, последовательно соединяющих все точки из множества P_{dn}. Тогда естественно предположить, что $f(x)$ окажется внутри «рукава», образованного ломаными $L_{up}(x)$ и $L_{dn}(x)$.

3. Недостающие отрезки ломаных на концах отрезка $[a, b]$ можно достроить по следующему правилу:

а) на левом конце отрезка $[a, b]$: если известно, что $\tilde{f}_0 < f(x_0)$, то продолжим левый отрезок ломаной $L_{up}(x)$ до пересечения с вертикалью $x = a$, а если $\tilde{f}_0 \geq f(x_0)$, то продолжим левый отрезок ломаной $L_{dn}(x)$ до пересечения с вертикалью $x = a$.

б) на правом конце отрезка $[a, b]$: если известно, что $\tilde{f}_n < f(x_n)$, то продолжим правый отрезок ломаной $L_{up}(x)$ до пересечения с вертикалью $x = b$, а если $f_n \geq f(x_n)$, то продолжим правый отрезок ломаной $L_{dn}(x)$ до пересечения с вертикалью $x = b$.

4. Далее можно применить уточняющий метод построения ломаных $L_{up}(x)$ и $L_{dn}(x)$ на концах отрезка $[a, b]$, а также в окрестностях особых точек исходной функции.

Пусть d_{mid} – среднее расстояние между ломаными $L_{up}(x)$ и $L_{dn}(x)$, вычисленное в узлах сетки Δ_n: $d_{mid} = \dfrac{1}{n-1} \sum\limits_{i=1}^{n-1} (L_{up}(x_i) + L_{dn}(x_i))$.

(Если исходная аппроксимируемая функция $f(x)$ имеет особые точки на рассматриваемом отрезке $[a, b]$ – точки разрыва функции или ее производных, ярко выраженные локальные экстремумы и т. п., то ближайшие к особым точкам узлы x_i сетки Δ_n следует исключить при вычислении среднего расстояния d_{mid}.)

Тогда отрезки ломаных на концах отрезка $[a, b]$ строятся следующим образом:

а) на левом конце отрезка $[a, b]$: если известно, что $\tilde{f}_0 < f(x_0)$, то отрезок ломаной $L_{up}(x)$ при $x \in [x_0, x_{i_{up\,left}}]$ строится между точками $p_{i_{up\,left}} = (x_{i_{up\,left}}, \tilde{f}_{i_{up\,left}})$ и $p_{0_+} = (x_0, \tilde{f}_0 + d_{mid})$ ($p_{i_{up\,left}}$ – первая (левая) точка из множества P_{up}), а если $\tilde{f}_0 \geq f(x_0)$, то отрезок ломаной $L_{dn}(x)$ при $x \in [x_0, x_{i_{dn\,left}}]$ строится между точками $p_{i_{dn\,left}} = (x_{i_{dn\,left}}, \tilde{f}_{i_{dn\,left}})$ и $p_{0_-} = (x_0, \tilde{f}_0 - d_{mid})$ ($p_{i_{dn\,left}}$ – первая (левая) точка из множества P_{dn}).

б) на правом конце отрезка $[a, b]$: если известно, что $\tilde{f}_n < f(x_n)$, то отрезок ломаной $L_{up}(x)$ при $x \in [x_{i_{up\,right}}, x_n]$ строится между точками $p_{i_{up\,right}} = (x_{i_{up\,right}}, \tilde{f}_{i_{up\,right}})$ и $p_{n_+} = (x_n, \tilde{f}_n + d_{mid})$ ($p_{i_{up\,righ}}$ – последняя (правая) точка из множества P_{up}), а если $\tilde{f}_n \geq f(x_n)$, то отрезок ломаной $L_{dn}(x)$ при $x \in [x_{i_{dn\,right}}, x_n]$ строится между точками $p_{i_2\ right} = (x_{i_{dn\ right}}, \tilde{f}_{i_{dn\ right}})$ и $p_{n_-} = (x_n, \tilde{f}_n - d_{mid})$

($p_{i_{dn\ right}}$ – последняя (правая) точка из множества P_{dn}).

Если известно, что исходная функция $f(x)$ имеет особые точки на рассматриваемом отрезке $[a, b]$ (точки разрыва функции или ее производных, ярко выраженные локальные экстремумы и т. п.) и известно их расположение, то для построения ломаных $L_{up}(x)$ и $L_{dn}(x)$ в их окрестностях применяется способ, аналогичный способу построения $L_{up}(x)$ и $L_{dn}(x)$ на концах отрезка $[a, b]$.

Пусть особая точка x^* – совпадает с узлом x_k сетки Δ_n. Тогда

а) если $\tilde{f}_k < f(x_k)$, то отрезок ломаной $L_{up}(x)$ при $x \in [x_{i^*_{up\ left}}, x_k]$ строится между точками $p_{i^*_{up\ left}} = (x_{i^*_{up\ left}}, \tilde{f}_{i^*_{up\ left}})$ и $p_{k_+} = (x_k, \tilde{f}_k + d_{mid})$, а при $x \in [x_k, x_{i^*_{up\ right}}]$ – между точками $p_{k_+} = (x_k, \tilde{f}_k + d_{mid})$ и $p_{i^*_{up\ right}} = (x_{i^*_{up\ right}}, \tilde{f}_{i^*_{up\ right}})$ ($p_{i^*_{up\ left}}$ и $p_{i^*_{up\ right}}$ – ближайшие слева и справа к x_k точки из множества P_{up} соответственно).

б) если $\tilde{f}_k \geq f(x_k)$, то отрезок ломаной $L_{dn}(x)$ при $x \in [x_{i^*_{dn\ left}}, x_k]$ строится между точками $p_{i^*_{dn\ left}} = (x_{i^*_{dn\ left}}, \tilde{f}_{i^*_{dn\ left}})$ и $p_{k_-} = (x_k, \tilde{f}_k - d_{mid})$, а при $x \in [x_k, x_{i^*_{dn\ right}}]$ – между точками $p_{k_-} = (x_k, \tilde{f}_k - d_{mid})$ и $p_{i^*_{dn\ right}} = (x_{i^*_{dn\ right}}, \tilde{f}_{i^*_{dn\ right}})$ ($p_{i^*_{dn\ left}}$ и $p_{i^*_{dn\ right}}$ – ближайшие слева и справа к x_k точки из множества P_{dn} соответственно).

Пусть особая точка x^* не совпадает с узлом сетки Δ_n и принадлежит интервалу (x_k, x_{k+1}). Тогда для построения ломаных $L_{up}(x)$ и $L_{dn}(x)$ добавляются точки $p_{k_+} = (x_k, \tilde{f}_k + d_{mid})$ если $\tilde{f}_k < f(x_k)$, $p_{k_-} = (x_k, \tilde{f}_k - d_{mid})$ – если $\tilde{f}_k \geq f(x_k)$ и $p_{k+1_+} = (x_{k+1}, \tilde{f}_{k+1} + d_{mid})$ – если $\tilde{f}_{k+1} < f(x_{k+1})$, $p_{k+1_-} = (x_{k+1}, \tilde{f}_{k+1} - d_{mid})$ – если $\tilde{f}_{k+1} \geq f(x_{k+1})$, и построение проводится аналогично предыдущему случаю.

5. После построения ломаных $L_{up}(x)$ и $L_{dn}(x)$ параметры сплайна $\hat{I}_i^{i+1}$ $(i = 0, 1, \ldots, n-1)$, вычисляются как средние значения между интегралом от ломаной $L_{up}(x)$: $I_{iup}^{i+1} = \int\limits_{x_i}^{x_{i+1}} L_{up}(x)dx$ и интегралом от ломаной $L_{dn}(x)$: $I_{idn}^{i+1} = \int\limits_{x_i}^{x_{i+1}} L_{dn}(x)dx$ на каждом отрезке $[x_i, x_{i+1}]$ по формуле:

$$\hat{I}_i^{i+1} = \frac{1}{2}(I_{iup}^{i+1} + I_{idn}^{i+1}).$$

Далее найденные значения интегралов $\hat{I}_i^{i+1}$ используются для вычисления параметров $\tilde{f}_i$ сплайна $\tilde{S}_{2\text{ИД1}}(x)$ или параметров $\overline{m}_i$ сплайна $\tilde{S}_{2\text{ИД2}}(x)$.

На рисунке 3.2 показан метод построения ломаных $L_{up}(x)$, $L_{dn}(x)$ и вычисления интегралов I_{iup}^{i+1}, I_{idn}^{i+1}.

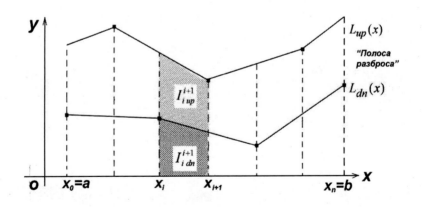

Рисунок 3.2 – Метод построения ломаных $L_{up}(x)$, $L_{dn}(x)$ и вычисления интегралов I_{iup}^{i+1}, I_{idn}^{i+1}.
Знаками ▪ обозначены точки исходной сеточной функции.

Для сплайна $\tilde{S}_{2ИД1}(x)$ значения параметров $\tilde{f}_i$ следует вычислять методом прогонки из трехдиагональной СЛАУ, составленной из системы (3.7) и граничных соотношений (3.20) или (3.23) (с использованием формул (3.29), (3.24), (3.26) – при $h = \mathrm{const}$ или (3.30), (3.31), (3.25) – при $h = \mathrm{var}$).

В результате подстановки найденных значений параметров $\hat{I}_i^{i+1}$ и $\tilde{f}_i$ в формулу (3.6) звеньев сплайна $\tilde{S}_{2ИД1}(x)$, получается глобальный сплайн дефекта $q = 1$, сглаживающий заданную сеточную функцию $\{\tilde{f}_i = f(x_i) \pm \varepsilon_i\}_{i=0}^n$.

Для сплайна $\tilde{S}_{2ИД2}(x)$ значения параметров $\overline{m}_i$ следует вычислять из трехдиагональной СЛАУ, составленной из системы (3.19) и граничных соотношений (3.29) при $h = \mathrm{const}$ или (3.30), (3.31) при $h = \mathrm{var}$.

После подстановки найденных значений параметров $\hat{I}_i^{i+1}$ и $\overline{m}_i$ в формулу (3.18) звеньев сплайна $\tilde{S}_{2ИД2}(x)$ также получается глобальный сплайн дефекта $q = 1$, сглаживающий заданную сеточную функцию $\{\tilde{f}_i = f(x_i) \pm \varepsilon_i\}_{i=0}^n$.

3.4 Восстанавливающие параболические глобальные ИД-сплайны

В данном подразделе рассматриваются методы восстановления функции, заданной на отрезке $[a, b]$ своими интегралами $I_i^{i+1} = \int\limits_{x_i}^{x_{i+1}} f(x)dx$ на частичных отрезках $[x_i, x_{i+1}] \subset [a,b]$ ($i = 0, 1, ..., n-1$), с помощью глобальных параболических ИД-сплайнов (*задача 3* (п. 3.1.3)).

3.4.1 Метод восстановления функции по интегралам на основе параболических глобальных ИД-сплайнов

Для восстановления функции, заданной значениями своих интегралов на частичных отрезках $[x_i, x_{i+1}]$ (x_i – узлы сетки Δ_n):

$$I_0^1, I_1^2, \ldots, I_{n-1}^n \ , \ \text{где} \ I_i^{i+1} = \int_{x_i}^{x_{i+1}} f(x)dx \quad (i = 0, 1, \ldots, n-1),$$ применяются

сплайны $\tilde{S}_{2\text{ИД}1}(x)$ и $\tilde{S}_{2\text{ИД}2}(x)$ (звенья которых выражаются формулами (3.6) и (3.18) соответственно), построенные в п. 3.2.1 и удовлетворяющие интегральным условиям согласования с исходной функцией (3.1) и условиям (3.2) непрерывности сплайнов и их первых производных в узлах сетки Δ_n (то есть имеющие дефект $q = 1$).

В этом случае в качестве интегральных параметров сплайнов следует использовать заданные значения интегралов I_i^{i+1} $(i = 0, 1, \ldots, n-1)$.

3.4.2 Нахождение неопределенных параметров восстанавливающих параболических ИД-сплайнов

Для сплайна $\tilde{S}_{2\text{ИД}1}(x)$ значения параметров $\tilde{f}_i$ следует вычислять методом прогонки из трехдиагональной СЛАУ, составленной из системы (3.7) и граничных соотношений (3.20) или (3.23) (с использованием формул (3.29), (3.24), (3.26) – при $h = \text{const}$ или (3.30), (3.31), (3.25) – при $h = \text{var}$), а для сплайна $\tilde{S}_{2\text{ИД}2}(x)$ значения параметров $\overline{m}_i$ находятся из трехдиагональной СЛАУ, составленной из системы (3.19) и граничных соотношений (3.29) при $h = \text{const}$ или (3.30), (3.31) при $h = \text{var}$.

Полученные глобальные ИД-сплайны дефекта $q = 1$ восстанавливают исходную функцию $f(x)$ при $f(x) \in C_{[a,b]}^{\mu}$ ($\mu \geq 3$) на отрезке $[a, b]$ с точностью $O(H^3)$, если параметры I_i^{i+1} $(i = 0, 1, \ldots, n-1)$ заданы с точностью не ниже $O(H^4)$. (Соответствующее доказательство может быть проведено аналогично доказательству теоремы 3.1 п. 3.2.4 для слабосглаживающих ИД-сплайнов.)

3.5 Численные результаты по аппроксимации функций одномерными параболическими ИД-сплайнами

В данном подразделе приводятся результаты методических расчетов по аппроксимации функций различных классов гладкости параболическими ИД-сплайнами.

В качестве аппроксимируемых функций рассматривались следующие:

– функции, не имеющие особых точек на указанных отрезках:

$f_1(x) = \sin(x)$ на отрезке [0.0, 1.5];

$f_2(x) = e^x$ на отрезке [0.0, 2.0];

– функция, имеющая точку перегиба $x=0$:

$f_3(x) = x^5$ на отрезке [-1.0, 1.0];

– функции класса $C_{[a,b]}$:

$f_4(x) = |x|$ на отрезке [-1.0, 1.0] (разрыв первой производной в точке $x = 0$);

$$f_5(x) = \begin{cases} -\sin(x + \dfrac{\pi}{2} - 1) & \text{при} \quad x < 1 \\ \dfrac{1}{x^2} & \text{при} \quad x \geq 1 \end{cases} \quad \text{на отрезке} \quad [0.0, \ 2.0]$$

(разрыв первой производной в точке $x = 1$);

– функция, имеющая ярко выраженный локальный максимум в точке $x = 0$:

$f_6(x) = \dfrac{1}{1 + 25x^2}$ на отрезке [-1.0, 1.0].

127

Сопоставление результатов приближения функций с помощью ИД-сплайнов с результатами для классических дифференциальных сплайнов проводилось по нормам:

$$R_{[a,b]} = \left\| S(x) - f(x) \right\|_{[a,b]} = \max_{x \in [a,b]} \left| S(x) - f(x) \right| \quad - \qquad (3.52)$$

– равномерная норма,

$$L_{2,[a,b]} = \left(\frac{1}{k+1} \sum_{l=0}^{k} \left[S(x_l) - f(x_l) \right]^2 \right)^{1/2} (k \gg n) \quad - \qquad (3.53)$$

– среднеквадратическая норма.

(Здесь $f(x)$ – аппроксимируемая функция, $S(x)$ – сплайн, k – количество точек на отрезке $[a, b]$, по которым вычисляется отклонение сплайна $S(x)$ от функции $f(x)$, причем k намного большее, чем количество n узлов сплайна).

3.5.1 Аппроксимация сеточных функций слабосглаживающими параболическими ИД-сплайнами

В данном подразделе приведены результаты численных экспериментов по аппроксимации функций слабосглаживающими параболическими ИД-сплайнами. Проводится сравнение аппроксимационных свойств слабосглаживающих ИД-сплайнов и традиционных параболических дифференциальных сплайнов $S_{2\text{Д}}(x)$ (звенья которых имеют вид (В.8)).

В п. 3.2.2 были рассмотрены алгоритмы слабого сглаживания функций с помощью параболических ИД-сплайнов $\tilde{S}_{2\text{ИД}1}(x)$. Расчеты, проведенные в соответствии с этими алгоритмами, подтвердили преимущества данного метода по сравнению с аппроксимацией традиционными дифференциальными сплайнами $S_{2\text{Д}}(x)$, при построении которых (для обеспечения устойчивости) узлы сплайна сдвигаются относительно узлов интерполяции.

3.5.1.1 Аппроксимация гладких функций

Для гладких функций ($f_1(x)$, $f_2(x)$, $f_3(x)$) при равномерных разбиениях ($h = \mathrm{const}$) наилучшее качество аппроксимации функций и их производных ИД-сплайном $\tilde{S}_{2\text{ИД}1}(x)$ достигается при вычислении интегральных параметров $\hat{I}_i^{i+1}$ по формулам повышенного порядка точности $O(h^5)$ (способ, изложенный в пп. 3.2.3.2). Это объясняется тем, что в таком случае на погрешность $\left\| \tilde{S}_{2\text{ИД}1}(x) - f(x) \right\|_{[a,b]}$, оцениваемую по формуле (3.51), основное влияние оказывает погрешность вычисления параметров $\tilde{f}_i$: $\max\limits_{i=0,1,\ldots n} \left| \tilde{f}_i - f_i \right|$, а погрешность вычисления интегральных параметров $\max\limits_{i=0,1,\ldots n-1} \left| \hat{I}_i^{i+1} - I_i^{i+1} \right|$ влияет несущественно. Исследования показывают, что для гладких функций $f(x) \in C_{[a,b]}^{\mu}$ ($\mu \geq 3$), например, для $f_1(x)$, $f_2(x)$, $f_3(x)$, результаты приближения $f(x)$ с помощью $\tilde{S}_{2\text{ИД}1}(x)$, оцененные по нормам $R_{[a,b]}$ и $L_{2,[a,b]}$ (формулы (3.52) и (3.53)), существенно лучше, чем при использовании традиционных Д-сплайнов $S_{2\text{Д}}(x)$ (состоящих из звеньев (В.8)).

В таблице 3.3 приводятся нормы $R_{[a,b]}$ и $L_{2,[a,b]}$ для сопоставления результатов аппроксимации гладких функций $f_1(x)$, $f_2(x)$, $f_3(x)$ с помощью ИД-сплайна $\tilde{S}_{2\text{ИД}1}(x)$ и традиционного дифференциального сплайна $S_{2\text{Д}}(x)$.

Для сплайна $\tilde{S}_{2\text{ИД}1}(x)$, узлы которого совпадают с узлами сеточной функции, на $[a, b]$ рассматривались равномерные сетки:

$$\Delta_{2\text{ИД}1, n} = \{x_i\}_{i=0}^{n} = \{x_0 = a,\ x_i = x_0 + i \cdot h\ (i = 1,2,\ldots,n-1),\ x_n = b\}, \quad (3.54)$$

где $h = (b-a)/n$, $n = 10, 20, 40, 80$ — число интервалов разбиения.

Параметры $\hat{I}_i^{i+1}$ сплайна $\tilde{S}_{2\text{ИД}1}(x)$ вычислялись по формулам (3.32)-(3.34) с точностью $O(h^5)$, а параметры $\tilde{f}_i$ находились (с точностью $O(h^3)$) из трехдиагональной СЛАУ, составленной из системы (3.7) и краевых условий $\tilde{f}_0 = f_0, \tilde{f}_n = f_n$.

Для того, чтобы сравнение результатов аппроксимации сплайнами $\tilde{S}_{2\text{ИД}1}(x)$ и $S_{2\text{Д}}(x)$ было корректным, узлы интерполяции x_i и узлы сплайна $\bar{x}_i$ для $S_{2\text{Д}}(x)$ выбраны так, чтобы узлы $\bar{x}_i$ находились посередине между узлами интерполяции и при этом совпадали с узлами сплайна $\tilde{S}_{2\text{ИД}1}(x)$.

В этом случае сетка узлов сплайна $S_{2\text{Д}}(x)$ имеет вид:

$$\overline{\Delta}_{\text{Д},n} = \{\bar{x}_i\}_{i=0}^{n+2} =$$
$$= \left\{ \bar{x}_0 = a - \frac{h}{2}, \, \bar{x}_1 = a, \, \bar{x}_{i+1} = \bar{x}_1 + i \cdot h \, (i = 1,\ldots,n-1), \, \bar{x}_{n+1} = b, \, \bar{x}_{n+2} = b + \frac{h}{2} \right\}, \, (3.55)$$
где $h = (b-a)/n, \quad n = 10, 20, 40, 80.$

Сетка узлов интерполяции для сплайна $S_{2\text{Д}}(x)$ представляется в виде:

$$\Delta_{\text{Д},n} = \{x_i\}_{i=0}^{n+1} =$$
$$= \left\{ x_0 = \bar{x}_0 = a - \frac{h}{2}, \, x_i = x_0 + i \cdot h \, (i = 1,\ldots,n), \, x_{n+1} = \bar{x}_{n+2} = b + \frac{h}{2} \right\}. \, (3.56)$$

Значения параметров $\bar{m}_i$ сплайна $S_{2\text{Д}}(x)$ вычислялись из трехдиагональной СЛАУ, составленной из системы (3.19) и соотношений для нахождения $\bar{m}_0 = S'_{2\text{Д}}(x_0), \, \bar{m}_{n+1} = S'_{2\text{Д}}(x_{n+1})$:

$$\bar{m}_0 = \frac{1}{2h}(-3f_0 + 4f_1 - f_2), \tag{3.57}$$

$$\bar{m}_{n+1} = \frac{1}{2h}(3f_{n+1} - 4f_n + f_{n-1}). \tag{3.58}$$

(Лево- и правосторонние аппроксимационные формулы (3.57) и (3.58) для производных приведены в [2, с. 78].)

Таблица 3.3 – Сравнение результатов аппроксимации гладких функций сплайнами $\tilde{S}_{2ИД1}(x)$ и $S_{2Д}(x)$

Функция	Сплайн	Норма	$n=10$	$n=20$	$n=40$	$n=80$
$f_1(x)=\sin(x)$ $a=0.1, b=1.5$	$\tilde{S}_{2ИД1}(x)$	$R_{[a,b]} \cdot 10^3$	0.024273	0.002834	0.000346	0.000043
		$L_{2,[a,b]} \cdot 10^3$	0.012368	0.001417	0.000174	0.000022
	$S_{2Д}(x)$	$R_{[a,b]} \cdot 10^3$	0.149046	0.018694	0.002340	0.000293
		$L_{2,[a,b]} \cdot 10^3$	0.024045	0.002328	0.000238	0.000026
$f_2(x)=e^x$ $a=0.1, b=2.0$	$\tilde{S}_{2ИД1}(x)$	$R_{[a,b]} \cdot 10^3$	0.570609	0.062119	0.007090	0.000837
		$L_{2,[a,b]} \cdot 10^3$	0.178250	0.019406	0.002337	0.000290
	$S_{2Д}(x)$	$R_{[a,b]} \cdot 10^3$	2.628014	0.337959	0.042859	0.005397
		$L_{2,[a,b]} \cdot 10^3$	0.414072	0.039705	0.003928	0.000408
$f_3(x)=x^5$ $a=-0.9, b=1.0$	$\tilde{S}_{2ИД1}(x)$	$R_{[a,b]} \cdot 10^3$	6.036066	0.602921	0.063869	0.007197
		$L_{2,[a,b]} \cdot 10^3$	2.041562	0.163071	0.016442	0.001930
	$S_{2Д}(x)$	$R_{[a,b]} \cdot 10^3$	20.083580	2.663520	0.342906	0.043498
		$L_{2,[a,b]} \cdot 10^3$	3.897636	0.371140	0.035259	0.003433

Из данных, приведенных в таблице 3.3, видно, что для $f_1(x)$, $f_2(x)$, $f_3(x)$ ИД-сплайн $\tilde{S}_{2ИД1}(x)$ сходится к аппроксимируемой функции $f(x)$ на последовательности сеток $\Delta_{2ИД1,n}$ вида (3.54) о чем свидетельствует уменьшение норм $R_{[a,b]}$ и $L_{2,[a,b]}$ при возрастании n.

Сопоставление значений норм $R_{[a,b]}$ и $L_{2,[a,b]}$ для сплайнов $S_{2ИД1}(x)$ и $S_{2Д}(x)$ позволяет сделать вывод, что ИД-сплайн $S_{2ИД1}(x)$ лучше приближает рассматриваемые функции $f(x)$, чем Д-сплайн $S_{2Д}(x)$, поскольку нормы $R_{[a,b]}$ и $L_{2,[a,b]}$ для $S_{2ИД1}(x)$ имеют меньшие значения, чем соответствующие нормы для $S_{2Д}(x)$.

Анализ равномерной нормы $Rf_\Delta = \max\limits_{i=0,1\ldots,n}\left|\tilde{f}_i - f_i\right|$ и среднеквадратической нормы $L_2 f_\Delta = \left(\dfrac{1}{n+1}\sum\limits_{i=0}^{n}\left[\tilde{f}_i - f_i\right]^2\right)^{1/2}$ ($n+1$ –

131

количество узлов сплайна) расхождений значений исходной функции и сплайна в узлах сетки показывает, что для рассмотренных гладких функций сплайн $\tilde{S}_{2ИД1}(x)$ близок к интерполяционному. Например, при $n=10$ для функции $f_1(x)=\sin(x)$ норма Rf_Δ не превышает $0.1\cdot10^{-4}$, а норма $L_2 f_\Delta$ не превышает $0.6\cdot10^{-5}$, для функции $f_2(x)=e^x$ норма Rf_Δ не превышает $0.2\cdot10^{-3}$, а $L_2 f_\Delta$ не превышает $0.9\cdot10^{-4}$.

3.5.1.2 Аппроксимация функций, имеющих локальные особенности

При аппроксимации функций, имеющих на рассматриваемом отрезке $[a,b]$ разрывы производных или другие особенности, сплайном $\tilde{S}_{2ИД1}(x)$ для нахождения его параметров можно использовать алгоритм 3.1 из п. 3.2.2, применяя способы учета локальных свойств функций, предлагаемые в п. 3.2.3. Указанные способы позволяют существенно повысить точность вычисления значений интегральных параметров сплайна $\tilde{S}_{2ИД1}(x)$ в окрестностях особых точек и, соответственно, получить лучшее приближение функций.

Следующие графики (рисунки 3.3 и 3.4) приводятся для иллюстрации преимуществ аппроксимации функций, имеющих на $[a,b]$ особые точки, слабосглаживающим ИД-сплайном $\tilde{S}_{2ИД1}(x)$ по сравнению с интерполяцией традиционным Д-сплайном $S_{2Д}(x)$. Параметры ИД-сплайна $\tilde{S}_{2ИД1}(x)$ при этом вычисляются по алгоритму 3.1 п. 3.2.2 (с учетом локальных свойств функций при вычислении интегралов способом, описанным в пп. 3.2.3.1).

На рисунке 3.3 (**A**) представлен график ИД-сплайна $\tilde{S}_{2\text{ИД}1}(x)$, аппроксимирующего функцию $f_4(x) = |x|$ при равномерном разбиении отрезка $[a, b]$ ($n = 10, a = -1.0, b = 1.0$). На рисунке 3.3 (**B**) крупным планом представлена часть этого графика в окрестности особой точки $x^* = 0$ (на отрезке [-0.3, 0.3]) и, для сравнения, сплайн $S_{2\text{Д}}(x)$ в этой же области. Сплайн $S_{2\text{Д}}(x)$ построен так, чтобы его узлы совпадали с узлами сплайна $\tilde{S}_{2\text{ИД}1}(x)$, и при этом сетки узлов (3.55), (3.56) выбраны так, чтобы особая точка $x^* = 0$ совпадала с узлом сплайна.

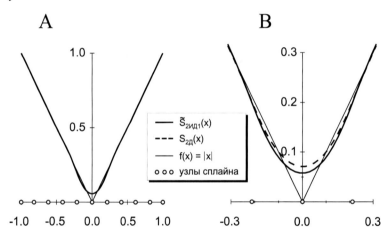

Рисунок 3.3 –

A – сплайн $\tilde{S}_{2\text{ИД}1}(x)$, аппроксимирующий функцию $f_4(x) = |x|$ на отрезке [-1.0,1.0];

B – сплайны $\tilde{S}_{2\text{ИД}1}(x)$ и $S_{2\text{Д}}(x)$ в окрестности особой точки $x^* = 0$, аппроксимирующие функцию $f_4(x) = |x|$.

На рисунке 3.3 (**B**) видно, что отклонение в точке $x = 0$ сплайна $\tilde{S}_{2\text{ИД}1}(x)$ от функции $f_4(x)$ меньше, чем отклонение $S_{2\text{Д}}(x)$ от $f_4(x)$.

На рисунке 3.4 (**A**) представлен график ИД-сплайна $\tilde{S}_{2\text{ИД}1}(x)$, аппроксимирующего функцию $f_5(x)$ при равномерном разбиении отрезка $[a, b]$ ($n = 10$, $a = 0.1$, $b = 2.0$). На рисунке 3.4 (**B**) крупным планом представлена часть этого графика в окрестности особой точки $x^* = 1$ (на отрезке [0.6, 1.1]) и, для сравнения, сплайн $S_{2\text{Д}}(x)$ в этой же области. Сетки узлов (3.55), (3.56) здесь выбраны так, чтобы узлы сплайнов $\tilde{S}_{2\text{ИД}1}(x)$ и $S_{2\text{Д}}(x)$ совпадали и при этом чтобы особая точка $x^* = 1$ (точка разрыва производной функции) находилась между двумя узлами сплайна.

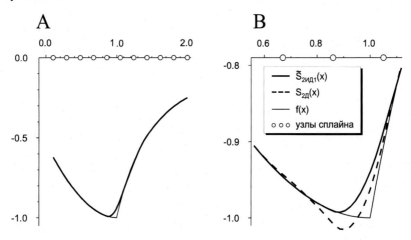

Рисунок 3.4 –

A – сплайн $\tilde{S}_{2\text{ИД}1}(x)$, аппроксимирующий функцию $f_5(x)$ на отрезке [0.1, 2.0];

B – сплайны $\tilde{S}_{2\text{ИД}1}(x)$ и $S_{2\text{Д}}(x)$ в окрестности особой точки $x^* = 1$, аппроксимирующие функцию $f_5(x)$.

Из графика, представленного на рисунке 3.4, видно, что у сплайна $\tilde{S}_{2\text{ИД}1}(x)$, в отличие от $S_{2\text{Д}}(x)$, отсутствуют осцилляции в точке разрыва производной аппроксимируемой функции $f_5(x)$ ($x^* = 1$).

Эксперименты показали, что при аппроксимации ИД-сплайном $\tilde{S}_{2ИД1}(x)$ функций, имеющих на рассматриваемом отрезке $[a,b]$ только одну особую точку (например, точку разрыва производной – как у функций $f_4(x), f_5(x)$, или ярко выраженный экстремум – как у $f_6(x)$), лучшие результаты получаются при нахождении интегральных параметров сплайна способом, изложенным в пп. 3.2.3.3 (если интегралы $\hat{I}_i^{i+1}$ слева от особой точки вычисляются по правосторонней рекуррентной формуле (3.35), а справа – по левосторонней рекуррентной формуле (3.36)).

В этом случае ИД-сплайн $\tilde{S}_{2ИД1}(x)$ близок к интерполяционному (существенные расхождения значений сплайна и аппроксимируемой функции в узлах сетки наблюдаются только в окрестности особой точки).

На рисунке 3.5 (**A**) представлен график ИД-сплайна $\tilde{S}_{2ИД1}(x)$ (с интегральными параметрами, найденными методом, изложенным в пп. 3.2.3.3, и параметрами $\tilde{f}_i$, найденными из СЛАУ (3.7) с краевыми условиями $\tilde{f}_0 = f_0$, $\tilde{f}_n = f_n$), аппроксимирующего функцию $f_6(x)$ при равномерном разбиении отрезка $[a,b]$ ($n = 20$, $a = -1.0$, $b = 1.0$). На рисунке 3.5 (**B**) крупным планом представлена часть этого графика в окрестности особой точки $x^* = 0$ (на отрезке [-0.07, 0.07]) и, для сравнения, сплайн $S_{2Д}(x)$ в этой же области. Сплайн $S_{2Д}(x)$ построен так, чтобы его узлы совпадали с узлами сплайна $\tilde{S}_{2ИД1}(x)$, при этом сетки узлов (3.55), (3.56) выбраны так, чтобы особая точка $x^* = 0$ совпадала с одним из узлов сплайна.

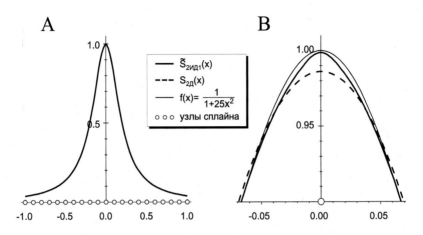

Рисунок 3.5 –

А – сплайн $\tilde{S}_{2\text{ИД}1}(x)$, аппроксимирующий функцию $f_6(x) = \dfrac{1}{1+25x^2}$
на отрезке [-1.0, 1.0];

В – сплайны $\tilde{S}_{2\text{ИД}1}(x)$ и $S_{2\text{Д}}(x)$ в окрестности особой точки $x^* = 0$,

аппроксимирующие функцию $f_6(x) = \dfrac{1}{1+25x^2}$.

В точке $x^* = 0$ отклонение сплайна $\tilde{S}_{2\text{ИД}1}(x)$ от

аппроксимируемой функции $f_6(x)$ равно 0.00587, а отклонение

$S_{2\text{Д}}(x)$ от $f_6(x)$ равно 0.01384 (больше в 2.4 раза, чем для $\tilde{S}_{2\text{ИД}1}(x)$).

3.5.1.3 Пример аппроксимации зависимости удельного расхода электроэнергии от глубины скважины параболическим интегродифференциальным сплайном

В данном подпункте книги приводится пример использования

слабосглаживающего ИД-сплайна $\tilde{S}_{2\text{ИД}1}(x)$ для аппроксимации

зависимости удельного расхода электроэнергии от глубины скважины

при бурении в сравнении с другими методами аппроксимации.

В работе [109] приводятся результаты приближения указанной

зависимости с помощью многочленов первой и второй степеней:

$\hat{f}(x) = a_1 + a_2\,x$, $\hat{f}(x) = a_1 + a_2\,x + a_3\,x^2$, а также с помощью двухпараметрических зависимостей $\hat{f}(x) = a_1\,a_2^x$ и $\hat{f}(x) = a_1\,x^{a_2}$.

Вычисление коэффициентов a_1, a_2, a_3 при этом осуществляется методом наименьших квадратов (МНК). Для исследования качества сглаживания взята функция (см. [109]), характеризующаяся данными, приведенными в первых трех строках таблицы 3.4.

В работе [109] установлено, что из четырех аппроксимационных формул $\hat{f}(x) = a_1 + a_2\,x$, $\hat{f}(x) = a_1 + a_2\,x + a_3\,x^2$, $\hat{f}(x) = a_1\,a_2^x$, $\hat{f}(x) = a_1\,x^{a_2}$ оптимальной в смысле $\min \sum\limits_{i=0}^{9} \delta_i^2$ (где $\delta_i = \hat{f}_i - f_i$ — отклонение рассчитанных $\hat{f}_i = \hat{f}(x_i)$ значений от исходных значений f_i) оказалась парабола

$$\hat{f}_{nap}(x) = 3.132 - 0.905\,x + 0.076\,x^2.$$

Построим слабосглаживающий параболический ИД-сплайн $\tilde{S}_{2\text{ИД}1}(x)$, звено которого выражается формулой (3.6). Интегральные параметры сплайна $\hat{I}_i^{i+1}$ будем вычислять по квадратурной формуле трапеций $\hat{I}_i^{i+1} = \dfrac{h_{i+1}}{2}(f_i + f_{i+1})$ с использованием значений f_i, приведенных в таблице 3.4.

Для нахождения неопределенных параметров сплайна $\tilde{S}_{2\text{ИД}1}(x)$ используется СЛАУ, составленная из уравнений (3.7) с краевыми условиями (3.21), (3.22).

В результате вычислений получается ИД-сплайн, состоящий из следующих звеньев:

$$\widetilde{S}_{2\text{ИД1}}(x) = \begin{bmatrix} 0.297+0.270(x-5.6)-0{,}021(x-5.6)^2 & \textit{при } 5.6 \leq x < 6.40 \\ 0.499+0.236(x-6.4)-0.020(x-6.4)^2 & \textit{при } 6.4 \leq x < 7.3 \\ 0.695+0.200(x-7.3)-0.013(x-7.3)^2 & \textit{при } 7.3 \leq x < 8.4 \\ 0.899+0.172(x-8.4)+0.067(x-8.4)^2 & \textit{при } 8.4 \leq x < 9.3 \\ 1.124+0.328(x-9.3)+0.197(x-9.3)^2 & \textit{при } 9.3 \leq x < 9.7 \\ 1.287+0.485(x-9.7)+0.268(x-9.7)^2 & \textit{при } 9.7 \leq x < 10.4 \\ 1.757+0.860(x-10.4)+0.289(x-10.4)^2 & \textit{при } 10.4 \leq x < 11 \\ 2.377+1.207(x-11)-0.199(x-11)^2 & \textit{при } 11 \leq x < 12.3 \\ 3.611+0.973(x-12.3)-0.238(x-12.3)^2 & \textit{при } 12.3 \leq x < 13.4 \end{bmatrix} .(3.59)$$

В таблице 3.4 приведены результаты аппроксимации рассматриваемой функции параболическим ИД-сплайном $\widetilde{S}_{2\text{ИД1}}(x)$ с коэффициентами на частичных отрезках, указанными в формуле (3.59), и параболой $\hat{f}_{nap}(x)$.

Таблица 3.4 – Результаты аппроксимации удельного расхода электроэнергии от глубины скважины сплайном $\widetilde{S}_{2\text{ИД1}}(x)$ и параболой $\hat{f}_{nap}(x)$.

i	0	1	2	3	4	5	6	7	8	9
Глубина скважины: x_i, м	5.6	6.4	7.3	8.4	9.3	9.7	10.4	11.0	12.3	13.4
Расход электро-энергии: f_i	0.3	0.5	0.7	0.9	1.1	1.3	1.7	2.4	3.7	4.4
$\hat{f}_{nap\,i}$	0.416	0.415	0.530	0.838	1.226	1.437	1.806	2.293	3.404	4.544
$\delta_{nap\,i}$	0.116	-0.085	0.167	0.062	0.126	0.137	0.166	-0.107	-0.296	0.144
$\widetilde{S}_{2\text{ИД1}}(x_i)$	0.297	0.499	0.695	0.899	1.124	1.287	1.757	2.377	3.611	4.394
$\delta_{\text{ИД}\,i}$	0.004	0.001	0.005	0.001	-0.024	0.014	-0.057	0.023	0.089	0.006

В таблице 3.4 использованы обозначения: f_i – значения исходной функции в точках x_i, $\hat{f}_{nap\,i} = \hat{f}_{nap}(x_i)$ – значения функции (параболы) $\hat{f}_{nap}(x)$ в точках x_i, $\tilde{S}_{2ИД1}(x_i)$ – значения сплайна $\tilde{S}_{2ИД1}(x)$ (с коэффициентами звеньев, указанными в формуле (3.59)) в точках x_i, $\delta_{nap\,i} = \hat{f}_{nap\,i} - f_i$, $\delta_{ИД\,i} = \tilde{S}_{2ИД1}(x_i) - f_i$.

Из сопоставления результатов видно, что ИД-сплайн точнее учитывает локальные свойства аппроксимируемой функции. Действительно, среднеквадратическая погрешность приближения исходной функции ИД-сплайном $\tilde{S}_{2ИД1}(x)$ получается меньше, чем среднеквадратическая погрешность приближения параболой $\hat{f}_{nap}(x)$:

$$\delta_{ИД}^2 = \sum_{i=0}^{9} \delta_{ИД\,i}^2 = 0.0097 < 0.2353 = \sum_{i=0}^{9} \delta_{nap\,i}^2 = \delta_{nap}^2 \,.$$

3.5.2 Аппроксимация сеточных функций сильносглаживающими параболическими ИД-сплайнами

В данном пункте приведены результаты численных экспериментов по аппроксимации сильносглаживающими ИД-сплайнами функций, заданных в узлах сетки Δ_n приближенно: $\{f_i = f(x_i) \pm \varepsilon_i\}_{i=0}^{n}$, где ε_i – погрешности измерения или вычислений ее значений, превышающие $O(H^3)$.

Для сильного сглаживания функций применяется ИД-сплайн $\tilde{S}_{2ИД1}(x)$ (звено которого выражается формулой (3.6)), интегральные параметры $\hat{I}_i^{i+1}$ ($i = 0, 1, \ldots, n-1$) которого вычисляются так, чтобы получающийся сплайн осреднял погрешности измерений или вычислений и восстанавливал исходную функцию $f(x)$ (см. подраздел 3.3).

На рисунке 3.6 представлен график сильносглаживающего ИД-сплайна $\widetilde{S}_{2\text{ИД}1}(x)$, аппроксимирующего функцию $f(x) = x^3$, заданную в узлах сетки Δ_n ($[a, b] = [-1.0; 1.0]$) приближенно: $\{f_i = f(x_i) \pm \varepsilon_i\}_{i=0}^n$. Погрешности ε_i находятся в пределах $0 \le \varepsilon_i \le 0.2$. Серым цветом выделена область, образованная ломаными $L_{up}(x)$ и $L_{dn}(x)$, ограничивающими полосу разброса значений исходной функции сверху и снизу соответственно, построенными для вычисления интегральных параметров $\hat{I}_i^{i+1}$ сплайна $\widetilde{S}_{2\text{ИД}1}(x)$.

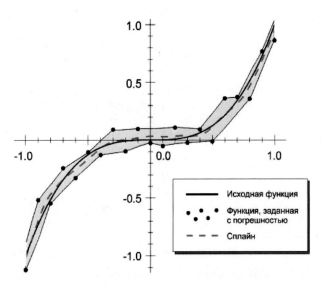

Рисунок 3.6 – Сильносглаживающий ИД-сплайн $\widetilde{S}_{2\text{ИД}1}(x)$, аппроксимирующий функцию $f(x) = x^3$, заданную приближенно значениями в узлах сетки Δ_n на отрезке $[-1.0, 1.0]$.

На рисунках 3.7 и 3.8 представлены графики сильносглаживающих ИД-сплайнов, аппроксимирующих функции $f(x) = \dfrac{1}{1 + 25x^2}$ и $f(x) = |x|$, заданные в узлах сетки Δ_n ($[a, b] = [-1.0; 1.0]$) приближенно: $\{f_i = f(x_i) \pm \varepsilon_i\}_{i=0}^n$. Погрешности ε_i находятся в пределах $0 \le \varepsilon_i \le 0.2$.

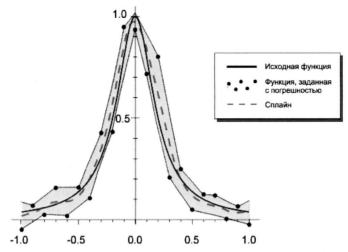

Рисунок 3.7 – Сильносглаживающий ИД-сплайн $\tilde{S}_{2\text{ИД}1}(x)$,

аппроксимирующий функцию $f(x) = \dfrac{1}{1 + 25x^2}$, заданную приближенно

значениями в узлах сетки Δ_n на отрезке $[-1.0, 1.0]$.

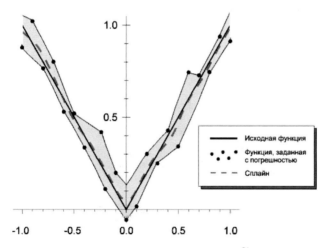

Рисунок 3.8 – Сильносглаживающий ИД-сплайн $\tilde{S}_{2\text{ИД}1}(x)$,

аппроксимирующий функцию $f(x) = |x|$, заданную приближенно

значениями в узлах сетки Δ_n на отрезке $[-1.0, 1.0]$.

На представленных графиках видно, что сильносглаживающий ИД-сплайн $\tilde{S}_{2\text{ИД}1}(x)$ с высокой точностью приближает исходные функции $f(x)$.

3.5.3 Восстановление функций по заданным значениям интегралов с помощью параболических глобальных ИД-сплайнов

В данном подразделе приводятся результаты численных экспериментов по восстановлению функций, заданных с помощью интегралов на частичных отрезках $[x_i, x_{i+1}]$ (x_i ($i = 0, 1, \ldots, n$) – узлы

сетки Δ_n): $I_0^1, I_1^2, \ldots, I_{n-1}^n$, где $I_i^{i+1} = \int\limits_{x_i}^{x_{i+1}} f(x)dx$ ($i = 0, 1, \ldots, n-1$),

глобальными параболическими ИД-сплайнами $\tilde{S}_{2\text{ИД}1}(x)$ дефекта $q = 1$.

В таблице 3.5 приведены нормы $R_{[a,b]}$ (3.52) и $L_{2,[a,b]}$ (3.53) для оценки отклонений ИД-сплайна $\tilde{S}_{2\text{ИД}1}(x)$ от исходной (восстанавливаемой) функции $f(x)$ при равномерных разбиениях отрезка $[a, b]$ ($n = 10, 20, 40, 80$ – число интервалов разбиения). В качестве интегральных параметров сплайна $\tilde{S}_{2\text{ИД}1}(x)$

использовались точные значения интегралов $I_i^{i+1} = \int\limits_{x_i}^{x_{i+1}} f(x)dx$.

Параметры $\tilde{f}_i$ находились из трехдиагональной СЛАУ, составленной из уравнений (3.7) и краевых условий (3.23) (с использованием формул (3.29), (3.24), (3.26)).

Таблица 3.5 – Оценка отклонений ИД-сплайна $\tilde{S}_{2\text{ИД}1}(x)$ от исходной функции $f(x)$

Функция	Норма	$n = 10$	$n = 20$	$n = 40$	$n = 80$
$f(x) = e^x$	$R_{[a,b]} \cdot 10^3$	5.3174	0.7639	0.1025	0.0133
$a = 0.1,\ b = 2.0$	$L_{2,[a,b]} \cdot 10^3$	1.4839	0.1690	0.0194	0.0023
$f(x) = \cos(x)$	$R_{[a,b]} \cdot 10^3$	2.4128	0.1864	0.0189	0.0024
$a = 0.1,\ b = 3.0$	$L_{2,[a,b]} \cdot 10^3$	0. 8938	0.0981	0.0119	0.0015
$f(x) = x^4$	$R_{[a,b]} \cdot 10^3$	21.9602	3.3016	0.4475	0.0581
$a = -0.9,\ b = 1.0$	$L_{2,[a,b]} \cdot 10^3$	5.8090	0.6663	0.0744	0.0085

Результаты, приведенные в таблице 3.5, показывают, что ИД-сплайны $\tilde{S}_{2\text{ИД}1}(x)$ с высокой точностью восстанавливают исходные функции и сходятся к аппроксимируемым функциям, о чем свидетельствует уменьшение норм $R_{[a,b]}$ и $L_{2,[a,b]}$ при возрастании n.

Таким образом, в главе 3:

– для аппроксимации сеточных функций, заданных с малой погрешностью (не превышающей $O(H^3)$), построены и математически обоснованы одномерные параболические слабосглаживающие ИД-сплайны дефекта 1, приближающие исходные функции $f(x)$ (при $f(x) \in C_{[a,b]}^3$) с точностью не ниже $O(H^3)$), и доказана теорема их сходимости;

– разработаны устойчивые экономичные алгоритмы аппроксимации сеточных функций параболическими слабосглаживающими ИД-сплайнами и предложены способы учета локальных особенностей функций;

– предложены методы сильного сглаживания сеточных функций, заданных с большой погрешностью (превышающей $O(H^3)$), а также методы восстановления функций, заданных своими интегралами на частичных отрезках, на основе глобальных параболических ИД-сплайнов дефекта 1;

— проведены методические исследования указанных способов аппроксимации сеточных функций, показавшие, что рассмотренные алгоритмы имеют преимущества перед традиционными способами сплайн-аппроксимации, характеризуются сходимостью и устойчивостью.

Глава 4. Двумерные параболические интегродифференциальные многочлены и сплайны

В данной главе вводятся определения двумерных ИД-многочленов и ИД-сплайнов, на основе одномерных параболических ИД-многочленов и ИД-сплайнов конструируются двумерные параболические ИД-многочлены и локальные интерполяционные ИД-сплайны (п. 4.2), а также глобальные слабосглаживающие ИД-сплайны (п. 4.3), сохраняющие равенство объемов под аппроксимируемой и аппроксимирующей функциями. Дается математическое обоснование двумерных параболических ИД-сплайнов. Приводятся результаты численных экспериментов по аппроксимации функций двух переменных различных классов гладкости двумерными параболическими ИД-сплайнами (п. 4.4).

4.1 Определения двумерных ИД-сплайнов и ИД-многочленов произвольных степеней

Пусть в прямоугольной декартовой системе координат $Oxyz$ функция двух переменных $f(x, y)$ задана своими значениями $\{f_{i,j} = f(x_i, y_j)\}_{i=0, j=0}^{n_x n_y}$ в прямоугольной области $\Omega = [a,b] \times [c,d]$ на сетке узлов

$$\Delta_{n_x, n_y} = \Delta_{n_x} \times \Delta_{n_y}, \qquad (4.1)$$

где $\Delta_{n_x}: a = x_0 < x_1 < \ldots < x_i < \ldots < x_{n_x} = b$, $\Delta_{n_y}: c = y_0 < y_1 < \ldots < y_j < \ldots < y_{n_y} = d$.

Сетка Δ_{n_x, n_y} делит область Ω на прямоугольники (частичные области) $\Omega_{i,j} = [x_i, x_{i+1}] \times [y_j, y_{j+1}]$.

Дадим сначала в общем виде определение двумерного сплайна произвольных степеней по x и y, аналогичное определению одномерного сплайна произвольной степени (см. определение 1.5).

Определение 4.1. **Двумерный алгебраический сплайн произвольных степеней по** x **и** y.

Двумерным алгебраическим сплайном $S_{r_x,r_y}^{[q_x,q_y]}(x,y)$ **степеней** r_x, r_y

дефекта $[q_x, q_y]$ $(S_{r_x,r_y}^{[q_x,q_y]}(x,y) \in C_\Omega^{\mu_x,\mu_y}$, $0 \leq \mu_x \leq r_x, 0 \leq \mu_y \leq r_y$,

$q_x = r_x - \mu_x$, $q_y = r_y - \mu_y$), аппроксимирующим двумерную сеточную

функцию $\{f_{i,j} = f(x_i, y_j)\}_{i=0,j=0}^{n_x n_y}$ на сетке Δ_{n_x, n_y} (4.1), называется

совокупность алгебраических многочленов (звеньев сплайна)

степеней r_x, r_y (по x и y) с коэффициентами $a_{k,l(i,j)}$:

$$S_{r_x,r_y,(i,j)}(x,y) = \sum_{k=0}^{r_x}\sum_{l=0}^{r_y} a_{k,l(i,j)}(x-x_i)^k (y-y_j)^l ,$$

определенных в частичных областях $\Omega_{i,j} = [x_i, x_{i+1}] \times [y_j, y_{j+1}]$

($i = 0,1,\ldots,n_x - 1$, $j = 0,1,\ldots,n_y - 1$) и соединенных вместе по всем

частичным областям в многозвенную функцию

$S_{r_x,r_y}^{[q_x,q_y]}(x,y) = \bigcup_{i=0}^{n_x-1} \bigcup_{j=0}^{n_y-1} S_{r_x,r_y(i,j)}(x,y)$, определенную и непрерывную

во всей области Ω вместе со всеми своими частными

производными $\dfrac{\partial^{p_x+p_y} S_{r_x,r_y}(x,y)}{\partial x^{p_x} \partial y^{p_y}}$, где $p_x = 0,1,\ldots,\mu_x$, $p_y = 0,1,\ldots,\mu_y$.

Определение 4.2. **Условиями согласования** звеньев

$S_{r_x,r_y,(i,j)}(x,y)$ двумерного сплайна (двумерных многочленов

степеней r_x, r_y) с исходной функцией $\{f_{i,j} = f(x_i, y_j)\}_{i=0,j=0}^{n_x n_y}$ в

соответствующей частичной области $\Omega_{i,j}$ называются условия,

накладываемые на невязки интегрального, интегрально-

дифференциального и дифференциального типов:

146

- **двумерные интегральные условия согласования**:

$$\delta S_{r_x,r_y,(i,j)}^{(-1,-1)}(x_i,x_{i+1},y_j,y_{j+1}) = \iint\limits_{\Omega_{i,j}} [S_{r_x,r_y,(i,j)}(x,y) - f(x,y)]dxdy = 0; \quad (4.2)$$

- **одномерные интегрально-дифференциальные условия согласования на границах частичных областей** $\Omega_{i,j}$ **по направлениям** x **и** y (в плоскостях $y = y_j$, $y = y_{j+1}$ и $x = x_i$, $x = x_{i+1}$):

$$\delta S_{r_x,r_y,(i,j)}^{(-1,p_{1y})}(x_i,x_{i+1}) = \int\limits_{x_i}^{x_{i+1}} [S_{r_x,r_y,(i,j)}^{(0,p_{1y})}(x,y_{t_y}) - f^{(0,p_{1y})}(x,y_{t_y})]dx = 0 \quad (4.3)$$

$(t_y = j, j+1)$,

$$\delta S_{r_x,r_y,(i,j)}^{(p_{1x},-1)}(y_j,y_{j+1}) = \int\limits_{y_j}^{y_{j+1}} [S_{r_x,r_y,(i,j)}^{(p_{1x},0)}(x_{t_x},y) - f^{(p_{1x},0)}(x_{t_x},y)]dy = 0 \quad (4.4)$$

$(t_x = i, i+1)$;

- **одномерные дифференциальные условия согласования в узлах** (x_i, y_j), (x_{i+1}, y_j), (x_i, y_{j+1}), (x_{i+1}, y_{j+1}) **для частичных областей** $\Omega_{i,j}$:

$$\delta S_{r_x,r_y,(i,j)}^{(p_{1x},p_{1y})}(x_{t_x},y_{t_y}) = S_{r_x,r_y,(i,j)}^{(p_{1x},p_{1y})}(x_{t_x},y_{t_y}) - f^{(p_{1x},p_{1y})}(x_{t_x},y_{t_y}) = 0 \quad (4.5)$$

$(t_x = i, i+1; t_y = j, j+1)$

Здесь p_{1x}, p_{1y} – порядки производных по x и по y, принимающие целые значения из промежутков $0 \leq p_{1x} \leq \mu_x$, $0 \leq p_{1y} \leq \mu_y$ соответственно.

Далее дифференциальные условия (4.5) при $p_{1x} = 0$, $p_{1y} = 0$ будут называться **условиями интерполяции**.

Определение 4.3. **Двумерный сплайн**, построение которого основано только на дифференциальных условиях согласования (4.5), называется **двумерным дифференциальным сплайном (двумерным Д-сплайном)** [40]. Если же наряду с дифференциальными условиями согласования (4.5) используются интегральные и интегрально-дифференциальные условия (4.3), (4.4), то сплайн называется **двумерным интегродифференциальным (двумерным ИД-сплайном)**.

147

Определение 4.4 Алгебраические многочлены, представляющие собой звенья двумерного ИД-сплайна, здесь будут называться **двумерными ИД-многочленами**.

Как и для одномерных сплайнов (аналогично определению 1.10), коэффициенты двумерного сплайна $a_{k,l(i,j)}$ выражаются через определенные (заданные) и неопределенные параметры интегрального, интегрально-дифференциального и дифференциального типов (значения двойных интегралов от аппроксимируемой функции по частичным областям $\Omega_{i,j}$, значения интегралов от функции и от ее частных производных по границам частичных областей $\Omega_{i,j}$, значения функции и ее частных производных различных порядков в узлах сетки Δ_{n_x, n_y}).

Аналогично одномерному случаю, если необходимо построить сплайн минимального дефекта, на его звенья накладываются условия стыковки.

***Определение 4.5* Условиями стыковки** двумерного сплайна $S_{r_x,r_y}^{[q_x,q_y]}(x,y)$ называются **условия непрерывности сплайна и его частных производных** $\dfrac{\partial^{p_{2x}+p_{2y}} S_{r_x,r_y}(x,y)}{\partial x^{p_{2x}} \partial y^{p_{2y}}}$ на внутренних для области Ω границах частичных областей $\Omega_{i,j} = [x_i, x_{i+1}] \times [y_j, y_{j+1}]$ (то есть в плоскостях $x = x_i$ $(i = 1, 2, \ldots, n_x - 1)$ и $y = y_j$ $(j = 1, 2, \ldots, n_y - 1)$ при $x \in [a,b]$, $y \in [c,d]$):

148

$$\left.\frac{\partial^{p_{2x}+p_{2y}}S_{r_x,r_y,(i-1,j)}(x,y)}{\partial x^{p_{2x}}\partial y^{p_{2y}}}\right|_{x=x_i}=\left.\frac{\partial^{p_{2x}+p_{2y}}S_{r_x,r_y,(i,j)}(x,y)}{\partial x^{p_{2x}}\partial y^{p_{2y}}}\right|_{x=x_i} \quad (4.6)$$

$(i=1,2,\ldots,n_x-1,\ j=0,1,\ldots,n_y),$

$$\left.\frac{\partial^{p_{2x}+p_{2y}}S_{r_x,r_y,(i,j-1)}(x,y)}{\partial x^{p_{2x}}\partial y^{p_{2y}}}\right|_{y=y_j}=\left.\frac{\partial^{p_{2x}+p_{2y}}S_{r_x,r_y,(i,j)}(x,y)}{\partial x^{p_{2x}}\partial y^{p_{2y}}}\right|_{y=y_j} \quad (4.7)$$

$(i=0,1,\ldots,n_x,\ j=1,2,\ldots,n_y-1),$

где порядки производных p_{2x}, p_{2y} принимают целые значения из промежутков $0\le p_{2x}\le\mu_x$, $0\le p_{2y}\le\mu_y$ соответственно. **Условия стыковки обычно дополняются краевыми условиями**, определяющими значения сплайна и его частных производных на границе области Ω.

Для построения сплайна (то есть для однозначного нахождения коэффициентов $a_{k,l(i,j)}$ ($k=0,1,\ldots,r_x$, $l=0,1,\ldots,r_y$, $i=0,1,\ldots,n_x-1$, $j=0,1,\ldots,n_y-1$)) необходимо выбирать условия согласования и условия стыковки (в совокупности с краевыми условиями) так, чтобы общее количество условий было равно количеству коэффициентов $a_{k,l(i,j)}$, то есть $(r_x+1)\cdot(r_y+1)\cdot n_x\cdot n_y$. Для построения сплайна дефекта $[q_x,q_y]$ ($q_x=r_x-\mu_x$, $q_y=r_y-\mu_y$), то есть обеспечения непрерывности сплайна и его частных производных по x и y до порядков μ_x, μ_y включительно на границах частичных областей $\Omega_{i,j}$, дифференциальные условия согласования (4.5) и условия стыковки (4.6), (4.7) надо выбирать так, чтобы:

$\{p_{1x}\}\bigcap\{p_{2x}\}=\varnothing$, $\{p_{1y}\}\bigcap\{p_{2y}\}=\varnothing$,

$\{p_{1x}\}\bigcup\{p_{2x}\}=\{0,1,2,\ldots\mu_x\}$, $\{p_{1y}\}\bigcup\{p_{2y}\}=\{0,1,2,\ldots\mu_y\}$.

Определение 4.6. **Двумерный сплайн** называется **локальным,** если все неопределенные параметры, относящиеся к каждому его звену $S_{r_x, r_y, (i,j)}(x,y)$ при $x \in [x_i, x_{i+1}]$, $y \in [y_j, y_{j+1}]$, $i = 0, 1, \ldots, n_x - 1$, $j = 0, 1, \ldots, n_y - 1$, находятся локально по явным аппроксимационным формулам. Метод аппроксимации локальными сплайнами называется **локальной аппроксимацией**. **Формулы (операторы) для нахождения неопределенных параметров** в этом случае **называются локальными**.

Определение 4.7. **Двумерный сплайн** называется **глобальным,** если $\forall i, j : i \in \{0, 1, \ldots, n_x - 1\}$, $j \in \{0, 1, \ldots, n_y - 1\}$ неопределенные параметры, относящиеся к его звену $S_{r_x, r_y, (t_x, t_y)}(x,y)$, $t_x = i$, $t_y = j$ при $x \in [x_i, x_{i+1}]$, $y \in [y_j, y_{j+1}]$, находятся совместно с параметрами, характеризующими все остальные звенья $S_{r_x, r_y, (t_x, t_y)}(x,y)$, $t_x \neq i, t_y \neq j$. Аппроксимация с помощью двумерных глобальных сплайнов называется **двумерной глобальной аппроксимацией**, а соответствующий способ нахождения параметров – **глобальным способом**.

4.2 Двумерные параболические ИД-многочлены и локальные интерполяционные ИД-сплайны

Задача интерполяции двумерных функций интегродифференциальными сплайнами ставится следующим образом.

Пусть функция двух переменных $f(x, y)$ задана своими значениями $\{f_{i,j} = f(x_i, y_j)\}_{i=0, j=0}^{n_x n_y}$ в узлах сетки Δ_{n_x, n_y} (4.1).

Требуется сконструировать численный метод построения двумерного параболического сплайна $S_{2,2\text{ИД}}(x,y)$, удовлетворяющего двумерному интегральному условию согласования (4.2), одномерным интегрально-дифференциальным условиям согласования на границах частичных областей $\Omega_{i,j}$ (4.3), (4.4) и условиям интерполяции (4.5) при $p_{1x} = p_{1y} = 0$.

Согласно условиям (4.2)-(4.5), используемым для построения параболического сплайна $S_{2,2\text{ИД}}(x,y)$, сплайн имеет дефект 2 по x и y: $q_x = 2$, $q_y = 2$, то есть, в обозначениях определения (4.1): $S_{2,2\text{ИД}}^{[2,2]}(x,y)$. Далее обозначение дефекта сплайна для сокращения записи будем опускать.

Построение двумерного интерполяционного параболического ИД-сплайна производится на основе одномерных интерполяционных параболических ИД-сплайнов.

В п. 2.1 построен одномерный параболический ИД-сплайн $S_{2\text{ИД}1}(x)$ (являющийся локальным при локальном способе вычисления параметров I_i^{i+1}), каждое звено которого (одномерный ИД-многочлен) имеет вид (2.1). Многочлен (2.1) можно привести к форме Лагранжа путем введения новой переменной величины $u = \dfrac{x - x_i}{h_{i+1}}$ ($0 \le u \le 1$). Тогда $S_{2\text{ИД}1,i}(x)$ будет иметь вид:

$$S_{2\text{ИД}1,i}(I_i^{i+1}, f_i, f_{i+1}; u(x)) = \frac{\varphi_1(u)}{h_{l+1}} I_i^{i+1} + \varphi_2(u) f_i + \varphi_3(u) f_{i+1}, \qquad (4.8)$$

где функции от переменной u есть многочлены второй степени:

$$\varphi_1(u) = 6u(1-u), \ \varphi_2(u) = (1-u)(1-3u), \ \varphi_3(u) = u(3u-2). \qquad (4.9)$$

При этом $\varphi_1(u)$, $\varphi_2(u)$, $\varphi_3(u)$ обладают следующими функциональными и интегральными свойствами:

$$\varphi_1(0) = 0, \ \varphi_1(1) = 0, \ \int_0^1 \varphi_1(u)du = 1;$$

$$\varphi_2(0) = 1, \ \varphi_2(1) = 0, \ \int_0^1 \varphi_2(u)du = 0; \qquad (4.10)$$

$$\varphi_3(0) = 0, \ \varphi_3(1) = 1, \ \int_0^1 \varphi_3(u)du = 0.$$

По виду формулы (4.8) с целью построения двумерных сплайнов записываются следующие одномерные ИД-многочлены:

– в плоскостях $y = y_{t_y}$ $(t_y = j, j+1)$:

$$S_{2\text{ИД}1,i}(I_{x\,i(t_y)}^{i+1}, f_{i,t_y}, f_{i+1,t_y}; u(x)) = \frac{\varphi_1(u)}{h_{x\,i+1}} I_{xi(t_y)}^{i+1} + \varphi_2(u) f_{i,t_y} + \varphi_3(u) f_{i+1,t_y};$$

– в плоскостях $x = x_{t_x}$ $(t_x = i, i+1)$:

$$S_{2\text{ИД}1,j}(I_{y\,j(t_x)}^{j+1}, f_{t_x,j}, f_{t_x,j+1}; v(y)) = \frac{\varphi_1(v)}{h_{y\,j+1}} I_{yj(t_x)}^{j+1} + \varphi_2(v) f_{t_x,j} + \varphi_3(v) f_{t_x,j+1};$$

– многочлены с интегральными параметрами:

$$S_{2\text{ИД}1,i}(I2_{i,j}^{i+1,j+1}, I_{yj(i)}^{j+1}, I_{yj(i+1)}^{j+1}; u(x)) =$$

$$= \frac{\varphi_1(u)}{h_{x\,i+1}} I2_{i,j}^{i+1,j+1} + \varphi_2(u) I_{yj(i)}^{j+1} + \varphi_3(u) I_{yj(i+1)}^{j+1};$$

$$S_{2\text{ИД}1,j}(I2_{i,j}^{i+1,j+1}, I_{xi(j)}^{i+1}, I_{xi(j+1)}^{i+1}; v(y)) =$$

$$= \frac{\varphi_1(v)}{h_{y\,j+1}} I2_{i,j}^{i+1,j+1} + \varphi_2(v) I_{xi(j)}^{i+1} + \varphi_3(v) I_{xi(j+1)}^{i+1},$$

где

$$u = \frac{x - x_i}{h_{xi+1}}, \ v = \frac{y - y_j}{h_{yj+1}} \quad (0 \le u \le 1, \ 0 \le v \le 1); \ h_{xi+1} = x_{i+1} - x_i, \ h_{yj+1} = y_{j+1} - y_j;$$

$I2_{i,j}^{i+1,j+1}$ – двойной интеграл от функции $f(x, y)$ по частичной области $\Omega_{i,j}$: $I2_{i,j}^{i+1,j+1} = \iint\limits_{\Omega_{i,j}} f(x,y)dxdy$ $(i = 0, 1, \ldots, n_x - 1, j = 0, 1, \ldots, n_y - 1)$;

$I_{x\,i(j)}^{i+1}$ – интеграл от функции $f(x,\,y)$ вдоль оси Ox на отрезке $[x_i, x_{i+1}]$

при фиксированном значении $y = y_j$: $I_{xi(j)}^{i+1} = \int\limits_{x_i}^{x_{i+1}} f(x, y_j)dx$

$(i = 0, 1,\ldots, n_x - 1, j = 0, 1,\ldots, n_y)$;

$I_{y\,j(i)}^{j+1}$ – интеграл от функции $f(x,\,y)$ вдоль оси Oy на отрезке $[y_j, y_{j+1}]$

при фиксированном значении $x = x_i$: $I_{yj(i)}^{j+1} = \int\limits_{y_j}^{y_{j+1}} f(x_i, y)dy$

$(i = 0, 1,\ldots, n_x, j = 0, 1,\ldots, n_y - 1)$;

$f_{i,j}$ $(i = 0, 1,\ldots, n_x, j = 0, 1,\ldots, n_y)$ – значения функции $f(x,\,y)$ в узлах сетки Δ_{n_x, n_y}.

Тогда звено двумерного локального параболического ИД-сплайна (двумерный ИД-многочлен) в частичной области $\Omega_{i,j}$ можно записать следующим образом:

$$S_{2,2\text{ИД},(i,j)}(x,y) = \frac{\varphi_1(u)}{h_{xi+1}} S_{2\text{ИД}1,j}(I2_{i,j}^{i+1,j+1}, I_{xi(j)}^{i+1}, I_{xi(j+1)}^{i+1}; v(y)) +$$

$$+ \varphi_2(u) S_{2\text{ИД}1,j}(I_{yj(i)}^{j+1}, f_{i,j}, f_{i,j+1}; v(y)) +$$

$$+ \varphi_3(u) S_{2\text{ИД}1,j}(I_{yj(i+1)}^{j+1}, f_{i+1,j}, f_{i+1,j+1}; v(y)) =$$

$$= \frac{\varphi_1(u)}{h_{xi+1}}\left[\frac{\varphi_1(v)}{h_{yj+1}} I2_{i,j}^{i+1,j+1} + \varphi_2(v) I_{xi(j)}^{i+1} + \varphi_3(v) I_{xi(j+1)}^{i+1}\right] +$$

$$+ \varphi_2(u)\left[\frac{\varphi_1(v)}{h_{yj+1}} I_{yj(i)}^{j+1} + \varphi_2(v) f_{i,j} + \varphi_3(v) f_{i,j+1}\right] +$$

$$+ \varphi_3(u)\left[\frac{\varphi_1(v)}{h_{yj+1}} I_{yj(i+1)}^{j+1} + \varphi_2(v) f_{i+1,j} + \varphi_3(v) f_{i+1,j+1}\right] \quad (4.11)$$

или в эквивалентном виде (после перегруппировки слагаемых):

$$S_{2,2\text{ИД},(i,j)}(x,y) = \frac{\varphi_1(v)}{h_{yj+1}} S_{2\text{ИД}1,i}(I2_{i,j}^{i+1,j+1}, I_{yj(i)}^{j+1}, I_{yj(i+1)}^{j+1}; u(x)) +$$

$$+ \varphi_2(v) S_{2\text{ИД}1,i}(I_{xi(j)}^{i+1}, f_{i,j}, f_{i+1,j}; u(x)) +$$

$$+ \varphi_3(v) S_{2\text{ИД}1,i}(I_{xi(j+1)}^{i+1}, f_{i,j+1}, f_{i+1,j+1}; u(x)) =$$

$$= \frac{\varphi_1(v)}{h_{yj+1}} \left[\frac{\varphi_1(u)}{h_{xi+1}} I2_{i,j}^{i+1,j+1} + \varphi_2(u) I_{yj(i)}^{j+1} + \varphi_3(u) I_{yj(i+1)}^{j+1} \right] +$$

$$+ \varphi_2(v) \left[\frac{\varphi_1(u)}{h_{xi+1}} I_{xi(j)}^{i+1} + \varphi_2(u) f_{i,j} + \varphi_3(u) f_{i+1,j} \right] +$$

$$+ \varphi_3(v) \left[\frac{\varphi_1(u)}{h_{xi+1}} I_{xi(j+1)}^{i+1} + \varphi_2(u) f_{i,j+1} + \varphi_3(u) f_{i+1,j+1} \right].$$

Формулу двумерного ИД-многочлена $S_{2,2\text{ИД},(i,j)}(x,y)$ можно записать в матричной форме:

$$S_{2,2\text{ИД},(i,j)}(x,y) = \varphi^{\mathrm{T}}(u) \cdot F \cdot \varphi(v), \qquad (4.12)$$

где $\varphi^{\mathrm{T}}(u) = \left[\dfrac{\varphi_1(u)}{h_{xi+1}} \quad \varphi_2(u) \quad \varphi_3(u) \right]$, $\varphi(v) = \left[\begin{array}{c} \varphi_1(v)/h_{yj+1} \\ \varphi_2(v) \\ \varphi_3(v) \end{array} \right]$,

$$F = \begin{pmatrix} I2_{i,j}^{i+1,j+1} & I_{xi(j)}^{i+1} & I_{xi(j+1)}^{i+1} \\ I_{yj(i)}^{j+1} & f_{i,j} & f_{i,j+1} \\ I_{yj(i+1)}^{j+1} & f_{i+1,j} & f_{i+1,j+1} \end{pmatrix}.$$

Двумерный ИД-сплайн $S_{2,2\text{ИД}}(x,y) = \bigcup\limits_{i=0}^{n_x-1} \bigcup\limits_{j=0}^{n_y-1} S_{2,2\text{ИД},(i,j)}(x,y)$,

составленный из ИД-многочленов $S_{2,2\text{ИД},(i,j)}(x,y)$ как из звеньев, по построению является интерполяционным (т.к. выполнены условия (4.5) при $p_{1x} = 0$, $p_{1y} = 0$) и удовлетворяет двумерному интегральному условию согласования (4.2), а также одномерным

154

интегральным условиям согласования (4.3), (4.4). Это легко показать, учитывая свойства (4.10) функций $\varphi_1(u)$, $\varphi_2(u)$, $\varphi_3(u)$.

Для доказательства того, что $S_{2,2\text{ИД}}(x,y)$ удовлетворяет условию (4.2), проинтегрируем по x и y многочлен $S_{2,2\text{ИД},(i,j)}(x,y)$, выражаемый формулой (4.11), по области $\Omega_{i,j}$ с заменой переменных интегрирования x, y соответственно на u, v: $\quad u = \dfrac{x - x_i}{h_{xi+1}}, v = \dfrac{y - y_j}{h_{yj+1}}$.

$$\iint\limits_{\Omega_{i,j}} S_{2,2\text{ИД},(i,j)}(x,y)dxdy =$$

$$= h_{yj+1}h_{xi+1}\left\{ \frac{1}{h_{xi+1}}\int\limits_0^1 \varphi_1(u)du\int\limits_0^1\left[\frac{\varphi_1(v)}{h_{yj+1}}I2_{i,j}^{i+1,j+1} + \varphi_2(v)I_{xi(j)}^{i+1} + \varphi_3(v)I_{xi(j+1)}^{i+1}\right]dv + \right.$$

$$+ \int\limits_0^1 \varphi_2(u)du\int\limits_0^1\left[\frac{\varphi_1(v)}{h_{yj+1}}I_{yj(i)}^{j+1} + \varphi_2(v)f_{i,j} + \varphi_3(v)f_{i,j+1}\right]dv +$$

$$\left. + \int\limits_0^1 \varphi_3(u)du\int\limits_0^1\left[\frac{\varphi_1(v)}{h_{yj+1}}I_{yj(i+1)}^{j+1} + \varphi_2(v)f_{i+1,j} + \varphi_3(v)f_{i+1,j+1}\right]dv\right\}. \quad (4.13)$$

Поскольку $\int\limits_0^1\varphi_1(t)dt = 1$, $\int\limits_0^1\varphi_2(t)dt = \int\limits_0^1\varphi_3(t)dt = 0$, то из (4.13) следует соотношение (4.2) – двумерное интегральное условие согласования.

Аналогично проводится доказательство того, что $S_{2,2\text{ИД}}(x,y)$ удовлетворяет условиям (4.3), (4.4).

Условия непрерывности частных производных $\dfrac{\partial S_{2,2\text{ИД}}(x,y)}{\partial x}$, $\dfrac{\partial S_{2,2\text{ИД}}(x,y)}{\partial y}$, $\dfrac{\partial^2 S_{2,2\text{ИД}}(x,y)}{\partial x \partial y}$ сплайна не участвуют в построении сплайна и, следовательно, могут не выполняться – то есть частные производные $\dfrac{\partial S_{2,2\text{ИД}}(x,y)}{\partial x}$, $\dfrac{\partial S_{2,2\text{ИД}}(x,y)}{\partial y}$, $\dfrac{\partial^2 S_{2,2\text{ИД}}(x,y)}{\partial x \partial y}$ в общем случае могут быть разрывными. Таким образом, сплайн $S_{2,2\text{ИД}}(x,y)$ имеет дефект 2 по x и y: $q_x = 2$, $q_y = 2$. При вычислении значений параметров $I2_{i,j}^{i+1,j+1}$ $(i=0,1,...,n_x-1, j=0,1,...,n_y-1)$, $I_{xi(j)}^{i+1}$ $(i=0,1,...,n_x-1, \quad j=0,1,...,n_y)$, $I_{yj(i)}^{j+1}$ $(i=0,1,...,n_x, \quad j=0,1,...,n_y-1)$ локальным способом сплайн $S_{2,2ИД}(x,y)$ является локальным.

В следующем подразделе 4.3 рассматриваются двумерные параболические ИД-сплайны минимального дефекта по x и по y: $q_x=1$, $q_y=1$.

4.3 Двумерные глобальные слабосглаживающие параболические ИД-сплайны

4.3.1 Постановка задачи слабого сглаживания функций двух переменных

Задача слабого сглаживания функции двух переменных с помощью двумерного параболического ИД-сплайна дефекта 1 по x и по y является обобщением задачи слабого сглаживания функции одной переменной с помощью одномерного параболического ИД-сплайна (формулировка и способы решения которой приведены в подразделах 3.1 и 3.2) и ставится следующим образом.

Пусть функция двух переменных $f(x,y) \in C_{\Omega}^{\mu_x,\mu_y}$ ($\mu_x \geq 3$, $\mu_y \geq 3$) задана в узлах сетки Δ_{n_x,n_y} с малой погрешностью:

$\{f_{i,j} = f(x_i,y_j) \pm \theta_{i,j}\}_{i=0,j=0}^{n_x,n_y}$, где $\theta_{i,j}(i=0,1,...,n_x, j=0,1,...,n_y)$ – погрешности измерения или приближенного вычисления значений функции в узлах, не превышающие $O(H_x^3+H_y^3)$

($H_x = \max\limits_{i=1,2,...,n_x} h_{xi}$, $H_y = \max\limits_{j=1,2,...,n_y} h_{yj}$).

Требуется получить глобальный параболический ИД-сплайн $\widetilde{S}_{2,2ИД}(x,y)$ с узлами на сетке Δ_{n_x,n_y}, имеющий погрешность аппроксимации $\left\|\widetilde{S}_{2,2\text{ИД}}(x,y)-f(x,y)\right\|_{\Omega} = \max\limits_{(x,y)\in\Omega}\left|\widetilde{S}_{2,2\text{ИД}}(x,y)-f(x,y)\right|$, не

превышающую $O(H_x^3+H_y^3)$, и удовлетворяющий условиям:

1) интегральному условию согласования искомого сплайна $\widetilde{S}_{2,2\text{ИД}}(x,y)$ с аппроксимируемой функцией:

$$\iint\limits_{\Omega_{i,j}}\widetilde{S}_{2,2\text{ИД}}(x,y)\,dxdy = \hat{I}2_{i,j}^{i+1,j+1}, \ (i=0,1,\ldots,n_x-1, \ j=0,1,\ldots,n_y-1), \ (4.14)$$

где $\hat{I}2_{i,j}^{i+1,j+1}$ $(i=0,1,\ldots,n_x-1, \ j=0,1,\ldots,n_y-1)$ – заданные (или предварительно вычисленные) с точностью не ниже $O(H_x^5+H_y^5)$ двойные интегралы от функции $f(x,y)$ во всех частичных областях $\Omega_{i,j}$, образуемых сеткой $\Delta_{n_x,\,n_y}$;

2) условиям непрерывности сплайна $\widetilde{S}_{2,2\text{ИД}}(x,y)$ и его частных производных: $\dfrac{\partial \widetilde{S}_{2,2\text{ИД}}(x,y)}{\partial x}$, $\dfrac{\partial \widetilde{S}_{2,2\text{ИД}}(x,y)}{\partial y}$, $\dfrac{\partial^2 \widetilde{S}_{2,2\text{ИД}}(x,y)}{\partial x\partial y}$ на границах частичных областей $\Omega_{i,j}$ и, следовательно, во всей области Ω.

Такой сплайн будем называть **двумерным параболическим слабосглаживающим интегродифференциальным сплайном** дефекта 1 по каждой из переменных.

Здесь понятие «слабое сглаживание» соответствует аналогичному понятию для одномерного сплайна.

4.3.2 Конструирование расчетных формул двумерных слабосглаживающих параболических ИД-сплайнов

Обозначим: $S_{r_x}^{[q_x]}(\Delta_x)$ – линейное пространство одномерных сплайнов $S_{r_x}^{[q_x]}(x)$ степени r_x дефекта q_x на сетке Δ_{n_x}, $S_{r_y}^{[q_y]}(\Delta_y)$ – линейное пространство одномерных сплайнов $S_{r_y}^{[q_y]}(y)$ степени r_y дефекта q_y на сетке Δ_{n_y} (где Δ_{n_x}, Δ_{n_y} – из формулы

(4.1)). В [40, с. 16-17] показано, что множество одномерных сплайнов $S_r^{[q]}(x)$ степени r дефекта q с узлами на сетке Δ_n: $a = x_0 < x_1 < ... < x_n = b$ является линейным пространством $S_r^{[q]}(\Delta_1)$ размерности $d_r^{[q]} = r + 1 + q\,(n-1)$.

В [40, с. 36-38] показано также, что пространство сплайнов двух переменных на сетке $\Delta_{n_x,\,n_y} = \Delta_{n_x} \times \Delta_{n_y}$ степеней r_x, r_y и дефектов q_x, q_y по каждой из переменных соответственно совпадает с тензорным произведением двух пространств сплайнов одной переменной:

$$S_{r_x,r_y}^{[q_x,q_y]}(\Delta_{n_x,\,n_y}) = S_{r_x}^{[q_x]}(\Delta_{n_x}) \otimes S_{r_y}^{[q_y]}(\Delta_{n_y}).$$

Размерность пространства $S_{r_x,r_y}^{[q_x,q_y]}(\Delta_{n_x,\,n_y})$ равна:

$$d_{r_x,r_y}^{[q_x,q_y]} = d_{r_x}^{[q_x]} \times d_{r_y}^{[q_y]} = (r_x + 1 + q_x(n_x - 1)) \cdot (r_y + 1 + q_y(n_y - 1)). \quad (4.15)$$

Таким образом, пространство $S_{2,2}^{[1,1]}(\Delta_{n_x,\,n_y})$ двумерных параболических сплайнов дефекта 1 по x и y (класса $C_\Omega^{1,1}$) $S_{2,2}^{[1,1]}(x,y)$, построенных на сетке $\Delta_{n_x,\,n_y}$, представляет собой тензорное произведение пространств одномерных параболических сплайнов дефекта 1 $S_2^{[1]}(\Delta_{n_x})$ (размерность $n_x + 2$) и $S_2^{[1]}(\Delta_{n_y})$ (размерность $n_y + 2$). Размерность пространства $S_{2,2}^{[1,1]}(\Delta_{n_x,\,n_y})$ равна $(n_x + 2) \cdot (n_y + 2)$ (из (4.15)). Следовательно, для однозначного определения коэффициентов двумерного параболического сплайна $S_{2,2}^{[1,1]}(x,y)$ дефекта 1 по x и y необходимо задать $(n_x + 2) \cdot (n_y + 2)$ условий.

Получим формулу глобального слабосглаживающего двумерного интегродифференциального сплайна $\tilde{S}_{2,2\text{ИД}}(x,y)$, удовлетворяющего интегральному условию согласования (4.14) и имеющего дефект 1 по x и y (то есть имеющего непрерывные частные производные $\dfrac{\partial \tilde{S}_{2,2\text{ИД}}(x,y)}{\partial x}$, $\dfrac{\partial \tilde{S}_{2,2\text{ИД}}(x,y)}{\partial y}$, $\dfrac{\partial^2 \tilde{S}_{2,2\text{ИД}}(x,y)}{\partial x \partial y}$).

Сплайн $\tilde{S}_{2,2\text{ИД}}(x,y)$ получается на основе одномерного параболического слабосглаживающего ИД-сплайна $\tilde{S}_{2\text{ИД}1}(x)$, звено которого выражается формулой (3.6), имеющего дефект 1 (построенного в п. 3.2.1).

Звено сплайна $\tilde{S}_{2\text{ИД}1}(x)$ на отрезке $[x_i, x_{i+1}]$ в форме Лагранжа имеет вид:

$$\tilde{S}_{2\text{ИД}\,1,i}(x) = \tilde{S}_{2\text{ИД}\,1,i}(\hat{I}_i^{i+1}, \tilde{f}_i, \tilde{f}_{i+1}; u(x)) = \frac{\varphi_1(u)}{h_{i+1}}\hat{I}_i^{i+1} + \varphi_2(u)\tilde{f}_i + \varphi_3(u)\tilde{f}_{i+1},$$

где $\hat{I}_i^{i+1}$ – значения интегралов, полученные по формулам (3.9), (3.10);

$\tilde{f}_i$ – значения функциональных параметров, найденные из трехдиагональной СЛАУ, составленной из системы (3.7) и краевых (граничных) условий (3.8);

функции $\varphi_1(u)$, $\varphi_2(u)$, $\varphi_3(u)$ имеют вид (4.9).

Способ построения двумерного слабосглаживающего параболического ИД-сплайна на основе одномерных слабосглаживающих ИД-сплайнов аналогичен способу построения двумерного локального интерполяционного ИД-сплайна, описанному в подразделе 4.2.

Формула звена двумерного слабосглаживающего параболического ИД-сплайна $\tilde{S}_{2,2\text{ИД}}(x,y) = \bigcup\limits_{i=0}^{n_x-1} \bigcup\limits_{j=0}^{n_y-1} \tilde{S}_{2,2\text{ИД}(i,j)}(x,y)$ класса $C_\Omega^{1,1}$ в каждой частичной области $\Omega_{i,j}$ получается следующей:

$$\widetilde{S}_{2,2\text{ИД},(i,j)}(x,y) = \varphi^{\mathrm{T}}(u) \cdot \widetilde{F} \cdot \varphi(v),\qquad(4.16)$$

где $\varphi^{\mathrm{T}}(u) = \left[\dfrac{\varphi_1(u)}{h_{xi+1}}\quad \varphi_2(u)\quad \varphi_3(u)\right]$, $\quad \varphi(v) = \left[\begin{array}{c}\varphi_1(v)/h_{yj+1}\\ \varphi_2(v)\\ \varphi_3(v)\end{array}\right]$,

$$\widetilde{F} = \left(\begin{array}{ccc}\hat{I2}_{i,j}^{i+1,j+1} & \hat{I}_{xi(j)}^{i+1} & \hat{I}_{xi(j+1)}^{i+1}\\[4pt] \hat{I}_{yj(i)}^{j+1} & \widetilde{f}_{i,j} & \widetilde{f}_{i,j+1}\\[4pt] \hat{I}_{yj(i+1)}^{j+1} & \widetilde{f}_{i+1,j} & \widetilde{f}_{i+1,j+1}\end{array}\right).$$

Размерность пространства $S_{2,2}^{[1,1]}(\Delta_2)$ равна $(n_x + 2)\cdot(n_y + 2)$. Для доказательства единственности сплайна $\widetilde{S}_{2,2\text{ИД}}(x,y)$, являющегося непрерывным и имеющего непрерывные производные $\dfrac{\partial \widetilde{S}_{2,2\text{ИД}}(x,y)}{\partial x}$, $\dfrac{\partial \widetilde{S}_{2,2\text{ИД}}(x,y)}{\partial y}$, $\dfrac{\partial^2 \widetilde{S}_{2,2\text{ИД}}(x,y)}{\partial x \partial y}$, покажем, что количество условий, определяющих значения его параметров, также равно $(n_x + 2)\cdot(n_y + 2)$.

Действительно, количество интегральных условий согласования (4.14), использующихся для определения параметров сплайна, равно $n_x \cdot n_y$. Далее показано, что сплайн $\widetilde{S}_{2,2\text{ИД}}(x,y)$ является непрерывным на границах частичных областей $\Omega_{i,j}$, а количество краевых условий, необходимых для вычисления параметров сплайна из соотношений, обеспечивающих непрерывность производных $\dfrac{\partial \widetilde{S}_{2,2\text{ИД}}(x,y)}{\partial x}$, $\dfrac{\partial \widetilde{S}_{2,2\text{ИД}}(x,y)}{\partial y}$, $\dfrac{\partial^2 \widetilde{S}_{2,2\text{ИД}}(x,y)}{\partial x \partial y}$, равно $2n_x + 2n_y + 4$ (см. п. 4.3.3).

Сплайн $\widetilde{S}_{2,2\text{ИД}}(x,y)$ по построению удовлетворяет интегральному условию согласования (4.14). Это легко доказать, вычислив двойной интеграл $\iint\limits_{\Omega_{i,j}}\widetilde{S}_{2,2\text{ИД}}(x,y)dxdy$ и учитывая свойства (4.10) функций $\varphi_1(u)$, $\varphi_2(u)$, $\varphi_3(u)$.

160

Значения параметров $\hat{I}_{xi(j)}^{i+1}$ $(i=0,1,\dots,n_x-1, j=0,1,\dots,n_y)$,

$\hat{I}_{yj(i)}^{j+1}$ $(i=0,1,\dots,n_x, j=0,1,\dots,n_y-1)$, $\tilde{f}_{i,j}$ $(i=0,1,\dots n_x, j=0,1,\dots n_y)$ следует

находить так, чтобы обеспечить непрерывность сплайна $\tilde{S}_{2,2\text{ИД}}(x,y)$ и

производных $\dfrac{\partial \tilde{S}_{2,2\text{ИД}}(x,y)}{\partial x}$, $\dfrac{\partial \tilde{S}_{2,2\text{ИД}}(x,y)}{\partial y}$, $\dfrac{\partial^2 \tilde{S}_{2,2\text{ИД}}(x,y)}{\partial x \partial y}$.

Приведем доказательство непрерывности сплайна $\tilde{S}_{2,2\text{ИД}}(x,y)$

и выведем условия непрерывности производных

$\dfrac{\partial \tilde{S}_{2,2\text{ИД}}(x,y)}{\partial x}$, $\dfrac{\partial \tilde{S}_{2,2\text{ИД}}(x,y)}{\partial y}$, $\dfrac{\partial^2 \tilde{S}_{2,2\text{ИД}}(x,y)}{\partial x \partial y}$ на границах частичных

областей $\Omega_{i,j}$.

Формулу звена $\tilde{S}_{2,2\text{ИД},(i,j)}(x,y)$ (4.16) можно также записать

следующими двумя способами:

$$\tilde{S}_{2,2\text{ИД},(i,j)}(x,y) = \frac{\varphi_1(u)}{h_{xi+1}}\left[\frac{\varphi_1(v)}{h_{yj+1}}\hat{I}2_{i,j}^{i+1,j+1} + \varphi_2(v)\hat{I}_{xi(j)}^{i+1} + \varphi_3(v)\hat{I}_{xi(j+1)}^{i+1}\right] +$$

$$+ \varphi_2(u)\left[\frac{\varphi_1(v)}{h_{yj+1}}\hat{I}_{yj(i)}^{j+1} + \varphi_2(v)\tilde{f}_{i,j} + \varphi_3(v)\tilde{f}_{i,j+1}\right] +$$

$$+ \varphi_3(u)\left[\frac{\varphi_1(v)}{h_{yj+1}}\hat{I}_{yj(i+1)}^{j+1} + \varphi_2(v)\tilde{f}_{i+1,j} + \varphi_3(v)\tilde{f}_{i+1,j+1}\right] \qquad (4.17)$$

и

$$\tilde{S}_{2,2\text{ИД},(i,j)}(x,y) = \frac{\varphi_1(v)}{h_{yj+1}}\left[\frac{\varphi_1(u)}{h_{xi+1}}\hat{I}2_{i,j}^{i+1,j+1} + \varphi_2(u)\hat{I}_{yj(i)}^{j+1} + \varphi_3(u)\hat{I}_{yj(i+1)}^{j+1}\right] +$$

$$+ \varphi_2(v)\left[\frac{\varphi_1(u)}{h_{xi+1}}\hat{I}_{xi(j)}^{i+1} + \varphi_2(u)\tilde{f}_{i,j} + \varphi_3(u)\tilde{f}_{i+1,j}\right] +$$

$$+ \varphi_3(v)\left[\frac{\varphi_1(u)}{h_{xi+1}}\hat{I}_{xi(j+1)}^{i+1} + \varphi_2(u)\tilde{f}_{i,j+1} + \varphi_3(u)\tilde{f}_{i+1,j+1}\right]. \qquad (4.18)$$

1) Доказательство непрерывности сплайна $\tilde{S}_{2,2\text{ИД}}(x,y)$ **на границах частичных областей** $\Omega_{i,j}$.

а) Условие непрерывности сплайна $\tilde{S}_{2,2\text{ИД}}(x,y)$ на линии $x = x_i$ записывается в виде:

$$\tilde{S}_{2,2\text{ИД},(i-1,j)}(x,y)\Big|_{x=x_i(u=1)} = \tilde{S}_{2,2\text{ИД},(i,j)}(x,y)\Big|_{x=x_i(u=0)} \quad (j=0,1,\ldots,n_y). \quad (4.19)$$

При подстановке $u=1$ в (4.17) для ячейки $\Omega_{i-1,j}$ с учетом свойств (4.10) функций $\varphi_1(u)$, $\varphi_2(u)$, $\varphi_3(u)$ получается соотношение:

$$\tilde{S}_{2,2\text{ИД},(i-1,j)}(x,y)\Big|_{x=x_i(u=1)} = \frac{\varphi_1(v)}{h_{y\,j+1}}\hat{I}_{yj(i)}^{\,j+1} + \varphi_2(v)\tilde{f}_{i,j} + \varphi_3(v)\tilde{f}_{i,j+1}, \quad (4.20)$$

а при подстановке $u=0$ в (4.17) для ячейки $\Omega_{i,j}$ получается:

$$\tilde{S}_{2,2\text{ИД},(i,j)}(x,y)\Big|_{x=x_i(u=0)} = \frac{\varphi_1(v)}{h_{y\,j+1}}\hat{I}_{yj(i)}^{\,j+1} + \varphi_2(v)\tilde{f}_{i,j} + \varphi_3(v)\tilde{f}_{i,j+1}. \quad (4.21)$$

Из (4.20) и (4.21) следует равенство (4.19).

б) Условие непрерывности сплайна $\tilde{S}_{2,2\text{ИД}}(x,y)$ на линии $y = y_j$ записывается в виде:

$$\tilde{S}_{2,2\text{ИД},(i,j-1)}(x,y)\Big|_{y=y_j(v=1)} = \tilde{S}_{2,2\text{ИД},(i,j)}(x,y)\Big|_{y=y_j(v=0)} \quad (i=0,1,\ldots,n_x). \quad (4.22)$$

При подстановке $v=1$ в (4.18) для ячейки $\Omega_{i,j-1}$ с учетом свойств (4.10) функций $\varphi_1(u)$, $\varphi_2(u)$, $\varphi_3(u)$ получается соотношение:

$$\tilde{S}_{2,2\text{ИД},(i,j-1)}(x,y)\Big|_{y=y_j(v=1)} = \frac{\varphi_1(u)}{h_{x\,i+1}}\hat{I}_{xi(j)}^{\,i+1} + \varphi_2(u)\tilde{f}_{i,j} + \varphi_3(u)\tilde{f}_{i+1,j}, \quad (4.23)$$

а при подстановке $v=0$ в (4.18) для ячейки $\Omega_{i,j}$ получается:

$$\tilde{S}_{2,2\text{ИД},(i,j)}(x,y)\Big|_{y=y_j(v=0)} = \frac{\varphi_1(u)}{h_{x\,i+1}}\hat{I}_{xi(j)}^{\,i+1} + \varphi_2(u)\tilde{f}_{i,j} + \varphi_3(u)\tilde{f}_{i+1,j}. \quad (4.24)$$

Из (4.23) и (4.24) следует равенство (4.22).

2) Доказательство выполнения условий непрерывности производной $\dfrac{\partial \widetilde{S}_{2,2ИД}(x,y)}{\partial x}$ **на границах частичных областей** $\Omega_{i,j}$.

а) Условие непрерывности производной $\dfrac{\partial \widetilde{S}_{2,2ИД}(x,y)}{\partial x}$ на линиях $x=x_i$ ($i=1,2,\ldots,n_x-1$) записывается следующим образом:

$$\frac{\partial \widetilde{S}_{2,2ИД(i-1,j)}(x,y)}{\partial x}\Bigg|_{x=x_i(u=1)} = \frac{\partial \widetilde{S}_{2,2ИД(i,j)}(x,y)}{\partial x}\Bigg|_{x=x_i(u=0)} \quad \begin{array}{l} i=1,2,\ldots,n_x-1; \\ j=0,1,\ldots,n_y. \end{array} \quad (4.25)$$

Производные функций $\varphi_1(u)$, $\varphi_2(u)$, $\varphi_3(u)$ по u имеют вид:

$$\varphi'_1(u)=6-12u, \; \varphi'_2(u)=-4+6u, \; \varphi'_1(u)=-2+6u. \qquad (4.26)$$

Из формул (4.18), (4.26) и с учетом того, что $\dfrac{du}{dx}=\dfrac{1}{h_{xi}}$ для ячейки $\Omega_{i-1,j}$ и $\dfrac{du}{dx}=\dfrac{1}{h_{xi+1}}$ для ячейки $\Omega_{i,j}$, получаем:

$$\frac{\partial \widetilde{S}_{2,2ИД,(i-1,j)}(x,y)}{\partial x}\Bigg|_{x=x_i(u=1)} = \frac{\varphi_1(v)}{h_{yj+1}}\frac{1}{h_{xi}}\left[\frac{-6}{h_{xi}}\hat{I}2_{i-1,j}^{i,j+1}+2\hat{I}_{yj(i-1)}^{j+1}+4\hat{I}_{yj(i)}^{j+1}\right]+$$

$$+\varphi_2(v)\frac{1}{h_{xi}}\left[\frac{-6}{h_{xi}}\hat{I}_{xi-1(j)}^{i}+2\tilde{f}_{i-1,j}+4\tilde{f}_{i,j}\right]+$$

$$+\varphi_3(v)\frac{1}{h_{xi}}\left[\frac{-6}{h_{xi}}\hat{I}_{xi-1(j+1)}^{i}+2\tilde{f}_{i-1,j+1}+4\tilde{f}_{i,j+1}\right], \qquad (4.27)$$

$$\frac{\partial \widetilde{S}_{2,2ИД,(i,j)}(x,y)}{\partial x}\Bigg|_{x=x_i(u=0)} = \frac{\varphi_1(v)}{h_{yj+1}}\frac{1}{h_{xi+1}}\left[\frac{6}{h_{xi+1}}\hat{I}2_{i,j}^{i+1,j+1}-4\hat{I}_{yj(i)}^{j+1}-2\hat{I}_{yj(i+1)}^{j+1}\right]+$$

$$+\varphi_2(v)\frac{1}{h_{xi+1}}\left[\frac{6}{h_{xi+1}}\hat{I}_{xi(j)}^{i+1}-4\tilde{f}_{i,j}-2\tilde{f}_{i+1,j}\right]+$$

$$+\varphi_3(v)\frac{1}{h_{xi+1}}\left[\frac{6}{h_{xi+1}}\hat{I}_{xi(j+1)}^{i+1}-4\tilde{f}_{i,j+1}-2\tilde{f}_{i+1,j+1}\right]. \quad (4.28)$$

Из соотношений (4.27) и (4.28) видно, что равенство (4.25) выполняется для любого v только если каждое из слагаемых в правой части равенства (4.27) равно соответствующему слагаемому в правой части равенства (4.28).

То есть для выполнения условия (4.25) необходимо и достаточно выполнение следующих равенств:

$\forall\ j = 0, 1, \ldots, n_y - 1:$

$$\frac{1}{h_{xi}}\hat{I}_{yj(i-1)}^{j+1} + 2\left(\frac{1}{h_{xi}} + \frac{1}{h_{xi+1}}\right)\hat{I}_{yj(i)}^{j+1} + \frac{1}{h_{xi+1}}\hat{I}_{yj(i+1)}^{j+1} = 3\left(\frac{\hat{I2}_{i,j}^{i+1,j+1}}{h_{xi+1}^2} + \frac{\hat{I2}_{i-1,j}^{i,j+1}}{h_{xi}^2}\right) \quad (4.29)$$

$\quad (i = 1, 2, \ldots, n_x - 1),$

$\forall\ j = 0, 1, \ldots, n_y:$

$$\frac{1}{h_{xi}}\widetilde{f}_{i-1,j} + 2\left(\frac{1}{h_{xi}} + \frac{1}{h_{xi+1}}\right)\widetilde{f}_{i,j} + \frac{1}{h_{xi+1}}\widetilde{f}_{i+1,j} = 3\left(\frac{\hat{I}_{xi(j)}^{i+1}}{h_{xi+1}^2} + \frac{\hat{I}_{xi-1(j)}^{i}}{h_{xi}^2}\right) \quad (4.30)$$

$\quad (i = 1, 2, \ldots, n_x - 1).$

б) Условие непрерывности производной $\dfrac{\partial \widetilde{S}_{2,2\text{ИД}}(x,y)}{\partial x}$ на линиях $y = y_j$ ($j = 1, 2, \ldots, n_y - 1$) имеет вид:

$$\left.\frac{\partial \widetilde{S}_{2,2\text{ИД},(i,j-1)}(x,y)}{\partial x}\right|_{y=y_j(v=1)} = \left.\frac{\partial \widetilde{S}_{2,2\text{ИД},(i,j)}(x,y)}{\partial x}\right|_{y=y_j(v=0)} \quad (4.31)$$

$(j = 1, 2, \ldots, n_y - 1;\ i = 0, 1, \ldots, n_x).$

При подстановке $v = 1$ в выражение частной производной по x правой части (4.18) для ячейки $\Omega_{i,j-1}$ с учетом свойств (4.10) функций $\varphi_1(u)$, $\varphi_2(u)$, $\varphi_3(u)$ получается соотношение:

$$\left.\frac{\partial \widetilde{S}_{2,2\text{ИД}(i,j-1)}(x,y)}{\partial x}\right|_{y=y_j(v=1)} = \frac{1}{h_{xi+1}}\left[\frac{\varphi_1'(u)}{h_{xi+1}}\hat{I}_{xi(j)}^{i+1} + \varphi_2'(u)\widetilde{f}_{i,j} + \varphi_3'(u)\widetilde{f}_{i+1,j}\right], (4.32)$$

а при подстановке $v = 0$ в выражение частной производной по x правой части (4.18) для ячейки $\Omega_{i,j}$ получается:

$$\left.\frac{\partial \widetilde{S}_{2,2\text{ИД}(i,j)}(x,y)}{\partial x}\right|_{y=y_j(v=0)} = \frac{1}{h_{xi+1}}\left[\frac{\varphi_1'(u)}{h_{xi+1}}\hat{I}_{xi(j)}^{i+1} + \varphi_2'(u)\widetilde{f}_{i,j} + \varphi_3'(u)\widetilde{f}_{i+1,j}\right]. (4.33)$$

Из (4.32) и (4.33) следует равенство (4.31).

3) Доказательство выполнения условий непрерывности производной $\dfrac{\partial \widetilde{S}_{2,2ИД}(x,y)}{\partial y}$ **на границах частичных областей** $\Omega_{i,j}$

проводится аналогично доказательству выполнения условий непрерывности производной $\dfrac{\partial \widetilde{S}_{2,2ИД}(x,y)}{\partial x}$.

а) Условие непрерывности $\dfrac{\partial \widetilde{S}_{2,2ИД}(x,y)}{\partial y}$ на линиях $x = x_i$

($i = 1, 2, \ldots, n_x - 1$) записывается следующим образом:

$$\left. \frac{\partial \widetilde{S}_{2,2ИД,(i-1,j)}(x,y)}{\partial y} \right|_{x=x_i(u=1)} = \left. \frac{\partial \widetilde{S}_{2,2ИД,(i,j)}(x,y)}{\partial y} \right|_{x=x_i(u=0)} \quad (4.34)$$

$$(i = 1, 2, \ldots, n_x - 1; \quad j = 0, 1, \ldots, n_y).$$

Для сплайна $\widetilde{S}_{2,2ИД}(x,y)$ условие (4.34) всегда выполняется. Доказательство можно провести аналогично доказательству **2(б)** непрерывности $\dfrac{\partial \widetilde{S}_{2,2ИД}(x,y)}{\partial x}$ на линиях $y = y_j$.

б) Условие непрерывности $\dfrac{\partial \widetilde{S}_{2,2ИД}(x,y)}{\partial y}$ на линиях $y = y_j$

($j = 1, 2, \ldots, n_y - 1$) представляется в виде:

$$\left. \frac{\partial \widetilde{S}_{2,2ИД,(i,j-1)}(x,y)}{\partial y} \right|_{y=y_j(v=1)} = \left. \frac{\partial \widetilde{S}_{2,2ИД,(i,j)}(x,y)}{\partial y} \right|_{y=y_j(v=0)} \quad (4.35)$$

$$(j = 1, 2, \ldots, n_y - 1; \quad i = 0, 1, \ldots, n_x).$$

Можно показать (аналогично выводу условий непрерывности $\dfrac{\partial \widetilde{S}_{2,2ИД}(x,y)}{\partial x}$ на линиях $x = x_i$ **2(а)**), что для выполнения (4.35) необходимо и достаточно выполнение следующих равенств (представляющих собой СЛАУ):

$\forall\, i = 0, 1, \ldots, n_x - 1:$

$$\frac{1}{h_{yj}}\hat{I}_{xi(j-1)}^{i+1} + 2\left(\frac{1}{h_{yj}} + \frac{1}{h_{yj+1}}\right)\hat{I}_{xi(j)}^{i+1} + \frac{1}{h_{yj+1}}\hat{I}_{xi(j+1)}^{i+1} = 3\left(\frac{\hat{I2}_{i,j}^{i+1,j+1}}{h_{yj+1}^2} + \frac{\hat{I2}_{i,j-1}^{i+1,j}}{h_{yj}^2}\right) \quad (4.36)$$

$(j = 1, 2, \ldots, n_y - 1),$

$\forall\, i = 0, 1, \ldots, n_x:$

$$\frac{1}{h_{yj}}\widetilde{f}_{i,j-1} + 2\left(\frac{1}{h_{yj}} + \frac{1}{h_{yj+1}}\right)\widetilde{f}_{i,j} + \frac{1}{h_{yj+1}}\widetilde{f}_{i,j+1} = 3\left(\frac{\hat{I}_{yj(i)}^{j+1}}{h_{yj+1}^2} + \frac{\hat{I}_{yj-1(i)}^{j}}{h_{yj}^2}\right) \quad (4.37)$$

$(j = 1, 2, \ldots, n_y - 1).$

4) Доказательство выполнения условий непрерывности второй производной $\dfrac{\partial^2 \widetilde{S}_{2,2ИД}(x,y)}{\partial x \partial y}$ на границах частичных областей $\Omega_{i,j}$.

а) Условие непрерывности $\dfrac{\partial^2 \widetilde{S}_{2,2ИД}(x,y)}{\partial x \partial y}$ на линиях $x = x_i$

$(i = 1, 2, \ldots, n_x - 1)$ записывается следующим образом:

$$\left.\frac{\partial^2 \widetilde{S}_{2,2ИД,(i-1,j)}(x,y)}{\partial x \partial y}\right|_{x=x_i(u=1)} = \left.\frac{\partial^2 \widetilde{S}_{2,2ИД,(i,j)}(x,y)}{\partial x \partial y}\right|_{x=x_i(u=0)} \quad (4.38)$$

$(i = 1, 2, \ldots, n_x - 1; \quad j = 0, 1, \ldots, n_y)$

Из формул (4.18), (4.26) и с учетом того, что $\dfrac{du}{dx} = \dfrac{1}{h_{xi}}$ для ячейки $\Omega_{i-1,j}$,

$\dfrac{du}{dx} = \dfrac{1}{h_{xi+1}}$ для ячейки $\Omega_{i,j}$, $\dfrac{dv}{dy} = \dfrac{1}{h_{yj+1}}$ для ячеек $\Omega_{i-1,j}$, $\Omega_{i,j}$,

получаем:

$$\left.\frac{\partial^2 \widetilde{S}_{2,2ИД,(i-1,j)}(x,y)}{\partial x \partial y}\right|_{x=x_i(u=1)} = \frac{\varphi_1'(v)}{h_{yj+1}^2}\frac{1}{h_{xi}}\left[\frac{-6}{h_{xi}}\hat{I2}_{i-1,j}^{i,j+1} + 2\hat{I}_{yj(i-1)}^{j+1} + 4\hat{I}_{yj(i)}^{j+1}\right] +$$

$$+ \frac{\varphi_2'(v)}{h_{yj+1}}\frac{1}{h_{xi}}\left[\frac{-6}{h_{xi}}\hat{I}_{xi-1(j)}^{i} + 2\widetilde{f}_{i-1,j} + 4\widetilde{f}_{i,j}\right] +$$

$$+ \frac{\varphi_3'(v)}{h_{yj+1}}\frac{1}{h_{xi}}\left[\frac{-6}{h_{xi}}\hat{I}_{xi-1(j+1)}^{i} + 2\widetilde{f}_{i-1,j+1} + 4\widetilde{f}_{i,j+1}\right], \quad (4.39)$$

$$\frac{\partial^2 \tilde{S}_{2,2\text{ИД},(i,j)}(x,y)}{\partial x \partial y}\Bigg|_{x=x_i(u=0)} = \frac{\varphi'_1(v)}{h^2_{yj+1}} \frac{1}{h_{xi+1}}\left[\frac{6}{h_{xi+1}}\hat{I}2^{i+1,j+1}_{i,j} - 4\hat{I}^{j+1}_{yj(i)} - 2\hat{I}^{j+1}_{yj(i+1)}\right] +$$

$$+ \frac{\varphi'_2(v)}{h_{yj+1}} \frac{1}{h_{xi+1}}\left[\frac{6}{h_{xi+1}}\hat{I}^{i+1}_{xi(j)} - 4\tilde{f}_{i,j} - 2\tilde{f}_{i+1,j}\right] +$$

$$+ \frac{\varphi'_3(v)}{h_{yj+1}} \frac{1}{h_{xi+1}}\left[\frac{6}{h_{xi+1}}\hat{I}^{i+1}_{xi(j+1)} - 4\tilde{f}_{i,j+1} - 2\tilde{f}_{i+1,j+1}\right]. \quad (4.40)$$

Из соотношений (4.39) и (4.40) видно, что равенство (4.38) выполняется для любого v только если каждое из слагаемых в правой части равенства (4.39) равно соответствующему слагаемому в правой части равенства (4.40).

То есть для выполнения условия (4.38) необходимо и достаточно выполнение равенств (4.29) $\forall\, j=0,1,\ldots,n_y-1$ и (4.30) $\forall\, j=0,1,\ldots,n_y$.

б) Условие непрерывности $\dfrac{\partial^2 \tilde{S}_{2,2\text{ИД}}(x,y)}{\partial x \partial y}$ на линиях $y=y_j$ ($j=1,2,\ldots,n_y-1$) имеет вид:

$$\frac{\partial^2 \tilde{S}_{2,2\text{ИД},(i,j-1)}(x,y)}{\partial x \partial y}\Bigg|_{y=y_j(v=1)} = \frac{\partial^2 \tilde{S}_{2,2\text{ИД},(i,j)}(x,y)}{\partial x \partial y}\Bigg|_{y=y_j(v=0)} \quad (4.41)$$

$$(j=1,2,\ldots,n_y-1;\ i=0,1,\ldots,n_x).$$

Можно показать (с помощью соотношений (4.17), (4.26)), что для выполнения условия (4.41) необходимо и достаточно выполнение равенств (4.36) $\forall\, i=0,1,\ldots,n_x-1$ и (4.37) $\forall\, i=0,1,\ldots,n_x$. (Доказательство проводится аналогично способу получения условий непрерывности производной $\dfrac{\partial^2 \tilde{S}_{2,2\text{ИД}}(x,y)}{\partial x \partial y}$ на линиях $x=x_i$ 4а)).

Для нахождения значений параметров сплайна $\tilde{S}_{2,2\text{ИД}}(x,y)$ предлагаются следующие два алгоритма, обеспечивающие непрерывность сплайна и его частных производных $\dfrac{\partial \tilde{S}_{2,2\text{ИД}}(x,y)}{\partial x}$, $\dfrac{\partial \tilde{S}_{2,2\text{ИД}}(x,y)}{\partial y}$, $\dfrac{\partial^2 \tilde{S}_{2,2\text{ИД}}(x,y)}{\partial x \partial y}$ на границах частичных областей $\Omega_{i,j}$ (и, следовательно, во всей области Ω).

4.3.3 Алгоритмы нахождения неопределенных параметров двумерных слабосглаживающих параболических ИД-сплайнов. Кубатурные формулы

Алгоритм 4.1.

1) Двойные интегралы $\hat{I}2_{i,j}^{i+1,j+1}$ ($i=0,1,\ldots,n_x-1$, $j=0,1,\ldots,n_y-1$) вычисляются по известным значениям функции $f_{i,j}$ ($i=0,1,\ldots,n_x$, $j=0,1,\ldots,n_y$) в узлах сетки Δ_{n_x,n_y} с применением формул (3.9), (3.10) (в правых частях которых вместо h_{i+1} используется h_{xi+1}, а вместо f_i используется $f_{i,j}$) последовательно: сначала в направлении оси X по значениям $f_{i,j}$ вычисляются одномерные интегралы $\bar{I}_{xi(j)}^{i+1}$ на границах $y=y_j$ ($j=0,1,\ldots,n_y$) частичных областей $\Omega_{i,j}$, а затем в направлении оси Y находятся значения $\hat{I}2_{i,j}^{i+1,j+1}$ по значениям $\bar{I}_{xi(j)}^{i+1}$, то есть:

а) вычисляются значения $\bar{I}_{xi(j)}^{i+1}$ ($i=0,1,\ldots,n_x-1$, $j=0,1,\ldots,n_y$) с порядком аппроксимации $O(H_x^4)$ ($H_x=\max\limits_{i=1,2,\ldots,n_x} h_{xi}$) по формулам, аналогичным (3.9), (3.10) (в правых частях которых используется h_{xi+1} вместо h_{i+1} и $f_{i,j}$ вместо f_i) для $j=0,1,\ldots,n_y$:

$$\bar{I}_{xi-1(j)}^{i} = \frac{h_{xi}^3}{6H_{xi}^{i+1}}\left(-\frac{1}{h_{xi+1}}f_{i+1,j} + \frac{H_{xi}^{i+1}H_{xi}^{3(i+1)}}{h_{xi}^2 h_{xi+1}}f_{i,j} + \frac{H_{x2i}^{3(i+1)}}{h_{xi}^2}f_{i-1,j} \right), (4.42)$$

$$\bar{I}_{xi(j)}^{i+1} = \frac{h_{xi+1}^3}{6H_{xi}^{i+1}}\left(\frac{H_{x3i}^{2(i+1)}}{h_{xi+1}^2}f_{i+1,j} + \frac{H_{xi}^{i+1}H_{x3i}^{i+1}}{h_{xi}h_{xi+1}^2}f_{i,j} - \frac{1}{h_{xi}}f_{i-1,j} \right), \qquad (4.43)$$

где $H_{xki}^{p(i+1)} = kh_{xi} + ph_{xi+1}$;

б) вычисляются значения $\hat{I}2_{i,j}^{i+1,j+1}$ ($i=0,1,\ldots,n_x-1$, $j=0,1,\ldots,n_y-1$) с порядком аппроксимации $O(H_x^4+H_y^4)$ ($H_y=\max\limits_{i=1,2,\ldots,n_y}h_{yi}$) по формулам, аналогичным (3.9), (3.10) (в правых частях которых используется j вместо i, h_{yj+1} вместо h_{i+1}, значения $\bar{I}_{xi(j)}^{i+1}$ для $i=0,1,\ldots,n_x-1$, найденные в п. 1(а) алгоритма, вместо f_i).

$$\hat{I}2_{i,j-1}^{i+1,j}=\frac{h_{yj}^3}{6H_{yj}^{j+1}}\left(-\frac{1}{h_{yj+1}}\bar{I}_{xi(j+1)}^{i+1}+\frac{H_{yj}^{j+1}H_{yj}^{3(j+1)}}{h_{yj}^2h_{yj+1}}\bar{I}_{xi(j)}^{i+1}+\frac{H_{y2j}^{3(j+1)}}{h_{yj}^2}\bar{I}_{xi(j-1)}^{i+1}\right),\text{ (4.44)}$$

$$\hat{I}2_{i,j}^{i+1,j+1}=\frac{h_{yj+1}^3}{6H_{yj}^{j+1}}\left(\frac{H_{y3j}^{2(j+1)}}{h_{yj+1}^2}\bar{I}_{xi(j+1)}^{i+1}+\frac{H_{yj}^{j+1}H_{y3j}^{j+1}}{h_{yj}h_{yj+1}^2}\bar{I}_{xi(j)}^{i+1}-\frac{1}{h_{yj}}\bar{I}_{xi(j-1)}^{i+1}\right),\text{ (4.45)}$$

где $H_{ykj}^{p(j+1)}=kh_{yj}+ph_{yj+1}$.

Указанный способ нахождения двойных интегралов является корректным [2] на основании того, что частичные области $\Omega_{i,j}$ являются прямоугольниками и, следовательно,

$$I2_{i,j}^{i+1,j+1}=\iint\limits_{\Omega_{i,j}}f(x,y)dxdy=\int\limits_{y_j}^{y_{j+1}}\left[\int\limits_{x_i}^{x_{i+1}}f(x,y)dx\right]dy\ .$$

Как отмечено в статье авторов [61], соотношения (4.44), (4.45) представляют собой **кубатурные формулы**, применимые (с использованием формул (4.42), (4.43)) для вычисления двойных интегралов в двумерном случае.

Подчеркнем, что изложенный алгоритм позволяет, в отличие от известных работ, вычислять интегралы на неравномерной сетке и, следовательно, учитывать локальные свойства аппроксимируемой функции. Таким образом, формулы (4.42)-(4.45) следует применять здесь с учетом локальных свойств аппроксимируемой функции – как рекомендуется в пп. 3.2.3.1.

Далее параметры $\hat{I}_{xi(j)}^{i+1}$ ($i=0,1,\ldots,n_x-1,j=0,1,\ldots,n_y$), $\hat{I}_{yj(i)}^{j+1}$ ($i=0,1,\ldots,n_x,j=0,1,\ldots,n_y-1$), $\tilde{f}_{i,j}$ ($i=0,1,\ldots,n_x,j=0,1,\ldots,n_y$) вычисляются из соотношений (трехдиагональных СЛАУ), вытекающих из условий непрерывности производных $\dfrac{\partial \tilde{S}_{2,2\text{ИД}}(x,y)}{\partial x}$, $\dfrac{\partial \tilde{S}_{2,2\text{ИД}}(x,y)}{\partial y}$, $\dfrac{\partial^2 \tilde{S}_{2,2\text{ИД}}(x,y)}{\partial x \partial y}$ – см. п. 2-5 данного алгоритма.

2) Величины $\hat{I}_{xi(j)}^{i+1}$ ($i = 0, 1,\ldots, n_x - 1, j = 0, 1,\ldots, n_y$) находятся (с порядком аппроксимации $O(H_x^4)$) из трехдиагональных СЛАУ (4.36) $\forall\, i = 0, 1,\ldots, n_x - 1$ (в совокупности с граничными соотношениями). В качестве граничных значений $\hat{I}_{xi(0)}^{i+1}$, $\hat{I}_{xi(n_y)}^{i+1}$ для решения каждой из СЛАУ (4.36) ($i = 0, 1,\ldots, n_x - 1$) можно взять величины $\bar{I}_{xi(0)}^{i+1}$, $\bar{I}_{xi(n_y)}^{i+1}$, вычисленные в п. 1а) данного алгоритма. Тем самым, **используются** $2 \cdot n_x$ **краевых условий**.

3) Величины $\hat{I}_{yj(i)}^{j+1}$ ($j = 0, 1,\ldots, n_y - 1,\ i = 0,1,\ldots, n_x$) находятся (с порядком аппроксимации $O(H_y^4)$) из трехдиагональных СЛАУ (4.29) $\forall\, j = 0, 1,\ldots, n_y - 1$ (в совокупности с граничными соотношениями). Граничные значения $\hat{I}_{yj(0)}^{j+1}$, $\hat{I}_{yj(n_x)}^{j+1}$ для каждой из СЛАУ (4.29) ($j = 0, 1,\ldots, n_y - 1$) можно вычислить (с порядком аппроксимации $O(H_y^4)$) по формулам, аналогичным (3.9), (3.10) для $i = 0$ и $i = n_x$ (в правые части которых вместо i подставляется j, вместо h_{i+1} подставляется h_{yj+1}, а вместо f_i подставляется $f_{0,j}$ (при вычислении $I_{yj(0)}^{j+1}$) и $f_{n_x,j}$ (при вычислении $I_{yj(n_x)}^{j+1}$)), учитывая при этом локальные свойства аппроксимируемых функций – как рекомендуется в пп. 3.2.3.1:

$$\hat{I}_{yj-1(i)}^{j} = \frac{h_{yj}^3}{6H_{yj}^{j+1}}\left(-\frac{1}{h_{yj+1}}f_{i,j+1} + \frac{H_{yj}^{j+1}H_{yj}^{3(j+1)}}{h_{yj}^2 h_{yj+1}}f_{i,j} + \frac{H_{y2j}^{3(j+1)}}{h_{yj}^2}f_{i,j-1}\right),$$

$$\hat{I}_{yj(i)}^{j+1} = \frac{h_{yj+1}^3}{6H_{yj}^{j+1}}\left(\frac{H_{y3j}^{2(j+1)}}{h_{yj+1}^2}f_{i,j+1} + \frac{H_{yj}^{j+1}H_{y3j}^{j+1}}{h_{yj}h_{yj+1}^2}f_{i,j} - \frac{1}{h_{yj}}f_{i,j-1}\right).$$

Тем самым, **используются** $2 \cdot n_y$ **краевых условий**.

170

4) По найденным значениям $\hat{I}_{xi(0)}^{i+1}$, $\hat{I}_{xi(n_y)}^{i+1}$ $(i = 0, 1, \ldots, n_x - 1)$ вычисляются (с порядком аппроксимации $O(H_x^3 + H_y^3))$) величины $\tilde{f}_{i,0}$ и $\tilde{f}_{i,n_y}$ $(i = 0, 1, \ldots, n_x)$ из СЛАУ (4.30) при $j = 0$ и $j = n_y$ (в совокупности с краевыми условиями). Краевые условия для решения систем (4.30) при $j = 0$ и $j = n_y$ можно задать в виде: $\tilde{f}_{0,j} = f_{0,j}$, $\tilde{f}_{n_x,j} = f_{n_x,j}$ (**используются 4 краевых условия**).

5) По найденным значениям $\hat{I}_{yj(i)}^{j+1}$ $(i = 0, 1, \ldots, n_x, j = 0, 1, \ldots, n_y - 1)$ из СЛАУ (4.37) при $i = 0, 1, \ldots, n_x$ вычисляются (с порядком аппроксимации $O(H_x^3 + H_y^3))$) значения параметров $\tilde{f}_{i,j}$ $(i = 0, 1, \ldots, n_x, j = 1, 2, \ldots, n_y - 1)$ с использованием полученных в п. 4 данного алгоритма значений $\tilde{f}_{i,0}$, $\tilde{f}_{i,n_y}$ $(i = 0, 1, \ldots, n_x)$ в качестве краевых условий.

Алгоритм 4.2.

В алгоритме 4.2 пункты (1) – (3) – те же, что и в алгоритме 4.1, а пункты (4) и (5) заменяются на следующие:

4) По найденным значениям $\hat{I}_{yj(0)}^{j+1}$, $\hat{I}_{yj(n_x)}^{j+1}$ $(j = 0, 1, \ldots, n_y - 1)$ вычисляются (с порядком аппроксимации $O(H_x^3 + H_y^3))$) величины $\tilde{f}_{0,j}$ и $\tilde{f}_{n_x,j}(j = 0, 1, \ldots, n_y)$ из СЛАУ (4.37) при $i = 0$ и $i = n_x$ (в совокупности с краевыми условиями). Краевые условия для решения СЛАУ (4.37) при $i = 0$ и $i = n_x$ можно задать в виде: $\tilde{f}_{i,0} = f_{i,0}$, $\tilde{f}_{i,n_y} = f_{i,n_y}$ (используются 4 краевых условия – таких же, что и на шаге 4 алгоритма 4.1).

5) По найденным значениям $\hat{I}_{xi(j)}^{i+1}$ ($i = 0, 1, \ldots, n_x - 1, j = 0, 1, \ldots, n_y$) из СЛАУ (4.30) при $j = 0, 1, \ldots, n_y$ с использованием полученных в п. 4 данного алгоритма значений $\tilde{f}_{0,j}$, $\tilde{f}_{n_x,j}$ ($j = 0, 1, \ldots, n_y$) вычисляются (с порядком аппроксимации $O(H_x^3 + H_y^3)$) значения параметров $\tilde{f}_{i,j}$ ($i = 1, 2, \ldots, n_x - 1$, $j = 0, 1, \ldots, n_y$).

Сплайн $\tilde{S}_{2,2\text{ИД}}(x, y)$ (формула звеньев – (4.16)), параметры которого находятся по алгоритму 4.1 или 4.2, имеет дефект 1 по каждой из переменных, удовлетворяет интегральному условию согласования (4.14) в каждой частичной области $\Omega_{i,j}$ ($i = 0, 1, \ldots, n_x - 1, j = 0, 1, \ldots, n_y - 1$) и при этом для его построения используются $2n_x + 2n_y + 4$ краевых условий (одинаковых для алгоритмов 4.1 и 4.2). Сплайн $\tilde{S}_{2,2\text{ИД}}(x, y)$ с параметрами, найденными по алгоритму 4.1 или 4.2, определен единственным образом (поскольку размерность пространства $S_{2,2}^{[1,1]}(\Delta_2)$ равна $(n_x + 2) \cdot (n_y + 2)$, что равно сумме количества интегральных условий согласования (4.14): $n_x \cdot n_y$ и количества краевых условий: $2n_x + 2n_y + 4$). В силу единственности сплайна $\tilde{S}_{2,2\text{ИД}}(x, y)$, значения его параметров, найденных по алгоритму 4.1 и по алгоритму 4.2, одинаковы.

4.3.4 Теорема сходимости двумерного слабосглаживающего параболического ИД-сплайна

Для сплайна $\tilde{S}_{2,2\text{ИД}}(x, y)$ доказана следующая теорема сходимости:

172

Теорема 4.1. О сходимости двумерного глобального параболического ИД-сплайна.

Пусть функцию двух переменных $f(x,y) \in C_\Omega^{\mu_x,\mu_y}$ ($\mu_x, \mu_y = 1, 2, 3$), определенную в области Ω, заданную с точностью не ниже $O(H_x^{\mu_x+1} + H_y^{\mu_y+1})$ на сетке Δ_{n_x, n_y}, аппроксимирует слабосглаживающий глобальный параболический ИД-сплайн $\tilde{S}_{2,2\text{ИД}}(x,y)$ (звено которого имеет вид (4.16)). Тогда если параметры сплайна находятся по алгоритму 4.1 или 4.2:

$\hat{I}2_{i,j}^{i+1,j+1}$ ($i = 0, 1, \ldots, n_x - 1, j = 0, 1, \ldots, n_y - 1$) – с порядком аппроксимации $O(H_x^4 + H_y^4)$,

$\hat{I}_{xi(j)}^{i+1}$ ($i = 0,1,\ldots,n_x-1$, $j = 0,1,\ldots,n_y$) – с порядком аппроксимации $O(H_x^4)$,

$\hat{I}_{yj(i)}^{j+1}$ ($i = 0,1,\ldots,n_x, j = 0,1,\ldots,n_y-1$) – с порядком аппроксимации $O(H_y^4)$,

$\tilde{f}_{i,j}$ ($i = 0,1,\ldots,n_x, j = 0,1,\ldots,n_y$) – с порядком аппроксимации $O(H_x^3 + H_y^3)$,

то справедливы оценки:

$$\left\| D^{p_x,p_y} \left\{ \tilde{S}_{2,2\text{ИД}}(x,y) - f(x,y) \right\} \right\|_\Omega \le$$

$$\le \overline{K}_{\mu_x,p_x} H_x^{\mu_x-p_x} \left\| D^{\mu_x,p_y} f(x,y) \right\|_\Omega + \overline{K}_{\mu_y,p_y} H_y^{\mu_y-p_y} \left\| D^{p_x,\mu_y} f(x,y) \right\|_\Omega +$$

$$+ \overline{K}_{\mu_x,p_x} H_x^{\mu_x-p_x} \overline{K}_{\mu_y,p_y} H_y^{\mu_y-p_y} \left\| D^{\mu_x,\mu_y} f(x,y) \right\|_\Omega , \qquad (4.46)$$

где $p_x = 0;1$, $p_y = 0;1$ – порядки производных по x и по y соответственно;

$D^{q_x,q_y} g(x,y) = \dfrac{\partial^{q_x+q_y} g(x,y)}{\partial x^{q_x} \partial y^{q_y}}$ (здесь $g(x,y) = \tilde{S}_{2,2\text{ИД}}(x,y) - f(x,y)$ или

$g(x,y) = f(x,y)$; $q_x = p_x$ или $q_x = \mu_x$; $q_y = p_y$ или $q_y = \mu_y$);

$\overline{K}_{\mu_x,p_x} = T_{\mu_x,p_x} + K_{p_x} Q_x^{1+p_x}$; $\overline{K}_{\mu_y,p_y} = T_{\mu_y,p_y} + K_{p_y} Q_y^{1+p_y}$ (константы $T_{\mu,p}$ и K_p ($p = p_x, p_y$; $\mu = \mu_x, \mu_y$) – те же, что и в теореме 3.1 и таблице 3.2 из п. 3.2.4);

$Q_x = \max\limits_{i=1,2,\ldots n_x} h_{xi} \Big/ \min\limits_{i=1,2,\ldots n_x} h_{xi}$; $Q_y = \max\limits_{j=1,2,\ldots n_y} h_{yj} \Big/ \min\limits_{j=1,2,\ldots n_y} h_{yj}$.

Таким образом, при $f(x,y) \in C_\Omega^{\mu_x, \mu_y}$ сплайны (для $\mu_x, \mu_y = 1, 2, 3$) и их производные (для $\mu_x, \mu_y = 2, 3$) $D^{p_x, p_y} \widetilde{S}_{2,2ИД}(x,y)$ ($p_x = 0; 1$, $p_y = 0; 1$) равномерно сходятся к аппроксимируемой функции и ее производным $D^{p_x, p_y} f(x,y)$ ($p_x = 0; 1$, $p_y = 0; 1$) (соответственно) на последовательности сеток $\Delta_{n_x, n_y} = \Delta_{n_x} \times \Delta_{n_y}$ $\Delta_{n_x}: a = x_0 < x_1 < ... < x_{n_x} = b$, $\Delta_{n_y}: c = y_0 < y_1 < ... < y_{n_y} = d$) по крайней мере со скоростью $H_x^{\mu_x - p_x} + H_y^{\mu_y - p_y}$ с ростом n_x, n_y.

То есть при $\mu_x = \mu_y = 3$ ($f(x,y) \in C_\Omega^{3,3}$) сплайны $\widetilde{S}_{2,2ИД}(x,y)$ равномерно сходятся к функции $f(x,y)$ на последовательности сеток $\Delta_{n_x, n_y} = \Delta_{n_x} \times \Delta_{n_y}$ по крайней мере со скоростью $H_x^3 + H_y^3$ с ростом n_x, n_y.

Дальнейшее увеличение степени гладкости функции $f(x,y)$ не приводит к увеличению порядка приближения относительно H_x, H_y.

Для доказательства теоремы 4.1 введем понятие частичных сплайнов.

Определение 4.8. Сплайн $S_r[f(x,y); x]$ степени r называется **частичным**, если он представляет собой одномерный сплайн, аппроксимирующий функцию $f(x,y)$ на сетке Δ_{n_x} при фиксированном y, играющем роль параметра.

Формула звена двумерного сплайна степеней r_x, r_y в частичной области $\Omega_{i,j}$ в общем виде записывается следующим образом:

$$S_{r_x, r_y, (i,j)}(x,y) = \sum_{k=0}^{r_x} \sum_{l=0}^{r_y} a_{k,l,(i,j)} (x - x_i)^k (y - y_j)^l.$$

174

Тогда звенья частичных сплайнов

$$S_{r_x}[f(x,y);x] = \bigcup_{i=0}^{n_x-1} S_{r_x,i}[f(x,y);x], \quad S_{r_y}[f(x,y);y] = \bigcup_{j=0}^{n_y-1} S_{r_y,j}[f(x,y);y]$$

будут иметь вид:

$$S_{r_x,i}[f(x,y);x] = \sum_{k=0}^{r_x} a_{k,i}(y)(x-x_i)^k \quad \text{при } x \in [x_i, x_{i+1}];$$

$$S_{r_y,j}[f(x,y);y] = \sum_{l=0}^{r_y} b_{l,j}(x)(y-y_j)^l \quad \text{при } y \in [y_j, y_{j+1}].$$

Звенья частичных сплайнов

$$\tilde{S}_{2\text{ИД}}[f(x,y);x] = \bigcup_{i=0}^{n_x-1} \tilde{S}_{2\text{ИД},i}[f(x,y);x],$$

$$\tilde{S}_{2\text{ИД}}[f(x,y);y] = \bigcup_{j=0}^{n_y-1} \tilde{S}_{2\text{ИД},j}[f(x,y);y],$$

соответствующих двумерному параболическому слабосглаживающему ИД-сплайну $\tilde{S}_{2,2\text{ИД}}(x,y)$, аналогично можно записать в виде:

$$\tilde{S}_{2\text{ИД},i}[f(x,y);x] = \sum_{k=0}^{2} a_{k,i}(y)(x-x_i)^k \quad \text{при } x \in [x_i, x_{i+1}]; \qquad (4.47)$$

$$\tilde{S}_{2\text{ИД},j}[f(x,y);y] = \sum_{l=0}^{2} b_{l,j}(x)(y-y_j)^l \quad \text{при } y \in [y_j, y_{j+1}]. \qquad (4.48)$$

Докажем следующую лемму.

Лемма 4.1. Для частичных сплайнов $\tilde{S}_{2\text{ИД}}[f(x,y);x]$, $\tilde{S}_{2\text{ИД}}[f(x,y);y]$ справедливы тождества:

$$D^{0,p_y}\tilde{S}_{2\text{ИД}}[f(x,y);x] = \tilde{S}_{2\text{ИД}}[D^{0,p_y}f(x,y);x]; \qquad (4.49)$$

$$D^{p_x,0}\tilde{S}_{2\text{ИД}}[f(x,y);y] = \tilde{S}_{2\text{ИД}}[D^{p_x,0}f(x,y);y]. \qquad (4.50)$$

Доказательство леммы 4.1.

Частичный сплайн $\widetilde{S}_{2ИД}[f(x,y);x]$ удовлетворяет условиям:

1) интегральному условию согласования:

$$\int_{x_i}^{x_{i+1}}\widetilde{S}_{2ИД,i}[f(x,y);x]dx = \hat{I}_i^{i+1}(y), \;\; i = 0, 1,\ldots n-1; \qquad (4.51)$$

2) условиям непрерывности сплайна $\widetilde{S}_{2ИД}[f(x,y);x]$ и его первой производной по x для любого фиксированного y на линиях $x = x_i$ ($i = 1, 2,\ldots,n_x - 1$):

$$D^{p_x,0}\widetilde{S}_{2ИД,i-1}[f(x,y);x]\Big|_{x=x_i} = D^{p_x,0}\widetilde{S}_{2ИД,i}[f(x,y);x]\Big|_{x=x_i} \; (p_x = 0; 1). \; (4.52)$$

Из условий (4.51), (4.52) получается система уравнений:

$$\begin{cases} a_{0,i}(y)h_{xi+1} + \dfrac{a_{1,i}(y)}{2}h_{xi+1}^2 + \dfrac{a_{2,i}(y)}{3}h_{xi+1}^3 = \hat{I}_i^{i+1}(y) \\ a_{0,i-1}(y) + a_{1,i-1}(y)h_{xi} + a_{2,i-1}(y)h_{xi}^2 = a_{0,i}(y) \\ a_{1,i-1}(y) + 2a_{2,i-1}(y)h_{xi} = a_{1,i}(y) \end{cases} \qquad (4.53)$$

В результате дифференцирования правых и левых частей уравнений системы (4.53) p_y раз по y получается следующая система:

$$\begin{cases} a_{0,i}^{(p_y)}(y)h_{xi+1} + \dfrac{a_{1,i}^{(p_y)}}{2}h_{xi+1}^2 + \dfrac{a_{2,i}^{(p_y)}(y)}{3}h_{xi+1}^3 = \hat{I}_i^{i+1(p_y)}(y) \\ a_{0,i-1}^{(p_y)}(y) + a_{1,i-1}^{(p_y)}(y)h_{xi} + a_{2,i-1}^{(p_y)}h_{xi}^2 = a_{0,i}^{(p_y)}(y) \\ a_{1,i-1}^{(p_y)}(y) + 2a_{2,i-1}^{(p_y)}(y)h_{xi} = a_{1,i}^{(p_y)}(y) \end{cases} \qquad (4.54)$$

Из (4.54) вытекает, что коэффициенты $a_{k,i}^{(p_y)}(y)$ ($k = 0, 1, 2$) являются коэффициентами звена ИД-сплайна

$$\widetilde{S}_{2ИД}[D^{0,p_y}f(x,y);x] = \bigcup_{i=0}^{n_x-1}\widetilde{S}_{2ИД,i}[D^{0,p_y}f(x,y);x], \qquad (4.55)$$

где $\widetilde{S}_{2ИД,i}[D^{0,p_y}f(x,y);x] = \sum_{k=0}^{2}a_{k,i}^{(p_y)}(y)(x - x_i)^k$,

удовлетворяющего условиям:

1) $\displaystyle\int\limits_{x_i}^{x_{i+1}} \widetilde{S}_{2\text{ИД},i}[D^{0,p_y}f(x,y);x]dx = \hat{I}_i^{i+1(p_y)}(y),\ i=0,1,\ldots,n-1;$

2) $D^{p_x,0}\widetilde{S}_{2\text{ИД},i-1}[D^{0,p_y}f(x,y);x]\Big|_{x=x_i} = D^{p_x,0}\widetilde{S}_{2\text{ИД},i}[D^{0,p_y}f(x,y);x]\Big|_{x=x_i},\ \begin{array}{c}(p_x=0;\,1)\\ i=1,2,\ldots,n_x-1\end{array}.$

С другой стороны, дифференцируя (4.47) p_y раз по y, получим:

$$D^{0,p_y}\widetilde{S}_{2\text{ИД},i}[f(x,y);x] = \sum_{k=0}^{2} a_{k,i}^{(p_y)}(y)(x-x_i)^k .\qquad (4.56)$$

Таким образом, сравнивая (4.55) и (4.56) $\forall i=0,1,\ldots,n_x-1$, получаем тождество (4.49).

Тождество (4.50) доказывается аналогично (с использованием выражения (4.48)).

Лемма 4.1 доказана.

Доказательство теоремы 4.1.

Из (4.17) следует тождество:

$$\widetilde{S}_{2,2\text{ИД}}(x,y) = \widetilde{S}_{2\text{ИД}}[\widetilde{S}_{2\text{ИД}}[f(x,y);y];x] .\qquad (4.57)$$

Введем функции: $\quad T_1(x,y) = \widetilde{S}_{2\text{ИД}}[f(x,y);y] - f(x,y);$

$$T_2(x,y) = \widetilde{S}_{2\text{ИД}}[f(x,y);x] - f(x,y) .$$

Используя тождество (4.57), получим:

$$\widetilde{S}_{2,2\text{ИД}}(x,y) - f(x,y) = \widetilde{S}_{2\text{ИД}}[\widetilde{S}_{2\text{ИД}}[f(x,y);y];x] - f(x,y) =$$

$$= \widetilde{S}_{2\text{ИД}}[T_1(x,y) + f(x,y);x] - f(x,y) =$$

$$= \widetilde{S}_{2\text{ИД}}[T_1(x,y);x] + \widetilde{S}_{2\text{ИД}}[f(x,y);x] - f(x,y) = \widetilde{S}_{2\text{ИД}}[T_1(x,y);x] + T_2(x,y) .$$

Отсюда:

$$\widetilde{S}_{2,2\text{ИД}}(x,y) - f(x,y) = \left\{\widetilde{S}_{2\text{ИД}}[T_1(x,y);x] - T_1(x,y)\right\} + T_1(x,y) + T_2(x,y).\ (4.58)$$

Правая часть равенства (4.58) содержит только погрешности аппроксимации одномерными слабосглаживающими ИД-сплайнами, оценки которых приведены в формулировке теоремы 3.1 (п. 3.2.4).

Из (4.58) и (4.49) следует неравенство:

$$\left\| D^{p_x,p_y} \left\{ \tilde{S}_{2,2\text{ИД}}(x,y) - f(x,y) \right\} \right\|_\Omega \leq$$

$$\leq \left\| D^{p_x,0} \left\{ \tilde{S}_{2\text{ИД}}[D^{0,p_y}T_1(x,y);x] - D^{0,p_y}T_1(x,y) \right\} \right\|_\Omega +$$

$$+ \left\| D^{p_x,p_y}T_1(x,y) \right\|_\Omega + \left\| D^{p_x,p_y}T_2(x,y) \right\|_\Omega . \qquad (4.59)$$

Используя одномерные оценки из теоремы 3.1 и соотношения (4.49), (4.50), получаем:

$$\left\| D^{p_x,p_y}T_1(x,y) \right\|_\Omega \leq \left\| D^{0,p_y} \left\{ \tilde{S}_{2\text{ИД}}[D^{p_x,0}f(x,y);y] - D^{p_x,0}f(x,y) \right\} \right\|_\Omega \leq$$

$$\leq \overline{K}_{\mu_y,p_y} H_y^{\mu_y - p_y} \left\| D^{p_x,\mu_y}f(x,y) \right\|_\Omega ,$$

$$\left\| D^{p_x,p_y}T_2(x,y) \right\|_\Omega \leq \left\| D^{p_x,0} \left\{ \tilde{S}_{2\text{ИД}}[D^{0,p_y}f(x,y);y] - D^{0,p_y}f(x,y) \right\} \right\|_\Omega \leq$$

$$\leq \overline{K}_{\mu_x,p_x} H_x^{\mu_x - p_x} \left\| D^{\mu_x,p_y}f(x,y) \right\|_\Omega ,$$

$$\left\| D^{p_x,0} \left\{ \tilde{S}_{2\text{ИД}}[D^{0,p_y}T_1(x,y);x] - D^{0,p_y}T_1(x,y) \right\} \right\|_\Omega \leq$$

$$\leq \overline{K}_{\mu_x,p_x} H_x^{\mu_x - p_x} \left\| D^{\mu_x,p_y}T_1(x,y) \right\|_\Omega \leq$$

$$\leq \overline{K}_{\mu_x,p_x} H_x^{\mu_x - p_x} \overline{K}_{\mu_y,p_y} H_y^{\mu_y - p_y} \left\| D^{\mu_x,\mu_y}f(x,y) \right\|_\Omega ,$$

где $\overline{K}_{\mu_x,p_x} = T_{\mu_x,p_x} + K_{p_x}Q_x^{1+p_x}$; $\overline{K}_{\mu_y,p_y} = T_{\mu_y,p_y} + K_{p_y}Q_y^{1+p_y}$ (константы $T_{\mu,p}$ и K_p ($p = p_x, p_y$; $\mu = \mu_x, \mu_y$) те же, что и в теореме 3.1 и таблице 3.2 из п. 3.2.4);

$$Q_x = \max_{i=1,2,\ldots,n_x} h_{xi} \Big/ \min_{i=1,2,\ldots,n_x} h_{xi}; \quad Q_y = \max_{j=1,2,\ldots,n_y} h_{yj} \Big/ \min_{j=1,2,\ldots,n_y} h_{yj} .$$

Из (4.59) и трех последних неравенств следует оценка (4.46) из формулировки теоремы 4.1.

Тем самым, теорема 4.1 доказана.

4.4 Результаты численных экспериментов по аппроксимации функций двух переменных двумерными параболическими слабосглаживающими ИД-сплайнами

В данном подразделе приведены результаты численных экспериментов по аппроксимации функций двух переменных различных классов гладкости двумерными слабосглаживающими параболическими ИД-сплайнами $\tilde{S}_{2,2ИД}(x,y)$ (4.16), построенными в п. 4.3.

На рис. 4.1 (**А**) представлен график двумерного слабосглаживающего ИД-сплайна $\tilde{S}_{2,2ИД}(x,y)$, аппроксимирующего в прямоугольной области $\Omega = [a,b] \times [c,d] = [-3.0, 3.0] \times [-3.0, 3.0]$ функцию, имеющую несколько локальных экстремумов:

$$f_1(x,y) = 3(1-x)^2 e^{(-x^2-(y+1)^2)} - 10\left(\frac{x}{5} - x^3 - y^5\right)e^{(-x^2-y^2)} - \frac{1}{3}e^{(-(x+1)^2-y^2)},$$

заданную в узлах сетки $\Delta_{n_x,\,n_y} = \Delta_{n_x} \times \Delta_{n_y}: \quad \{f_{1i,j} = f_1(x_i, y_j)\}_{i=0,\,j=0}^{n_x n_y}$.

Сетки узлов по x и по y выбирались равномерными ($h_x = h_y = const$):

$$\Delta_{n_x} = \left\{x_i\right\}_{i=0}^{n_x} = \left\{x_i = x_0 + i \cdot h_x \ (i = 0, 1, \ldots n_x)\right\} \qquad (4.60)$$

$$(x_0 = a, \ x_{n_x} = b, \ h_x = \frac{b-a}{n_x})$$

$$\Delta_{n_y} = \left\{y_j\right\}_{j=0}^{n_y} = \left\{y_j = y_0 + j \cdot h_y \ (j = 0, 1, \ldots n_y)\right\}. \qquad (4.61)$$

$$(y_0 = c, \ y_{n_y} = d, \ h_y - \frac{d-c}{n_y})$$

Число интервалов разбиения отрезков $[a, b]$ и $[c, d]$: $n_x = n_y = 20$.

Узлы сплайна $\tilde{S}_{2,2ИД}(x,y)$ совпадают с узлами сеточной функции.

179

На графике выделена сетка линий (жирные линии), проходящих через точки $(x_i, y_j, f_{1i,j})$, где x_i ($i = 0, 1, \ldots, n_x$) – узлы сетки Δ_{n_x} (4.60), y_j ($j = 0, 1, \ldots, n_y$) – узлы сетки Δ_{n_y} (4.61). В плоскости OXY нанесена сетка линий, проходящих через узлы (x_i, y_j).

На рисунке 4.1 (**В**) представлены диапазоны расхождений сплайна $\tilde{S}_{2,2\text{ид}}(x, y)$ и аппроксимируемой функции $f_1(x, y)$. (Цвет каждой области соответствует определенному диапазону расхождений $\tilde{S}_{2,2\text{ид}}(x, y) - f_1(x, y)$.)

На рисунке 4.1 (**В**) видно, что модули расхождений $\left| \tilde{S}_{2,2\text{ид}}(x, y) - f_1(x, y) \right|$ имеют наибольшие величины в областях «пиков» функции $f_1(x, y)$. Значения равномерной и среднеквадратической норм, характеризующих расхождения сплайна $\tilde{S}_{2,2\text{ид}}(x, y)$ и аппроксимируемой функции $f_1(x, y)$, приведены в таблице 4.1.

A

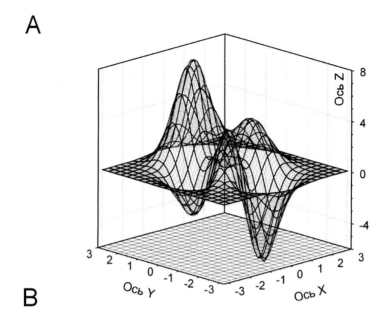

B

$$R(x, y) = \tilde{S}_{2,2\,\text{ИД}}(x, y) - f(x, y)$$

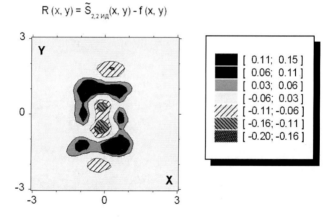

Рисунок 4.1: **A** – график двумерного слабосглаживающего
ИД-сплайна $\tilde{S}_{2,2\text{ИД}}(x, y)$, аппроксимирующего
функцию $f_1(x,y)$ в прямоугольной
области $[-3.0, 3.0] \times [-3.0, 3.0]$;
  B – диапазоны расхождений сплайна $\tilde{S}_{2,2\text{ИД}}(x, y)$ и
функции $f_1(x,y)$.

На рисунках 4.2, 4.3 (**A**) представлены графики двумерных слабосглаживающих ИД-сплайнов $\tilde{S}_{2,2\text{ИД}}(x,y)$, аппроксимирующих соответственно сеточные функции $\{f_{2i,j}=f_2(x_i,y_j)\}_{i=0,j=0}^{n_x\,n_y}$, $\{f_{3i,j}=f_3(x_i,y_j)\}_{i=0,j=0}^{n_x\,n_y}$, заданные в узлах сеток $\Delta_{n_x,\,n_y}=\Delta_{n_x}\times\Delta_{n_y}$, где $f_2(x,y)=e^{(-x^2-y^2)}$ ($[a,b]\times[c,d]=[-2.0,2.0]\times[-2.0,2.0]$, $n_x=n_y=10$, сетки узлов Δ_{n_x} (4.60) и Δ_{n_y} (4.61) равномерные ($h_x=h_y=const$));

$f_3(x,y)=6-4\sqrt{x^2+y^2}$ (конус) ($[a,b]\times[c,d]=[-1.0,1.0]\times[-1.0,1.0]$, $n_x=n_y=10$, сетки узлов сплайна по x и по y – неравномерные (неравномерность сеток характеризуют параметры неравномерности $\delta_{xi+1}=\dfrac{h_{xi+1}}{h_{xi}}$, $\delta_{yj+1}=\dfrac{h_{yj+1}}{h_{yj}}$), узлы «сгущаются» в окрестности особой точки $(x^*,y^*)=(0.0,0.0)$:

$$\Delta_x=\{x_i\}_{i=0}^{n_x}=\{x_0=a,\ x_i=x_{i-1}+h_{xi}\ (i=1,\ldots,n_x)\}\ (x_0=a, x_{n_x}=b),\quad (4.62)$$

где $\delta_{xi+1}=\dfrac{h_{xi+1}}{h_{xi}}=0.7$ при $x_i<x^*$, $\delta_{xi+1}=\dfrac{h_{xi+1}}{h_{xi}}=\dfrac{1}{0.7}$ при $x_i\geq x^*$,

$$\Delta_y=\{y_j\}_{j=0}^{n_y}=\{y_0=c,\ y_j=y_{j-1}+h_{yj}\ (j=1,\ldots,n_y)\}\quad (y_0=c, y_{n_y}=d),\ (4.63)$$

где $\delta_{yj+1}=\dfrac{h_{yj+1}}{h_{yj}}=0.7$ при $y_j<y^*$, $\delta_{yj+1}=\dfrac{h_{yj+1}}{h_{yj}}=\dfrac{1}{0.7}$ при $y_j\geq y^*$.

На графиках выделены сетки линий (жирные линии), проходящих через точки $(x_i,y_j,f_{\alpha i,j})$, где $x_i\,(i=0,1,\ldots,n_x)$, $y_j\,(j=0,1,\ldots,n_y)$ – узлы соответствующих сеток Δ_{n_x}, Δ_{n_y}.

(Здесь α – номер функции ($\alpha=2,3$).) На каждом из графиков в плоскости OXY нанесена сетка линий, проходящих через узлы (x_i,y_j).

На рисунках 4.2, 4.3 (**B**) изображены сечения функций $f_2(x,y)$, $f_3(x,y)$ соответственно и аппроксимирующих их сплайнов плоскостью $y=0$. Сплайны $\tilde{S}_{2,2\text{ИД}}(x,y)$ обозначены сплошной жирной линией, аппроксимируемые функции – сплошной тонкой линией. Узлы сплайнов на оси x отмечены знаками "∘".

A

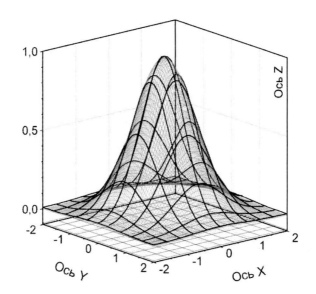

B

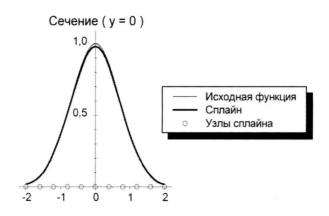

Рисунок 4.2: **A** – график двумерного слабосглаживающего
ИД-сплайна $\tilde{S}_{2,2\text{ИД}}(x,y)$, аппроксимирующего
функцию $f_2(x,y)$ в прямоугольной
области $[-2.0, 2.0]\times[-2.0, 2.0]$;

B – сечение сплайна $\tilde{S}_{2,2\text{ИД}}(x,y)$ и

функции $f_2(x,y)=e^{(-x^2-y^2)}$ плоскостью $y=0$.

А

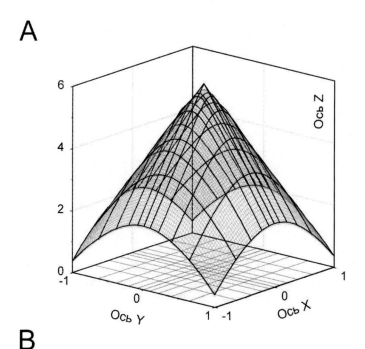

В

Рисунок 4.3: **А** – график двумерного слабосглаживающего
ИД-сплайна $\tilde{S}_{2,2\text{ИД}}(x,y)$, аппроксимирующего
функцию $f_3(x,y)=6-4\sqrt{x^2+y^2}$ в прямоугольной
области $[-1.0, 1.0] \times [-1.0, 1.0]$;
В – сечение сплайна $\tilde{S}_{2,2\text{ИД}}(x,y)$ и
функции $f_3(x,y)$ плоскостью $y=0$.

Анализ рисунков 4.1 – 4.3 показывает, что двумерный слабосглаживающий ИД-сплайн $\tilde{S}_{2,2ИД}(x,y)$ с высокой точностью приближает функции $f_1(x,y)$, $f_2(x,y)$, $f_3(x,y)$.

В таблице 4.1 приводятся погрешности аппроксимации функций $f_1(x,y)$, $f_2(x,y)$, $f_3(x,y)$ двумерными слабосглаживающими ИД-сплайнами $\tilde{S}_{2,2ИД}(x,y)$, оцененные по нормам:

$$R_\Omega = \left\| S(x,y) - f(x,y) \right\|_\Omega = \max_{x,y \in \Omega} \left| S(x,y) - f(x,y) \right| \quad (\Omega = [a,b] \times [c,d]) \qquad (4.64)$$

– равномерная норма,

$$L_{2,\Omega} = \left(\frac{1}{(k_x+1) \cdot (k_y+1)} \sum_{l_x=0}^{k_x} \sum_{l_y=0}^{k_y} [S(x_{l_x}, y_{l_y}) - f(x_{l_x}, y_{l_y})]^2 \right)^{1/2} \qquad (4.65)$$

$(k_x \gg n_x, k_y \gg n_y)$

– среднеквадратическая норма.

Здесь $f(x,y)$ – аппроксимируемая функция; $S(x,y)$ – сплайн; k_x, k_y – количество точек на отрезках $[a,b]$, $[c,d]$, образующих в прямоугольной области $\Omega = [a,b] \times [c,d]$ сетку точек $\Delta_{k_x, k_y} = \Delta_{k_x} \times \Delta_{k_y}$, где $\Delta_{k_x}: a = x_0 < x_1 < ... < x_{l_x} < ... < x_{k_x} = b$, $\Delta_{k_y}: c = y_0 < y_1 < ... < y_{l_y} < ... < y_{k_y} = d$, в которых вычисляется отклонение сплайна $S(x,y)$ от функции $f(x,y)$ для расчета норм (4.64) и (4.65), причем k_x, k_y намного больше количества точек n_x, n_y разбиения отрезков $[a,b]$, $[c,d]$ соответственно, выбираемых для построения сетки узлов сплайна (4.1).

При аппроксимации функций $f_1(x,y)$, $f_2(x,y)$ использовались равномерные сетки узлов сплайна по x и по y (4.60), (4.61) при $n_x, n_y = 10, 20, 40, 80$. При аппроксимации конуса $f_3(x,y)$ выбирались неравномерные сетки узлов сплайна (4.62), (4.63), "сгущающиеся" в окрестности особой точки $(x^*, y^*) = (0.0, 0.0)$ - параметры неравномерности сеток указаны в формулах (4.62), (4.63).

Таблица 4.1 – Результаты аппроксимации функций $f_1(x,y), f_2(x,y), f_3(x,y)$ ИД-сплайном $\tilde{S}_{2,2\text{ИД}}(x,y)$

Функция	Норма	$n_x, n_y = 10$	$n_x, n_y = 20$	$n_x, n_y = 40$	$n_x, n_y = 80$
$f_1(x,y)$	R_Ω	1.158462	0.195788	0.024566	0.003148
$\Omega = [-3.0,3.0] \times [-3.0,3.0]$	$L_{2,\Omega}$	0.282254	0.036683	0.004550	0.000568
$f_2(x,y)$	R_Ω	0.021690	0.003214	0.000319	0.000039
$\Omega = [-2.0,2.0] \times [-2.0,2.0]$	$L_{2,\Omega}$	0.006149	0.000652	0.000073	0.000009
$f_3(x,y)$	R_Ω	0.170141	0.024481	0.009148	0.009122
$\Omega = [-1.0,1.0] \times [-1.0,1.0]$	$L_{2,\Omega}$	0.007817	0.003333	0.002939	0.002928

Результаты, приведенные в таблице 4.1, показывают, что сплайны $\tilde{S}_{2,2\text{ИД}}(x,y)$ сходятся к аппроксимируемым функциям на последовательности сеток:

$$\Delta_{n_x, n_y} = \Delta_{n_x} \times \Delta_{n_y}$$

($\Delta_{n_x}: a = x_0 < x_1 < \ldots < x_i < \ldots < x_{n_x} = b$, $\Delta_{n_y}: c = y_0 < y_1 < \ldots < y_j < \ldots < y_{n_y} = d$),

о чем свидетельствует уменьшение норм R_Ω и $L_{2,\Omega}$ при возрастании n_x, n_y.

Таким образом, в главе 4 для аппроксимации функций двух переменных построены двумерные параболические ИД-многочлены и ИД-сплайны минимального дефекта (равного 1 по x и y). Доказана теорема сходимости двумерного параболического слабосглаживающего ИД-сплайна. На основе анализа результатов численных экспериментов по аппроксимации функций различных классов гладкости показано, что полученные двумерные параболические ИД-сплайны обладают высокой точностью аппроксимации, характеризуются сходимостью и устойчивостью.

Глава 5. Одномерные и двумерные интегродифференциальные многочлены и сплайны четвертой и произвольной четной степени

В данной главе проводится вывод расчетных формул для одномерных и двумерных ИД-многочленов и ИД-сплайнов четвертой степени, а также одномерных и двумерных ИД-многочленов и ИД-сплайнов произвольной четной степени. Дается математическое обоснование соответствующих аппроксимаций и приводятся численные результаты приближения функций различных классов гладкости на основе ИД-сплайнов четвертой степени.

5.1 Одномерные ИД-многочлены и ИД-сплайны четвертой степени

При конструировании некоторых наиболее ответственных элементов конструкций летательных аппаратов и других деталей современных машин требуется проводить аппроксимацию поверхностей с очень высокой точностью [103, 104]. С этой целью часто используются дифференциальные сплайны 5-й степени. Альтернативой этим сплайнам являются описываемые ниже ИД-сплайны четвертой степени, которые, в отличие от дифференциальных сплайнов, являются более экономичными и устойчивыми.

5.1.1 Одномерные ИД-многочлены и локальные интерполяционные ИД-сплайны четвертой степени

В данном пункте выводятся формулы одномерных ИД-многочленов четвертой степени и на их основе конструируются локальные и глобальные интерполяционные ИД-сплайны.

Как и в предыдущих главах, рассматривается задача аппроксимации сеточной функции $f_i = f(x_i)$ (являющейся сеточным

представлением формульной функции $f(x)$) заданной на сетке Δ_n:
$a = x_0 < x_1 < ... < x_i < x_{i+1} < ... < x_n = b$, образованной разбиением отрезка $[a, b]$ (на котором определена $f(x)$) на n частичных отрезков.

Рассматриваются ИД-многочлены двух типов.

Формула первого ИД-многочлена четвертой степени, аппроксимирующего функцию $f(x)$ на отрезке $[x_i, x_{i+1}]$ и удовлетворяющего условиям:

1) интегральному условию согласования с аппроксимируемой функцией $f(x)$:

$$\int_{x_i}^{x_{i+1}} S_{4ИД1,i}(x)dx = I_i^{i+1} \text{, где } I_i^{i+1} = \int_{x_i}^{x_{i+1}} f(x)dx ; \qquad (5.1)$$

2) условиям интерполяции и равенства первой производной от многочлена и аппроксимируемой функции $f(x)$ в точках x_i, x_{i+1}:

$$\begin{aligned} S_{4ИД1,i}(x_i) &= f_i, & S_{4ИД1,i}(x_{i+1}) &= f_{i+1} ; \\ S'_{4ИД1,i}(x_i) &= f'_i, & S'_{4ИД1,i}(x_{i+1}) &= f'_{i+1} \end{aligned} \qquad (5.2)$$

имеет вид:

$$S_{4ИД1,i}(x) = f_i + f'_i(x - x_i) + (\frac{30}{h_{i+1}^3}\nabla I_i^{i+1} - \frac{12}{h_{i+1}^2}\Delta f_i - \frac{3}{h_{i+1}}f'_i + \frac{3}{2h_{i+1}}\Delta f'_i)(x - x_i)^2 +$$

$$+ (\frac{-60}{h_{i+1}^4}\nabla I_i^{i+1} + \frac{28}{h_{i+1}^3}\Delta f_i + \frac{2}{h_{i+1}^2}f'_i - \frac{4}{h_{i+1}^2}\Delta f'_i)(x - x_i)^3 +$$

$$+ (\frac{30}{h_{i+1}^5}\nabla I_i^{i+1} - \frac{15}{h_{i+1}^4}\Delta f_i + \frac{5}{2h_{i+1}^3}\Delta f'_i)(x - x_i)^4 , \qquad (5.3)$$

где $h_{i+1} = x_{i+1} - x_i$, $\nabla I_i^{i+1} = I_i^{i+1} - f_i h_{i+1}$, $\Delta f_i = f_{i+1} - f_i$, $\Delta f'_i = f'_{i+1} - f'_i$.

Здесь определенный интеграл I_i^{i+1} и производные f'_i, f'_{i+1} в узлах x_i считаются либо известными, либо вычисленными по одной из аппроксимационных формул, точность аппроксимации которых соответствует точности аппроксимации конструируемых сплайнов.

Формула второго ИД-многочлена, определяемого условиями (5.1), (5.2) в совокупности с условием равенства второй производной от многочлена и аппроксимируемой функции $f(x)$ в точках x_i, x_{i+1}:

$$S_{4\text{ИД}2,i}^{''}(x_i) = f_i^{''}, \ S_{4\text{ИД}2,i}^{''}(x_{i+1}) = f_{i+1}^{''},$$

записывается следующим образом:

$$S_{4\text{ИД},i}(x) = f_i + (\frac{5}{h_{i+1}^2}\nabla I_i^{i+1} - \frac{3}{2h_{i+1}}\Delta f_i - \frac{h_{i+1}}{12}f_i^{''} + \frac{h_{i+1}}{24}\Delta f_i^{''})(x-x_i) + \frac{f_i^{''}}{2}(x-x_i)^2 +$$

$$+ (\frac{-10}{h_{i+1}^4}\nabla I_i^{i+1} + \frac{5}{h_{i+1}^3}\Delta f_i - \frac{5}{6h_{i+1}}f_i^{''} - \frac{1}{4h_{i+1}}\Delta f_i^{''})(x-x_i)^3 +$$

$$+ (\frac{5}{h_{i+1}^5}\nabla I_i^{i+1} - \frac{5}{2h_{i+1}^4}\Delta f_i + \frac{5}{12h_{i+1}^2}f_i^{''} + \frac{5}{24h_{i+1}^2}\Delta f_i^{''})(x-x_i)^4, \quad (5.4)$$

где $\Delta f_i^{''} = f_{i+1}^{''} - f_i^{''}$.

Из ИД-многочленов (5.3) и (5.4), как из звеньев, можно построить локальные интерполяционные ИД-сплайны:

$$S_{4\text{ИД}1}(x) = \bigcup_{i=0}^{n-1} S_{4\text{ИД}1,i}(x), \ S_{4\text{ИД}2}(x) = \bigcup_{i=0}^{n-1} S_{4\text{ИД}2,i}(x).$$

Сплайн $S_{4\text{ИД}1}(x)$ в общем виде имеет непрерывную первую производную (и разрывную вторую производную), а сплайн $S_{4\text{ИД}2}(x)$ – непрерывную вторую производную (и разрывную первую производную).

В п. 5.1.2 выводятся формулы глобальных ИД-сплайнов четвертой степени, имеющие непрерывные первую и вторую производные.

5.1.2 Одномерные глобальные интерполяционные ИД-сплайны четвертой степени

В данном подразделе осуществляется вывод формул глобальных ИД-сплайнов четвертой степени $\tilde{S}_{4\text{ИД}}(x)$, удовлетворяющих следующим (интегральному и дифференциальным) условиям:

1) интегральному условию согласования по всем частичным отрезкам:

$$\int_{x_{i-1}}^{x_i} \tilde{S}_{4\text{ИД}}(x)dx = I_{i-1}^i, \quad i = 1, 2, \ldots, n; \tag{5.5}$$

2) условиям интерполяции во всех узлах сетки Δ_n:

$$\tilde{S}_{4\text{ИД}}(x_i) = f_i, \quad i = 0, 1, \ldots, n; \tag{5.6}$$

3) условиям непрерывности первой и второй производных сплайна $\tilde{S}_{4\text{ИД}}(x)$ во всех внутренних точках x_{i+1} частичных отрезков $[x_i, x_{i+1}]$ ($i = 0, 1, \ldots, n-1$):

$$\tilde{S}_{4\text{ИД}}^{(p)}(x)\Big|_{x=x_{i+1}}^{[x_i, x_{i+1}]} = \tilde{S}_{4\text{ИД}}^{(p)}(x)\Big|_{x=x_{i+1}}^{[x_{i+1}, x_{i+2}]}, \quad p = 1; 2; \ i = 0, 1, \ldots, n-2. \tag{5.7}$$

Звено одномерного сплайна $\tilde{S}_{4\text{ИД}}(x) = \bigcup_{i=0}^{n-1} \tilde{S}_{4\text{ИД},i}(x)$ на отрезке $[x_i, x_{i+1}]$ представляет собой алгебраический многочлен четвертой степени и в общем виде записывается следующим образом:

$$\tilde{S}_{4\text{ИД},i}(x) = \sum_{k=0}^{4} a_{k,i}(x - x_i)^k \quad (i = 0, 1, \ldots n-1).$$

Из условий (5.5)-(5.7) получается система линейных алгебраических уравнений:

$$\begin{cases} f_i h_{i+1} + \dfrac{a_{1,i}}{2} h_{i+1}^2 + \dfrac{a_{2,i}}{3} h_{i+1}^3 + \dfrac{a_{3,i}}{4} h_{i+1}^4 + \dfrac{a_{4,i}}{5} h_{i+1}^5 = I_i^{i+1}, & i = 0, 1, \ldots, n-1 \quad (5.8) \\[2mm] f_i + a_{1,i} h_{i+1} + a_{2,i} h_{i+1}^2 + a_{3,i} h_{i+1}^3 + a_{4,i} h_{i+1}^4 = f_{i+1}, & i = 0, 1, \ldots, n-1 \quad (5.9) \\[2mm] a_{1,i} + 2a_{2,i} h_{i+1} + 3a_{3,i} h_{i+1}^2 + 4a_{4,i} h_{i+1}^3 = a_{1,i+1}, & i = 0, 1, \ldots, n-2 \quad (5.10) \\[2mm] a_{2,i} + 3a_{3,i} h_{i+1} + 6a_{4,i} h_{i+1}^2 = a_{2,i+1}, & i = 0, 1, \ldots, n-2. \quad (5.11) \end{cases}$$

Количество неизвестных параметров $a_{k,i}(k=1,2,3,4; \ i=0,1,\ldots,n-1)$ равно $4n$, а количество уравнений в СЛАУ (5.8)-(5.11) – $4n-2$ (при этом уравнения линейно независимы, т.к. детерминант, составленный из известных коэффициентов, зависящих от шага h_{i+1}, не равен 0). Следовательно, при добавлении двух граничных условий параметры $a_{k,i}$ $(k=1,2,3,4; \ i=0,1,\ldots,n-1)$ находятся из (5.8)-(5.11) единственным образом.

Рассмотрим два способа нахождения неизвестных параметров $a_{k,i}$ из системы (5.8)-(5.11), различающиеся порядком производных (первым или вторым) в используемом условии непрерывности производных (5.7).

1) Обозначим:

$$\overline{m}_i = a_{1,i} \ (i=0,1,\ldots n-1), \ \overline{m}_n = a_{1,n-1} + 2a_{2,n-1}h_n + 3a_{3,n-1}h_n^2 + 4a_{4,n-1}h_n^3.$$

Тогда, выражая $a_{2,i}$, $a_{3,i}$, $a_{4,i}$ через $\overline{m}_i$, из соотношений (5.8), (5.9), (5.10) после преобразований получим ИД-сплайн $\widetilde{S}_{4\text{ИД}1}(x) = \bigcup\limits_{i=0}^{n-1} \widetilde{S}_{4\text{ИД}1,i}(x)$, звенья которого на отрезках $[x_i, x_{i+1}]$ имеют вид:

$$\widetilde{S}_{4\text{ИД}1,i}(x) = f_i + \overline{m}_i(x-x_i) + (\frac{30}{h_{i+1}^3}\nabla I_i^{i+1} - \frac{12}{h_{i+1}^2}\Delta f_i - \frac{3}{h_{i+1}}\overline{m}_i + \frac{3}{2h_{i+1}}\Delta\overline{m}_i)(x-x_i)^2 +$$

$$+ (\frac{-60}{h_{i+1}^4}\nabla I_i^{i+1} + \frac{28}{h_{i+1}^3}\Delta f_i + \frac{2}{h_{i+1}^2}\overline{m}_i - \frac{4}{h_{i+1}^2}\Delta\overline{m}_i)(x-x_i)^3 +$$

$$+ (\frac{30}{h_{i+1}^5}\nabla I_i^{i+1} - \frac{15}{h_{i+1}^4}\Delta f_i + \frac{5}{2h_{i+1}^3}\Delta\overline{m}_i)(x-x_i)^4. \qquad (5.12)$$

где $\Delta\overline{m}_i = \overline{m}_{i+1} - \overline{m}_i$.

Значения параметров $\overline{m}_i$ $(i=0,1,\ldots,n)$ сплайна $\widetilde{S}_{4\text{ИД}1}(x)$ для обеспечения непрерывности его второй производной следует вычислять из трехдиагональной СЛАУ (матрица которой имеет диагональное преобладание), вытекающей из уравнений (5.11) (эквивалентных условию (5.7) при $p = 2$):

$$\frac{1}{h_i}\overline{m}_{i-1} - 3\left(\frac{1}{h_i} + \frac{1}{h_{i+1}}\right)\overline{m}_i + \frac{1}{h_{i+1}}\overline{m}_{i+1} = 4\left[\left(2\frac{\Delta f_i}{h_{i+1}^2} - 5\frac{\nabla I_i^{i+1}}{h_{i+1}^3}\right) + \left(-3\frac{\Delta f_{i-1}}{h_i^2} + 5\frac{\nabla I_{i-1}^i}{h_i^3}\right)\right] \quad (5.13)$$

$(i = 1, 2, \ldots, n-1)$.

Граничные соотношения для решения СЛАУ (5.13) можно задать в виде:

$$\frac{9\overline{m}_0}{h_1} - \frac{3\overline{m}_1}{h_1} = \frac{60\nabla I_0^1}{h_1^3} - \frac{24\Delta f_1}{h_1^2} - f_0'', \quad \frac{9\overline{m}_n}{h_n} - \frac{3\overline{m}_{n-1}}{h_n} = \frac{60\nabla I_{n-1}^n}{h_n^3} + \frac{36\Delta f_n}{h_n^2} + f_n''. \quad (5.14)$$

Равенства (5.14) получаются из условий согласования второй производной сплайна и аппроксимируемой функции в точках x_0, x_n соответственно (при заданных значениях $f_0'' = f''(x_0)$, $f_n'' = f''(x_n)$):

$$S_{4\text{ИД}2}'(x_0 + 0) = f_0', \quad S_{4\text{ИД}2}'(x_n - 0) = f_n'.$$

Значения f_0'', f_n'' могут быть вычислены при $h = const$ по формулам порядка точности $O(h^3)$, приведенным в [71]:

$$f_0'' = \frac{1}{12h^2}(35f_0 - 104f_1 + 114f_2 - 56f_3 + 11f_4),$$

$$f_n'' = \frac{1}{12h^2}(35f_n - 104f_{n-1} + 114f_{n-2} - 56f_{n-3} + 11f_{n-4}).$$

Рассмотрим второй способ нахождения неизвестных параметров $a_{k,i}$ из системы (5.8)-(5.11).

2) Обозначим:

$$m_i = a_{2,i}(i = 0, 1, \ldots, n-1), \quad m_n = a_{2,n-1} + 3a_{3,n-1}h_n + 6a_{4,n-1}h_n^2.$$

Тогда, выражая $a_{1,i}, a_{3,i}, a_{4,i}$ в соотношениях (5.8), (5.9), (5.11) через m_i, получим ИД-сплайн $\tilde{S}_{4\text{ИД}2}(x) = \bigcup_{i=0}^{n-1}\tilde{S}_{4\text{ИД}2,i}(x)$, звенья которого на отрезках $[x_i, x_{i+1}]$ имеют вид:

$$\tilde{S}_{4\text{ИД}2,i}(x) = f_i + (\frac{5}{h_{i+1}^2}\nabla I_i^{i+1} - \frac{3}{2h_{i+1}}\Delta f_i - \frac{h_{i+1}}{12}m_i + \frac{h_{i+1}}{24}\Delta m_i)(x-x_i) + \frac{m_i}{2}(x-x_i)^2 +$$

$$+ (\frac{-10}{h_{i+1}^4}\nabla I_i^{i+1} + \frac{5}{h_{i+1}^3}\Delta f_i - \frac{5}{6h_{i+1}}m_i - \frac{1}{4h_{i+1}}\Delta m_i)(x-x_i)^3 +$$

$$+ (\frac{5}{h_{i+1}^5}\nabla I_i^{i+1} - \frac{5}{2h_{i+1}^4}\Delta f_i + \frac{5}{12h_{i+1}^2}m_i + \frac{5}{24h_{i+1}^2}\Delta m_i)(x-x_i)^4, \qquad (5.15)$$

где $\Delta m_i = m_{i+1} - m_i$.

Значения параметров m_i ($i = 0, 1, \ldots, n$) сплайна $\tilde{S}_{4\text{ИД}2}(x)$ для обеспечения непрерывности его первой производной следует вычислять из трехдиагональной СЛАУ (матрица которой имеет диагональное преобладание), вытекающей из уравнений (5.10) (эквивалентных условию (5.7) при $p = 1$):

$$h_i m_{i-1} - 3(h_i + h_{i+1})m_i + h_{i+1}m_{i+1} = 12\left[\left(3\frac{\Delta f_i}{h_{i+1}} - 10\frac{\nabla I_i^{i+1}}{h_{i+1}^2}\right) + \left(7\frac{\Delta f_{i-1}}{h_i} - 10\frac{\nabla I_{i-1}^i}{h_i^2}\right)\right] \quad (5.16)$$

($i = 1, 2, \ldots, n-1$).

Граничные соотношения для решения СЛАУ (5.16) можно задать в виде:

$$\frac{3h_1}{24}m_0 - \frac{h_1}{24}m_1 = \frac{5\nabla I_0^1}{h_1^2} - \frac{3\Delta f_1}{2h_1} - f_0', \quad \frac{3h_n}{24}m_n - \frac{h_n}{24}m_{n-1} = \frac{5\nabla I_{n-1}^n}{h_n^2} - \frac{7\Delta f_n}{2h_n} + f_n'. \quad (5.17)$$

Равенства (5.17) получаются из условий согласования первой производной сплайна и аппроксимируемой функции в точках x_0, x_n соответственно (при заданных значениях $f_0' = f'(x_0)$, $f_n' = f'(x_n)$):

$$S'_{4\text{ИД}1}(x_0 + 0) = f_0', \quad S'_{4\text{ИД}1}(x_n - 0) = f_n'.$$

Значения f_0', f_n' могут быть вычислены при $h = const$ по формулам порядка точности $O(h^4)$, приведенным в [71]:

$$f_0' = \frac{1}{12h}(-25f_0 + 48f_1 - 36f_2 + 16f_3 - 3f_4),$$

$$f_n' = \frac{1}{12h}(25f_n - 48f_{n-1} + 36f_{n-2} - 16f_{n-3} + 3f_{n-4}).$$

Следует отметить, что звенья $\tilde{S}_{4\text{ИД}1,i}(x)$ (5.12) и $\tilde{S}_{4\text{ИД}2,i}(x)$ (5.15) сплайнов $\tilde{S}_{4\text{ИД}1,i}(x)$ и $\tilde{S}_{4\text{ИД}2,i}(x)$ отличаются от полиномов $S_{4\text{ИД}1,i}(x)$ (5.3) и $S_{4\text{ИД}2,i}(x)$ (5.4) только тем, что вместо точных значений дифференциальных параметров f_i', f_i'' здесь используются их приближенные значения $\bar{m}_i$, m_i, найденные из СЛАУ (5.13) и (5.16) соответственно.

Значения интегральных параметров I_i^{i+1} $(i = 0, 1 \ldots n-1)$ для сплайнов $\tilde{S}_{4\text{ИД}1}(x)$ и $\tilde{S}_{4\text{ИД}2}(x)$ при $h = const$ можно найти по квадратурным формулам порядка точности $O(h^6)$, приведенным в [71]:

$$I_{i-1}^i = \frac{h}{720}(251f_{i-1} + 646f_i - 264f_{i+1} + 106f_{i+2} - 19f_{i+3}), \qquad (5.18)$$

$$I_{i-1}^i = \frac{h}{720}(-19f_{i-2} + 346f_{i-1} + 456f_i - 74f_{i+1} + 11f_{i+2}), \qquad (5.19)$$

$$I_i^{i+1} = \frac{h}{720}(11f_{i-2} - 74f_{i-1} + 456f_i + 346f_{i+1} - 19f_{i+2}), \qquad (5.20)$$

$$I_i^{i+1} = \frac{h}{720}(-19f_{i-3} + 106f_{i-2} - 264f_{i-1} + 646f_i + 251f_{i+1}). \qquad (5.21)$$

Поскольку коэффициенты звеньев сплайнов $\tilde{S}_{4\text{ИД}1}(x)$ и $\tilde{S}_{4\text{ИД}2}(x)$ найдены из системы (5.8)-(5.11), имеющей единственное решение при добавлении к ней двух граничных соотношений, то если параметры $\bar{m}_i$ $(i = 0, 1, \ldots, n)$ для $\tilde{S}_{4\text{ИД}1}(x)$ находятся из СЛАУ (5.13) а параметры m_i $(i = 0, 1, \ldots, n)$ для $\tilde{S}_{4\text{ИД}2}(x)$ – из СЛАУ (5.16) при эквивалентных граничных условиях и одинаковых значениях параметров I_i^{i+1} $(i = 0, 1, \ldots, n-1)$, f_i $(i = 0, 1, \ldots, n)$, сплайны $\tilde{S}_{4\text{ИД}1}(x)$ и $\tilde{S}_{4\text{ИД}2}(x)$ являются эквивалентными и при этом удовлетворяют условиям (5.5)-(5.7).

5.1.3 Численные результаты по аппроксимации функций одномерными ИД-сплайнами четвертой степени

В данном подразделе приводятся результаты численных экспериментов по аппроксимации функций одномерными интерполяционными глобальными ИД-сплайнами четвертой степени, построенными в п. 5.1.2. Проводится сравнение аппроксимационных свойств ИД-сплайнов четвертой степени и традиционных кубических дифференциальных сплайнов.

В п. 5.1.2 были описаны глобальные способы нахождения параметров ИД-сплайнов четвертой степени, обеспечивающих непрерывность их первой и второй производной. Проведенные методические расчеты подтвердили, что полученные методы аппроксимации функций с помощью сплайнов четвертой степени являются устойчивыми относительно погрешностей в исходных данных и погрешностей вычислений. Численные результаты свидетельствуют о высокой точности приближения функций и их производных глобальными ИД-сплайнами четвертой степени.

В таблице 5.1 приводятся нормы $R_{[a,b]}$ и $L_{2,[a,b]}$ (вычисленные по формулам (3.52) и (3.53)) для сопоставления результатов аппроксимации гладких функций и их производных с помощью глобального ИД-сплайна $\tilde{S}_{4ИД2}(x)$ (5.15) и с помощью традиционного кубического глобального дифференциального сплайна $S_{3_2}(x)$ (В.6) [40, с. 97]. При построении сплайнов использовались равномерные сетки узлов Δ_n (В.1) ($n = 10, 20, 40, 80$ – число интервалов разбиения отрезка $[a, b]$).

Для вычисления значений интегральных параметров $\hat{I}_i^{i+1}$ интерполяционного ИД-сплайна $\tilde{S}_{4ИД2}(x)$ применялись формулы

195

(5.18)-(5.21), а для вычисления параметров m_i – трехдиагональная СЛАУ, составленная из уравнений (5.16) и граничных соотношений (5.17).

Таблица 5.1– Сравнение результатов аппроксимации функций ИД-сплайном 4-й степени $\tilde{S}_{4ИД2}(x)$ и кубическим дифференциальным сплайном $S_{3_2}(x)$

Функция	Сплайн	Норма	$n=10$	$n=20$	$n=40$	$n=80$
$f(x)=\cos(x)$	$\tilde{S}_{4ИД2}(x)$	$R_{[a,b]}\cdot 10^3$	0.123668	0.007809	0.000491	0.000031
$a=0.1$		$L_{2,[a,b]}\cdot 10^3$	0.032587	0.001501	0.000068	0.000003
$b=3.0$	$S_{3,2}(x)$	$R_{[a,b]}\cdot 10^3$	0.264901	0.017950	0.001149	0.000072
		$L_{2,[a,b]}\cdot 10^3$	0.086278	0.004164	0.000190	0.000009
$f(x)=e^x$	$\tilde{S}_{4ИД2}(x)$	$R_{[a,b]}\cdot 10^3$	0.150366	0.010081	0.000651	0.000041
$a=0.1$		$L_{2,[a,b]}\cdot 10^3$	0.027810	0.001333	0.000062	0.000003
$b=2.0$	$S_{3,2}(x)$	$R_{[a,b]}\cdot 10^3$	0.321251	0.022619	0.001501	0.000097
		$L_{2,[a,b]}\cdot 10^3$	0.076992	0.003807	0.000179	0.000008
$f(x)=x^4$	$\tilde{S}_{4ИД2}(x)$	$R_{[a,b]}\cdot 10^3$	0.561646	0.035088	0.002193	0.000137
$a=-0.9$		$L_{2,[a,b]}\cdot 10^3$	0.154979	0.006849	0.000303	0.000013
$b=1.0$	$S_{3,2}(x)$	$R_{[a,b]}\cdot 10^3$	1.326706	0.082919	0.005180	0.000324
		$L_{2,[a,b]}\cdot 10^3$	0.437999	0.019493	0.000873	0.000040

Из данных, приведенных в таблице 5.1, видно, что для всех рассмотренных функций ИД-сплайн $\tilde{S}_{4ИД2}(x)$ сходится к интерполируемой функции $f(x)$ на последовательности сеток Δ_n, о чем свидетельствует уменьшение норм $R_{[a,b]}$ и $L_{2,[a,b]}$ при возрастании n.

Сравнение величин норм $R_{[a,b]}$ и $L_{2,[a,b]}$ для ИД-сплайна $\tilde{S}_{4ИД2}(x)$ с соответствующими нормами для традиционного кубического сплайна $S_{3_2}(x)$ показывает, что сплайн $\tilde{S}_{4ИД2}(x)$ лучше приближает рассматриваемые функции $f(x)$, чем $S_{3_2}(x)$, поскольку нормы $R_{[a,b]}$ и $L_{2,[a,b]}$ для $\tilde{S}_{4ИД2}(x)$ имеют меньшие значения, чем соответствующие нормы для $S_{3_2}(x)$.

5.2 Двумерные ИД-многочлены и ИД-сплайны четвертой степени

5.2.1 Двумерные ИД-многочлены и локальные интерполяционные ИД-сплайны четвертой степени

Двумерные интерполяционные ИД-многочлены четвертой степени строятся на основе одномерных интерполяционных ИД-многочленов четвертой степени (5.3) аналогично построению двумерных параболических ИД-многочленов (см. подраздел 4.2).

Одномерный ИД-многочлен (5.3) можно привести к форме Лагранжа путем введения переменной $u = \dfrac{x - x_i}{h_{i+1}}$ ($0 \le u \le 1$):

$$S_{4\text{ИД},i}(x) = \frac{\varphi_{(-1)}(u)}{h_{i+1}} I_i^{i+1} + \varphi_0(u)f_i + \psi_0(u)f_{i+1} + h_{i+1}\varphi_1(u)f_i' + h_{i+1}\psi_1(u)f_{i+1}', \quad (5.22)$$

где $\varphi_{(-1)}(u) = 30u^2 - 60u^3 + 30u^4$,

$\varphi_0(u) = 1 - 18u^2 + 32u^3 - 15u^4$, $\psi_0(u) = -12u^2 + 28u^3 - 15u^4$,

$\varphi_1(u) = u - \dfrac{9}{2}u^2 + 6u^3 - \dfrac{5}{2}u^4$, $\psi_1(u) = \dfrac{3}{2}u^2 - 4u^3 + \dfrac{5}{2}u^4$.

Тогда двумерный ИД-многочлен четвертой степени, определенный в частичной области $\Omega_{i,j}$, удовлетворяющий двумерному интегральному условию согласования (4.2), одномерным интегральным условиям согласования на границах частичной области $\Omega_{i,j}$ (4.3), (4.4), а также функциональным и дифференциальным условиям согласования (4.5) при $p_{1x} = 0; 1$, $p_{1y} = 0; 1$ (здесь r_x, $r_y = 4$) будет иметь вид:

$$S_{4,4ИД,(i,j)}(x,y) = \varphi^{\mathrm{T}}(u) \cdot F \cdot \varphi(v), \qquad (5.23)$$

где $u = \dfrac{x-x_i}{h_{xi+1}}$, $v = \dfrac{y-y_j}{h_{yj+1}}$,

$$\varphi^{\mathrm{T}}(u) = \left[\dfrac{\varphi_{(-1)}(u)}{h_{xi+1}} \quad \varphi_0(u) \quad \psi_0(u) \quad h_{xi+1}\varphi_1(u) \quad h_{xi+1}\psi_1(u) \right],$$

$$F = \begin{pmatrix} I2_{i,j}^{i+1,j+1} & I_{xi(j)}^{i+1} & I_{xi(j+1)}^{i+1} & dI_{xi(j)}^{i+1} & dI_{xi(j+1)}^{i+1} \\ I_{yj(i)}^{j+1} & f_{i,j} & f_{i,j+1} & f_{i,j}^{(0,1)} & f_{i,j+1}^{(0,1)} \\ I_{yj(i+1)}^{j+1} & f_{i+1,j} & f_{i+1,j+1} & f_{i+1,j}^{(0,1)} & f_{i+1,j+1}^{(0,1)} \\ dI_{yj(i)}^{j+1} & f_{i,j}^{(1,0)} & f_{i,j+1}^{(1,0)} & f_{i,j}^{(1,1)} & f_{i,j+1}^{(1,1)} \\ dI_{yj(i+1)}^{j+1} & f_{i+1,j}^{(1,0)} & f_{i+1,j+1}^{(1,0)} & f_{i+1,j}^{(1,1)} & f_{i+1,j+1}^{(1,1)} \end{pmatrix}, \quad \varphi(v) = \begin{bmatrix} \varphi_{(-1)}(v)/h_{yj+1} \\ \varphi_0(v) \\ \psi_0(v) \\ h_{yj+1}\varphi_1(v) \\ h_{yj+1}\psi_1(v) \end{bmatrix},$$

$\varphi_{(-1)}(t), \varphi_\alpha(t), \psi_\alpha(t)$ $(t = u, v)$, $\quad \alpha = 0, 1$ – те же, что и в формуле (5.22) одномерного ИД-многочлена $S_{4ИД1,i}(x)$.

Параметры ИД-многочлена (5.23) представляют собой следующие интегральные, дифференциальные и интегрально-дифференциальные выражения:

$$I2_{i,j}^{i+1,j+1} = \iint\limits_{\Omega_{i,j}} f(x,y)dxdy;$$

$$I_{xi(t_y)}^{i+1} = \int\limits_{x_i}^{x_{i+1}} f(x, y_{t_y})dx \ (t_y = j, j+1); \ I_{yj(t_x)}^{j+1} = \int\limits_{y_j}^{y_{j+1}} f(x_{t_x}, y)dy \ (t_x = i, i+1);$$

$$f_{k,t_y}^{(p_x, p_y)} = \left. \dfrac{\partial^{p_x+p_y} f(x,y)}{\partial x^{p_x} \partial y^{p_y}} \right|_{x = x_{t_x}, y = y_{t_y}} \quad (t_x = i, i+1, \ t_y = j, j+1, \ p_x = 0; 1; \ p_y = 0; 1);$$

$$dI_{x i(t_y)}^{i+1} = \left. \left(\int\limits_{x_i}^{x_{i+1}} \dfrac{\partial f(x,y)}{\partial y}dx \right) \right|_{y = y_{t_y}} \quad (t_y = j, j+1);$$

$$dI_{yj(t_x)}^{j+1} = \left. \left(\int\limits_{y_j}^{y_{j+1}} \dfrac{\partial f(x,y)}{\partial x}dy \right) \right|_{x = x_{t_x}} \quad (t_x = i, i+1).$$

Из ИД-многочленов $S_{4,4ИД,(i,j)}(x,y)$, как из звеньев, можно построить двумерный локальный интерполяционный ИД-сплайн $S_{4,4ИД}(x,y) = \bigcup\limits_{i=0}^{n_x-1} \bigcup\limits_{j=0}^{n_y-1} S_{4,4ИД,(i,j)}(x,y)$, в общем случае имеющий дефект 3 по x и y (то есть $S_{4,4ИД}(x,y) \in C_{\Omega}^{1,1}$).

В п. 5.2.2 строятся двумерные глобальные ИД-сплайны четвертой степени, имеющие дефект 2 по x и y.

5.2.2 Двумерные глобальные интерполяционные ИД-сплайны четвертой степени

Вывод расчетных формул двумерного глобального ИД-сплайна четвертой степени $\tilde{S}_{4,4ИД}(x,y)$ с узлами на сетке Δ_{n_x,n_y} (4.1) проводится на основе одномерных глобальных ИД-сплайнов $\tilde{S}_{4ИД1}(x)$ (5.12) аналогично построению двумерного параболического глобального ИД-сплайна (подраздел 4.3).

Формула звена двумерного ИД-сплайна четвертой степени в частичной области $\Omega_{i,j}$ имеет вид:

$$\tilde{S}_{4,4ИД,(i,j)}(x,y) = \varphi^{\mathrm{T}}(u) \cdot \tilde{F} \cdot \varphi(v), \qquad (5.24)$$

где $u = \dfrac{x-x_i}{h_{xi+1}}$, $v = \dfrac{y-y_j}{h_{yj+1}}$,

$$\varphi^{\mathrm{T}}(u) = \left[\frac{\varphi_{(-1)}(u)}{h_{xi+1}} \quad \varphi_0(u) \quad \psi_0(u) \quad h_{xi+1}\varphi_1(u) \quad h_{xi+1}\psi_1(u) \right],$$

$$\tilde{F} = \begin{pmatrix} I2_{i,j}^{i+1,j+1} & I_{xi(j)}^{i+1} & I_{xi(j+1)}^{i+1} & dI_{xi(j)}^{i+1} & dI_{xi(j+1)}^{i+1} \\ I_{yj(i)}^{j+1} & f_{i,j} & f_{i,j+1} & \overline{m}_{i,j}^{(0,1)} & \overline{m}_{i,j+1}^{(0,1)} \\ I_{yj(i+1)}^{j+1} & f_{i+1,j} & f_{i+1,j+1} & \overline{m}_{i+1,j}^{(0,1)} & \overline{m}_{i+1,j+1}^{(0,1)} \\ dI_{yj(i)}^{j+1} & \overline{m}_{i,j}^{(1,0)} & \overline{m}_{i,j+1}^{(1,0)} & \overline{m}_{i,j}^{(1,1)} & \overline{m}_{i,j+1}^{(1,1)} \\ dI_{yj(i+1)}^{j+1} & \overline{m}_{i+1,j}^{(1,0)} & \overline{m}_{i+1,j+1}^{(1,0)} & \overline{m}_{i+1,j}^{(1,1)} & \overline{m}_{i+1,j+1}^{(1,1)} \end{pmatrix}, \quad \varphi(v) = \begin{bmatrix} \varphi_{(-1)}(v)/h_{yj+1} \\ \varphi_0(v) \\ \psi_0(v) \\ h_{yj+1}\varphi_1(v) \\ h_{yj+1}\psi_1(v) \end{bmatrix}$$

$(\varphi_{(-1)}(t),\ \varphi_\alpha(t),\ \psi_\alpha(t)\ (t=u,v),\ \alpha=0;1$ — те же, что и в формуле (5.22) одномерного ИД-многочлена $S_{4ИД1,i}(x)$),

$$\overline{m}_{i,j}^{(p_x,p_y)} = \frac{\partial^{p_x+p_y}\tilde{S}_{4,4ИД}(x,y)}{\partial x^{p_x}\partial y^{p_y}},\ p_x = 0;1;\ p_y = 0;1.$$

199

Можно доказать, если значения параметров ИД-сплайна

$$\widetilde{S}_{4,4ИД}(x,y) = \bigcup_{i=0}^{n_x-1} \bigcup_{j=0}^{n_y-1} \widetilde{S}_{4,4ИД,(i,j)}(x,y)$$ удовлетворяют соотношениям:

$$\frac{1}{h_{xi}} dI_{yj(i-1)}^{j+1} - 3\left(\frac{1}{h_{xi}} + \frac{1}{h_{xi+1}}\right) dI_{yj(i)}^{j+1} + \frac{1}{h_{xi+1}} dI_{yj(i+1)}^{j+1} =$$

$$= 20\left(\frac{I2_{i-1,j}^{i,j+1}}{h_{xi}^3} - \frac{I2_{i,j}^{i+1,j+1}}{h_{xi+1}^3}\right) + 4\left(-\frac{2}{h_{xi}^2} I_{yj(i-1)}^{j+1} + 3\left(\frac{1}{h_{xi+1}^2} - \frac{1}{h_{xi}^2}\right) I_{yj(i)}^{j+1} + \frac{2}{h_{xi+1}^2} I_{yj(i+1)}^{j+1}\right), \text{ (5.25)}$$

$$\frac{1}{h_{xi}} \overline{m}_{i-1,j}^{(1,0)} - 3\left(\frac{1}{h_{xi}} + \frac{1}{h_{xi+1}}\right) \overline{m}_{i,j}^{(1,0)} + \frac{1}{h_{xi+1}} \overline{m}_{i+1,j}^{(1,0)} =$$

$$= 20\left(\frac{I_{xi-1(j)}^i}{h_{xi}^3} - \frac{I_{xi(j)}^{i+1}}{h_{xi+1}^3}\right) + 4\left(-\frac{2}{h_{xi}^2} f_{i-1,j} + 3\left(\frac{1}{h_{xi+1}^2} - \frac{1}{h_{xi}^2}\right) f_{i,j} + \frac{2}{h_{xi+1}^2} f_{i+1,j}\right), \text{ (5.26)}$$

$$\frac{1}{h_{xi}} \overline{m}_{i-1,j}^{(1,1)} - 3\left(\frac{1}{h_{xi}} + \frac{1}{h_{xi+1}}\right) \overline{m}_{i,j}^{(1,1)} + \frac{1}{h_{xi+1}} \overline{m}_{i+1,j}^{(1,1)} =$$

$$= 20\left(\frac{dI_{xi-1(j)}^i}{h_{xi}^3} - \frac{dI_{xi(j)}^{i+1}}{h_{xi+1}^3}\right) + 4\left(-\frac{2}{h_{xi}^2} \overline{m}_{i-1,j}^{(0,1)} + 3\left(\frac{1}{h_{xi+1}^2} - \frac{1}{h_{xi}^2}\right) \overline{m}_{i,j}^{(0,1)} + \frac{2}{h_{xi+1}^2} \overline{m}_{i+1,j}^{(0,1)}\right), \text{ (5.27)}$$

$$\frac{1}{h_{yj}} dI_{xi(j-1)}^{i+1} - 3\left(\frac{1}{h_{yj}} + \frac{1}{h_{yj+1}}\right) dI_{xi(j)}^{i+1} + \frac{1}{h_{yj+1}} dI_{xi(j+1)}^{i+1} =$$

$$= 20\left(\frac{I2_{i,j-1}^{i+1,j}}{h_{yj}^3} - \frac{I2_{i,j}^{i+1,j+1}}{h_{yj+1}^3}\right) + 4\left(-\frac{2}{h_{yj}^2} I_{xi(j-1)}^{i+1} + 3\left(\frac{1}{h_{yj+1}^2} - \frac{1}{h_{yj}^2}\right) I_{xi(j)}^{i+1} + \frac{2}{h_{yj+1}^2} I_{xi(j+1)}^{i+1}\right), \text{ (5.28)}$$

$$\frac{1}{h_{yj}} \overline{m}_{i,j-1}^{(0,1)} - 3\left(\frac{1}{h_{yj}} + \frac{1}{h_{yj+1}}\right) \overline{m}_{i,j}^{(0,1)} + \frac{1}{h_{yj+1}} \overline{m}_{i,j+1}^{(0,1)} =$$

$$= 20\left(\frac{I_{yj-1(i)}^j}{h_{yj}^3} - \frac{I_{yj(i)}^{j+1}}{h_{yj+1}^3}\right) + 4\left(-\frac{2}{h_{yj}^2} f_{i,j-1} + 3\left(\frac{1}{h_{yj+1}^2} - \frac{1}{h_{yj}^2}\right) f_{i,j} + \frac{2}{h_{yj+1}^2} f_{i,j+1}\right), \text{ (5.29)}$$

$$\frac{1}{h_{yj}} \overline{m}_{i,j-1}^{(1,1)} - 3\left(\frac{1}{h_{yj}} + \frac{1}{h_{yj+1}}\right) \overline{m}_{i,j}^{(1,1)} + \frac{1}{h_{yj+1}} \overline{m}_{i,j+1}^{(1,1)} =$$

$$= 20\left(\frac{dI_{yj-1(i)}^j}{h_{yj}^3} - \frac{dI_{yj(i)}^{j+1}}{h_{yj+1}^3}\right) + 4\left(-\frac{2}{h_{yj}^2} \overline{m}_{i,j-1}^{(1,0)} + 3\left(\frac{1}{h_{yj+1}^2} - \frac{1}{h_{yj}^2}\right) \overline{m}_{i,j}^{(1,0)} + \frac{2}{h_{yj+1}^2} \overline{m}_{i,j+1}^{(1,0)}\right), \text{ (5.30)}$$

где $i = 1, 2, \ldots, n_x - 1$; $j = 0, 1, \ldots, n_y$ для соотношений (5.25)-(5.27),
$j = 1, 2, \ldots, n_y - 1$; $i = 0, 1, \ldots, n_x$ для соотношений (5.28)-(5.30),

то обеспечивается непрерывность сплайна $\tilde{S}_{4,4ИД}(x,y)$ и его частных

производных $\dfrac{\partial^{p_x+p_y}\tilde{S}_{4,4ИД}(x,y)}{\partial x^{p_x}\partial y^{p_y}}$ ($p_x=0;1;2$; $p_y=0;1;2$) на границах

частичных областей $\Omega_{i,j}$ ($i=0,1,\ldots,n_x-1; j=0,1,\ldots,n_y-1$). Доказательство проводится аналогично доказательству непрерывности производных двумерного параболического глобального ИД-сплайна (п. 4.3).

Тем самым, ИД-сплайн $\tilde{S}_{4,4ИД}(x,y)$, состоящий из звеньев (5.24), имеет дефект $q_x=q_y=2$ по x и y и является глобальным при вычислении значений его параметров $dI^{i+1}_{x\,i(t_y)}$ ($t_y=j,j{+}1$), $dI^{j+1}_{y\,j(t_x)}$ ($t_x=i,i+1$), $\overline{m}^{(p_x,p_y)}_{t_x,t_y}$ ($p_x=0;1$; $p_y=0;1$; $t_x=i,i{+}1$; $t_y=j,j{+}1$) из трехдиагональных СЛАУ (5.25)-(5.30), дополненных любыми адекватными решаемой задаче граничными условиями.

ИД-сплайн $\tilde{S}_{4,4ИД}(x,y)$ с узлами на сетке $\Delta_{n_x,\,n_y}$ по построению является интерполяционным и в каждой частичной области $\Omega_{i,j}$ удовлетворяет двумерному интегральному условию согласования (4.2).

5.3 Одномерные ИД-многочлены и ИД-сплайны произвольной четной степени

В данном подразделе выводятся основные расчетные формулы ИД-многочленов произвольной четной степени двух типов: интерполяционного ИД-многочлена $S_{2m\,ИД1,i}(x)$ ($2m$ – степень ИД-многочлена), определяемого параметрами I^{i+1}_i, $f^{(p)}_i$, $f^{(p)}_{i+1}$ ($p-0,1,2,3,\ldots,m-1$ – порядок производной), и ИД-многочлена $S_{2m\,ИД2,i}(x)$, определяемого параметрами I^{i+1}_i, $f^{(p)}_i$, $f^{(p)}_{i+1}$ ($p=1,3,5,7,\ldots,2m-1$). На основе интерполяционных ИД-многочленов $S_{2m\,ИД1,i}(x)$ построены интерполяционные ИД-сплайны произвольной четной степени.

Вывод формул интерполяционного ИД-многочлена $S_{2m\text{ИД}1,i}(x)$, **определяемого параметрами** I_i^{i+1}, $f_i^{(p)}$, $f_{i+1}^{(p)}$ ($p = 0, 1, 2, 3, \ldots, m-1$), **и интерполяционного ИД-сплайна произвольной четной степени.**

Формула ИД-многочлена $S_{2m\text{ИД}1,i}(x)$ одной переменной степени $2m$, аппроксимирующего функцию $f(x)$ на отрезке $[x_i, x_{i+1}]$ и удовлетворяющего условиям:

1) интегральному условию согласования:

$$\int_{x_i}^{x_{i+1}} S_{2m\text{ИД}1,i}(x)dx = I_i^{i+1}, \ \ \text{где} \ I_i^{i+1} = \int_{x_i}^{x_{i+1}} f(x)dx; \qquad (5.31)$$

2) условиям интерполяции и равенства производных от многочлена и аппроксимируемой функции до порядка $m-1$ в точках x_i, x_{i+1}:

$$S_{2m\text{ИД}1,i}^{(p)}(x_i) = f^{(p)}(x_i), \ S_{2m\text{ИД}1,i}^{(p)}(x_{i+1}) = f^{(p)}(x_{i+1}), \ p = 0,1,2\ldots,m-1 \ \ (5.32)$$

имеет вид:

$$S_{2m\text{ИД}1,i}(x) = \frac{1}{h_{i+1}}\varphi_{(-1)}(u)I_i^{i+1} + \sum_{\alpha=0}^{m-1} h_{i+1}^{\alpha}[\varphi_{\alpha}(u)f_i^{(\alpha)} + \psi_{\alpha}(u)f_{i+1}^{(\alpha)}], \ \ (5.33)$$

где $u = \dfrac{x - x_i}{h_{i+1}}$ $\ \ (0 \le u \le 1)$;

$$\psi_{\alpha}(u) = (-1)^{\alpha}\varphi_{\alpha}(1-u), \quad \alpha = 0,\ldots,m\text{-}1; \qquad (5.34)$$

$$\varphi_{(-1)}(u) = \frac{1}{\displaystyle\sum_{k=0}^{m} C_m^k \frac{(-1)^k}{m+k+1}} u^m(1-u)^m \qquad (C_m^k = \frac{m!}{k!(m-k)!}); \qquad (5.35)$$

$$\varphi_{\alpha}(u) =$$

$$= (1-u)^m\left\{ \sum_{\beta=0}^{m-\alpha-1}\frac{1}{\alpha!}C_{m-1+\beta}^{\beta}\cdot u^{\alpha+\beta} - \left[\frac{1}{\displaystyle\sum_{k=0}^{m}C_m^k\frac{(-1)^k}{m+k+1}}\cdot\sum_{\beta=0}^{m-\alpha-1}\left(\frac{1}{\alpha!}C_{m-1+\beta}^{\beta}\cdot\sum_{k=0}^{m}C_m^k\frac{(-1)^k}{\alpha+\beta+k+1}\right)\right]\cdot u^m \right\} \ \ (5.36)$$

($\alpha = 0,\ldots,m\text{-}1$).

В частности, при $m = 1$ из общей формулы (5.33) получается формула параболического ИД-многочлена $S_{2\text{ИД}1,i}(x)$ (2.1) (или в форме Лагранжа – (2.4)), рассмотренного в подразделе 2.2, а при

$m = 2$ – формула ИД-многочлена четвертой степени $S_{4\text{ИД}1,i}(x)$ (5.3) (или в форме Лагранжа – (5.22)), построенного в подразделе 5.2.

Далее приводится вывод формул (5.34), (5.35), (5.36) для функций $\varphi_{(-1)}(u)$, $\varphi_{\alpha}(u)$, $\psi_{\alpha}(u)$ ($\alpha = 0,\ldots,m\text{-}1$).

Многочлен $\quad S_{2m\text{ИД},i}(x) = \displaystyle\sum_{k=0}^{2m} a_k (x - x_i)^k \quad$ имеет $\quad 2m+1$ неизвестных коэффициентов a_k. На него накладывается одно интегральное условие согласования (5.31) и $2m$ условий интерполяции (5.32). Таким образом, условия (5.31), (5.32) единственным образом определяют коэффициенты a_k интерполяционного многочлена степени $2m$.

Функции $\quad \varphi_{(-1)}(u)$, $\quad \varphi_{\alpha}(u)$, $\quad \psi_{\alpha}(u) \quad$ ($\alpha = 0,1,\ldots,m\text{-}1$) представляют собой многочлены степени $2m$ по переменной u, коэффициенты которых определяются из условий (5.31), (5.32).

Для того, чтобы ИД-многочлен $S_{2m\text{ИД}1,i}(x)$ удовлетворял условиям (5.31), (5.32), функции $\varphi_{(-1)}(u)$, $\varphi_{\alpha}(u)$, $\psi_{\alpha}(u)$ ($\alpha = 0,\ldots,m\text{-}1$) должны обладать следующими свойствами:

$$\varphi_{(-1)}^{(r)}(u)\Big|_{u=0} = \varphi_{(-1)}^{(r)}(u)\Big|_{u=1} = 0; \ \int_{0}^{1} \varphi_{(-1)}(u)du = 1; \qquad (5.37)$$

$$\varphi_{\alpha}^{(r)}(u)\Big|_{u=0} = \begin{cases} 1, r = \alpha \\ 0, r \neq \alpha \end{cases} = \delta_{\alpha r}; \ \varphi_{\alpha}^{(r)}(u)\Big|_{u=1} = 0 \ ; \int_{0}^{1} \varphi_{\alpha}(u)du = 0 \qquad (5.38)$$
$(\alpha = 0,\ldots,m-1, r = 0,\ldots,m-1)$

$$\psi_{\alpha}^{(r)}(u)\Big|_{u=0} = 1; \ \psi_{\alpha}^{(r)}(u)\Big|_{u=1} = \begin{cases} 1, r = \alpha \\ 0, r \neq \alpha \end{cases} = \delta_{\alpha r}; \ \int_{0}^{1} \psi_{\alpha}(u)du = 0 \qquad (5.39)$$
$(\alpha = 0,\ldots,m-1, r = 0,\ldots,m-1)$
Здесь r – порядок производной.

Из (5.38) и (5.39) следует соотношение (5.34).

203

Тем самым, достаточно получить выражения для $\varphi_{(-1)}(u)$ и $\varphi_{\alpha}(u)$ ($\alpha = 0,\ldots,m\text{-}1$).

1) Вывод формулы для $\varphi_{(-1)}(u)$.

Исходя из свойств (5.37), можно записать:

$$\varphi_{(-1)}(u) = K_I \cdot u^m (1-u)^m, \qquad (5.40)$$

где K_I определяется условием: $K_I \int\limits_0^1 u^m (1-u)^m\, du = 1$. Следовательно,

$$K_I \int\limits_0^1 \left\{ u^m \sum_{k=0}^m \left[C_m^k \cdot (-u)^k \right] \right\} du = K_I \int\limits_0^1 \sum_{k=0}^m \left[C_m^k \cdot (-1)^k u^{m+k} \right] du = K_I \sum_{k=0}^m (-1)^k \frac{C_m^k}{m+k+1} = 1$$

(здесь $C_m^k = \dfrac{m!}{k!(m-k)!}$).

Таким образом, $K_I = \dfrac{1}{\sum\limits_{k=0}^m (-1)^k \dfrac{C_m^k}{m+k+1}}$ и из (5.40) следует формула (5.35)

для $\varphi_{(-1)}(u)$.

2) Вывод формулы для $\varphi_{\alpha}(u)$ ($\alpha = 0,\ldots,m\text{-}1$).

Поскольку из (5.38) следует:

$$\varphi_{\alpha}^{(r)}(u)\Big|_{u=0} = 0 \;\; (r=0,\ldots,\alpha-1), \quad \varphi_{\alpha}^{(r)}(u)\Big|_{u=1} = 0 \;\; (r=0,\ldots,m-1), \quad \text{то} \quad \varphi_{\alpha}(u)$$

можно представить в виде:

$$\varphi_{\alpha}(u) = (1-u)^m \sum_{\beta=0}^{m-\alpha} a_\beta u^{\alpha+\beta}, \qquad (5.41)$$

где коэффициенты a_β определяются из условий:

$$\varphi_{\alpha}^{(r)}(u)\Big|_{u=0} = \begin{cases} 1, & r=\alpha \\ 0, & r=\alpha+1,\ldots,m-1 \end{cases} = \delta_{\alpha r}, \;\; r=\alpha,\ldots,m-1; \quad \int\limits_0^1 \varphi_{\alpha}(u)\,du = 0.$$

Известна формула Лейбница для r-ой производной произведения двух функций (если $u(x)$ и $v(x)$ – r раз дифференцируемые функции): $(u \cdot v)^{(r)} = \sum\limits_{k=0}^r C_r^k \cdot u^{(r-k)} \cdot v^{(k)}$ (см. [40]).

По формуле Лейбница

$$\varphi_\alpha^{(r)}(u) = \sum_{k=0}^{r} \left\{ C_r^k [(1-u)^m]^{(r-k)} \cdot \sum_{\beta=0}^{m-\alpha} a_\beta [u^{\alpha+\beta}]^{(k)} \right\} =$$

$$= \sum_{k=0}^{r} \left\{ \frac{r!}{k!(r-k)!} \frac{m!(-1)^{r-k}(1-u)^{m-r+k}}{(m-r+k)!} \cdot \sum_{\beta=(k-\alpha)_+}^{m-\alpha} a_\beta \frac{(\alpha+\beta)! \, u^{\alpha+\beta-k}}{(\alpha+\beta-k)!} \right\},$$

где $(k-\alpha)_+ = \max\{(k-\alpha),0\}$.

Отсюда $\left. \varphi_\alpha^{(r)}(u) \right|_{u=0} = r! \sum_{k=\alpha}^{r} (-1)^{r-k} C_m^{r-k} a_{k-\alpha} = r! \sum_{k=0}^{r-\alpha} (-1)^{r-\alpha-k} C_m^{r-\alpha-k} a_k$.

Следовательно, коэффициенты $a_0,\ldots,a_{m-\alpha-1}$ определяются единственным образом из системы с треугольной матрицей и ненулевыми диагональными элементами:

$$\sum_{k=0}^{r-\alpha} (-1)^k C_m^{r-\alpha-k} a_k = \frac{1}{\alpha!} \delta_{\alpha r}, \quad r = \alpha, \alpha+1, \ldots, m-1, \qquad (5.42)$$

которая имеет единственное решение.

Положим $C_n^k = 0$, если $k < 0$, $k > n$.

Несложно показать, что для любых целых $p, m \geq 0$ выполняется соотношение:

$$\sum_{k=0}^{p} (-1)^k C_{m-1+k}^k C_m^{p-k} = \begin{cases} 1, & p=0 \\ 0, & p>0 \end{cases} \qquad (5.43)$$

(доказательство проводится по индукции).

Из (5.42) с учетом (5.43) следует:

$$a_k = \frac{1}{\alpha!} C_{m-1+k}^k, \quad k = 0, \ldots, m-\alpha-1.$$

После подстановки этих значений в (5.41) получается выражение для $\varphi_\alpha(u)$:

$$\varphi_\alpha(u) = (1-u)^m \left\{ \sum_{\beta=0}^{m-\alpha-1} \frac{1}{\alpha!} C_{m-1+\beta}^\beta \cdot u^{\alpha+\beta} + a_{m-\alpha} u^m \right\}. \qquad (5.44)$$

Коэффициент $a_{m-\alpha}$ находится из условия

$$\int_0^1 \varphi_\alpha(u)\,du = 0 \qquad (5.45)$$

путем следующих рассуждений.

$$\int_0^1 (1-u)^m \left\{ \sum_{\beta=0}^{m-\alpha-1} \frac{1}{\alpha!} C_{m-1+\beta}^{\beta} \cdot u^{\alpha+\beta} + a_{m-\alpha} u^m \right\} du =$$

$$= \sum_{\beta=0}^{m-\alpha-1} \left\{ \frac{1}{\alpha!} C_{m-1+\beta}^{\beta} \int_0^1 (1-u)^m u^{\alpha+\beta} du \right\} + a_{m-\alpha} \int_0^1 (1-u)^m u^m du . \quad (5.46)$$

После вычисления интегралов в правой части равенства (5.46) и из условия (5.45) получается соотношение для нахождения $a_{m-\alpha}$:

$$\sum_{\beta=0}^{m-\alpha-1} \left\{ \frac{1}{\alpha!} C_{m-1+\beta}^{\beta} \sum_{k=0}^{m} C_m^k \frac{(-1)^k}{\alpha+\beta+k+1} \right\} + a_{m-\alpha} \sum_{k=0}^{m} C_m^k \frac{(-1)^k}{m+k+1} = 0 .$$

Следовательно,

$$a_{m-\alpha} = - \left[\frac{1}{\displaystyle\sum_{k=0}^{m} C_m^k \frac{(-1)^k}{m+k+1}} \cdot \sum_{\beta=0}^{m-\alpha-1} \left(\frac{1}{\alpha!} C_{m-1+\beta}^{\beta} \cdot \sum_{k=0}^{m} C_m^k \frac{(-1)^k}{\alpha+\beta+k+1} \right) \right] . \quad (5.47)$$

Из соотношений (5.44) и (5.47) получается формула (5.36) для $\varphi_\alpha(u)$ ($\alpha = 0,\ldots,m-1$).

Сплайн $S_{2m\text{ИД}1}(x) = \bigcup_{i=0}^{n-1} S_{2m\text{ИД}1,i}(x)$, составленный из

многочленов $S_{2m\text{ИД}1,i}(x)$ как из звеньев, является интерполяционным, имеет непрерывные производные до порядка m-1 (то есть $S_{2m\text{ИД}1}(x) \in C_{[a,b]}^{m-1}$) и удовлетворяет интегральному условию согласования (5.31) на каждом частичном отрезке $[x_i, x_{i+1}]$.

Дефект сплайна можно уменьшить, если его параметры вычислять из условий непрерывности производных. Так, в книге приводятся соотношения, обеспечивающие непрерывность 2-ой производной для ИД-сплайна 4-ой степени (п. 5.1.1).

Построение ИД-многочлена $S_{2m\,\text{ИД}2,i}(x)$, **определяемого параметрами** I_i^{i+1}, $f_i^{(p)}$, $f_{i+1}^{(p)}$ ($p = 1, 3, 5, 7, \ldots, 2m-1$).

Для ИД-многочлена одной переменной степени $2m$

$$S_{2m\,\text{ИД}2,i}(x) = S_{2m\,\text{ИД}2,i}(I_i^{i+1}, f_i', f_{i+1}', f_i^{(3)}, f_{i+1}^{(3)}, f_i^{(5)}, f_{i+1}^{(5)}, \ldots, f_i^{(2m-1)}, f_{i+1}^{(2m-1)}; x),$$

аппроксимирующего функцию $f(x)$ на отрезке $[x_i, x_{i+1}]$ и удовлетворяющего условиям:

1) интегральному условию согласования (5.31);

2) условиям равенства производных от многочлена и аппроксимируемой функции порядков $1, 3, 5, 7, \ldots, 2m-1$ в точках x_i, x_{i+1}:

$$S_{2m\,\text{ИД}2,i}^{(p)}(x_i) = f^{(p)}(x_i),\ S_{2m\,\text{ИД}2,i}^{(p)}(x_{i+1}) = f^{(p)}(x_{i+1}),\ p = 0, 3, 5, 7, \ldots, 2m\text{-}1,\ (5.48)$$

получена рекуррентная формула при $m \geq 2$:

$$S_{2m\,\text{ИД}2,i}(x) = S_{2m-2\,\text{ИД}2,i}(x) + h_{i+1}^{m-1}\left\{\lambda_{2m,2m-1}(u)f_i^{(2m-1)} + v_{2m,2m-1}(u)f_{i+1}^{(2m-1)}\right\}\ (5.49)$$

(для $\lambda_{r,\alpha}(u)$, $v_{r,\alpha}(u)$: r — степень сплайна, α — порядок соответствующей производной $f_i^{(\alpha)}$, $f_{i+1}^{(\alpha)}$), где

$$\lambda_{2m,2m-1}(u) = K_{2m,\varphi} + \int\limits_0^u dv \int\limits_0^v \lambda_{2m-2,2m-3}(t)dt, \qquad (5.50)$$

$$v_{2m,2m-1}(u) = K_{2m,\psi} + \int\limits_0^u dv \int\limits_0^v v_{2m-2,2m-3}(t)dt; \qquad (5.51)$$

коэффициенты $K_{2m,\varphi}, K_{2m,\psi}$ (соответственно) определяются из условий:

$$\int\limits_0^1 \lambda_{2m,2m-1}(u)du = 0, \quad \int\limits_0^1 v_{2m,2m-1}(u)du = 0 \qquad (5.52)$$

и равны:

$$K_{2m,\varphi} = -\int\limits_0^1 du \int\limits_0^u dv \int\limits_0^v \lambda_{2m-2,2m-3}(t)dt, \quad K_{2m,\psi} = -\int\limits_0^1 du \int\limits_0^u dv \int\limits_0^v v_{2m-2,2m-3}(t)dt.$$

Для $m=1$ ИД-многочлен $S_{2\text{ИД}2,i}(x)$ на отрезке $[x_i, x_{i+1}]$ имеет вид:

$$S_{2\text{ИД}2,i}(x) = \frac{1}{h_{i+1}} I_i^{i+1} + h_{i+1}\lambda_{2,1}(u)f_i' + h_{i+1}\nu_{2,1}(u)f_{i+1}' , \qquad (5.53)$$

где $\quad \lambda_{2,1}(u) = \frac{1}{6}(-3u^2 + 6u - 2), \quad \nu_{2,1}(u) = \frac{1}{6}(3u^2 - 1)$

(формула (5.53) эквивалентна формуле (2.11)).

Далее приводится доказательство (по индукции) того, что многочлен (5.49) степени $2m$ удовлетворяет условиям (5.31) и (5.48).

Условия (5.31) и (5.48) эквивалентны следующим соотношениям (соответственно):

$$\int_0^1 S_{2m\text{ИД}1,i}(u)du = \frac{1}{h_{i+1}} I_i^{i+1}; \qquad (5.54)$$

$$\frac{1}{h_{i+1}^p} S_{2m\text{ИД}2,i}^{(p)}(u)\Big|_{u=0} = f_i^{(p)}, \quad \frac{1}{h_{i+1}^p} S_{2m\text{ИД}2,i}^{(p)}(u)\Big|_{u=1} = f_{i+1}^{(p)} \qquad (5.55)$$

(p=1, 3, 5, 7, ... $2m$-1).

I) Для многочлена $S_{2m\text{ИД}2,i}(x)$ условия (5.54) и (5.55) выполняются.

II) Требуется доказать, что из того, что условия (5.54), (5.55) выполняются для многочлена $S_{2m-2\text{ИД}2,i}(x)$ степени $2m-2$ следует, что они выполняются и для многочлена $S_{2m\text{ИД}2,i}(x)$ степени $2m$.

Доказательство.

1) Поскольку условие (5.54) выполняется для $S_{2m-2\text{ИД}2,i}(x)$ и поскольку для функций $\lambda_{2m,2m-1}(u)$ (5.50), $\nu_{2m,2m-1}(u)$ (5.51) выполняются соотношения (5.52), то из формулы (5.49) следует, что (5.54) выполняется для $S_{2m\text{ИД}2,i}(x)$.

2) Поскольку условие (5.55) справедливо для $S_{2m-2\,\text{ИД}2,i}(x)$ при $p=1, 3, \ldots 2m-3$ и так как $S_{2m\text{ИД}2,i}^{(m-1)}(u)=0$, то чтобы условие

208

(5.55) выполнялось для $S_{2m\text{ИД}2,i}(x)$, необходимо и достаточно выполнение следующих равенств.

а) Для $p = 1, 3,\ldots,2m-3$:
$$\lambda^{(p)}_{2m,2m-1}(u)\Big|_{u=0,u=1} = 0, \quad v^{(p)}_{2m,2m-1}(u)\Big|_{u=0,u=1} = 0. \qquad (5.56)$$

б) Для $p = 2m-1$:
$$\lambda^{(p)}_{2m,2m-1}(u) = \begin{cases} 1 \text{ при } u=0 \\ 0 \text{ при } u=1 \end{cases}, \quad v^{(p)}_{2m,2m-1}(u) = \begin{cases} 0 \text{ при } u=0 \\ 1 \text{ при } u=1 \end{cases}. \quad (5.57)$$

Доказательство **а)**.

При $p=1$:

$$\lambda^{(p)}_{2m,2m-1}(u)\Big|_{u=0,u=1} = \frac{d^p}{du^p}\left(\int\limits_0^u dv \int\limits_0^v \lambda_{2m-2,2m-3}(t)\,dt\right)\Bigg|_{u=0,u=1} =$$
$$= \int\limits_0^u \lambda_{2m-2,2m-3}(t)\,dt\Bigg|_{u=0,u=1} = 0. \quad (5.58)$$

Выполнение равенства (5.58) при $u = 0$ очевидно, а при $u = 1$ следует из справедливости соотношений (5.52) для многочлена $S_{2m-2\,\text{ИД}2,i}(x)$.

При $p=3,..,2m-3$:

$$\lambda^{(p)}_{2m,2m-1}(u)\Big|_{u=0,u=1} = \frac{d^p}{du^p}\left(\int\limits_0^u dv \int\limits_0^v \lambda_{2m-2,2m-3}(t)dt\right)\Bigg|_{u=0,u=1} = \lambda^{(p-2)}_{2m-2,2m-3}(u)\Big|_{u=0,u=1} = 0 -$$

следует из справедливости соотношений, аналогичных (5.56) для многочлена $S_{2m-2\,\text{ИД}2,i}(x)$.

Тем самым, первое равенство из (5.56) выполняется для $p = 1, 3,\ldots,2m-3$.

Второе равенство из (5.56) доказывается аналогично.

Доказательство **б)**.

$$\lambda_{2m,2m-1}^{(2m-1)}(u) = \frac{d^{2m-1}}{du^{2m-1}}\left(\int\limits_0^u dv \int\limits_0^v \lambda_{2m-2,2m-3}(t)dt\right)\Bigg|_{u=0,u=1} =$$

$$= \lambda_{2m-2,2m-3}^{(2m-3)}(u)\Big|_{u=0,u=1} = \begin{cases} 1 & \text{при} \quad u=0 \\ 0 & \text{при} \quad u=1 \end{cases} -$$

следует из справедливости соотношений, аналогичных (5.57) для многочлена $S_{2m-2\,\text{ИД}\,2,i}(x)$.

Выполнение второго равенства из (5.57) доказывается аналогично.

Таким образом, доказано, что многочлен $S_{2m\,\text{ИД}\,2,i}(x)$ (5.49)

удовлетворяет условиям (5.31) и (5.48).

5.4 Двумерные ИД-многочлены и ИД-сплайны произвольной четной степени

Интегродифференциальный подход позволяет строить также *двумерные* многочлены и сплайны произвольной четной степени.

В данном подразделе строятся двумерные ИД-многочлены и ИД-сплайны произвольной четной степени на основе полученных в подразделе 5.3 одномерных ИД-многочленов и ИД-сплайнов произвольной четной степени.

Построение производится способом, аналогичным способу построения двумерных параболических ИД-многочленов и ИД-сплайнов с помощью одномерных параболических ИД-многочленов и ИД-сплайнов (см. подраздел 4.2)

Двумерный ИД-многочлен $S_{2m,2m\,\text{ИД},(i,j)}(x,y)$ степени $2m$ по x и y (его можно рассматривать как звено двумерного ИД-сплайна) в частичной области $\Omega_{i,j}$ имеет вид:

$$S_{2m,2m\,\text{ИД},(i,j)}(x,y) = \varphi^{\text{T}}(u) \cdot F \cdot \varphi(v), \quad \text{где} \qquad (5.59)$$

$$\varphi^{\text{T}}(u) = \left[\frac{\varphi_{(-1)}(u)}{h_{xi+1}} \quad \varphi_0(u) \quad \psi_0(u) \quad h_{xi+1}\varphi_1(u) \quad h_{xi+1}\psi_1(u) \quad h_{xi+1}^2\varphi_2(u) \quad h_{xi+1}^2\psi_2(u) \quad \ldots \quad h_{xi+1}^{m-1}\varphi_{m-1}(u) \quad h_{xi+1}^{m-1}\psi_{m-1}(u) \right]$$

$$\varphi^{\text{T}}(v) = \left[\frac{\varphi_{(-1)}(v)}{h_{yj+1}} \quad \varphi_0(v) \quad \psi_0(v) \quad h_{yj+1}\varphi_1(v) \quad h_{yj+1}\psi_1(v) \quad h_{yj+1}^2\varphi_2(v) \quad h_{yj+1}^2\psi_2(v) \quad \ldots \quad h_{yj+1}^{m-1}\varphi_{m-1}(v) \quad h_{yj+1}^{m-1}\psi_{m-1}(v) \right]$$

$$F = \begin{pmatrix}
I2_{i,j}^{i+1,j+1} & I_{xi(j)}^{i+1} & I_{xi(j+1)}^{i+1} & dI_{xi(j)}^{i+1} & dI_{xi(j+1)}^{i+1} & d^2I_{xi(j)}^{i+1} & d^2I_{xi(j+1)}^{i+1} & \cdots & d^{m-1}I_{xi(j)}^{i+1} & d^{m-1}I_{xi(j+1)}^{i+1} \\
I_{yj(i)}^{j+1} & f_{i,j} & f_{i,j+1} & f_{i,j}^{(0,1)} & f_{i,j+1}^{(0,1)} & f_{i,j}^{(0,2)} & f_{i,j+1}^{(0,2)} & \cdots & f_{i,j}^{(0,m-1)} & f_{i,j+1}^{(0,m-1)} \\
I_{yj(i+1)}^{j+1} & f_{i+1,j} & f_{i+1,j+1} & f_{i+1,j}^{(0,1)} & f_{i+1,j+1}^{(0,1)} & f_{i+1,j}^{(0,2)} & f_{i+1,j+1}^{(0,2)} & \cdots & f_{i+1,j}^{(0,m-1)} & f_{i+1,j+1}^{(0,m-1)} \\
dI_{yj(i)}^{j+1} & f_{i,j}^{(1,0)} & f_{i,j+1}^{(1,0)} & f_{i,j}^{(1,1)} & f_{i,j+1}^{(1,1)} & f_{i,j}^{(1,2)} & f_{i,j+1}^{(1,2)} & \cdots & f_{i,j}^{(1,m-1)} & f_{i,j+1}^{(1,m-1)} \\
dI_{yj(i+1)}^{j+1} & f_{i+1,j}^{(1,0)} & f_{i+1,j+1}^{(1,0)} & f_{i+1,j}^{(1,1)} & f_{i+1,j+1}^{(1,1)} & f_{i+1,j}^{(1,2)} & f_{i+1,j+1}^{(1,2)} & \cdots & f_{i+1,j}^{(1,m-1)} & f_{i+1,j+1}^{(1,m-1)} \\
d^2I_{yj(i)}^{j+1} & f_{i,j}^{(2,0)} & f_{i,j+1}^{(2,0)} & f_{i,j}^{(2,1)} & f_{i,j+1}^{(2,1)} & f_{i,j}^{(2,2)} & f_{i,j+1}^{(2,2)} & \cdots & f_{i,j}^{(2,m-1)} & f_{i,j+1}^{(2,m-1)} \\
d^2I_{yj(i+1)}^{j+1} & f_{i+1,j}^{(2,0)} & f_{i+1,j+1}^{(2,0)} & f_{i+1,j}^{(2,1)} & f_{i+1,j+1}^{(2,1)} & f_{i+1,j}^{(2,2)} & f_{i+1,j+1}^{(2,2)} & \cdots & f_{i+1,j}^{(2,m-1)} & f_{i+1,j+1}^{(2,m-1)} \\
\cdots & \cdots & \cdots & \cdots & \cdots & \cdots & \cdots & \cdots & \cdots & \cdots \\
d^{m-1}I_{yj(i)}^{j+1} & f_{i,j}^{(m-1,0)} & f_{i,j+1}^{(m-1,0)} & f_{i,j}^{(m-1,1)} & f_{i,j+1}^{(m-1,1)} & f_{i,j}^{(m-1,2)} & f_{i,j+1}^{(m-1,2)} & \cdots & f_{i,j}^{(m-1,m-1)} & f_{i,j+1}^{(m-1,m-1)} \\
d^{m-1}I_{yj(i+1)}^{j+1} & f_{i+1,j}^{(m-1,0)} & f_{i+1,j+1}^{(m-1,0)} & f_{i+1,j}^{(m-1,1)} & f_{i+1,j+1}^{(m-1,1)} & f_{i+1,j}^{(m-1,2)} & f_{i+1,j+1}^{(m-1,2)} & \cdots & f_{i+1,j}^{(m-1,m-1)} & f_{i+1,j+1}^{(m-1,m-1)}
\end{pmatrix}$$

$\varphi_{(-1)}(t)$, $\varphi_\alpha(t)$, $\psi_\alpha(t)$ $(t = u,v)$, $\alpha = 0,1,\ldots,m-1$ – те же, что и в формуле (5.33) одномерного ИД-многочлена $S_{2m\,\text{ИД}1,i}(x)$ степени $2m$.

Параметры ИД-многочлена $S_{2m,2m\,\text{ИД},(i,j)}(x,y)$ представляют собой:

$I2_{i,j}^{i+1,j+1}$ – двойной интеграл от функции $f(x,y)$ по частичной области $\Omega_{i,j}$: $I2_{i,j}^{i+1,j+1} = \iint\limits_{\Omega_{i,j}} f(x,y)dxdy$ $\quad (i = 0,1,\ldots,n_x-1,$

$j = 0,1,\ldots,n_y-1)$;

$I_{xi(j)}^{i+1}$ – интеграл от функции $f(x,y)$ вдоль оси x на отрезке $[x_i,x_{i+1}]$ при фиксированном значении $y = y_j$: $I_{xi(j)}^{i+1} = \int\limits_{x_i}^{x_{i+1}} f(x,y_j)dx$

$(i = 0,1,\ldots,n_x-1, j = 0,1,\ldots,n_y)$;

211

$I_{yj(i)}^{j+1}$ – интеграл от функции $f(x,y)$ вдоль оси y на отрезке $[y_j, y_{j+1}]$ при фиксированном значении $x = x_i$: $\quad I_{yj(i)}^{j+1} = \int\limits_{y_j}^{y_{j+1}} f(x_i, y)dy$

$(i = 0,1,\ldots,n_x, j = 0,1,\ldots,n_y - 1);$

$f_{i,j}^{(p_x,p_y)}$ $(i = 0,1,\ldots,n_x, j = 0,1,\ldots,n_y)$ – значения функции $f(x,y)$ и ее частных производных в узлах сетки Δ_{n_x,n_y}:

$$f_{i,j}^{(p_x,p_y)} = \frac{\partial^{p_x+p_y} f(x,y)}{\partial x^{p_x} \partial y^{p_y}}\Bigg|_{x=x_i, y=y_j} \quad ;$$

$d^p I_{xi(j)}^{i+1}$ – частная производная по y порядка p от интеграла от функции $f(x,y)$ вдоль оси x на отрезке $[x_i, x_{i+1}]$ при фиксированном значении $y = y_j$:

$$d^p I_{xi(j)}^{i+1} = \frac{\partial^p \left(\int\limits_{x_i}^{x_{i+1}} f(x,y)dx \right)}{\partial y^p}\Bigg|_{y=y_j} = \left(\int\limits_{x_i}^{x_{i+1}} \frac{\partial^p f(x,y)}{\partial y^p}dx \right)\Bigg|_{y=y_j}$$

$(i = 0,1,\ldots,n_x - 1, j = 0,1,\ldots,n_y);$

$d^p I_{yj(i)}^{j+1}$ – частная производная по x порядка p от интеграла от функции $f(x,y)$ вдоль оси y на отрезке $[y_j, y_{j+1}]$ при фиксированном значении $x = x_i$:

$$d^p I_{yj(i)}^{j+1} = \frac{\partial^p \left(\int\limits_{y_j}^{y_{j+1}} f(x,y)dy \right)}{\partial x^p}\Bigg|_{x=x_i} = \left(\int\limits_{y_j}^{y_{j+1}} \frac{\partial^p f(x,y)}{\partial x^p}dy \right)\Bigg|_{x=x_i}$$

$(i = 0,1,\ldots,n_x, \ j = 0,1,\ldots,n_y - 1) \ .$

ИД-многочлен $S_{2m,2m\,\text{ИД},(i,j)}(x,y)$ удовлетворяет условиям (4.2)-(4.4), а также (4.5) при $p_{1x}=0,1,\ldots,m$-1, $p_{1y}=0,1,\ldots,m$-1 (здесь $r_x=r_y=2m$ – степень многочлена по x и по y).

Формула (4.12) двумерного параболического ИД-многочлена $S_{2,2\,\text{ИД},(i,j)}(x,y)$, рассмотренного в п. 4.1, является частным случаем формулы (5.59) при $m=1$.

Из ИД-многочленов $S_{2m,2m\,\text{ИД},(i,j)}(x,y)$, как из звеньев, можно составить двумерный ИД-сплайн

$$S_{2m,2m\,\text{ИД}}(x,y) = \bigcup_{i=0}^{n_x-1}\bigcup_{j=0}^{n_y-1} S_{2m,2m\,\text{ИД},(i,j)}(x,y),$$

имеющий дефект $m+1$ по x и y (то есть $S_{2m,2m\,\text{ИД}}(x,y) \in C_{\Omega}^{m-1,m-1}$). ИД-сплайн $S_{2m,2m\,\text{ИД}}(x,y)$ по построению является интерполяционным, удовлетворяет двумерному интегральному условию согласования (4.2) в каждой частичной области $\Omega_{i,j}$ ($i=0,1,\ldots,n_x-1, j=0,1,\ldots,n_y-1$) и одномерным интегральным условиям согласования (4.3), (4.4) на границах частичных областей $\Omega_{i,j}$.

Таким образом, в главе 5 на основе параболических ИД-многочленов и ИД-сплайнов получены формулы одномерных и двумерных интерполяционных ИД-многочленов и ИД-сплайнов произвольной четной степени. При этом одномерные ИД-сплайны четных степеней $S_{2m\,\text{ИД1}}(x,y)$ ($2m$ – степень сплайна) принадлежат классу гладкости $C_{[a,b]}^{m-1}$ ($[a,b]$ – область определения аппроксимируемой одномерной сеточной функции), а двумерные ИД-сплайны четных степеней $S_{2m,2m \, \text{ИД}}(x, y)$ принадлежат классу гладкости $C_\Omega^{m-1,m-1}$ (Ω – область определения аппроксимируемой двумерной сеточной функции).

Подчеркнем, что пространство ИД-сплайнов произвольной четной степени восполняет (замыкает) соответствующее пространство дифференциальных сплайнов произвольной нечетной степени, описанных в [40].

Глава 6. Сглаживающие многочлены наилучшего интегрального приближения

В данной главе рассматриваются алгебраические многочлены различных степеней интегрального типа, построенные особым способом – только на основе интегральных условий согласования, т.е. на основе нулевых невязок для определенных интегралов [59, 71], [70], [66]. Эти многочлены учитывают как точечные, так и интегральные свойства аппроксимируемых функций.

Для функций, заданных в узлах сетки $\Delta_{r+1} = \left\{ x_i, i = 0,1,\ldots,r+1 \right\}$ приближенно: $\{\tilde{f}_i = f(x_i) \pm \varepsilon_i\}_{i=0}^{r+1}$ (ε_i – погрешности измерения или вычисления значений функции в узлах сетки Ω_{r+1}) предлагается метод сглаживания на основе многочленов наилучшего интегрального приближения.

Получены оценки погрешностей аппроксимации функций, заданных с отклонениями (значения которых известны, например, из эксперимента) с помощью сглаживающих многочленов наилучшего интегрального приближения.

6.1 Построение сглаживающих многочленов наилучшего интегрального приближения

Постановка задачи.

Пусть на отрезке $[a, b]$ задана сетка узлов

$$\Delta_{r+1}: a = x_0 < x_1 < \ldots < x_i < \ldots < x_{r+1} = b.$$

Сетка Δ_{r+1}, определяемая $(r+2)$ несовпадающими узлами, порождает систему $(r+1)$ частичных отрезков $[x_i, x_{i+1}]$ $(i = 0, 1, \ldots, r)$.

На сетке Δ_{r+1} задана сеточная функция следующим образом: на каждом частичном отрезке $[x_i, x_{i+1}]$ $(i = 0, 1, \ldots, r)$ сетки Δ_{r+1} задается величина интеграла I_i^{i+1}.

В частности, величины интегралов от некоторых функций могут быть получены путем решения задач математической физики консервативными методами сквозного счета [107].

Требуется построить алгебраический многочлен $P_r(x) = \sum\limits_{k=0}^{r} a_k (x - x_0)^k$, удовлетворяющий интегральному условию согласования с аппроксимируемой функцией на всех частичных отрезках:

$$\rho(f, P_r) = \delta I_i^{i+1} = \int\limits_{x_i}^{x_{i+1}} (P_r(x) - f(x))dx = 0 \quad (i = 0, 1, \ldots, r). \quad (6.1)$$

Условия (6.1) после выполнения интегрирования определяют СЛАУ для нахождения коэффициентов a_k многочлена $P_r(x)$:

$$\sum\limits_{k=0}^{r}\left(a_k \int\limits_{x_i}^{x_{i+1}} (x - x_0)^k \, dx \right) = I_i^{i+1}, \text{ где } I_i^{i+1} = \int\limits_{x_j}^{x_{i+1}} f(x)dx \quad (i = 0, 1, \ldots, r). \quad (6.2)$$

Система (6.2) эквивалентна следующей:

$$\begin{cases} a_0 h_1 + \dfrac{a_1}{2} h_1^2 + \cdots + \dfrac{a_r}{r+1} h_1^{r+1} = I_0^1 \\ a_0 (h_1 + h_2) + \dfrac{a_1}{2}(h_1 + h_2)^2 + \cdots + \dfrac{a_r}{r+1}(h_1 + h_2)^{r+1} = I_0^1 + I_1^2 \\ \cdots\cdots\cdots\cdots\cdots\cdots\cdots\cdots\cdots\cdots\cdots\cdots\cdots\cdots\cdots\cdots \\ a_0 \sum\limits_{i=0}^{r} h_{i+1} + \dfrac{a_1}{2}\left(\sum\limits_{i=0}^{r} h_{i+1} \right)^2 + \cdots + \dfrac{a_r}{r+1}\left(\sum\limits_{i=0}^{r} h_{i+1} \right)^{r+1} = \sum\limits_{i=0}^{r} I_i^{i+1} \end{cases} \quad (6.3)$$

(здесь $h_{i+1} = x_{i+1} - x_i$ $(i = 0, 1, \ldots, r)$).

Из СЛАУ (6.3) единственным образом находятся коэффициенты a_k ($k = 0, 1, \ldots, r$), так как их количество ($r+1$) равно количеству уравнений этой системы и строки матрицы системы (6.3):

$$\sum\limits_{i=0}^{k} h_{i+1} \left(\sum\limits_{i=0}^{k} h_{i+1} \right)^2 \cdots \left(\sum\limits_{i=0}^{k} h_{i+1} \right)^{r+1} \quad (k = 0, 1, \ldots, r),$$ составленные из

коэффициентов уравнений системы (линейных комбинаций шагов h_i), линейно независимы, поскольку наборы этих коэффициентов по каждой строке представляют собой геометрические прогрессии с различными первыми элементами.

Формулы для сглаживающих многочленов наилучшего интегрального приближения степеней $r = 1, 2, 3$ при постоянном шаге

$$h_1 = h_2 = \ldots = h_{r+1} = \frac{h}{p} \quad \text{(где} \quad h = x_{r+1} - x_0 = b - a, \; p = r+1 \quad - \quad \text{число}$$

интервалов разбиения отрезка $[a, b]$) соответственно имеют вид:

$$P_1(x) = \frac{1}{h}(3I_0^{h/2} - I_{h/2}^h) - \frac{4}{h^2}(I_0^{h/2} - I_{h/2}^h)(x - x_0); \qquad (6.4)$$

$$P_2(x) = \frac{1}{h}(\frac{11}{2}I_0^{h/3} - \frac{7}{2}I_{h/3}^{2h/3} + I_{2h/3}^h) - \frac{9}{h^2}(2I_0^{h/3} - 3I_{h/3}^{2h/3} + I_{2h/3}^h)(x - x_0) +$$

$$+ \frac{27}{2h^3}(I_0^{h/3} - 2I_{h/3}^{2h/3} + I_{2h/3}^h)(x - x_0)^2; \qquad (6.5)$$

$$P_3(x) = \frac{1}{3h}(25I_0^{h/4} - 23I_{h/4}^{h/2} + 13I_{h/2}^{3h/4} - 3I_{3h/4}^h) -$$

$$- \frac{4}{3h^2}(35I_0^{h/4} - 69I_{h/4}^{h/2} + 45I_{h/2}^{3h/4} - 11I_{3h/4}^h)(x - x_0) +$$

$$+ \frac{16}{h^3}(5I_0^{h/4} - 13I_{h/4}^{h/2} + 11I_{h/2}^{3h/4} - 3I_{3h/4}^h)(x - x_0)^2 -$$

$$- \frac{128}{3h^4}(I_0^{h/4} - 3I_{h/4}^{h/2} + 3I_{h/2}^{3h/4} - I_{3h/4}^h)(x - x_0)^3, \qquad (6.6)$$

где $\quad I_{k_1 \cdot h/p}^{k_2 \cdot h/p} = \int\limits_{x_0+k_1 \cdot h/p}^{x_0+k_2 \cdot h/p} f(x)dx$.

Формулы (6.4)-(6.6) можно преобразовать к более компактному виду, если ввести конечно-интегральные разности:

$$\Delta I_0^{h/p} = I_{h/p}^{2h/p} - I_0^{h/p}, \qquad (6.7)$$

$$\Delta^2 I_0^{h/p} = \Delta I_{h/p}^{2h/p} - \Delta I_0^{h/p} = I_{2h/p}^{3h/p} - 2I_{h/p}^{2h/p} + I_0^{h/p}, \qquad (6.8)$$

$$\Delta^m I_0^{h/p} = \Delta^{m-1} I_{h/p}^{2h/p} - \Delta^{m-1} I_0^{h/p}. \qquad (6.9)$$

После соответствующих преобразований формулы (6.4)-(6.6) примут вид:

$$P_1(x) = \frac{2}{h}(I_0^{h/2} - \frac{1}{2}\Delta I_0^{h/2}) + \left(\frac{2}{h}\right)^2 \Delta I_0^{h/2}(x-x_0); \qquad (6.10)$$

$$P_2(x) = \frac{3}{h}(I_0^{h/3} - \frac{1}{2}\Delta I_0^{h/3} + \frac{1}{3}\Delta^2 I_0^{h/3}) +$$

$$+ \left(\frac{3}{h}\right)^2 (\Delta I_0^{h/3} - \Delta^2 I_0^{h/3})(x-x_0) + \left(\frac{3}{h}\right)^3 \frac{1}{2}\Delta^2 I_0^{h/3}(x-x_0)^2; \quad (6.11)$$

$$P_3(x) = \frac{4}{h}(I_0^{h/4} - \frac{1}{2}\Delta I_0^{h/4} + \frac{1}{3}\Delta^2 I_0^{h/4} - \frac{1}{4}\Delta^3 I_0^{h/4}) +$$

$$+ \left(\frac{4}{h}\right)^2 (\Delta I_0^{h/4} - \Delta^2 I_0^{h/4} + \frac{11}{12}\Delta^3 I_0^{h/4})(x-x_0) +$$

$$+ \left(\frac{4}{h}\right)^3 (\frac{1}{2}\Delta^2 I_0^{h/4} - \frac{3}{4}\Delta^3 I_0^{h/4})(x-x_0)^2 + \left(\frac{4}{h}\right)^4 \frac{1}{6}\Delta^3 I_0^{h/4}(x-x_0)^3. \ (6.12)$$

Коэффициенты многочленов более высоких степеней получаются рекуррентным методом с помощью вычисления конечно-интегральных разностей по формуле (6.9).

Так, многочлены $P_r(x)$ до степени $r = 7$ имеют вид:

$$P_r(x) = \frac{p}{h}(I_0^{h/p} - \frac{1}{2}\Delta I_0^{h/p} + \frac{1}{3}\Delta^2 I_0^{h/p} - \frac{1}{4}\Delta^3 I_0^{h/p} + \frac{1}{5}\Delta^4 I_0^{h/p} - \frac{1}{6}\Delta^5 I_0^{h/p} + \frac{1}{7}\Delta^6 I_0^{h/p} - \frac{1}{8}\Delta^7 I_0^{h/p}) +$$

$$+ \frac{p^2}{h^2}(\Delta I_0^{h/p} - \Delta^2 I_0^{h/p} + \frac{11}{12}\Delta^3 I_0^{h/p} - \frac{10}{12}\Delta^4 I_0^{h/p} + \frac{137}{180}\Delta^5 I_0^{h/p} - \frac{7}{10}\Delta^6 I_0^{h/p} + \frac{363}{560}\Delta^7 I_0^{h/p})(x-x_0) +$$

$$+ \frac{p^3}{h^3}(\frac{1}{2}\Delta^2 I_0^{h/p} - \frac{3}{4}\Delta^3 I_0^{h/p} + \frac{7}{8}\Delta^4 I_0^{h/p} - \frac{15}{16}\Delta^5 I_0^{h/p} + \frac{29}{30}\Delta^6 I_0^{h/p} - \frac{469}{480}\Delta^7 I_0^{h/p})(x-x_0)^2 +$$

$$+ \frac{p^4}{h^4}(\frac{1}{6}\Delta^3 I_0^{h/p} - \frac{1}{3}\Delta^4 I_0^{h/p} + \frac{17}{36}\Delta^5 I_0^{h/p} - \frac{7}{12}\Delta^6 I_0^{h/p} + \frac{967}{1440}\Delta^7 I_0^{h/p})(x-x_0)^3 +$$

$$+ \frac{p^5}{h^5}(\frac{1}{24}\Delta^4 I_0^{h/p} - \frac{5}{48}\Delta^5 I_0^{h/p} + \frac{25}{144}\Delta^6 I_0^{h/p} - \frac{245}{1008}\Delta^7 I_0^{h/p})(x-x_0)^4 +$$

$$+ \frac{p^6}{h^6}(\frac{1}{120}\Delta^5 I_0^{h/p} - \frac{1}{40}\Delta^6 I_0^{h/p} + \frac{23}{480}\Delta^7 I_0^{h/p})(x-x_0)^5 +$$

$$+ \frac{p^7}{h^7}(\frac{1}{720}\Delta^6 I_0^{h/p} - \frac{7}{1440}\Delta^7 I_0^{h/p})(x-x_0)^6 + \frac{p^8}{h^8}\frac{1}{5040}\Delta^7 I_0^{h/p}(x-x_0)^7 \qquad (6.13)$$

(здесь $p = r+1$).

Для того чтобы воспользоваться формулой (6.13) при $r < 7$, необходимо выбрать конкретное численное значение r, найти интегральные разности порядка r включительно и подставить их в формулу (6.13), в которой учитываются только слагаемые, имеющие конечно-интегральные разности до порядка r. Правило усечения формулы (6.13) легко устанавливается путем ее сопоставления с формулами (6.10)–(6.12), справедливыми при $r = 1$, $r = 2$, $r = 3$.

Подчеркнем, что в отличие от метода наименьших квадратов, метод наилучшего интегрального приближения при $r \leq 7$ может быть реализован по готовым формулам, и поэтому не требуется решать системы алгебраических уравнений относительно коэффициентов.

Методика 6.1 **Решение задачи наилучшего интегрального приближения.**

1. Выбрать степень r (как правило, $r \leq 7$) сглаживающего многочлена.

2. Подсчитать конечно-интегральные разности до r-го порядка включительно.

3. Выписать сглаживающий многочлен по формуле (6.13).

Значения интегральных параметров $I_i^{i+1} = \int\limits_{x_i}^{x_{i+1}} f(x)dx$

сглаживающих многочленов наилучшего интегрального приближения $P_r(x)$ необходимо вычислять так, чтобы получающиеся многочлены осредняли погрешности измерений или вычислений и восстанавливали исходную функцию. Для этого предлагается следующая методика.

Методика 6.2. Нахождение интегральных параметров многочлена наилучшего интегрального приближения

1. Сначала на основе априорной информации об исходной функции $f(x)$ строятся ломаные $L_{up}(x)$ и $L_{dn}(x)$, ограничивающие "полосу разброса" значений сеточной функции $\{\tilde{f}_i = f(x_i) \pm \varepsilon_i\}_{i=0}^{r+1}$ снизу и сверху соответственно, применяя п. 1-4 методики нахождения интегральных параметров сплайнов, изложенной в п. 3.2.2 (заменив в методике число точек сеточной функции n на $r+1$).

2. После построения ломаных $L_{up}(x)$ и $L_{dn}(x)$ параметры I_i^{i+1} ($i = 0, 1, \ldots, r$), входящие в расчётную аппроксимационную формулу для $P_r(x)$, вычисляются как средние значения между интегралом от ломаной $L_{up}(x)$: $I_{i\,up}^{i+1} = \int\limits_{x_i}^{x_{i+1}} L_{up}(x)dx$ и интегралом от ломаной $L_{dn}(x)$:

$I_{i\,dn}^{i+1} = \int\limits_{x_i}^{x_{i+1}} L_{dn}(x)dx$ на каждом отрезке $[x_i, x_{i+1}]$ по формуле:

$$I_i^{i+1} = \frac{1}{2}(I_{i\,up}^{i+1} + I_{i\,dn}^{i+1}).$$

Таким образом, для получения значений интегралов I_i^{i+1} ($i = 0, 1, \ldots, r$) используется двойное осреднение.

Метод построения ломаных $L_{up}(x)$, $L_{dn}(x)$ и вычисления интегралов $I_{i\,up}^{i+1}$, $I_{i\,dn}^{i+1}$ проиллюстрирован на рисунке 3.2.

На рисунке 6.1 представлен график многочлена 3-ей степени $P_3(x)$, аппроксимирующего функцию $f(x) = \ln(x)$, заданную в узлах сетки Δ_4 ($[a, b] = [0.1, 2.0]$) приближенно: $\{\tilde{f}_i = f(x_i) \pm \varepsilon_i\}_{i=0}^{n}$. Погрешности ε_i находятся в пределах $0 \le \varepsilon_i \le 0.2$. Крупным планом выделена область, на которой показаны части ломаных $L_{up}(x)$ и

$L_{dn}(x)$, ограничивающих полосу разброса значений исходной функции сверху и снизу соответственно, построенных для вычисления интегралов I_i^{i+1}.

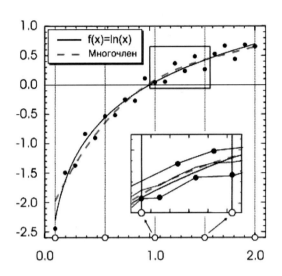

Рисунок 6.1 – График многочлена $P_3(x)$, аппроксимирующего функцию $f(x) = \ln(x)$, заданную приближенно: $\{\widetilde{f}_i = f(x_i) \pm \varepsilon_i\}_{i=0}^n$ $(0 \le \varepsilon_i \le 0.2)$.

Функция $f(x) = \ln(x)$ без погрешностей обозначена сплошной жирной линией;

многочлен $P_3(x)$ – пунктиром;

ломаные $L_{up}(x)$ и $L_{dn}(x)$ – сплошными тонкими линиями;

точки $\{(x_i, \widetilde{f}_i)\}_{i=0}^{r+1}$, где $\widetilde{f}_i = f(x_i) \pm \varepsilon_i$ – символами "•";

точки $x_i = a + i \cdot \dfrac{h}{r+1}$, $i = 0, 1 \ldots r+1$ ($r = 3$ – степень многочлена) на оси абсцисс отмечены знаками "○".

6.2 Оценки погрешностей аппроксимации функций сглаживающими многочленами наилучшего интегрального приближения

В данном подразделе выводятся оценки погрешностей аппроксимации функций $f(x)$ сглаживающими многочленами наилучшего интегрального приближения $P_r(x)$ степеней $r = 1,2,3$ в точках x_i разбиения отрезка $[a, b]$:

$$x_i = a + i \cdot \frac{h}{2}, \ \ h = b - a \ \ (i = 0,1,\ldots r+1).$$

Обозначим $|R_r(x_i)|$ – погрешность аппроксимации функции $f(x)$ многочленом $P_r(x)$ в точке x_i, где $R_r(x_i) = P_r(x_i) - f(x_i)$ – остаточное слагаемое аппроксимации.

Преобразуем формулы многочленов $P_r(x)$ $(r = 1,2,3)$ (6.4)-(6.6) путем введения новой переменной $u = \dfrac{x - x_0}{h}$:

$$P_1(x) = \frac{1}{h}[I_0^{h/2}(3 - 4u) + I_{h/2}^h(-1 + 4u)];$$

$$P_2(x) = \frac{1}{h}[I_0^{h/3}(\frac{11}{2} - 18u + \frac{27}{2}u^2) + I_{h/3}^{2h/3}(-\frac{7}{2} + 27u - 27u^2) + I_{2h/3}^h(1 - 9u + \frac{27}{2}u^2)];$$

$$P_3(x) = \frac{1}{h}[I_0^{h/4}(\frac{25}{3} - \frac{140}{3}u + 80u^2 - \frac{128}{3}u^3) +$$

$$+ I_{h/4}^{h/2}(-\frac{23}{3} + \frac{276}{3}u - 208u^2 + 128u^3) +$$

$$+ I_{h/2}^{3h/4}(\frac{13}{3} - 60u + 176u^2 - 128u^3) + I_{3h/4}^h(-1 + \frac{44}{3}u - 48u^2 + \frac{128}{3}u^3)].$$

Найдем оценки погрешностей $|R_1(x_i)| = |P_1(x_i) - f(x_i)|$ аппроксимации функции $f(x)$ $(f(x) \in C_{[a,b]}^2)$ с помощью многочлена первой степени $P_1(x)$ в точках x_i $(i = 0, 1, 2)$ (где $x_i = a + i \cdot \dfrac{h}{2}$ $(h = b - a)$). Для этого в выражении для остаточного слагаемого аппроксимации, определяемого соотношением:

$$R_1(x_i) = P_1(x_i) - f(x_i) = \frac{1}{h}[I_0^{h/2}(3 - 4u) + I_{h/2}^h(-1 + 4u)]\Big|_{u = \frac{x_i - x_0}{h} = \frac{i}{2}} - f_i, \ (6.14)$$

222

заменим величины $I_0^{h/2} = F_1 - F_0$, $I_{h/2}^h = F_2 - F_1$ их разложениями по формуле Тейлора в точке x_i так, чтобы остаточные слагаемые рядов Тейлора в форме Лагранжа содержали вторую производную функции $f(x)$. (Здесь F_0, F_1, F_2 – значения первообразной функции $f(x)$ в точках x_0, x_1, x_2 соответственно, $f_i = f(x_i)$). При этом предполагается, что интегралы $I_0^{h/2}$, $I_{h/2}^h$ вычислены с точностью не ниже $O(h^4)$.

При разложении интегралов $I_0^{h/2}$, $I_{h/2}^h$ в точке x_0 имеют место следующие соотношения:

$$I_0^{h/2} = F_1 - F_0 = (h/2)f_0 + \frac{(h/2)^2}{2}f_0' + \frac{(h/2)^3}{6}f''(\xi) \ \ (\xi \in (x_0, x_1));$$

$$I_{h/2}^h = F_2 - F_1 = (h/2)f_0 + \frac{3(h/2)^2}{2}f_0' + \frac{8(h/2)^3}{6}f''(\eta) - \frac{(h/2)^3}{6}f''(\xi)$$

$$(\eta \in (x_0, x_2)).$$

Требования к точности априорного вычисления параметров $I_0^{h/2}$, $I_{h/2}^h$ выбраны так, чтобы эта точность на порядок превышала степени h в остаточных слагаемых рядов Тейлора и не влияла на искомую погрешность аппроксимации.

Подставляя эти разложения в (6.14) и упрощая их, получим:

$$R_1(x_0) = \frac{(h/2)^2}{3}f''(\xi) - \frac{2(h/2)^2}{3}f''(\eta) \ \ (\xi, \eta \in (a,b)).$$

Следовательно, $\left| R_1(x_0) \right| \leq \frac{(h/2)^2}{3}\left| f''(\xi) \right| + \frac{2(h/2)^2}{3}\left| f''(\eta) \right| \ \ (\xi, \eta \in (a,b)).$

В результате применения теоремы о среднем, получается оценка:

$$\left| R_1(x_0) \right| \leq \frac{h^2}{4}\left\| f''(x) \right\|_{[a,b]}.$$

Аналогичным способом находятся оценки погрешностей аппроксимации функции $f(x)$ многочленом $P_1(x)$ (6.4) в точках x_1 и x_2, а также многочленами $P_r(x)$ ($r = 2, 3$) (формулы (6.5), (6.6) соответственно) в точках x_i ($i = 0, 1, \ldots r+1$), где

$$x_i = a + i \cdot \frac{h}{r+1} \ \ (h = b - a).$$

В таблице 6.1 приведены оценки аппроксимации функций многочленами наилучшего интегрального приближения $P_r(x)$ ($r = 1, 2, 3$) в точках $x_i = a + i \cdot \dfrac{h}{r+1}$ ($i = 0, 1, \ldots r+1$). (Здесь $\left\| f^{(l)}(x) \right\|_{[a,b]} = \max\limits_{x \in [a,b]} \left| f^{(l)}(x) \right|$ (l – порядок производной).)

Таблица 6.1 – Оценки аппроксимации функций многочленами наилучшего интегрального приближения $P_r(x)$ ($r = 1, 2, 3$) в точках $x_i = a + i \cdot \dfrac{h}{r+1}$ ($i = 0, 1, \ldots r+1$)

Погрешность	$i = 0$	$i = 1$	$i = 2$	$i = 3$	$i = 4$
$\left\| P_1(x_i) - f(x_i) \right\| \leq$ $f(x) \in C^2_{[a,b]}$	$\dfrac{h^2}{4} \left\| f''(x) \right\|_{[a,b]}$	$\dfrac{h^2}{24} \left\| f''(x) \right\|_{[a,b]}$	$\dfrac{h^2}{4} \left\| f''(x) \right\|_{[a,b]}$	——	——
$\left\| P_2(x_i) - f(x_i) \right\| \leq$ $f(x) \in C^3_{[a,b]}$	$\dfrac{h^3}{12} \left\| f'''(x) \right\|_{[a,b]}$	$\dfrac{h^3}{162} \left\| f'''(x) \right\|_{[a,b]}$	$\dfrac{h^3}{162} \left\| f'''(x) \right\|_{[a,b]}$	$\dfrac{h^3}{12} \left\| f'''(x) \right\|_{[a,b]}$	——
$\left\| P_3(x_i) - f(x_i) \right\| \leq$ $f(x) \in C^4_{[a,b]}$	$\dfrac{17h^4}{768} \left\| f^{(4)}(x) \right\|_{[a,b]}$	$\dfrac{19h^4}{15360} \left\| f^{(4)}(x) \right\|_{[a,b]}$	$\dfrac{h^4}{4608} \left\| f^{(4)}(x) \right\|_{[a,b]}$	$\dfrac{19h^4}{15360} \left\| f^{(4)}(x) \right\|_{[a,b]}$	$\dfrac{17h^4}{768} \left\| f^{(4)}(x) \right\|_{[a,b]}$

Для каждого из многочленов точность аппроксимации в средних узлах x_i отрезка $[a, b]$ выше, чем в крайних.

Заметим, что повышение степени гладкости функции $f(x)$ (выше чем указанные значения для каждого многочлена) не приводит к увеличению порядка приближения относительно h или к уменьшению констант в оценках.

Таким образом, в главе 6 построены сглаживающие многочлены наилучшего интегрального приближения степеней с 1 по 7, основанные на интегральном условии согласования с аппроксимируемой функцией, и получены оценки погрешностей аппроксимации функций указанными многочленами степеней 1, 2, 3.

Глава 7. Обобщенные явные и неявные операторы численного дифференцирования и интегрирования, сконструированные на нерегулярном шаблоне с обобщенными базовыми функциями

Особенность аппарата численного дифференцирования и интегрирования, описание которого приведено в данной главе, состоит в том, что:

– оба типа операторов записываются как на регулярном, так и на нерегулярном шаблоне;

– в состав базовых функций для дифференциальных операторов включаются интегралы, а в состав базовых функций для интегральных операторов включаются наряду со значениями функции значения производных;

– приведены как явные, так и неявные методики численного дифференцирования и интегрирования.

7.1 Постановка задачи и принципы конструирования формул численного дифференцирования и интегрирования

7.1.1 Обобщенная постановка задачи численного дифференцирования

Пусть на отрезке $[a,b]$ в общем случае на неравномерной сетке

$$\Delta_n : a = x_0 < x_1 < \ldots < x_i < x_{i+1} < \ldots < x_n = b$$

заданы:

а) базовые функции в виде значений $f_i = f(x_i)$ в узлах сетки и (или) значений определенных интегралов $I_i^{i+1} = \int_{x_i}^{x_{i+1}} f(x)dx$ на частичных отрезках $[x_i, x_{i+1}]$, $i = 0, 1, \ldots, n-1$;

б) точки x_j сетки Δ_n, в которых требуется найти значения производных;

в) желаемый порядок t точности (аппроксимации) относительно величины шага. Требуется получить аппроксимационный оператор $\hat{f}^{(p)}$, аппроксимирующий $f^{(p)}(x)$ в точках сетки Δ_n с порядком точности не ниже t и вычислить (если необходимо) значения $f^{(p)}(x_j)$, $x_j \in \Delta_n$ ($p = 1, 2, \ldots$ – порядок производной).

7.1.2 Обобщенная постановка задачи численного интегрирования

Пусть на отрезке $[a, b]$ в общем случае на неравномерной сетке Δ_n заданы:

а) базовые функции в виде значений $f_i = f(x_i)$ в узлах сетки Δ_n и, возможно, значений производных $f^{(p)}(x_i)$ в тех же узлах;

б) желаемый порядок t точности (аппроксимации) относительно шага.

Требуется получить аппроксимационный оператор $\hat{I}_a^b$, приближающий интеграл I_a^b на отрезке $[a, b]$ с порядком не ниже t и (если необходимо) вычислить значение I_a^b на отрезке $[a, b]$.

Здесь и ниже $I_a^b = \int\limits_a^b f(x)dx$.

Отметим, что символом «^» здесь и далее обозначаются операторы дифференцирования и интегрирования.

Построение аппроксимационных формул для производных и интегралов в данной книге выполняется различными способами на основе:

1) разложения функции $f(x)$ по формуле Тейлора;

2) разложения первообразной $F(x)$, соответствующей функции $f(x)$, по формуле Тейлора;

3) замены заданной функции интерполяционными многочленами и последующим дифференцированием или интегрированием этих многочленов.

Дополнительные возможности построения аппроксимационных операторов предоставляют ИД-сплайны.

Общая интегрально-функционально-дифференциальная формула для аппроксимационного оператора дифференцирования $\hat{f}^{(p)}(x_i)$ может быть записана в форме:

$$\hat{f}^{(p)}(x_i) = \sum_{k_1} \left(\sum_{l_1} a_{k_1,l_1}(h) \right) I_{k_1}^{k_1+1} + \sum_{k_2} \left(\sum_{l_2} b_{k_2,l_2}(h) \right) f_{k_2} +$$

$$+ \sum_{k_3} \left(\sum_{l_3} c_{k_3,l_3}(h) \right) f'_{k_3} + \dots, \qquad (7.1)$$

где $a_{k_1,l_1}(h)$, $b_{k_2,l_2}(h)$, $c_{k_3,l_3}(h),\dots$ – некоторые коэффициенты. В формуле (7.1) индексы при h для упрощения записи не указаны.

Общая функционально-дифференциальная формула для аппроксимационного оператора интегрирования $\hat{I}_i^{i+1}$ может быть записана в виде

$$\hat{I}_i^{i+1} = h \sum_{k_1} a_{k_1}(h) f_{k_1} + h^2 \sum_{k_2} b_{k_2}(h) f'_{k_2} + h^3 \sum_{k_3} c_{k_3}(h) f''_{k_3} + \dots \quad, \quad (7.2)$$

где $a_{k_1}(h), b_{k_2}(h), c_{k_3}(h),\dots$ – некоторые коэффициенты.

Возможность таких комбинированных представлений операторов численного дифференцирования и интегрирования реализуется путем разложения первообразной $F(x)$, соответствующей функции $f(x)$, по формуле Тейлора относительно точки x_i и

227

последующего выражения из полученного соотношения производной некоторого порядка или определенного интеграла.

В формулы (7.1), (7.2), очевидно, входят суммы нескольких групп линейных комбинаций. Так, вторая сумма в (7.1) и первая сумма в (7.2) соответствуют функциональным комбинациям, первая сумма в (7.1) соответствует интегральной части суммы. Дифференциальным комбинациям соответствуют третья и последующие части в (7.1) и вторая, третья и т.д. суммы в (7.2) .

Представленные записи операторов в виде (7.1), (7.2) обусловливают необходимость введения определения 7.1 для классификации указанных формул.

Определение 7.1. Если в формуле (7.1) присутствуют только интегральные комбинации, **формула численного дифференцирования** называется **интегральной**, если только функциональные комбинации – **функциональной (или точечной)**, а если только дифференциальные комбинации – **дифференциальной**. Если же в (7.1) отсутствуют интегральные комбинации, формула называется **функционально-дифференциальной**, если отсутствуют функциональные комбинации – **интегрально-дифференциальной**, если отсутствуют дифференциальные комбинации – **интегрально-функциональной**.

Аналогичная классификация справедлива и для формулы (7.2) численного интегрирования.

7.2 Методы численного дифференцирования

В данном подразделе приводятся как явные формулы (операторы) и методики вычисления производных различных порядков, полученные путем разложения функций по формуле Тейлора:

$$f_{i+1} = f_i + f_i'h_{i+1} + \frac{f_i''}{2!}h_{i+1}^2 + \ldots + \frac{f_i^{(k)}}{k!}h_{i+1}^k + \frac{h_{i+1}^{k+1}}{(k+1)!}f^{(k+1)}(\xi), \quad (7.3)$$

где $\xi \in (x_i, x_{i+1})$, $h_{i+1} = x_{i+1} - x_i$,

так и неявные способы их вычисления на основе параметрических соотношений, вытекающих из условий согласования и стыковки для сплайнов (см. подраздел 1.3). Некоторые формулы получены на основе принципа подобия (введенного в подразделе 1.2). Особенностью приводимых ниже аппроксимационных формул или операторов является их построение на нерегулярном шаблоне (в общем случае).

7.2.1 Дифференциальные операторы, полученные на основе разложения функций по формуле Тейлора

Рассмотрим решение задачи численного дифференцирования на различных нерегулярных и регулярных шаблонах. Формулы для регулярных шаблонов являются традиционными.

А. Двухточечный шаблон. Выберем шаблон $Ш_{2,i} = (x_i, x_{i+1})$ в общем случае на неравномерной сетке Δ_n. Предполагая, что $f(x) \in C_{[a,b]}^2$, разложим функцию $f(x)$ по формуле Тейлора (7.3) при $k = 1$ относительно точки x_i с остаточным слагаемым в форме Лагранжа и найдем выражение для $f_{i+1} = f(x_{i+1})$:

$$f_{i+1} = f_i + h_{i+1}f_i' + \frac{h_{i+1}^2}{2}f''(\xi), \quad (\xi \in (x_i, x_{i+1}),\ h_{i+1} = x_{i+1} - x_i). \quad (7.4)$$

Из (7.4) получаем:

$$f_i' = \frac{f_{i+1} - f_i}{h_{i+1}} - \frac{h_{i+1}}{2} f''(\xi).$$

Очевидно, справедлива оценка:

$$\left| -\frac{h_{i+1}}{2} f''(\xi) \right| \le \frac{h_{i+1}}{2} \max_{[x_i, x_{i+1}]} \left| f''(x) \right| = \frac{h_{i+1} \cdot M_{2,i}}{2},$$

где $M_{2,i} = \max\limits_{[x_i, x_{i+1}]} \left| f''(x) \right|$.

Отсюда следует *функциональная формула* (функциональный оператор) для первой производной:

$$\hat{f}_i' = \frac{f_{i+1} - f_i}{h_{i+1}} \qquad \left(\frac{h_{i+1}}{2} M_{2,i} \right). \tag{7.5}$$

В скобках справа от аппроксимационных операторов здесь и далее указываются правые части оценок их погрешностей.

Отметим, что формула (7.5) является несимметричной, односторонней (левосторонней).

Если функцию $f(x)$ разложить по формуле Тейлора относительно точки x_{i+1}, то получим правостороннюю формулу, которая на регулярном шаблоне имеет вид:

$$\hat{f}_{i+1,c}' = \frac{f_{i+1} - f_i}{h} \qquad \left(\frac{h}{2} M_{2,i} \right).$$

Здесь и далее нижние индексы c и v, относящиеся к аппроксимационным операторам, указывают на тип шаблона – регулярный (постоянный шаг сетки Δ_n: $h_{i+1} = h = \text{const}$) и нерегулярный (переменный шаг сетки Δ_n: $h_{i+1} = \text{var}$) соответственно.

Б. Трехточечный шаблон. На неравномерной сетке Δ_n выбираем трехточечный (двухшаговый) шаблон $Ш_{3,i} = (x_{i-1}, x_i, x_{i+1})$, характеризующийся шагами $h_{i+1} = x_{i+1} - x_i$, $h_i = x_i - x_{i-1}$ и параметром нерегулярности $\delta_{i+1} = \frac{h_{i+1}}{h_i}$, который в общем случае при $h_{i+1} = \text{var}$ не равен единице.

Аппроксимационные функциональные (точечные) формулы второго порядка в левой крайней, центральной и правой крайней точках шаблона можно получить на основе разложения функции $f(x)$ по формуле Тейлора с остаточным слагаемым в форме Лагранжа в предположении, что $f(x) \in C^3_{[a,b]}$. Это позволяет получить разностные дифференциальные операторы $\hat{f}'(x_t)$ $(t = i-1, i, i+1)$ и провести оценки их погрешностей.

Разложим функцию $f(x)$ при $x = x_i$ и $x = x_{i+1}$ по формуле Тейлора при $k = 2$ относительно точки x_{i-1} с остаточным слагаемым в форме Лагранжа. В результате получим соотношения, определяющие $f_i = f(x_i)$ и $f_{i+1} = f(x_{i+1})$:

$$f_i = f_{i-1} + h_i f'_{i-1} + \frac{h_i^2}{2} f''_{i-1} + \frac{h_i^3}{6} f'''(\xi_-), \tag{7.6}$$

$$f_{i+1} = f_{i-1} + H_i^{i+1} f'_{i-1} + \frac{\left(H_i^{i+1}\right)^2}{2} f''_{i-1} + \frac{\left(H_i^{i+1}\right)^3}{6} f'''(\xi_+), \tag{7.7}$$

где $H_i^{i+1} = h_i + h_{i+1}$, $\xi_- \in (x_{i-1}, x_i)$, $\xi_+ \in (x_{i-1}, x_{i+1})$, $f^{(p)}_{i-1} = f^{(p)}(x_{i-1})$, $p = 0, 1, 2$.

Исключая из (7.6), (7.7) слагаемое, содержащее вторую производную, и выражая из полученного соотношения f'_{i-1}, получаем следующую аппроксимацию *первой производной в левой крайней точке* (левостороннюю формулу или оператор):

$$\hat{f}'_{i-1,v} = \frac{1}{H_i^{i+1}} \left(-(2 + \delta_{i+1}) f_{i-1} + \frac{(1 + \delta_{i+1})^2}{\delta_{i+1}} f_i - \delta_{i+1}^{-1} f_{i+1} \right). \tag{7.8}$$

Если формулу (7.8) записать через приращения функции, то она примет вид:

$$\hat{f}'_{i-1,v} = \frac{1}{H_i^{i+1}} \left((2 + \delta_{i+1}) \Delta f_{i-1} - \frac{1}{\delta_{i+1}} \Delta f_i \right). \tag{7.9}$$

Здесь и далее $\Delta f_{i-1} = f_i - f_{i-1}$, $\Delta f_i = f_{i+1} - f_i$.

При $h = \mathrm{const}\ (\delta_{i+1} = 1)$ формула (7.8) упрощается и приводится к традиционному виду [21]:

$$\hat{f}'_{i-1,c} = \frac{1}{2h}\left(-3f_{i-1} + 4f_i - f_{i+1}\right) \quad \left(\frac{h^2}{3}M_{3,i}\right). \qquad (7.10)$$

Формулу (7.10) также можно записать через конечные разности. Для этого в формулу (7.9) подставляется $\delta_{i+1} = 1$ и тогда получается формула:

$$\hat{f}'_{i-1,c} = \frac{1}{2h}\left(3\Delta f_{i-1} - \Delta f_i\right). \qquad (7.11)$$

Остаточное слагаемое для (7.8) получается равным $\dfrac{h_i^2(1+\delta_{i+1})}{6}f'''(\xi)$, $\xi \in (x_{i-1}, x_{i+1})$, поэтому для данной аппроксимации справедлива следующая оценка погрешности: $\left|f'_{i-1} - \hat{f}'_{i-1,v}\right| \le \dfrac{h_i^2(1+\delta_{i+1})}{6}M_{3,i}$, где $M_{3,i} = \max\limits_{x \in Ш_{3,i}}(f'''(x))$.

Приводимые здесь и ниже остаточные слагаемые для дифференциальных операторов могут быть получены путем дифференцирования остаточных слагаемых $R(x)$ интерполяционных многочленов соответствующей степени. Для трехточечных формул при $n = 2$ остаточное слагаемое интерполяционного многочлена Лагранжа для произвольного $x \in (x_0, x_n)$ имеет вид:

$$R(x) = \frac{1}{3!}f'''(\xi)\cdot\omega(x),\ \text{где}\ \omega(x) = (x - x_{i-1})(x - x_i)(x - x_{i+1})\ [66].$$

Аналогично, разложив функцию $f(x)$ относительно точки x_{i+1} и получив соотношения для f_{i-1}, f_i , найдем $\hat{f}'_{i+1}$ – разностный оператор, аппроксимирующий *первую производную* f'_{i+1} *в правой крайней точке* (правосторонняя формула):

$$\hat{f}'_{i+1,v} = \frac{1}{H_i^{\,i+1}}\left(\delta_{i+1}f_{i-1} - \frac{(1+\delta_{i+1})^2}{\delta_{i+1}}f_i + \frac{(2\delta_{i+1}+1)}{\delta_{i+1}}f_{i+1}\right). \qquad (7.12)$$

Формула (7.12) с использованием приращений функции преобразуется к виду:

$$\hat{f}'_{i+1,v} = \frac{1}{H_i^{i+1}}\left(\frac{1+2\delta_{i+1}}{\delta_{i+1}}\Delta f_i - \delta_{i+1}\Delta f_{i-1}\right). \qquad (7.13)$$

При $h = const$ формулы (7.12) и (7.13) принимают вид:

$$\hat{f}'_{i+1,c} = \frac{1}{2h}\left(f_{i-1} - 4f_i + 3f_{i+1}\right) \text{ и } \hat{f}'_{i+1,c} = \frac{1}{2h}\left(3\Delta f_i - \Delta f_{i-1}\right) \quad \left(\frac{h^2}{3}M_{3,i}\right). \quad (7.14)$$

Оператор $\hat{f}'_{i+1,v}$ имеет остаточное слагаемое $\frac{h_i^2}{6}\delta_{i+1}\left(1+\delta_{i+1}\right)f'''(\xi)$.

Разложение функции $f(x)$ относительно центральной точки x_i шаблона, получение выражений для f_{i-1}, f_{i+1} и исключение из них слагаемого со второй производной приводят к следующим разностным операторам функционального типа, аппроксимирующим *первую производную в центральной точке* (формула центрального вида):

$$\hat{f}'_{i,v} = \frac{1}{H_i^{i+1}}\left(\delta_{i+1}\Delta f_{i-1} + \frac{1}{\delta_{i+1}}\Delta f_i\right) =$$

$$= \frac{1}{H_i^{i+1}}\left(-\delta_{i+1}f_{i-1} + \frac{\left(\delta_{i+1}^2 - 1\right)}{\delta_{i+1}}f_i + \frac{1}{\delta_{i+1}}f_{i+1}\right) \quad \left(\frac{h_i^2\delta_{i+1}}{6}M_{3,i}\right), (7.15)$$

$$\hat{f}'_{i,c} = \frac{1}{2h}\left(f_{i+1} - f_{i-1}\right) \text{ или } \hat{f}'_{i,c} = \frac{1}{2h}\left(\Delta f_i + \Delta f_{i-1}\right) \quad \left(\frac{h^2}{6}M_{3,i}\right). \quad (7.16)$$

Оператор $\hat{f}'_{i,v}$ имеет остаточное слагаемое $\frac{h_i^2}{6}\delta_{i+1}f'''(\xi)$.

Приведенные остаточные слагаемые разностных операторов $\hat{f}'_{i-1,v}$, $\hat{f}'_{i,v}$, $\hat{f}'_{i+1,v}$ обусловливают следующие оценки их погрешностей:

$$\left|f'_{i-1} - \hat{f}'_{i-1,v}\right| \le \frac{h_i^2}{6}\left(1+\delta_{i+1}\right)M_{3,i}, \qquad \left|f'_i - \hat{f}'_{i,v}\right| \le \frac{h_i^2}{6}\delta_{i+1}M_{3,i},$$

$$\left|f'_{i+1} - \hat{f}'_{i+1,v}\right| \le \frac{h_i^2}{6}\left(1+\delta_{i+1}\right)\delta_{i+1}M_{3,i}, \quad M_{3,i} = \max_{x\in Ш_{3,i}}\left|f'''(x)\right|. \qquad (7.17)$$

233

Замечания.

1. Далее в тексте оценочная константа $M_{p,i}$ для краткости будет использоваться без дополнительного ее описания. В нижнем индексе этой константы всюду указывается p – порядок производной и i – индекс узла, к которому относится константа.

2. Из оценок (7.17) вытекает, что разностные операторы $\hat{f}_{i-1}, \hat{f}_i, \hat{f}_{i+1}$ аппроксимируют при $h_{i+1} = \mathrm{var}$ соответствующие производные f'_{i-1}, f'_i, f'_{i+1} со вторым порядком аппроксимации, если шаблон произвольный (*безусловная аппроксимация*). Если же на шаблон с $\delta_{i+1} \ll 1$ наложить условие, например $\delta_{i+1} \le h_i$, т.е. $h_{i+1} \le h_i^2$, то порядок аппроксимации $\hat{f}'_i, \hat{f}'_{i+1}$ может быть повышен до третьего (*условная аппроксимация*). Параметр δ_{i+1} входит в мажоранты, соответствующие аппроксимациям, что наглядно указывает на возможность повышения порядка аппроксимации относительно h_i без увеличения количества точек шаблона (в случае необходимости) путем наложения на параметр δ_{i+1} вышеуказанного условия $\delta_{i+1} \le h_i$. При этом следует иметь в виду, что данный параметр входит в знаменатель некоторых слагаемых аппроксимационных формул (7.12)-(7.16) и его уменьшение может привести к увеличению погрешности арифметических операций.

3. Аппроксимации (7.14), (7.16) являются условными, так как для них справедливо условие $\delta_{i+1} = 1$.

Предположим, что $f(x) \in C^4_{[a,b]}$, и разложим функцию $f(x)$ в точках x_i и x_{i+1} на трехточечном нерегулярном шаблоне $Ш_{3,i} = (x_{i-1}, x_i, x_{i+1})$ до слагаемого четвертого порядка относительно шага. Складывая эти разложения и выражая из суммы вторую производную, получаем *функционально-дифференциальную формулу для второй производной*:

$$f_i'' = \frac{2(f_{i-1} - 2f_i + f_{i+1})}{h_{i+1}^2 + h_i^2} - \frac{2(h_{i+1} - h_i)}{h_{i+1}^2 + h_i^2} f_i' - \frac{2(h_{i+1}^3 - h_i^3)}{6(h_{i+1}^2 + h_i^2)} f_i''' -$$

$$- \frac{2(h_{i+1}^4 + h_i^4)}{4!(h_{i+1}^2 + h_i^2)} f^{(4)}(\xi). \qquad (7.18)$$

Подставляя в (7.18) аппроксимационную формулу (7.15) для первой производной, находим разностный аппроксимационный оператор $\hat{f}_i''$, выраженный через параметры δ_{i+1}, h_i^2 и *аппроксимирующий* (безусловно) *вторую производную* f_i'' на *нерегулярном шаблоне* с первым порядком аппроксимации:

$$\hat{f}_{i,v}'' = \frac{2}{h_i^2} \left(\frac{1}{1 + \delta_{i+1}} f_{i-1} - \frac{1}{\delta_{i+1}} f_i + \frac{1}{(1 + \delta_{i+1})\delta_{i+1}} f_{i+1} \right). \qquad (7.19)$$

Остаточное слагаемое формулы (7.19) имеет вид:

$$\frac{h_{i+1} - h_i}{3} f'''(\xi) + \frac{h_{i+1}^2 - h_i h_{i+1} + h_i^2}{12} f^{(4)}(\xi).$$

Выражение (7.19) можно преобразовать к виду:

$$\hat{f}_{i,v}'' = \frac{2}{H_i^{i+1}} \left(\frac{\Delta f_i}{h_{i+1}} - \frac{\Delta f_{i-1}}{h_i} \right) = \frac{2}{H_i^{i+1}} \left[\frac{f_{i-1}}{h_i} - \left(\frac{1}{h_i} + \frac{1}{h_{i+1}} \right) f_i + \frac{f_{i+1}}{h_{i+1}} \right]. \qquad (7.20)$$

Если сетка равномерная $(\delta_{i+1} = 1)$, то указанный порядок условной аппроксимации возрастает на единицу, так как третье слагаемое в (7.18) становится равным нулю. В этом случае из (7.19) получаем широко известный оператор, *аппроксимирующий вторую производную на регулярном шаблоне* [21] :

$$\hat{f}_{i,c}'' - \frac{1}{h^2}(f_{i-1} - 2f_i + f_{i+1}) \text{ или } \hat{f}_{i,c}'' = \frac{1}{h^2}(\Delta f_i - \Delta f_{i-1}) \quad \left(\frac{h^2}{12} M_{4,i} \right). \qquad (7.21)$$

Замечание. Из остаточного слагаемого формулы (7.19) следует, что порядок условной аппроксимации (7.19) можно повысить на единицу и на нерегулярном шаблоне, если принять $|\delta_{i+1} - 1| < h_i$, т.е.

$$h_i - h_i^2 \le h_{i+1} \le h_i + h_i^2 \text{ (квазиравномерная сетка).}$$

Как следует из приведенных выше постановок задач, в вычислительной практике аппроксимационные формулы (операторы) для производных используются для вычисления значений производных либо (при построении разностных методов) для замены ими соответствующих дифференциальных операторов.

В. Четырехточечный шаблон. Традиционные формулы третьего порядка для первых производных на регулярном шаблоне $Ш_{4,i} = \left(x_{i-2}, x_{i-1}, x_i, x_{i+1} \right)$ имеют вид [21]:

$$
\begin{aligned}
&\hat{f}'_{i-2,c} = \frac{1}{6h}\left(-11f_{i-2}+18f_{i-1}-9f_i+2f_{i+1}\right) && \text{или } \hat{f}'_{i-2,c} = \frac{1}{6h}\left(11\Delta f_{i-2}-7\Delta f_{i-1}+2\Delta f_i\right) && \left(\frac{h^3}{4}M_{4,i}\right); \\
&\hat{f}'_{i-1,c} = \frac{1}{6h}\left(-2f_{i-2}-3f_{i-1}+6f_i-f_{i+1}\right) && \text{или } \hat{f}'_{i-1,c} = \frac{1}{6h}\left(2\Delta f_{i-2}+5\Delta f_{i-1}-\Delta f_i\right) && \left(\frac{h^3}{12}M_{4,i}\right); \\
&\hat{f}'_{i,c} = \frac{1}{6h}\left(f_{i-2}-6f_{i-1}+3f_i+2f_{i+1}\right) && \text{или } \hat{f}'_{i,c} = \frac{1}{6h}\left(-\Delta f_{i-2}+5\Delta f_{i-1}+2\Delta f_i\right) && \left(\frac{h^3}{12}M_{4,i}\right); \\
&\hat{f}'_{i+1,c} = \frac{1}{6h}\left(-2f_{i-2}+9f_{i-1}-18f_i+11f_{i+1}\right) && \text{или } \hat{f}'_{i+1,c} = \frac{1}{6h}\left(2\Delta f_{i-2}-7\Delta f_{i-1}+11\Delta f_i\right) && \left(\frac{h^3}{4}M_{4,i}\right).
\end{aligned}
\tag{7.22}
$$

Замечание. Вариант записи производных через конечные разности здесь, а также в приведенном выше и последующем тексте указан для того, чтобы в дальнейшем можно было преобразовать эти формулы на основе теории подобия для аппроксимации (восстановления) функций по интегралам (см. замечание в конце данного пункта).

Формулы второго порядка на регулярном шаблоне для вторых производных имеют вид:

$$
\begin{aligned}
&\hat{f}''_{i-2,c} = \frac{1}{h^2}\left(2f_{i-2}-5f_{i-1}+4f_i-f_{i+1}\right) && \text{или } \hat{f}''_{i-2,c} = \frac{1}{h^2}\left(-\Delta f_i+3\Delta f_{i-1}-2\Delta f_{i-2}\right) && \left(\frac{11h^2}{12}M_{4,i}\right); \\
&\hat{f}''_{i-1,c} = \frac{1}{h^2}\left(f_{i-2}-2f_{i-1}+f_i\right) && \text{или } \hat{f}''_{i-1,c} = \frac{1}{h^2}\left(\Delta f_{i-1}-\Delta f_{i-2}\right) && \left(\frac{h^2}{12}M_{4,i}\right); \\
&\hat{f}''_{i,c} = \frac{1}{h^2}\left(f_{i-1}-2f_i+f_{i+1}\right) && \text{или } \hat{f}''_{i,c} = \frac{1}{h^2}\left(\Delta f_i-\Delta f_{i-1}\right) && \left(\frac{h^2}{12}M_{4,i}\right); \\
&\hat{f}''_{i+1,c} = \frac{1}{h^2}\left(-f_{i-2}+4f_{i-1}-5f_i+2f_{i+1}\right) && \text{или } \hat{f}''_{i+1,c} = \frac{1}{h^2}\left(2\Delta f_i-3\Delta f_{i-1}+\Delta f_{i-2}\right) && \left(\frac{11h^2}{12}M_{4,i}\right).
\end{aligned}
\tag{7.23}
$$

236

Замечание. Операторы, записанные выше для аппроксимации первых и вторых производных через приращения функций, могут быть переписаны для операторов восстановления функции $y = f(x)$ по значениям интегралов и операторов для аппроксимации производных первого порядка через интегралы. С этой целью можно использовать изложенный выше принцип подобия, состоящий в соответствующем изменении порядка производной в левой и правой частях аппроксимационных выражений (см. подраздел 1.2). Так, из оператора $\hat{f}'_k$ (k – номер точки шаблона) можно получить оператор $\hat{f}_k$ путем замены $\Delta f_{k-1} = f_k - f_{k-1}$ на определенный интеграл $I^k_{k-1} = F_k - F_{k-1}$. Проделав это, вместо формул (7.11), (7.16), (7.22) получим операторы восстановления функции $y = f(x)$ в различных точках шаблона по значениям интегралов:

$$\hat{f}_{i-1,c} = \frac{1}{2h}(3I^i_{i-1} - I^{i+1}_i), \tag{7.24}$$

$$\hat{f}_{i,c} = \frac{1}{2h}(I^{i+1}_i + I^i_{i-1}), \tag{7.25}$$

$$\hat{f}_{i-2,c} = \frac{1}{6h}(11I^{i-1}_{i-2} - 7I^i_{i-1} + 2I^{i+1}_i), \tag{7.26}$$

$$\hat{f}_{i-1,c} = \frac{1}{6h}(2I^{i-1}_{i-2} + 5I^i_{i-1} - I^{i+1}_i), \tag{7.27}$$

$$\hat{f}_{i,c} = \frac{1}{6h}(-I^{i-1}_{i-2} + 5I^i_{i-1} + 2I^{i+1}_i), \tag{7.28}$$

$$\hat{f}_{i+1,c} = \frac{1}{6h}(2I^{i-1}_{i-2} - 7I^i_{i-1} + 11I^{i+1}_i). \tag{7.29}$$

Формулы (7.24)-(7.25) имеют второй порядок аппроксимации по h (они записаны на трехточечном шаблоне), а (7.26)-(7.29) – третий порядок (они записаны на четырехточечном шаблоне).

Отметим, что операторы (7.27), (7.28) совпадают с формулами (3.26), полученными для слабосглаживающих сплайнов (если сдвинуть шаблон: вместо ($i-2, i-1, i, i+1$) взять ($i-1, i, i+1, i+2$)).

Вместо оператора (7.21) для аппроксимации производной второго порядка получаем следующий дифференциальный оператор для аппроксимации производной первого порядка:

$$\hat{f}'_{i,c} = \frac{1}{h^2}(I_i^{i+1} - I_{i-1}^i).\tag{7.30}$$

Замечание. В п. 7.2.2 формула (7.30) выведена другим способом. Она получена как следствие оператора для аппроксимации производной первого порядка на нерегулярном шаблоне.

Аналогично получаются другие интегральные аппроксимации первой производной.

Формулы аппроксимации вторых производных (7.23), записанные через приращения, аналогичным способом по принципу подобия могут быть переписаны применительно к аппроксимации первых производных. При этом приращения функций, как отмечено выше, заменяются на определенные интегралы, и в результате на четырехточечном шаблоне получаются дифференциальные операторы, основанные на базовых функциях интегрального типа:

$$
\begin{aligned}
\hat{f}'_{i-2,c} &= \frac{1}{h^2}(-I_i^{i+1} + 3I_{i-1}^i - 2I_{i-2}^{i-1}),\\
\hat{f}'_{i-1,c} &= \frac{1}{h^2}(I_{i-1}^i - I_{i-2}^{i-1}),\\
\hat{f}'_{i,c} &= \frac{1}{h^2}(I_i^{i+1} - I_{i-1}^i),\\
\hat{f}'_{i+1,c} &= \frac{1}{h^2}(2I_i^{i+1} - 3I_{i-1}^i + I_{i-2}^{i-1}).
\end{aligned}\tag{7.31}
$$

Формула (7.21), справедливая для трехточечного шаблона, преобразуется к оператору $\hat{f}'_{i,c}$ – третьему из группы операторов (7.31).

Для нерегулярного шаблона интегральная формула, аппроксимирующая $\hat{f}'_{i,c}$, получается из (7.20) и имеет вид:

$$\hat{f}'_{i,\text{v}} = \frac{2}{H_i^{i+1}}\left(\frac{I_i^{i+1}}{h_{i+1}} - \frac{I_{i-1}^i}{h_i}\right).$$

Замечание. Подчеркнем, что в соответствии с принципом подобия при переходе от одной группы подобия к другой порядок аппроксимации операторов не изменяется. При этом изменяется только порядок p производной M_p, входящей в оценку погрешности оператора (величина p увеличивается при увеличении порядка производной оператора).

7.2.2 Дифференциальные и интегральные операторы, полученные на основе разложения первообразных по формуле Тейлора

Разложение первообразной $F(x)$, соответствующей функции $f(x)$, по формуле Тейлора с остаточным слагаемым в форме Лагранжа имеет вид:

$$F_{i+1} = F_i + h_{i+1}f_i + \frac{h_{i+1}^2}{2}f_i' + ... + \frac{h_{i+1}^k}{k!}f_i^{(k-1)} + \frac{f^{(k)}(\xi)}{(k+1)!}h_{i+1}^{k+1} , \quad (7.32)$$

где $\xi \in (x_i, x_{i+1})$.

В формуле (7.32) учитывается, что остаточное слагаемое в форме Лагранжа имеет вид:

$$\frac{F^{(k+1)}(\xi)}{(k+1)!}h_{i+1}^{k+1} = \frac{f^{(k)}(\xi)}{(k+1)!}h_{i+1}^{k+1}, \text{ где } \xi \in (x_i, x_{i+1}).$$

Применительно к неравномерной сетке Δ_n это разложение используется ниже для двухточечного и трехточечного шаблонов.

А. Двухточечный шаблон $Ш_{2,i} = (x_i, x_{i+1})$ ($h_{i+1} = x_{i+1} - x_i$).

Предположив, что $f(x) \in C_{[a,b]}^2$, ограничимся в разложении (7.32) третьим порядком относительно h_{i+1} при $k = 2$ и получим:

$$F_{i+1} = F_i + h_{i+1}f_i + \frac{h_{i+1}^2}{2}f_i' + \frac{h_{i+1}^3}{6}f''(\xi),$$

239

где $\xi \in (x_i, x_{i+1})$. Выражая из этого разложения сначала первую производную, а затем определенный интеграл $I_i^{i+1} = F_{i+1} - F_i$, получаем соотношения для f_i' и I_i^{i+1}.

$$f_i' = \frac{2I_i^{i+1}}{h_{i+1}^2} - \frac{2f_i}{h_{i+1}} - \frac{h_{i+1}}{3} f''(\xi), \qquad (7.33)$$

$$I_i^{i+1} = h_{i+1}f_i + \frac{h_{i+1}^2}{2} f_i' + \frac{h_{i+1}^3}{6} f''(\xi). \qquad (7.34)$$

Первые два слагаемых в правых частях соотношений (7.33), (7.34) представляют собой *интегрально-функциональную* (интегрально-точечную) *аппроксимацию производной* f_i' и *функционально-дифференциальную аппроксимацию интеграла* I_i^{i+1} соответственно:

$$\hat{f}_i' = \frac{2I_i^{i+1}}{h_{i+1}^2} - \frac{2f_i}{h_{i+1}} \qquad \left(\frac{h_{i+1}}{3} M_2 \right), \qquad (7.35)$$

$$\hat{I}_i^{i+1} = h_{i+1}f_i + \frac{h_{i+1}^2}{2} f_i' \qquad \left(\frac{h_{i+1}^3}{6} M_2 \right). \qquad (7.36)$$

В соотношениях (7.33), (7.34) присутствуют остаточные слагаемые, из которых следуют оценки, правые части которых указаны в скобках рядом с операторами (7.35), (7.36).

Данные оценки свидетельствуют о том, что порядок аппроксимации относительно шага h_{i+1}, обеспечиваемый дифференциальным оператором (7.35), равен единице, а обеспечиваемый интегральным оператором (7.36), равен трем при условии, что базовые функции I_i^{i+1} и f_i для дифференциального оператора (7.35) известны или вычислены с точностью не ниже $O(h_{i+1}^3)$ и $O(h_{i+1}^2)$ (соответственно), а значения базовых функций f_i и f_i' для интегрального оператора (7.36) – с точностью не ниже $O(h_{i+1}^2)$ и $O(h_{i+1})$ (соответственно).

Замечания.

1. Выразив из разложения для F_{i+1} непосредственно функцию f_i, получим еще одно аппроксимационное выражение:

$$\hat{f}_i = \frac{1}{h_{i+1}} I_i^{i+1} - \frac{h_{i+1}}{2} f_i',$$

позволяющее восстанавливать со вторым порядком аппроксимации значение функции f_i в точке x_i по значениям I_i^{i+1} и f_i', известным с точностью не ниже $O(h_{i+1}^3)$ и $O(h_{i+1})$ соответственно.

2. Если в точке x_i производные более высоких порядков и значения базовых функций известны с более высоким порядком аппроксимации, то могут быть построены аппроксимационные операторы $\hat{f}_i'$, $\hat{I}_i^{i+1}$, $\hat{f}_i$ более высокого порядка аппроксимации, которые здесь не рассматриваются.

Б. Трехточечный шаблон $Ш_{3,i} = \left(x_{i-1}, x_i, x_{i+1}\right)$ ($h_{i+1} = x_{i+1} - x_i$, $h_i = x_i - x_{i-1}$, параметр нерегулярности сетки $\delta_{i+1} = \dfrac{h_{i+1}}{h_i}$).

Предположив, что $f(x) \in C_{[a,b]}^3$, и ограничиваясь в разложении (7.32) четвертым порядком относительно шага h_{i+1}, при $k = 3$ для F_{i+1} и F_{i-1} (разложения относительно точки x_i) получим:

$$F_{i+1} = F_i + h_{i+1} f_i + \frac{h_{i+1}^2}{2} f_i' + \frac{h_{i+1}^3}{6} f_i'' + \frac{h_{i+1}^4}{24} f'''(\xi_1), \quad \xi_1 \in (x_i, x_{i+1}),$$

$$F_{i-1} = F_i - h_i f_i + \frac{h_i^2}{2} f_i' - \frac{h_i^3}{6} f_i'' + \frac{h_i^4}{24} f'''(\xi_2), \quad \xi_2 \in (x_{i-1}, x_i).$$

Умножая первое соотношение на h_i, а второе на h_{i+1}, складывая их с учетом равенства $I_i^{i+1} = F_{i+1} - F_i$ и разрешая относительно f_i', получаем соотношение:

$$f_i' = \frac{2}{h_i(1+\delta_{i+1})} \left(\frac{I_i^{i+1}}{h_{i+1}} - \frac{I_{i-1}^i}{h_i} \right) - \frac{h_i(\delta_{i+1}-1)}{3} f_i'' - \frac{h_i^2}{12(1+\delta_{i+1})} \left(\delta_{i+1}^3 f'''(\xi_1) + f'''(\xi_2) \right).$$

Отсюда следует *интегрально-дифференциальный аппроксимационный оператор для первой производной* f_i' *на нерегулярном шаблоне*:

$$\hat{f}_{i,\text{v}}' = \frac{2}{h_i(1+\delta_{i+1})}\left(\frac{I_i^{i+1}}{h_{i+1}} - \frac{I_{i-1}^i}{h_i}\right) - \frac{h_i(\delta_{i+1}-1)}{3}f_i''. \qquad (7.37)$$

Оператор (7.37) при заданных интегралах I_i^{i+1}, I_{i-1}^i (известных с точностью не ниже $O(h_{i+1}^3)$ и $O(h_i^3)$ соответственно) и производной f_i'' (известной с точностью не ниже первого порядка) аппроксимирует первую производную f_i' на нерегулярном шаблоне со вторым порядком (безусловная аппроксимация).

При условной аппроксимации, когда $\delta_{i+1}=1$ (равномерная сетка), из (7.37) следует интегральный аппроксимационный оператор для первой производной f_i' на регулярном шаблоне:

$$\hat{f}_{i,c}' = \frac{1}{h^2}\left(I_i^{i+1} - I_{i-1}^i\right) \qquad \left(\frac{h^2}{12}M_3\right). \qquad (7.38)$$

Эта формула аппроксимирует первую производную f_i' со вторым порядком аппроксимации.

Из сопоставления мажорант оценок аппроксимационных операторов $\hat{f}_{i,c}'$, выраженных формулами (7.16) и (7.38), следует, что они имеют одинаковый (второй) порядок аппроксимации, однако мажоранта или остаточное слагаемое оператора интегрального типа содержит константу $\frac{1}{12}$, в два раза меньшую соответствующей константы в мажоранте оператора точечного (функционального) типа.

Замечание. При условии $f(x) \in C_{[a,b]}^2$ на регулярном шаблоне из разложения первообразных получается аппроксимационный *интегрально-функциональный оператор для второй производной*:

$$\hat{f}_i'' = \frac{3}{h^3} I_{i-1}^{i+1} - \frac{6}{h^2} f_i \quad (O(h)). \quad (7.39)$$

Из (7.39) можно выразить интеграл I_{i-1}^{i+1} через значения функции f_i и второй производной f_i'':

$$\hat{I}_{i-1}^{i+1} = 2hf_i + \frac{h^3}{3} f_i''. \quad (7.40)$$

Порядок аппроксимации формулы (7.40) относительно шага $h = const$ (при условии, что значение функции задано (вычислено) с порядком аппроксимации не ниже третьего, а второй производной – не ниже первого), равен четырем. Если в правую часть оператора $\hat{I}_{i-1}^{i+1}$ (7.40) подставить выражение для $\hat{f}_i''$ из одного из соотношений (7.23), то для $\hat{I}_{i-1}^{i+1}$ получается квадратурная формула парабол.

7.2.3 Формулы численного дифференцирования, полученные на основе ИД-сплайнов

Соотношения, вытекающие из условий согласования и условий стыковки сплайнов (см. определения 1.17, 1.11 в п. 1.3.1), содержащие производные $f_i^{(p)} = f^{(p)}(x_i)$ (где $p = 1, 2, \ldots$ – порядок производной) в качестве неопределенных параметров сплайнов, рассматриваются здесь как формулы численного дифференцирования, поскольку путем их разрешения вычисляются значения производных при известных (или заранее вычисленных с требуемой точностью) значениях аппроксимируемой функции $f_i = f(x_i)$ или определенных интегралов $I_i^{i+1} = \int_{x_i}^{x_{i+1}} f(x)dx$ на сетке Δ_n. Способы (алгоритмы) вычисления значений производных могут быть как явными так и неявными (см. определение В.7 во введении).

243

7.2.3.1 Явные формулы численного дифференцирования

А. Двухточечный шаблон. Из рассмотрения параболических локальных ИД-сплайнов в работе [55] получены *интегрально-функциональные* аппроксимационные формулы для первых производных на двухточечном шаблоне $Ш_{2,i-1} = (x_{i-1}, x_i)$:

$$\hat{f}'_{i-1} = \frac{6}{h_i^2} I_{i-1}^i - \frac{2}{h_i}(2f_{i-1} + f_i),$$

$$\hat{f}'_i = \frac{2}{h_i}(f_{i-1} + 2f_i) - \frac{6}{h_i^2} I_{i-1}^i. \tag{7.41}$$

Формулы (7.41), основанные на функциональных и интегральных базовых функциях, в силу их одноинтервального характера справедливы для нерегулярной сетки при $h_i = \text{var}$, если значение интеграла I_{i-1}^i и значения функции f_{i-1}, f_i либо известны, либо заранее вычислены с точностью не ниже $O\left(h_i^4\right)$ и $O\left(h_i^3\right)$ соответственно. При выполнении указанных условий для операторов $\hat{f}'_{i-1}$, $\hat{f}'_i$ справедливы оценки:

$$\left| \hat{f}'_k - f'_k \right| \le \frac{h_i^2}{12} M_{3,i}, \quad k = i-1, \ i.$$

Замечание. Из (7.41) можно выразить величину I_{i-1}^i, и тогда получаются следующие *функционально-дифференциальные* квадратурные формулы:

$$\hat{I}_{i-1}^i = \frac{h_i}{3}(2f_{i-1} + f_i) + \frac{h_i^2}{6} f'_{i-1},$$

$$\hat{I}_{i-1}^i = \frac{h_i}{3}(f_{i-1} + 2f_i) - \frac{h_i^2}{6} f'_i.$$

Б. Трехточечный шаблон. Из анализа локальных кубических ИД-сплайнов на нерегулярном трехточечном шаблоне $Ш_{3,i} = (x_{i-1}, x_i, x_{i+1})$ авторами получены следующие *интегрально-функциональные* формулы:

– для левой, центральной и правой точек вышеуказанного *нерегулярного шаблона* аппроксимационные операторы *для производной первого порядка* имеют вид:

$$\hat{f}'_{i-1,v} = \frac{1}{H_i^{i+1}} \left[4 \left(\frac{h_i}{h_{i+1}^2} I_i^{i+1} + \frac{\left(2H_i^{i+1} + h_i\right)}{h_i^2} I_{i-1}^i \right) -, \right.$$

$$\left. - \left(\frac{h_i}{h_{i+1}} f_{i+1} + \frac{3\left(H_i^{i+1}\right)^2}{h_i h_{i+1}} f_i + \frac{5H_i^{i+1} + h_i}{h_i} f_{i-1} \right) \right]$$

$$\hat{f}'_{i,v} = \frac{1}{H_i^{i+1}} \left[4 \left(\frac{h_i}{h_{i+1}^2} I_i^{i+1} - \frac{h_{i+1}}{h_i^2} I_{i-1}^i \right) - \right.$$

$$\left. - \left(\frac{h_i}{h_{i+1}} f_{i+1} + \frac{3\left(h_i^2 - h_{i+1}^2\right)}{h_i h_{i+1}} f_i - \frac{h_{i+1}}{h_i} f_{i-1} \right) \right],$$

$$\hat{f}'_{i+1,v} = \frac{1}{H_i^{i+1}} \left[-4 \left(\frac{\left(2H_i^{i+1} + h_{i+1}\right)}{h_{i+1}^2} I_i^{i+1} + \frac{h_{i+1}}{h_i^2} I_{i-1}^i \right) + \right.$$

$$\left. + \left(\frac{5H_i^{i+1} + h_{i+1}}{h_{i+1}} f_{i+1} + \frac{3\left(H_i^{i+1}\right)^2}{h_i h_{i+1}} f_i + \frac{h_{i+1}}{h_i} f_{i-1} \right) \right];$$

– для левой, центральной и правой точек *регулярного шаблона* ($h = \text{const}$) эти операторы принимают более простую форму:

$$\hat{f}'_{i-1,c} = \frac{1}{2h} \left[\frac{4}{h} \left(I_i^{i+1} + 5I_{i-1}^i \right) - \left(f_{i+1} + 12 f_i + 11 f_{i-1} \right) \right] \qquad \left(\frac{h^3}{60} M_{4,i} \right),$$

$$\hat{f}'_{i,c} = \frac{1}{2h} \left[\frac{4}{h} \left(I_i^{i+1} - I_{i-1}^i \right) - \left(f_{i+1} - f_{i-1} \right) \right] =$$

$$= \frac{1}{2h} \left[\frac{4}{h} \Delta I_i^{i+1} - \left(\Delta f_i + \Delta f_{i-1} \right) \right] \qquad \left(\frac{h^4}{360} M_{5,i} \right),$$

$$\ddot{f}'_{i+1,c} = \frac{1}{2h} \left[-\frac{4}{h} \left(5I_i^{i+1} + I_{i-1}^i \right) + \left(11 f_{i+1} + 12 f_i + f_{i-1} \right) \right] \qquad \left(\frac{h^3}{60} M_{4,i} \right);$$

– для левой, центральной и правой точек *нерегулярного шаблона* аппроксимационные операторы *для производной второго порядка* имеют вид:

245

$$\hat{f}''_{i-1,\mathrm{v}} = \frac{6}{H_i^{i+1}}\left[-4\left(\frac{1}{h_{i+1}^2}I_i^{i+1} + \frac{H_{2i}^{i+1}}{h_i^3}I_{i-1}^i\right) + \frac{1}{h_{i+1}}f_{i+1} + \right.$$

$$\left. + \frac{H_i^{i+1}\left(2H_i^{i+1}+h_i\right)}{h_i^2 h_{i+1}}f_i + \frac{2H_i^{i+1}+h_i}{h_i^2}f_{i-1}\right],$$

$$\hat{f}''_{i,\mathrm{v}} = \frac{6}{H_i^{i+1}}\left[4\left(\frac{1}{h_{i+1}^2}I_i^{i+1} + \frac{1}{h_i^2}I_{i-1}^i\right) - \left(\frac{f_{i+1}}{h_{i+1}} + \frac{3H_i^{i+1}}{h_{i+1}h_i}f_i + \frac{f_{i-1}}{h_i}\right)\right],$$

$$\hat{f}''_{i+1,\mathrm{v}} = \frac{6}{H_i^{i+1}}\left[-4\left(\frac{H_i^{2(i+1)}}{h_{i+1}^3}I_i^{i+1} + \frac{1}{h_i^2}I_{i-1}^i\right) + \frac{2H_i^{i+1}+h_{i+1}}{h_{i+1}^2}f_{i+1} + \right.$$

$$\left. + \frac{H_i^{i+1}\left(2H_i^{i+1}+h_{i+1}\right)}{h_i h_{i+1}^2}f_i + \frac{f_{i-1}}{h_i}\right];$$

– для левой, центральной и правой точек *регулярного шаблона* эти операторы принимают форму:

$$\hat{f}''_{i-1,c} = \frac{3}{h^2}\left[-\frac{4}{h}\left(I_i^{i+1}+3I_{i-1}^i\right) + \left(f_{i+1}+10f_i+5f_{i-1}\right)\right] \qquad \left(\frac{7}{20}h^2 M_{4,i}\right),$$

$$\hat{f}''_{i,c} = \frac{3}{h^2}\left[\frac{4}{h}\left(I_i^{i+1}+I_{i-1}^i\right) - \left(f_{i+1}+6f_i+f_{i-1}\right)\right] \qquad \left(\frac{1}{20}h^2 M_{4,i}\right),$$

$$\hat{f}''_{i+1,c} = \frac{3}{h^2}\left[-\frac{4}{h}\left(3I_i^{i+1}+I_{i-1}^i\right) + \left(5f_{i+1}+10f_i+f_{i-1}\right)\right] \qquad \left(\frac{7}{20}h^2 M_{4,i}\right).$$

Подчеркнем, что правые части данных аппроксимационных операторов записаны через интегралы I_{i-1}^i, I_i^{i+1} на двух смежных отрезках, составляющих шаблон, и через значения функций в точках этого шаблона. Если известны интегралы и значения самой функции, то по этим формулам можно вычислить первые производные с третьим порядком точности, а вторые производные – со вторым (остаточные слагаемые некоторых аппроксимационных формул указаны в скобках, расположенных рядом с формулами). При этом формула для $\hat{f}'_{i,c}$, имеющая симметричный вид относительно центральной точки x_i и содержащая интегральные и функциональные разности, обеспечивает (по сравнению с крайними точками x_{i-1}, x_{i+1}) повышенный (четвертый) порядок аппроксимации. Если интегралы для исследуемой функции неизвестны, они должны быть предварительно рассчитаны с порядком, по крайней мере на два превышающим порядок аппроксимации дифференциальных операторов.

Замечание. В вычислительной практике могут оказаться полезными еще два аппроксимационных оператора $\hat{f}''_{Л(П),v}$, $\hat{f}''_{i,c}$:

$$\hat{f}''_{Л(П),v} = \frac{6}{h_{i+1}^2}(f_i + f_{i+1}) - \frac{12}{h_{i+1}^3} I_i^{i+1} \qquad \left(\frac{h_{i+1}}{2} M_{3,i}\right), \qquad (7.42)$$

$$\hat{f}''_{i,c} = \frac{3}{2h^2}(f_{i-1} + f_{i+1}) - \frac{3}{2h} I_{i-1}^{i+1} \qquad \left(\frac{h^2}{10} M_{4,i}\right). \qquad (7.43)$$

В формулах (7.42), (7.43) $\hat{f}''_{Л(П),v}$ – лево- или правосторонний оператор (при $h = \text{var}$), записанный на двухточечных шаблонах, а $\hat{f}''_{i,c}$ – центральный оператор, записанный на трехточечном шаблоне (при $h = \text{const}$).

В. Четырехточечный шаблон. Выше приведены формулы численного дифференцирования на трехточечном (или для некоторых формул на двухточечном) шаблоне, имеющие порядок аппроксимации $h^{3-(p-1)}$, где p – порядок производных, для которых записаны эти формулы. В дополнение к изложенному материалу приведем формулы, аппроксимирующие производную $f^{(p)}$ $(p = 1,2)$ с порядками $h^{3-(p-1)}$ на четырехточечном шаблоне. Данные формулы получены в работах [55], [71] путем анализа кубических дифференциальных и интегродифференциальных сплайнов.

1. Операторы для *первых производных* третьего порядка аппроксимации на четырехточечном нерегулярном шаблоне $Ш_{4,i} = \left(x_{i-2}, x_{i-1}, x_i, x_{i+1}\right)$:

— для *лево- и правосторонних внутренних точек* x_{i-1}, x_i нерегулярного шаблона справедливы *функциональные* формулы:

$$\hat{f}'_{i-1,v} = \frac{1}{a}\left\{-h_i^2 h_{i+1}\left(H_i^{i+1}\right)^2 f_{i-2} + h_{i+1}\left(h_i^2\left(H_i^{i+1}\right)^2 - h_{i-1}^2 K_{2i-1}^2\right)f_{i-1} + \right.$$
$$\left. + h_{i-1}^2\left(h_i^2 H_{i-1}^i + h_{i+1}K_{2i-1}^2\right)f_i - h_i^2 h_{i-1}^2 H_{i-1}^i f_{i+1}\right\}, \tag{7.44}$$

$$\hat{f}'_{i,v} = \frac{1}{a}\left\{h_i^2 h_{i+1}^2 H_i^{i+1} f_{i-2} - h_{i+1}^2\left(h_i^2 H_i^{i+1} + h_{i-1}K_{2i}^2\right)f_{i-1} + \right.$$
$$\left. + h_{i-1}\left[h_{i+1}^2 K_{2i}^2 - h_i^2\left(H_{i-1}^i\right)^2\right]f_i + h_i^2 h_{i-1}\left(H_{i-1}^i\right)^2 f_{i+1}\right\}, \tag{7.45}$$

где $a = H_{i-1}^{i+1} H_{i-1}^i H_i^{i+1} \Pi_{i-1}^{i+1}$, $K_{2i}^2 = h_{i-1}\left(H_{i-1}^{i+1} + 2h_i\right) + h_i\left(2H_i^{i+1} + h_i\right)$,

$K_{2i-1}^2 = h_{i+1}\left(H_{i-1}^{i+1} + 2h_i\right) + h_i\left(2H_{i-1}^i + h_i\right)$, $\Pi_{i-1}^{i+1} = h_{i-1}h_i h_{i+1}$,

$H_{i-1}^{i+1} = h_{i-1} + h_i + h_{i+1}$, $H_{i-1}^i = h_{i-1} + h_i$, $H_i^{i+1} = h_i + h_{i+1}$;

— для *левой и правой крайних точек* x_{i-2}, x_{i+1} нерегулярного шаблона справедливы *функционально-дифференциальные* формулы рекуррентного типа:

$$\hat{f}'_{i-2,v} = \frac{h_{i-1}^2}{H_{i-1}^i}\left(\frac{2H_{i-1}^i + h_{i-1}}{h_{i-1}^3}\Delta f_{i-2} + \frac{\Delta f_{i-1}}{h_i^2}\right) - \frac{H_{i-1}^i}{h_i}\hat{f}'_{i-1}, \tag{7.46}$$

$$\hat{f}'_{i+1,v} = \frac{h_{i+1}^2}{H_i^{i+1}}\left(\frac{2H_i^{i+1} + h_{i+1}}{h_{i+1}^3}\Delta f_i + \frac{\Delta f_{i-1}}{h_i^2}\right) - \frac{H_i^{i+1}}{h_i}\hat{f}'_i. \tag{7.47}$$

На регулярном четырехточечном шаблоне при $h = \text{const}$ формулы (7.44) – (7.47) упрощаются и сводятся к формулам (7.22). Можно показать, что (7.44) – (7.47), так же как и формулы (7.22), имеют третий порядок аппроксимации.

Параболические и кубические ИД-сплайны позволяют сконструировать интегральные формулы численного дифференцирования [9, 54-60, 62, 67, 71, 72].

На четырехточечном нерегулярном шаблоне $Ш_{4,i+1} = (x_{i-1}, x_i, x_{i+1}, x_{i+2})$ получаются следующие *интегральные и рекуррентные формулы* для первых производных:

$$\hat{f}'_i = \frac{2}{A} \left\{ \frac{h_i^2 - h_{i+1}^2}{h_{i+2}} I_{i+1}^{i+2} + \left[3h_{i+1}H_{i+1}^{i+2} + \left(h_{i+2}^2 - h_i^2\right)\right] \frac{1}{h_{i+1}} I_i^{i+1} - \frac{H_{i+1}^{i+2} H_{2(i+1)}^{i+2}}{h_i} I_{i-1}^i \right\}, \quad (7.48)$$

$$\hat{f}'_{i+1} = \frac{2}{A} \left\{ \frac{H_i^{i+1} H_i^{2(i+1)}}{h_{i+2}} I_{i+1}^{i+2} - \frac{3h_{i+1}H_i^{i+1} + \left(h_i^2 - h_{i+2}^2\right)}{h_{i+1}} I_i^{i+1} + \frac{h_{i+1}^2 - h_{i+2}^2}{h_i} I_{i-1}^i \right\}, \quad (7.49)$$

$$\hat{f}'_{i-1} = \frac{H_i^{i+1}}{h_{i+1}} \hat{f}'_i - \frac{h_i}{h_{i+1}} \hat{f}'_{i+1}; \qquad \hat{f}'_{i+2} = \frac{H_{i+1}^{i+2}}{h_{i+1}} \hat{f}'_{i+1} - \frac{h_{i+2}}{h_{i+1}} \hat{f}'_i, \qquad (7.50)$$

где $A = h_{i+1}^2 \left(2h_i + h_{i+1} + 2h_{i+2}\right) + h_{i+1}\left(h_i^2 + h_{i+2}^2\right) + h_i h_{i+2}\left(h_i + 3h_{i+1} + h_{i+2}\right),$

$H_{i+1}^{i+2} = h_{i+1} + h_{i+2}, \ H_{2(i+1)}^{i+2} = 2h_{i+1} + h_{i+2}, \ H_i^{2(i+1)} = h_i + 2h_{i+1}.$

Формулы (7.48), (7.49) относятся к внутренним точкам шаблона и при $h = \text{const}$ переходят в (7.38), а формулы (7.50) (рекуррентные) – к крайним точкам шаблона и являются подобными формулам (7.54), справедливым для вторых производных. При этом в соответствии с принципом подобия для перехода от одних формул к другим (подобным) формулам необходимо изменить порядки производных в обеих частях равенств, а также осуществить сдвиг индекса в обозначении сеточных функций для перехода от $Ш_{4,i+1} = (x_{i-1}, x_i, x_{i+1}, x_{i+2})$ к $Ш_{4,i} = (x_{i-2}, x_{i-1}, x_i, x_{i+1})$.

На регулярном шаблоне из (7.50) при $h = \text{const}$ легко получаются явные трехинтервальные аппроксимации *интегрального типа*:

$$\hat{f}'_{i-1,c} = \frac{1}{h^2}\left(-2I_{i-1}^i + 3I_i^{i+1} - I_{i+1}^{i+2}\right) \qquad \left(\frac{11}{12}h^2 M_{3,i}\right),$$

$$\hat{f}'_{i+2,c} = \frac{1}{h^2}\left(I_{i-1}^i - 3I_i^{i+1} + 2I_{i+1}^{i+2}\right) \qquad \left(\frac{11}{12}h^2 M_{3,i}\right). \qquad (7.51)$$

Формулы (7.51) совпадают с первой и последней формулами из группы (7.31) с учетом того, что они записаны на шаблоне $Ш_{4,i} = (x_{i-2}, x_{i-1}, x_i, x_{i+1})$. Их можно записать иначе через разности определенных интегралов (интегральные разности):

$$\hat{f}'_{i-1,c} = \frac{1}{h^2}\left(2\Delta I_i^{i+1} - \Delta I_{i+1}^{i+2}\right);$$

$$\hat{f}'_{i+2,c} = \frac{1}{h^2}\left(2\Delta I_{i+1}^{i+2} - \Delta I_i^{i+1}\right),$$

где $\Delta I_k^{k+1} = I_k^{k+1} - I_{k-1}^k$.

2. Формулы для *вторых производных* второго порядка аппроксимации на шаблоне $Ш_{4,i} = (x_{i-2}, x_{i-1}, x_i, x_{i+1})$:

– для *лево- и правосторонних внутренних точек* x_{i-1}, x_i *нерегулярного шаблона* справедливы следующие *функциональные формулы*:

$$\hat{f}''_{i,v} = \frac{2}{a}\Big[K_i^{i+1}\Delta h_{i+1}f_{i-2} + H_{i-1}^i h_{i+1}\left(H_{i-1}^{2i}h_{i-1} - H_i^{i+1}\Delta h_{i+1}\right)f_{i-1} -$$
$$- H_i^{i+1}h_{i-1}\left(H_{i-1}^{2i}H_{i-1}^i - h_{i+1}\Delta h_i\right)f_i + K_{i-1}^i H_{i-1}^{2i}f_{i+1}\Big], \qquad (7.52)$$

$$\hat{f}''_{i-1,v} = \frac{2}{a}\Big[K_i^{i+1}H_{2i}^{i+1}f_{i-2} - h_{i+1}H_i^{i+1}\left(H_{2i}^{i+1}H_i^{i+1} + h_{i-1}\Delta h_i\right)f_{i-1} +$$
$$+ H_i^{i+1}h_{i-1}\left(h_{i+1}H_{2i}^{i+1} + H_{i-1}^i\Delta h_i\right)f_i - K_{i-1}^i\Delta h_i f_{i+1}\Big], \qquad (7.53)$$

где $K_t^{t+1} = \Pi_t^{t+1}H_t^{t+1}$, $\Pi_t^{t+1} = h_t h_{t+1}$ $(t = i-1, i)$;
$H_{i-1}^{2i} = h_{i-1} + 2h_i$; $H_{2i}^{i+1} = 2h_i + h_{i+1}$;
$\Delta h_{i+1} = h_{i+1} - h_i$; $a = H_{i-1}^{i+1}H_{i-1}^i H_i^{i+1}\Pi_{i-1}^{i+1}$;

– для *левой и правой крайних точек нерегулярного шаблона* справедливы *дифференциальные формулы* рекуррентного типа:

$$\hat{f}''_{i-2,v} = \frac{H_{i-1}^i}{h_i}\hat{f}''_{i-1,v} - \frac{h_{i-1}}{h_i}\hat{f}''_{i,v};$$
$$\hat{f}''_{i+1,v} = \frac{H_i^{i+1}}{h_i}\hat{f}''_{i,v} - \frac{h_{i+1}}{h_i}\hat{f}''_{i-1,v}. \qquad (7.54)$$

Формулы (7.44), (7.45) и (7.52), (7.53) могут использоваться для расчета значений производных во внутренних точках x_i $(i = 1, 2, \ldots, n-1)$ сетки Δ_n, а (7.46), (7.47) и (7.54) – для расчета производных в крайних точках x_0, x_n сетки Δ_n.

На регулярном шаблоне при $h = \text{const}$ группа формул (7.52), (7.53) для аппроксимации вторых производных во внутренних точках шаблона преобразуется к традиционным:

$$\hat{f}''_{i,c} = \frac{1}{h^2}(f_{i-1} - 2f_i + f_{i+1}) \left(\frac{h^2}{12}M_{4,i}\right),$$

$$\hat{f}''_{i-1,c} = \frac{1}{h^2}(f_{i-2} - 2f_{i-1} + f_i),$$

а также ко второй и третьей формулам из (7.23), имеющим второй порядок аппроксимации. Для сравнения двух последних формул с формулами (7.23) сдвигаются шаблоны: для сравнения первой формулы со второй формулой из (7.23) $Ш_{3,i} = (x_{i-1}, x_i, x_{i+1})$ сдвигается к $Ш_{3,i-1} = (x_{i-2}, x_{i-1}, x_i)$, для сравнения второй формулы с третьей формулой из (7.23) $Ш_{3,i-1} = (x_{i-2}, x_{i-1}, x_i)$ сдвигается к $Ш_{3,i} = (x_{i-1}, x_i, x_{i+1}))$.

Формулы (7.54) *на регулярном шаблоне* преобразуются к рекуррентным формулам:

$$\hat{f}''_{i-2,c} = 2\hat{f}''_{i-1,c} - \hat{f}''_{i,c}, \qquad \hat{f}''_{i+1,c} = 2\hat{f}''_{i,c} - \hat{f}''_{i-1,c}.$$

7.2.3.2 Неявные алгоритмы численного дифференцирования

Из условий согласования и стыковки (см. определения, приведенные в п. 1.3.1) параболических и кубических дифференциальных сплайнов путем несложного анализа получаются нижеследующие *неявные алгоритмы* вычисления первых и вторых производных сеточных функций. При этом значения производных вычисляются не по явным формулам (операторам), а в результате решения трехдиагональных систем линейных алгебраических уравнений методом прогонки.

Первые производные для заданной сеточной функции $y_i = f(x_i)$, $i = 0,1,\ldots,n$, можно вычислить следующими несколькими способами.

а) Следствием параметрических соотношений, получающихся при выводе формул коэффициентов традиционных дифференциальных параболических сплайнов (без сдвига узлов сплайна относительно узлов сеточной функции), является система линейных алгебраических уравнений относительно первых производных [55]:

$$\frac{h_i}{2}\hat{f}'_{i-1} + \frac{1}{2}\left(h_i + h_{i+1}\right)\hat{f}'_i + \frac{h_{i+1}}{2}\hat{f}'_{i+1} = \Delta f_{i-1} + \Delta f_i, \quad i = 1,2,\ldots,n-1, \quad (7.55)$$

где $\Delta f_i = f_{i+1} - f_i$, $h_{i+1} = x_{i+1} - x_i$.

При заданных значениях производных на концах отрезка $[x_0, x_n]$ система (7.55) становится трехдиагональной и позволяет со вторым порядком аппроксимации вычислить значения производных $\hat{f}'_i$ во всех внутренних точках.

На регулярном шаблоне при $h = \mathrm{const}$ эта система упрощается:

$$\hat{f}'_{i-1} + 2\hat{f}'_i + \hat{f}'_{i+1} = \frac{2\left(f_{i+1} - f_{i-1}\right)}{h}, \; i = 1,2,\ldots,n-1.$$

б) *На регулярном шаблоне значения производных первого порядка* $\hat{f}'_i$ *со вторым порядком аппроксимации* могут быть вычислены также из следующей системы (дополненной граничными условиями), матрица которой удовлетворяет свойству преобладания диагональных элементов [97]:

$$\hat{f}'_{i-\frac{1}{2}} + 6\hat{f}'_{i+\frac{1}{2}} + \hat{f}'_{i+\frac{3}{2}} = \frac{8\Delta f_i}{h_i}, \; i = 0,1,\ldots,n-1. \quad (7.56)$$

Решением системы (7.56) будут производные в узлах, сдвинутых влево на полшага относительно узлов сеточной функции.

Если производные на концах неизвестны, то их необходимо предварительно вычислить с порядком не ниже второго.

в) *Производные первого порядка с третьим порядком аппроксимации* могут быть определены из системы, являющейся следствием условия стыковки для кубических дифференциальных сплайнов (см. формулу (В.5) – где $\overline{m}_i$ заменено на $\hat{f}_i'$):

$$\frac{\hat{f}_{i-1}'}{h_i} + 2\left(\frac{1}{h_{i+1}} + \frac{1}{h_i}\right)\hat{f}_i' + \frac{\hat{f}_{i+1}'}{h_{i+1}} = 3\left(\frac{\Delta f_i}{h_{i+1}^2} + \frac{\Delta f_{i-1}}{h_i^2}\right), \quad i = 1, 2, \ldots, n-1. \quad (7.57)$$

Система (7.57), матрица которой удовлетворяет свойству преобладания диагональных элементов, должна быть замкнута либо известными значениями $\hat{f}_0'$, $\hat{f}_n'$, либо двумя функционально-дифференциальными граничными соотношениями:

$$\begin{aligned}
&\hat{f}_0' + \frac{H_1^2}{h_2}\hat{f}_1' = \frac{h_1^2}{H_1^2}\left(\frac{2H_1^2 + h_1}{h_1^3}\Delta f_0 + \frac{1}{h_2^2}\Delta f_1\right), \\
&\frac{H_{n-1}^n}{h_{n-1}}\hat{f}_{n-1}' + \hat{f}_n' = \frac{h_n^2}{H_{n-1}^n}\left(\frac{1}{h_{n-1}^2}\Delta f_{n-2} + \frac{2H_{n-1}^n + h_n}{h_n^3}\Delta f_{n-1}\right),
\end{aligned} \quad (7.58)$$

где $H_{k-1}^k = h_{k-1} + h_k \ \ (k = 2, n)$.

г) *Производные первого порядка со вторым порядком аппроксимации* могут вычисляться также по значениям интегралов с использованием системы, подобной системе (В.7), в которой порядок производных понижен на единицу (в этом случае вместо Δf_i и Δf_{i-1} следует подставить определенные интегралы $I_i^{i+1} = \Delta F_i$ и $I_{i-1}^i = \Delta F_{i-1}$, а вместо m_k подставить $\hat{f}_k' \ (k = i-1, i, i+1)$):

$$h_i\hat{f}_{i-1}' + 2(h_i + h_{i+1})\hat{f}_i' + h_{i+1}\hat{f}_{i+1}' = 6\left(\frac{I_i^{i+1}}{h_{i+1}} - \frac{I_{i-1}^i}{h_i}\right), \ i = 1, 2, \ldots, n-1. \ (7.59)$$

Замыкающие систему соотношения формируются аналогично предыдущему случаю.

На регулярном шаблоне система (7.59) для $\hat{f}_i'$ может быть записана через интегральные приращения:

$$\hat{f}_{i-1}' + 4\hat{f}_i' + \hat{f}_{i+1}' = \frac{6}{h}\left(\Delta I_i^{i+1}\right), \quad i = 1,2,\ldots,n-1.$$

Производные второго порядка со вторым порядком аппроксимации могут быть определены из системы (В.7), вытекающей из условия стыковки кубических дифференциальных сплайнов, где m_k заменяется на $\hat{f}_k''$ ($k = i-1,\, i,\, i+1$):

$$h_i\hat{f}_{i-1}'' + 2\left(h_i + h_{i+1}\right)\hat{f}_i'' + h_{i+1}\hat{f}_{i+1}'' = 6\left(\frac{\Delta f_i}{h_{i+1}} - \frac{\Delta f_{i-1}}{h_i}\right),\, i = 0,1,\ldots,n-1. \quad (7.60)$$

Система (7.60), матрица которой удовлетворяет условию преобладания диагональных элементов, может быть замкнута либо известными значениями $\hat{f}_0'', \hat{f}_n''$, либо двумя граничными соотношениями, следующими из равенства

$$\frac{\Delta\hat{f}_i''}{h_{i+1}} = \frac{\Delta\hat{f}_{i-1}''}{h_i} \quad \left(\frac{\hat{f}_{i+1}'' - \hat{f}_i''}{h_{i+1}} = \frac{\hat{f}_i'' - \hat{f}_{i-1}''}{h_i}\right),$$

которое записывается для трех крайних слева и справа точек сетки Δ_n, т. е. для $\left(x_0, x_1, x_2\right)$ и $\left(x_{n-2}, x_{n-1}, x_n\right)$.

Подчеркнем, что неявные алгоритмы вычисления производных предпочтительно использовать в случае, когда для заданной сеточной функции $f(x_i)$ ($i = 0, 1, \ldots, n$) необходимо определять производные во всех узлах сетки.

В заключение данного подраздела приведем еще одну систему линейных алгебраических уравнений относительно производных первого порядка, которая получена авторами на основе условий стыковки дифференциальных параболических сплайнов:

$$\frac{h_i}{2}\hat{f}_{i-1}' + \frac{1}{2}(h_i + h_{i+1})\hat{f}_i' + \frac{h_{i+1}}{2}\hat{f}_{i+1}' = \Delta f_{i-1} + \Delta f_i \quad \left(\frac{h_i^3 + h_{i+1}^3}{12}M_{3,i}\right)$$
$$(i = 1,2,\ldots,n-1).$$

Данная система исследуется далее в подразделе 8.7.

7.3 Методы численного интегрирования

В данном подразделе приводятся в основном неклассические как явные, так и неявные квадратурные формулы и методы вычисления интегралов, полученные с помощью разложения первообразных функций по формуле Тейлора (7.3), а также анализа параметрических соотношений, представляющих собой условия согласования и стыковки (определения которых введены в подразделе 1.3) для параболических, кубических ИД-сплайнов и ИД-сплайнов четвертой степени.

Изложенный здесь материал можно рассматривать как дополнительный к соответствующему материалу, приведенному в ранее изданных учебниках и учебных пособиях по численным методам [2, 4, 21, 31, 66] и в других источниках.

Особенностью приводимых в данном подразделе квадратурных аппроксимационных формул или операторов является, во-первых, их построение (в общем случае) на нерегулярном шаблоне, а во-вторых, здесь развиваются новые неявные методы вычисления интегралов с различным порядком точности.

7.3.1 Формулы численного интегрирования, полученные на основе ИД-сплайнов

7.3.1.1 Применение параболических ИД-сплайнов
Явные формулы.

Пусть функция $f(x)$ задана на неравномерной сетке Δ_n в виде: $f_i = f(x_i)$, $i = 0, 1, \ldots, n$. Предположим, что точность этого задания в каждом из узлов не ниже $O(h_{i+1}^3)$. Сетка может быть выбрана, исходя из характера функции $f(x)$. Например, в зонах больших изменений или разрывов функции или ее производных шаг сетки желательно уменьшать. Закон изменения шага сетки можно выбирать, например, по формулам арифметической или геометрической прогрессий. В последнем случае в рассмотрение удобно вводить параметр нерегулярности сетки $\delta_{i+1} = \dfrac{h_{i+1}}{h_i}$, совпадающий со знаменателем прогрессии. Этот параметр использовался в вышеизложенном тексте при рассмотрении параболических ИД-сплайнов (см. раздел 3). В данном подразделе параметр δ_{i+1} будет включаться в правые части некоторых квадратурных формул и использоваться для оценки погрешности аппроксимации.

Из параметрических соотношений для параболических ИД-сплайнов на трехточечном шаблоне $Ш_{3,i} = (x_{i-1}, x_i, x_{i+1})$ получаются следующие лево- и правосторонние аппроксимации интегралов I_{i-1}^i, I_i^{i+1} четвертого порядка (одноинтервальные функциональные аппроксимации):

$$\hat{I}_{i-1,v}^i = \frac{h_i^3}{6H_i^{i+1}} \left(-\frac{1}{h_{i+1}} f_{i+1} + \frac{H_i^{i+1} H_i^{3(i+1)}}{h_i^2 h_{i+1}} f_i + \frac{H_{2i}^{3(i+1)}}{h_i^2} f_{i-1} \right), \quad (7.61)$$

$$\hat{I}_{i,v}^{i+1} = \frac{h_{i+1}^3}{6H_i^{i+1}} \left(\frac{H_{3i}^{2(i+1)}}{h_{i+1}^2} f_{i+1} + \frac{H_i^{i+1} H_{3i}^{(i+1)}}{h_{i+1}^2 h_i} f_i - \frac{1}{h_i} f_{i-1} \right), \quad (7.62)$$

где $H_{ki}^{l(i+1)} = kh_i + lh_{i+1}$ ($k, l > 0$ – натуральные числа).

Отметим, что ранее эти формулы уже использовались при конструировании параболических ИД-сплайнов.

Аппроксимация операторов (7.61), (7.62) – безусловная, поскольку выбран произвольный аппроксимационный шаблон $Ш_{3,i} = (x_{i-1}, x_i, x_{i+1})$ и не накладывается никаких условий на величину шага.

В предположении $f(x) \in C^3_{[a,b]}$ для данных аппроксимаций получаются (с использованием разложения по формуле Тейлора – см. п. 3.2.1) следующие оценки погрешности:

$$\left| \hat{I}^{i+1}_{i,v} - I^{i+1}_i \right| \le \frac{h_i^2 h_{i+1}^2}{72} \delta_{i+1}(\delta_{i+1} + 2) \cdot M_{3,i}, \quad \left| \hat{I}^i_{i-1,v} - I^i_{i-1} \right| \le \frac{h_i^4 (1 + 2\delta_{i+1})}{72} \cdot M_{3,i},$$

где $M_{3,i} = \max\limits_{[x_{i-1}, x_{i+1}]} \left| f'''(x) \right|$.

При $h = \text{const}$ $(\delta_{i+1} = 1)$ (условная аппроксимация) квадратурные формулы (7.61), (7.62) упрощаются:

$$\hat{I}^i_{i-1,c} = \frac{h}{12}(5f_{i-1} + 8f_i - f_{i+1}), \quad \hat{I}^{i+1}_{i,c} = \frac{h}{12}(-f_{i-1} + 8f_i + 5f_{i+1}).$$

Оценки погрешности аппроксимации интегралов при этом становятся одинаковыми (с мажорантой $\dfrac{h^4}{24} M_{3,i}$).

Таким образом, из оценок погрешностей для $\hat{I}^{i+1}_{i,v}, \hat{I}^i_{i-1,v}$ следует, что при безусловной аппроксимации обе квадратурные формулы имеют четвертый порядок аппроксимации по h. Однако для квадратурной формулы (7.62) этот порядок можно повысить, если применить условную аппроксимацию, в которой $\delta_{i+1} \le h_i$. В этом случае из формулы $\delta_{i+1} = \dfrac{h_{i+1}}{h_i} < h_i$ получаем неравенство $h_{i+1} < h_i^2$, устанавливающее ограничение на шаг h_{i+1}, который должен быть таким, чтобы точка x_{i+1} отстояла от x_i на величину второго порядка по h_i. Этот тип шаблона можно назвать «сжатым вправо», так как он как бы устремляет трехточечный шаблон к двухточечному, и в связи с этим сама величина интеграла $\hat{I}^{i+1}_{i,v}$ по сравнению с $\hat{I}^i_{i-1,v}$ уменьшается.

Данные аналитические рассуждения для повышения порядка условной аппроксимации являются аналогичными приведенным выше в замечании 2 (после формул (7.17) в п. 7.2.1), относящимся к аппроксимации $\hat{f}'_i, \hat{f}'_{i+1}$.

257

Замечание. В связи с введенными выше понятиями условной и безусловной аппроксимации интеграла, все традиционные квадратурные формулы, приводимые в классических изданиях по численным методам, являются условными.

Суммируя левые и правые части квадратурных формул (7.61), (7.62), после преобразований получаем компактную, двухинтервальную, трехточечную обобщенную квадратурную формулу парабол функционального типа, справедливую для неравномерной сетки:

$$\hat{I}_{i-1}^{i+1} = \frac{h_i(\delta_{i+1}+1)}{6}\left[(2-\delta_{i+1})f_{i-1} + \frac{(\delta_{i+1}+1)^2}{\delta_{i+1}}f_i + \left(2-\frac{1}{\delta_{i+1}}\right)f_{i+1}\right]. \quad (7.63)$$

В предположении, что разбиение отрезка $[a,b]$ четное, т.е. $n = 2k$, где k – количество пар разбиения, просуммируем (7.63) по k. Получаем обобщенную составную квадратурную формулу парабол:

$$\hat{I}_a^b = \frac{h_1(1+\delta_2)(2-\delta_2)}{6}f_0 + \sum_{i=1}^{k}\frac{(\delta_{2i}+1)^3 h_{2i-1}}{6\delta_{2i}}f_{2i-1} +$$

$$+\frac{1}{6}\sum_{i=1}^{k-1}f_{2i}\left[(1+\delta_{2i})h_{2i-1}\left(2-\frac{1}{\delta_{2i}}\right)+(1+\delta_{2i+2})h_{2i+1}(2-\delta_{2i+2})\right]+ \quad (7.64)$$

$$+\frac{(1+\delta_{2n})}{6}h_{2k-1}\left(2-\frac{1}{\delta_{2n}}\right)f_{2k}.$$

Если коэффициенты квадратурной формулы положительны (*свойство положительности коэффициентов*), то обеспечивается минимум погрешности вычисления интеграла по данной квадратурной формуле, а также сходимость вычислительного процесса на последовательно сгущающихся сетках [86].

В квадратурной формуле (7.63) свойство положительности коэффициентов выполняется, если $2-\delta_{i+1}>0$, $2-\frac{1}{\delta_{i+1}}>0$, то есть если параметр нерегулярности δ_{i+1} находится в пределах: $0,5<\delta_{i+1}<2$.

В предположении, что $f(x) \in C_{[a,b]}^3$, для (7.63) получается остаточное слагаемое и оценка погрешности:

$$\left| I_{i-1}^{i+1} - \hat{I}_{i-1}^{i+1} \right| \le \frac{h_i^4 \left| \delta_{i+1}^2 - 1 \right|}{72} (\delta_{i+1} + 1)^2 M_{3,i}. \qquad (7.65)$$

Переходя к мажоранте для оценки интеграла на всем отрезке $[a,b]$, с учетом (7.65) получим:

$$\left| I_a^b - \hat{I}_a^b \right| \le \frac{H_m^4 \tilde{\Delta}_m \, n}{72} (\Delta_m + 1)^2 M_3 \le \frac{(b-a) H_m^3 \tilde{\Delta}_m}{144} (\Delta_m + 1)^2 M_3,$$

где $H_m = \max\limits_{i=1,2,\ldots n} \left| h_i \right|$, $\tilde{\Delta}_m = \max\limits_{i=1,2,\ldots n-1} \left| \delta_{i+1}^2 - 1 \right|$, $\Delta_m = \max\limits_{i=1,2,\ldots n-1} \delta_{i+1}$,

$M_3 = \max\limits_{[a,b]} \left| f'''(x) \right|$.

Приведем анализ соотношения (7.65), устанавливающего порядок аппроксимации обобщенной квадратурной двухинтервальной формулы парабол (7.63).

В общем случае (на нерегулярном шаблоне – безусловная аппроксимация) квадратурная формула (7.63) имеет четвертый порядок аппроксимации. Возможны также условные аппроксимации следующих двух типов.

а) При $\delta_{i+1} = 1$ реализуется регулярный шаблон и тогда порядок условной аппроксимации повышается на единицу, а (7.63) переходит в классическую формулу парабол (Симпсона).

б) При $\left| \delta_{i+1} - 1 \right| \le h_i$ реализуется нерегулярный шаблон, и тогда порядок аппроксимации может быть повышен на единицу за счет небольшого отклонения δ_{i+1} от единицы: $h_i - h_i^2 \le h_{i+1} \le h_i + h_i^2$. В этом случае шаблон является *квазирегулярным*. Такие разбиения с локальными сгущениями узлов сетки могут формироваться при численном интегрировании с помощью квадратурной формулы (7.63) сильно изменяющихся на малом отрезке функций или функций, имеющих в некоторых окрестностях разрывы производных.

Неявные методы.

Из анализа параметрических соотношений (3.7) и (3.19) для двух типов параболических ИД-сплайнов, приведенных в подразделе 3.2, для внутренних узлов сетки на четырехточечном шаблоне $Ш_{4,i+1} = (x_{i-1}, x_i, x_{i+1}, x_{i+2})$ получаются системы линейных алгебраических уравнений относительно интегралов:

$$\frac{1}{h_i^2}\hat{I}_{i-1}^i + \frac{2}{h_{i+1}^2}\hat{I}_i^{i+1} + \frac{1}{h_{i+2}^2}\hat{I}_{i+1}^{i+2} =$$

$$= \frac{1}{3}\left[\frac{1}{h_i}f_{i-1} + \left(\frac{2}{h_i} + \frac{3}{h_{i+1}}\right)f_i + \left(\frac{3}{h_{i+1}} + \frac{2}{h_{i+2}}\right)f_{i+1} + \frac{1}{h_{i+2}}f_{i+2}\right], \ i=1,2..,n-2; \ (7.66)$$

$$\frac{1}{h_i}\hat{I}_{i-1}^i - \frac{2}{h_{i+1}}\hat{I}_i^{i+1} + \frac{1}{h_{i+2}}\hat{I}_{i+1}^{i+2} =$$

$$= \frac{1}{6}\left[-h_i f_{i-1}' - H_{2i}^{i+1} f_i' + H_{i+1}^{2(i+2)} f_{i+1}' + h_{i+2}f_{i+2}'\right], \quad i=1,2..,n-2, \ (7.67)$$

где $H_{2i}^{i+1} = 2h_i + h_{i+1}$, $H_{i+1}^{2(i+2)} = h_{i+1} + 2h_{i+2}$.

Системы (7.66), (7.67) при $h = \text{const}$ преобразуются к виду

$$\hat{I}_{i-1}^i + 2\hat{I}_i^{i+1} + \hat{I}_{i+1}^{i+2} = \frac{h}{3}[f_{i-1} + 5\cdot(f_i + f_{i+1}) + f_{i+2}], \quad i=1,2..,n-2; \qquad (7.68)$$

$$\hat{I}_{i-1}^i - 2\hat{I}_i^{i+1} + \hat{I}_{i+1}^{i+2} = \frac{h^2}{6}[-f_{i-1}' + 3\cdot(f_{i+1}' - f_i') + f_{i+2}'], \quad i=1,2..,n-2. \quad (7.69)$$

Для вычисления интегралов на всех отрезках, системы (7.66)-(7.69) необходимо дополнить двумя граничными условиями. Это можно сделать, например, следующими двумя способами:

1. Системы дополняют значениями интегралов $\hat{I}_0^1$ и $\hat{I}_{n-1}^n$ на концевых отрезках сетки Δ_n, которые вычисляются по односторонним формулам (7.61), (7.62) соответственно.

2. Каждая из систем может быть дополнена двумя уравнениями при $i=1$ и $i=n-1$, которые выражаются из соотношения

$$\frac{1}{h_i^2}\hat{I}_{i-1}^i + \frac{1}{h_{i+1}^2}\hat{I}_i^{i+1} = \frac{1}{3}\left[\frac{1}{h_i}f_{i-1} + 2\left(\frac{1}{h_i} + \frac{1}{h_{i+1}}\right)f_i + \frac{1}{h_{i+1}}f_{i+1}\right].$$

Замечания.

1. Система (7.66) связывает искомые интегралы со значениями интегрируемой функции, а система (7.67) – со значениями ее производных.

2. Изложенные методы применимы для сеточных функций с числом точек сетки $n \geq 3$.

3. Полученные системы линейных алгебраических уравнений (7.66)-(7.69), дополненные граничными условиями, являются трехдиагональными и могут быть решены методом прогонки [66].

7.3.1.2 Применение кубических многочленов и ИД-сплайнов
Явные формулы.

Если кубические многочлены, построенные на $[x_i, x_{i+1}]$ с помощью функциональных, дифференциальных и интегральных параметров f_i, f_i', I_i^{i+1}, использовать для вывода квадратурных формул, то получаются различные типы одноинтервальных *функционально-дифференциальных* квадратурных формул.

Пусть исходная сеточная функция $f(x_i)$ задана с точностью не ниже $O(H^4)$. Тогда *квадратурная формула Эйлера (Эйлера–Маклорена)* пятого порядка аппроксимации имеет вид [46]:

$$\hat{I}_i^{i+1} = \frac{h_{i+1}}{2}\left(f_i + f_{i+1}\right) - \frac{h_{i+1}^2}{12}\left(f_{i+1}' - f_i'\right) \qquad \left(\frac{h_{i+1}^5}{720} M_{4,i}\right). \qquad (7.70)$$

Суммируя (7.70) по всем отрезкам, записываем *составную квадратурную формулу* четвертого порядка аппроксимации на нерегулярной сетке:

$$\hat{I}_{a,\text{v}}^b = \frac{h_1}{2} f_0 + \sum_{i=1}^{n-1} H_i^{i+1} f_i + \frac{h_n}{2} f_n - \frac{1}{12} \sum_{i=0}^{n-1} h_{i+1}^2 \Delta f_{i+1}' . \qquad (7.71)$$

Подчеркнем, что производные f_i' для подстановки в (7.71) предварительно должны быть вычислены по приведенным в подразделе 7.2 аппроксимационным формулам с порядком не ниже третьего. Сокращать производные в последнем слагаемом составной

261

квадратурной формулы, как это обычно делается в учебниках по численным методам, не следует, поскольку при таком сокращении в сущности предполагается, что все производные во внутренних узлах известны точно. Это условие для сеточных функций, от которых рассчитываются интегралы, не должно использоваться, так как производные таких функций вычисляются с некоторой погрешностью, порядок которой при суммировании по всем частичным отрезкам понижается на единицу. Справедливость данного утверждения подтверждается следующим примером. После суммирования и сокращения в последней сумме квадратурной формулы (7.71) производных во всех внутренних узлах при $h = \mathrm{const}$ формула (7.71) приобретает вид

$$\hat{I}_a^b = \frac{h}{2}\left(f_0 + 2\sum_{i=1}^{n-1} f_i + f_n\right) - \frac{h^2}{12}\left(f_n' - f_0'\right). \qquad (7.72)$$

Если квадратурную формулу (7.72) использовать для вычисления интеграла от функции с нулевыми производными на концах или с их одинаковыми значениями $f_n' = f_0'$, то квадратурная формула четвертого порядка переходит в квадратурную формулу трапеций, имеющую второй порядок. Таким образом, реализуется потеря двух порядков, что свидетельствует о необоснованности проведенного сокращения.

Квадратурную формулу (7.70) целесообразно применять для получения функциональных квадратурных формул путем подстановки в нее конкретных аппроксимаций $\hat{f}_{i+1}'$, $\hat{f}_i'$. Подставив, например, оператор $\hat{f}_i' = \dfrac{f_{i+1} - f_{i-1}}{2h}$, а также аппроксимации (7.22) производных в левой и правой крайних точках четырехточечного шаблона, получим *одноинтервальные функциональные квадратурные формулы* – центральную и лево- и правостороннюю:

$$\hat{I}_{i,\text{центр}}^{i+1} = \frac{h}{24}\left(-f_{i-1} + 13(f_i + f_{i+1}) - f_{i+2}\right) \qquad \left(\frac{11}{720}h^5 M_{4,i}\right), \quad (7.73)$$

$$\hat{I}_{i,\text{лев}}^{i+1} = \frac{h}{24}\left(9f_i + 19f_{i+1} - 5f_{i+2} + f_{i+3}\right) \qquad \left(\frac{19}{720}h^5 M_{4,i}\right), \quad (7.74)$$

$$\hat{I}_{i,\text{прав}}^{i+1} = \frac{h}{24}\left(f_{i-2} - 5f_{i-1} + 19f_i + 9f_{i+1}\right) \qquad \left(\frac{19}{720}h^5 M_{4,i}\right). \quad (7.75)$$

Квадратурные формулы (7.73) – (7.75) могут быть объединены в *составную квадратурную формулу* на отрезке $[a, b]$:

$$\hat{I}_a^b = \hat{I}_{0,\text{лев}}^1 + \frac{h}{24}\left(-f_0 + 12f_1 + 25f_2 + 24\sum_{i=3}^{n-3} f_i + 25f_{n-2} + 12f_{n-1} - f_n\right) + \hat{I}_{n-1,\text{прав}}^n \quad (7.76)$$

Формула (7.76) для всех внутренних узлов удовлетворяет условию положительности коэффициентов. Отметим также, что хотя порядок аппроксимации формулы (7.73) равен порядку аппроксимации квадратурной формулы парабол, однако их аппроксимационные свойства различаются. Это связано с тем, что квадратурная формула (7.73) получена из полинома третьей степени, а формула парабол – из полинома второй степени. Поэтому квадратурная формула (7.73) учитывает, например, наличие точки перегиба, если она имеется в интегрируемых функциях, в то время как формула парабол этого не позволяет (поскольку получена из полинома второй степени). Это обусловливает преимущество формул (7.73), (7.76) по сравнению с формулами парабол (7.63), (7.64) при интегрировании функций, имеющих точки перегиба, а также другие особенности, присущие полиномам нечетной степени.

Неявный метод.

Неявные формулы численного интегрирования получаются из параметрических соотношений для кубических ИД-сплайнов, которые здесь подробно не рассматриваются. После преобразования соотношения (7.70) путем подстановки в него выражений для производных из п. 7.2.3 на нерегулярной сетке для внутренних узлов, получается система линейных алгебраических уравнений относительно интегралов:

$$
\frac{h_{i+1}^3}{3h_i^2 H_i^{i+1}}\hat{I}_{i-1}^i + \left(1 - \frac{h_i}{3H_i^{i+1}} - \frac{h_{i+2}}{3H_{i+1}^{i+2}}\right)\hat{I}_i^{i+1} + \frac{h_{i+1}^3}{3h_{i+2}^2 H_{i+1}^{i+2}}\hat{I}_{i+1}^{i+2} =
$$

$$
= \frac{h_{i+1}^3}{12 h_i H_i^{i+1}} f_{i-1} + \frac{h_{i+1}}{2}\left(1 - \frac{h_{i+2}}{6H_{i+1}^{i+2}} + \frac{h_{i+1}^2 - h_i^2}{2h_i H_i^{i+1}}\right) f_i + \tag{7.77}
$$

$$
+ \frac{h_{i+1}}{2}\left(1 + \frac{h_{i+1}^2 - h_{i+2}^2}{2h_{i+2}H_{i+1}^{i+2}} - \frac{h_i}{6H_i^{i+1}}\right) f_{i+1} + \frac{h_{i+1}^3}{12 h_{i+2} H_{i+1}^{i+2}} f_{i+2}, \quad i = 1,2,\ldots,n-2.
$$

На регулярной сетке (при $h = \mathrm{const}$) система (7.77) преобразуется к более простому виду:

$$
\hat{I}_{i-1}^i + 4\hat{I}_i^{i+1} + \hat{I}_{i+1}^{i+2} = \frac{h}{4}\left[f_{i-1} + 11 \cdot \left(f_i + f_{i+1}\right) + f_{i+2}\right], \quad i = 1,2,\ldots,n-2. \tag{7.78}
$$

Для вычисления интегралов на всех отрезках системы (7.77), (7.78) необходимо дополнить значениями I_0^1 и I_{n-1}^n, которые могут быть вычислены по квадратурной формуле (7.70) при $h_i = \mathrm{var}$ или по формулам (7.74), (7.75) при $h = \mathrm{const}$. Полученная в результате система линейных алгебраических уравнений является трехдиагональной и решается методом прогонки [21, 46, 66].

Исследования системы (7.77) показали, что ее матрица удовлетворяет условию преобладания диагональных элементов в следующем диапазоне изменения параметра нерегулярности: $\delta_*^{-1} \le \delta_{i+1} \le \delta_*$, где $\delta_* \approx 1,722$.

Для системы (7.78) в [72] дана оценка погрешности вычисления интеграла $\hat{I}_a^b$ на всем отрезке $[a,b]$, которая имеет вид:

$$
\left| I_a^b - \hat{I}_{a,\text{неяв.}}^b \right| \le \frac{h^4 \left(a-b\right)}{360} M_4, \quad \text{где } M_4 = \max_{[a,b]} \left| f^{(4)}(x) \right|.
$$

7.3.1.3 Применение ИД-многочленов и ИД-сплайнов четвертой степени

Явные формулы.

В данном разделе приводятся функционально-дифференциальные квадратурные формулы, полученные при анализе ИД-многочленов четвертой степени [54]. В соответствии с порядком аппроксимации многочленами четвертой степени, который равен пяти, порядок аппроксимации интегралов равен шести.

Одноинтервальные явные квадратурные формулы, представляющие функционально-дифференциальные аппроксимации на трехточечном шаблоне $Ш_{3,i} = (x_{i-1}, x_i, x_{i+1})$, имеют вид

$$\hat{I}^i_{i-1,\text{v}} = P_0 \left[\frac{2}{h_i^2} \left(\frac{7}{h_i} + \frac{6}{h_{i+1}} \right) f_{i-1} + \left(\frac{16}{h_i^3} + \frac{18}{h_i^2 h_{i+1}} - \frac{2}{h_{i+1}^3} \right) f_i + \frac{2}{h_{i+1}^3} f_{i+1} + \right.$$

$$\left. + \frac{1}{h_i} \left(\frac{2}{h_i} + \frac{3}{2h_{i+1}} \right) f'_{i-1} - \left(\frac{3}{h_i^2} + \frac{9}{2h_i h_{i+1}} + \frac{3}{2h_{i+1}^2} \right) f'_i - \frac{1}{2h_{i+1}^2} f'_{i+1} \right], \tag{7.79}$$

$$\hat{I}^{i+1}_{i,\text{v}} = P_0 \left[\frac{2}{h_i^3} f_{i-1} + \left(-\frac{2}{h_i^3} + \frac{18}{h_i h_{i+1}^2} + \frac{16}{h_{i+1}^3} \right) f_i + \frac{2}{h_{i+1}^2} \left(\frac{6}{h_i} + \frac{7}{h_{i+1}} \right) f_{i+1} + \right.$$

$$\left. + \frac{1}{2h_i^2} f'_{i-1} + \left(\frac{3}{2h_i^2} + \frac{9}{2h_i h_{i+1}} + \frac{3}{h_{i+1}^2} \right) f'_i - \frac{1}{h_{i+1}} \left(\frac{3}{2h_i} + \frac{2}{h_{i+1}} \right) f'_{i+1} \right], \tag{7.80}$$

где $P_0 = \dfrac{30}{h_k^2} \left(\dfrac{1}{h_i} + \dfrac{1}{h_{i+1}} \right)$, $k = i, i+1$ соответственно для (7.79), (7.80).

На *регулярном шаблоне* (при $h = \text{const}$) эти формулы упрощаются:

$$\hat{I}^i_{i-1,c} = \frac{h}{30} (13f_{i-1} + 16f_i + f_{i+1}) - \frac{h^2}{120} (f'_{i+1} + 18f'_i - 7f'_{i-1}) \qquad \left(\frac{h^6}{7200} M_{5,i} \right), \tag{7.81}$$

$$\hat{I}^{i+1}_{i,c} = \frac{h}{30} (f_{i-1} + 16f_i + 13f_{i+1}) - \frac{h^2}{120} (7f'_{i+1} - 18f'_i - f'_{i-1}) \qquad \left(\frac{h^6}{7200} M_{5,i} \right). \tag{7.82}$$

Суммирование формул (7.81), (7.82) приводит к *двухинтервальной квадратурной формуле*:

$$\hat{I}^{i+1}_{i-1,c} = \frac{h}{15} (7f_{i-1} + 16f_i + 7f_{i+1}) - \frac{h^2}{15} (f'_{i+1} - f'_{i-1}) \qquad \left(\frac{h^7}{4725} M_{5,i} \right). \tag{7.83}$$

265

Порядок аппроксимации в формуле (7.83) повышается на единицу из-за ее симметричного вида.

Для расчета интегралов $\hat{I}_{i-1,v}^{i}$, $\hat{I}_{i,v}^{i+1}$ на нерегулярной сетке по формулам (7.79), (7.80) предварительно необходимо рассчитать производные в соответствующих точках с порядком не ниже четвертого. С этой целью можно использовать интерполяционный многочлен четвертой степени [66].

В заключение данного пункта приводятся применительно к равномерной сетке квадратурные формулы повышенного порядка аппроксимации.

Эти формулы выводятся путем подстановки в функционально-дифференциальные квадратурные формулы (7.81), (7.82) формул аппроксимации производных на пятиточечном шаблоне с порядком $O(h^4)$ (приведенных в [31, с. 573]). Таким образом, получаются две следующие *функциональные квадратурные формулы шестого порядка*:

$$\hat{I}_{i-1}^{i} = \frac{h}{720}\left(-19f_{i-2} + 346f_{i-1} + 456f_i - 74f_{i+1} + 11f_{i+2}\right) \quad \left(\frac{7}{7200}h^6 M_{5,i}\right), \quad (7.84)$$

$$\hat{I}_i^{i+1} = \frac{h}{720}\left(11f_{i-2} - 74f_{i-1} + 456f_i + 346f_{i+1} - 19f_{i+2}\right). \quad (7.85)$$

Путем суммирования (7.84), (7.85) получается симметричная формула для интеграла на внутреннем центральном отрезке $[x_{i-1}, x_{i+1}]$ пятиточечного шаблона:

$$\hat{I}_{i-1}^{i+1} = \frac{h}{90}\left(-f_{i-2} + 34f_{i-1} + 114f_i + 34f_{i+1} - f_{i+2}\right) \quad \left(\frac{h^7}{756}M_{6,i}\right). \quad (7.86)$$

В силу симметричности формула (7.86) имеет порядок аппроксимации на единицу больший, чем (7.84), (7.85).

Подстановка в формулы (7.81), (7.82) лево- и правосторонних аппроксимаций производных в крайних точках пятиточечного шаблона (см. [31, стр. 573]) приводит к *лево- и правосторонним квадратурным формулам шестого порядка*:

$$\hat{I}_{i-1}^{i} = \frac{h}{720}\left(251f_{i-1} + 646f_i - 264f_{i+1} + 106f_{i+2} - 19f_{i+3}\right), \tag{7.87}$$

$$\hat{I}_{i}^{i+1} = \frac{h}{720}\left(-19f_{i-3} + 106f_{i-2} - 264f_{i-1} + 646f_i + 251f_{i+1}\right). \tag{7.88}$$

Неявный метод.

Приведем неявный метод вычислений интегралов на всех частичных отрезках равномерной сетки путем решения системы линейных алгебраических уравнений трехдиагонального вида $(h = \text{const})$:

$$7\hat{I}_{i-1}^{i} + 19\hat{I}_{i}^{i+1} + 4\hat{I}_{i+1}^{i+2} = h \cdot \left(2f_{i-1} + 15f_i + 12f_{i+1} + f_{i+2}\right) \ \ i = 1,2,\dots,n-2. \tag{7.89}$$

Система (7.89) должна быть дополнена значениями интегралов $\hat{I}_0^1$, $\hat{I}_{n-1}^n$, которые рассчитываются по вышеприведенным явным квадратурным формулам (7.84), (7.85), (7.87), (7.88).

В [72] показано, что точность неявного алгоритма вычисления интеграла на отрезке $[a,b]$ характеризуется оценкой:

$$\left|I_a^b - \hat{I}_a^b\right| \leq \frac{h^5(b-a)}{180}M_{5,i}.$$

7.3.2 Квадратурные формулы, следующие из разложения первообразных по формуле Тейлора

Пусть задана $f(x) \in C_{[a,b]}^{m+1}$. Тогда из выражений для $F_{i+1} = F(x_{i+1})$ и $F_i = F(x_i)$, полученных при разложении первообразной $F(x)$ по формуле Тейлора (7.23) относительно точек x_i и x_{i+1}, и формулы Ньютона-Лейбница

$$I_i^{i+1} = \int\limits_{x_i}^{x_{i+1}} f(x)dx = F(x_{i+1}) - F(x_i) = F_{i+1} - F_i \quad \text{после преобразований}$$

получаются *одноинтервальные обобщенные квадратурные формулы* функционально-дифференциального типа:

$$\hat{I}_{i,1}^{i+1} = h_{i+1}f_i + \frac{h_{i+1}^2}{2}f_i' + \frac{h_{i+1}^3}{6}f_i'' + \ldots = h_{i+1}\sum_{k=0}^{m}\frac{h_{i+1}^k}{(k+1)!}f_i^{(k)} \quad \left(\frac{h_{i+1}^{m+2}M_{m+1}}{(m+2)!}\right), \text{(7.90)}$$

$$\hat{I}_{i,2}^{i+1} = h_{i+1}f_{i+1} - \frac{h_{i+1}^2}{2}f_{i+1}' + \frac{h_{i+1}^3}{6}f_{i+1}'' + \ldots = h_{i+1}\sum_{k=0}^{m}(-1)^k\frac{h_{i+1}^k}{(k+1)!}f_{i+1}^{(k)} \quad \left(\frac{h_{i+1}^{m+2}M_{m+1}}{(m+2)!}\right). \text{(7.91)}$$

В скобках справа от квадратурных формул (7.90), (7.91) указаны мажоранты, характеризующие оценки их погрешностей. На рис. 7.1 показан результат аппроксимации интеграла $\hat{I}_i^{i+1}$ на отрезке $[x_i, x_{i+1}]$ первыми (функциональными) слагаемыми комбинаций (7.90), (7.91). Эти аппроксимации представляют собой площади прямоугольников *abcd* (рис. 7.1, А) и *ABCD* (рис. 7.1, Б), построенных по значениям функций $f(x)$ в левой точке x_i и в правой точке x_{i+1} соответственно.

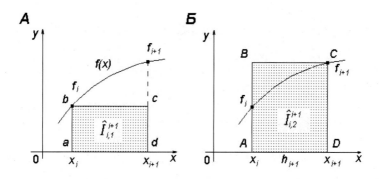

Рисунок 7.1 – Аппроксимация интеграла $\hat{I}_i^{i+1}$ на отрезке $[x_i, x_{i+1}]$ первыми слагаемыми формул (7.90), (7.91)

Последующие слагаемые формул (7.90), (7.91) учитывают более высокие по порядку h_{i+1} величины и вычисляются по значению h_{i+1} и производным от первого до m-го порядка в точках x_i и x_{i+1}. В соответствии с этим (7.90), (7.91) можно назвать *обобщенными квадратурными формулами прямоугольников*.

Составляя линейную комбинацию (7.90), (7.91) (среднее арифметическое $\hat{I}_{i,1}^{i+1}$ и $\hat{I}_{i,2}^{i+1}$), получаем *обобщенную квадратурную формулу трапеций*:

$$
\begin{aligned}
\hat{I}_{i,3}^{i+1} &= h_{i+1}\frac{f_i + f_{i+1}}{2} - \frac{h_{i+1}^2}{4}\left(f_{i+1}' - f_i'\right) + \frac{h_{i+1}^3}{12}\left(f_{i+1}'' + f_i''\right) - \frac{h_{i+1}^4}{48}\left(f_{i+1}''' - f_i''\right) + \ldots = \\
&= \frac{h_{i+1}}{2}\sum_{k=0}^{m}\frac{h_{i+1}^k}{(k+1)!}\cdot\left[(-1)^k f_{i+1}^{(k)} + f_i^{(k)}\right] \qquad \left(\frac{h_{i+1}^t}{t!}M_{t,i}\right),
\end{aligned} \tag{7.92}
$$

где $t = m+3$ при четном m (в частности, при $m = 0$), $t = m+2$ при нечетном m. Первое слагаемое квадратурной формулы (7.92) соответствует площади трапеции, основания которой равны f_i и f_{i+1}, а высотой является h_{i+1}. Из выражения для $\hat{I}_{i,3}^{i+1}$ видно, что порядок аппроксимации интеграла первым слагаемым квадратурной формулы равен трем, в то время как для (7.90), (7.91) этот порядок равен двум, что обусловлено знаками производных в комбинациях слагаемых квадратурной формулы (7.92) (при $m = 1$ во втором слагаемом производные f_i' и f_{i+1}' вычитаются и, если второе слагаемое остаточное, то оно будет равно нулю, так как в этом случае обе производные записываются в одной и той же точке $\xi \in (x_i, x_{i+1})$).

Аналогично на трехточечном шаблоне $Ш_{3,i} = (x_{i-1}, x_i, x_{i+1})$ можно получить *двухинтервальную квадратурную формулу* функционально-дифференциального типа:

$$\hat{I}_{i-1}^{i+1} = \sum_{k=0}^{m} \frac{1}{(k+1)!} \cdot \left[h_{i+1}^{k+1} + (-1)^k h_i^{k+1} \right] \cdot f_i^{(k)} \qquad \left(\frac{2H^{m+2}}{(m+2)!} \cdot M_{m+1,i} \right),$$

где $H = \max(h_i, h_{i+1})$.

Замечание. На основе рассмотренных здесь квадратурных формул дифференциального типа можно строить вложенные алгоритмы численного интегрирования с заданной точностью, состоящие в том, что на фиксированном шаге очередное слагаемое суммы вычисляется и добавляется к ранее вычисленному результату до тех пор, пока абсолютная величина этого слагаемого не станет меньше заданной величины $\varepsilon > 0$.

Глава 8. Подобие операторов численного дифференцирования, интегрирования, сплайнов четной и нечетной степеней и следствия принципа подобия

В подразделах 1.1, 1.2 были даны основные определения базовых функций и сформулирован принцип подобия аппроксимационных операторов. Показано, как на основе выбранного базового оператора формируются последующие операторы, являющимися подобными базовому.

В данной главе в развитие [6, 8, 64] на основе принципа подобия записываются формулы численного дифференцирования и интегрирования, строятся схемы решения дифференциальных уравнений.

В качестве базовых операторов здесь выбираются как дифференциальные операторы для аппроксимации производных по приращениям функций (Δf_i, $\Delta f_{i-1}, \ldots$) или аппроксимации (восстановления) функций по приращениям первообразных (т.е. по значениям интегралов $\Delta F_i = \int\limits_{x_i}^{x_{i+1}} f(x_i)dx$), так и операторы для аппроксимации интегралов по линейной комбинации значений функций f_i на некотором аппроксимационном шаблоне. Подобные операторы строятся путем изменения базового оператора по принципу подобия (см. подраздел 1.2) с понижением или повышением обобщенного порядка производных в его левой и правой частях (понятие обобщенного порядка производных введено в подразделе 1.1).

8.1 Подобие на основе локальных дифференциальных операторов

В подразделе 1.2 вместе с изложением принципа подобия приведен пример его применения к одному (классическому) оператору численного дифференцирования (1.3). В данном подразделе подобие явных дифференциальных операторов рассматривается более подробно и выводится несколько групп подобных формул.

Первая группа приведенных ниже подобных формул базируется на операторах (7.9), (7.15), (7.13), аппроксимирующих функцию $\hat{f}_i'$ соответственно в узлах x_{i-1}, x_i, x_{i+1} на трехточечном нерегулярном шаблоне по значениям приращений функции Δf_{i-1}, Δf_i на двух прилежащих к узлу x_i отрезках.

Понижая порядок производных в соответствующих приращениях и в самом операторе, получаем новые подобные операторы для аппроксимации самой функции по значениям двух определенных интегралов I_{i-1}^i, I_i^{i+1}. Соотношения для данной группы операторов, расположенных в порядке возрастания производных для операторов ($p = 0$, $p = 1$), имеют следующий вид:

$$\hat{f}_{i-1,v} = \frac{1}{H_i^{i+1}}\left((2+\delta_{i+1})\,I_{i-1}^i - \frac{1}{\delta_{i+1}}\,I_i^{i+1}\right), \qquad (8.1)$$

$$\hat{f}_{i,v} = \frac{1}{H_i^{i+1}}\left(\frac{1}{\delta_{i+1}}\,I_i^{i+1} + \delta_{i+1}\,I_{i-1}^i\right)\;\left(\frac{h_i^2}{6}\delta_{i+1}M_{2,i}\right), \quad (8.2)$$

$$\hat{f}_{i+1,v} = \frac{1}{H_i^{i+1}}\left(\frac{1+2\delta_{i+1}}{\delta_{i+1}}\,I_i^{i+1} - \delta_{i+1}\,I_{i-1}^i\right); \qquad (8.3)$$

$$\hat{f}_{i-1,v}' = \frac{1}{H_i^{i+1}}\left((2+\delta_{i+1})\,\Delta f_{i-1} - \frac{1}{\delta_{i+1}}\,\Delta f_i\right), \qquad (8.4)$$

$$\hat{f}_{i,v}' = \frac{1}{H_i^{i+1}}\left(\frac{1}{\delta_{i+1}}\Delta f_i + \delta_{i+1}\,\Delta f_{i-1}\right)\;\left(\frac{h_i^2}{6}\delta_{i+1}M_{3,i}\right), \qquad (8.5)$$

$$\hat{f}_{i+1,v}' = \frac{1}{H_i^{i+1}}\left(\frac{1+2\delta_{i+1}}{\delta_{i+1}}\,\Delta f_i - \delta_{i+1}\,\Delta f_{i-1}\right). \qquad (8.6)$$

Операторы (8.4)-(8.6), аппроксимирующие производные функции в точках x_{i-1}, x_i, x_{i+1}, являются базовыми, а операторы (8.1)-(8.3), подобные базовым операторам (8.4)-(8.6), являются следствиями.

Аналогично могут быть сформированы последующие операторы для производных второго порядка, третьего и т.д. (при этом в качестве значений функций в правых частях берутся соответствующие производные). Так, из формулы (8.5) получается дифференциальный оператор второго порядка, аппроксимирующий вторую производную в центральной точке шаблона:

$$\hat{f}''_{i,v} = \frac{1}{H_i^{i+1}} \left(\frac{1}{\delta_{i+1}} \Delta f'_i + \delta_{i+1} \Delta f'_{i-1} \right) \quad \left(\frac{h_i^2}{6} \delta_{i+1} M_{4,i} \right).$$

Напомним, что в приведенных выше формулах параметр H_i^{i+1} представляет собой сумму шагов на двух соседних отрезках сетки, т.е. $H_i^{i+1} = h_i + h_{i+1}$, а символ δ_{i+1} – параметр нерегулярности шаблона, являющийся отношением двух соседних шагов сетки, на которой задана функция $f_i = f(x_i)$, т.е. $\delta_{i+1} = \dfrac{h_{i+1}}{h_i}$. Нижний второй индекс v в обозначении операторов указывает на тип шаблона, построенного на переменном шаге ($h = \text{var}$). В скобках справа от формул здесь и ниже для некоторых операторов приведены оценки их точности (порядок их аппроксимации относительно шага). Здесь $M_{k,i} = \max\limits_{[x_i, x_{i+1}]} \left| f^{(k)}(x) \right|, k = 2,3,4.$ Видно, что порядок точности операторов относительно шага по мере повышения порядка производной не изменяется (здесь он равен двум), а изменяется только константа $M_{k,i}$ в оценке точности. Порядок производной для этой константы также повышается по мере повышения порядка аппроксимируемой производной.

273

На регулярной сетке $(\delta_{i+1}=1)$ операторы (8.1)-(8.6) преобразуются к более простому виду:

$$\hat{f}_{i-1} = \frac{1}{2h}\left(3I_{i-1}^{i} - I_{i}^{i+1}\right),\tag{8.7}$$

$$\hat{f}_{i-1} = \frac{1}{2h}\left(I_{i}^{i+1} + I_{i-1}^{i}\right)\ \left(\frac{h^2}{6}M_{2,i}\right),\tag{8.8}$$

$$\hat{f}_{i+1} = \frac{1}{2h}\left(3I_{i}^{i+1} - I_{i-1}^{i}\right);\tag{8.9}$$

$$\hat{f}_{i-1}' = \frac{1}{2h}\left(3\,\Delta f_{i-1} - \Delta f_{i}\right),\tag{8.10}$$

$$\hat{f}_{i}' = \frac{1}{2h}\left(\Delta f_{i} + \Delta f_{i-1}\right)\ \left(\frac{h^2}{6}M_{3,i}\right),\tag{8.11}$$

$$\hat{f}_{i+1}' = \frac{1}{2h}\left(3\,\Delta f_{i} - \Delta f_{i-1}\right),\tag{8.12}$$

Оператор (8.11) можно преобразовать к оператору (аппроксимационному соотношению) для второй производной:

$$\hat{f}_{i}'' = \frac{1}{2h}\left(\Delta f_{i}' + \Delta f_{i-1}'\right)\ \left(\frac{h^2}{6}M_{4,i}\right).$$

Операторы (8.10)-(8.12) для аппроксимации первых производных, представленные в общепринятом виде (не через линейные комбинации приращений функции, а через линейные комбинации самих функций f_k, $k = i-1, i, i+1$), записываются так:

$$\hat{f}_{i-1}' = \frac{1}{2h}\left(-3\,f_{i-1} + 4f_i - f_{i+1}\right),$$

$$\hat{f}_{i}' = \frac{1}{2h}\left(f_{i+1} - f_{i-1}\right),$$

$$\hat{f}_{i+1}' = \frac{1}{2h}\left(f_{i-1} - 4f_i + 3f_{i+1}\right).$$

Подчеркнем, что формулы (8.1), (8.2), (8.3) позволяют вычислять (восстанавливать) значения функций по значениям интегралов на нерегулярном шаблоне, которые могут быть рассчитаны, например, при решении некоторых дифференциальных задач математической физики с помощью разностных консервативных методов интегрального типа [107]. Кроме того, эти формулы могут быть использованы для сглаживания сеточных функций, заданных (или вычисленных или полученных экспериментальным путем) с

274

некоторой достаточно большой погрешностью, или функций, имеющих разрывы первого рода.

Из рассмотрения соответствующих формул каждой группы видно, что их структуры являются одинаковыми. Значения числовых коэффициентов и коэффициентов, зависящих от параметра δ_{i+1}, как было отмечено выше, не изменяются при переходе от одного оператора к другому соответствующему оператору с повышенным порядком производной. Не изменяется также и порядок аппроксимации операторов.

Если в качестве базовых операторов принять дифференциальные операторы, записанные для первых производных на четырехточечном регулярном шаблоне $(x_{i-2}, x_{i-1}, x_i, x_{i+1})$ через линейные комбинации приращений Δf_k, $k = i-2, i-1, i$ (см. формулы (7.22)), а затем от них перейти к функциональным операторам, то получим следующие восемь формул:

$$
\begin{aligned}
\hat{f}'_{i-2,c} &= \frac{1}{6h}\left(11\Delta f_{i-2} - 7\Delta f_{i-1} + 2\Delta f_i\right) &&\left(\frac{h^3}{4}M_{4,i}\right), \\
\hat{f}'_{i-1,c} &= \frac{1}{6h}\left(2\Delta f_{i-2} + 5\Delta f_{i-1} - \Delta f_i\right) &&\left(\frac{h^3}{12}M_{4,i}\right), \\
\hat{f}'_{i,c} &= \frac{1}{6h}\left(-\Delta f_{i-2} + 5\Delta f_{i-1} + 2\Delta f_i\right) &&\left(\frac{h^3}{12}M_{4,i}\right), \\
\hat{f}'_{i+1,c} &= \frac{1}{6h}\left(2\Delta f_{i-2} - 7\Delta f_{i-1} + 11\Delta f_i\right) &&\left(\frac{h^3}{4}M_{4,i}\right); \\
\hat{f}_{i-2,c} &= \frac{1}{6h}\left(11 I_{i-2}^{i-1} - 7 I_{i-1}^{i} + 2 I_{i}^{i+1}\right) &&\left(\frac{h^3}{4}M_{3,i}\right), \\
\hat{f}_{i-1,c} &= \frac{1}{6h}\left(2 I_{i-2}^{i-1} + 5 I_{i-1}^{i} - I_{i}^{i+1}\right) &&\left(\frac{h^3}{12}M_{3,i}\right), \\
\hat{f}_{i,c} &= \frac{1}{6h}\left(- I_{i-2}^{i-1} + 5 I_{i-1}^{i} + 2 I_{i}^{i+1}\right) &&\left(\frac{h^3}{12}M_{3,i}\right), \\
\hat{f}_{i+1,c} &= \frac{1}{6h}\left(2 I_{i-2}^{i-1} - 7 I_{i-1}^{i} + 11 I_{i}^{i+1}\right) &&\left(\frac{h^3}{4}M_{3,i}\right).
\end{aligned}
\tag{8.13}
$$

Все операторы из группы (8.13) имеют третий порядок аппроксимации.

Подобные формулы следующей группы базируются на формуле аппроксимации второй производной также на четырехточечном регулярном шаблоне (7.23). Производные записаны здесь с помощью линейных комбинаций приращений Δf_k, $k = i - 2, i - 1, i$:

$$\hat{f}''_{i-2,c} = \frac{1}{h^2}\left(-2\Delta f_{i-2} + 3\Delta f_{i-1} - \Delta f_i\right) \quad \left(\frac{11h^2}{12}M_{4,i}\right),$$

$$\hat{f}''_{i-1,c} = \frac{1}{h^2}\left(-\Delta f_{i-2} + \Delta f_{i-1}\right) \quad \left(\frac{h^2}{12}M_{4,i}\right),$$

$$\hat{f}''_{i,c} = \frac{1}{h^2}\left(\Delta f_i - \Delta f_{i-1}\right) \quad \left(\frac{h^2}{12}M_{4,i}\right),$$

$$\hat{f}''_{i+1,c} = \frac{1}{h^2}\left(\Delta f_{i-2} - 3\Delta f_{i-1} + 2\Delta f_i\right) \quad \left(\frac{11h^2}{12}M_{4,i}\right);$$

$$\hat{f}'_{i-2,c} = \frac{1}{h^2}\left(-2I_{i-2}^{i-1} + 3I_{i-1}^i - I_i^{i+1}\right) \quad \left(\frac{11h^2}{12}M_{3,i}\right), \tag{8.14}$$

$$\hat{f}'_{i-1,c} = \frac{1}{h^2}\left(-I_{i-2}^{i-1} + I_{i-1}^i\right) \quad \left(\frac{h^2}{12}M_{3,i}\right),$$

$$\hat{f}'_{i,c} = \frac{1}{h^2}\left(I_i^{i+1} - I_{i-1}^i\right) \quad \left(\frac{h^2}{12}M_{3,i}\right),$$

$$\hat{f}'_{i+1,c} = \frac{1}{h^2}\left(I_{i-2}^{i-1} - 3I_{i-1}^i + 2I_i^{i+1}\right) \quad \left(\frac{11h^2}{12}M_{3,i}\right).$$

Подчеркнем, что последние четыре формулы из (8.14) позволяют аппроксимировать производные по величинам определенных интегралов. Порядок аппроксимации производных относительно шага h во всех точках шаблона равен двум. **С помощью этих аппроксимационных формул интегрального типа можно строить интегрально-разностные схемы решения задач с обыкновенными дифференциальными уравнениями, а также, в более общем случае – с дифференциальными уравнениями в частных производных.**

Аппроксимационная интегральная формула для первой производной на нерегулярном трехточечном шаблоне имеет следующий вид:

$$\hat{f}_{i,v}' = \frac{2}{H_i^{i+1}}\left(\frac{1}{h_{i+1}}I_i^{i+1} - \frac{1}{h_i}I_{i-1}^i\right)\ \left(\frac{h_{i+1}^2 - h_i^2}{6}M_{2,i}\right). \quad (8.15)$$

(Здесь выражение в скобках в правой части оператора представляет собой разность удельных интегралов, т.е. интегралов, отнесенных к величинам шагов, к которым относятся указанные определенные интегралы).

Формула (8.15) может быть получена из оператора (7.20) путем понижения порядка производной и замены Δf_i, Δf_{i-1} на интегралы I_i^{i+1}, I_{i-1}^i:

$$\hat{f}_{i,v}'' = \frac{2}{H_i^{i+1}}\left(\frac{\Delta f_i}{h_{i+1}} - \frac{\Delta f_{i-1}}{h_i}\right) \quad (8.16)$$

Формула (8.16) на регулярном шаблоне ($h = const$) имеет традиционный вид и порядок ее аппроксимации равен двум.

Как следует из п. 7.2.3, формулы численного дифференцирования получаются также на основе формул сплайн-аппроксимации.

Так, если аппроксимировать сеточную функцию параболическим интерполяционным дифференциальным сплайном

$$\tilde{S}_{2Д2,i}(x) = f_i + f_i'(x - x_i) + \left(\frac{\Delta f_i}{h_{i+1}^2} - \frac{f_i'}{h_{i+1}}\right)(x - x_i)^2, \quad (8.17)$$

узлы которого совпадают с узлами сеточной функции, а коэффициенты получаются из соотношений: $\tilde{S}_{2Д2,i}(x_i) = f_i$, $\tilde{S}_{2Д2,i}(x_{i+1}) = f_{i+1}$, $\tilde{S}_{2Д2,i}'(x_i) = f_i'$, то из условия непрерывности его второй производной в узлах сетки: $\tilde{S}_{2Д2,i-1}'' = \tilde{S}_{2Д2,i}''$ получается параметрическое соотношение, связывающее приращения интерполируемой функции и производные этой функции в точках x_{i-1}, x_i:

$$\frac{f_i'}{h_{i+1}} - \frac{f_{i-1}'}{h_i} = \frac{\Delta f_i}{h_{i+1}^2} - \frac{\Delta f_{i-1}}{h_i^2}. \qquad (8.18)$$

Понижая в соотношении (8.18) порядок производной на единицу, получаем подобную формулу, выражающую связь комбинации значений функции с комбинацией значений интегралов на двух соседних отрезках:

$$\frac{f_i}{h_{i+1}} - \frac{f_{i-1}}{h_i} = \frac{I_i^{i+1}}{h_{i+1}^2} - \frac{I_{i-1}^i}{h_i^2}. \qquad (8.19)$$

Формулу (8.19) можно использовать для восстановления функции по значениям интегралов.

Некоторые из приведенных в данном подразделе формул будут ниже использованы для построения численных схем решения задачи Коши для ОДУ первого порядка.

8.2 Подобие на основе локальных интегральных операторов

Приведенные выше группы подобных операторов, в которых базовыми являются операторы дифференциального типа, могут быть дополнены другими группами, базирующимися квадратурных формулах. Например, квадратурная формула трапеций может быть принята в качестве базового оператора для построения следующей группы подобия:

$$I_i^{i+1} = \frac{h}{2}(f_i + f_{i+1}) \quad \left(\frac{h^3}{12} M_{2,i}\right); \qquad (8.20)$$

$$\Delta \hat{f}_i = \frac{h}{2}(f_i' + f_{i+1}') \quad \left(\frac{h^3}{12} M_{3,i}\right); \qquad (8.21)$$

$$\Delta \hat{f}_i' = \frac{h}{2}(f_i'' + f_{i+1}'') \quad \left(\frac{h^3}{12} M_{4,i}\right). \qquad (8.22)$$

Отметим, что соотношение (8.21), в свою очередь, представляет собой основу для построения одной из схем решения обыкновенного дифференциального уравнения $\dfrac{dy}{dx} = g(x, y)$. В этом случае вместо производных f_i', f_{i+1}' в формуле (8.21) следует использовать функцию $g(x, y)$ в соответствующих точках. Тогда подобные **формулы, вытекающие из квадратур, заменяют интегрально-интерполяционные методы решения задачи Коши для обыкновенных дифференциальных уравнений**.

Формула (8.22) позволяет вычислить значение производной первого порядка по значениям производных второго порядка.

Аналогичным путем могут быть сформированы и другие группы подобных формул как на регулярных, так и на нерегулярных шаблонах. Например, в качестве базовой может быть взята квадратурная формула (7.62), полученная с использованием параболических интегродифференциальных сплайнов на трехточечном нерегулярном шаблоне (x_{i-1}, x_i, x_{i+1}) (приведем ее здесь еще раз):

$$\hat{I}_{i,v}^{i+1} = \frac{h_{i+1}^3}{6H_i^{i+1}} \left(\frac{H_{3i}^{2(i+1)}}{h_{i+1}^2} f_{i+1} + \frac{H_i^{i+1} H_{3i}^{i+1}}{h_{i+1}^2 h_i} f_i - \frac{1}{h_i} f_{i-1} \right) \quad \left(\frac{h_i^2 h_{i+1}^2}{72} \delta_{i+1} (\delta_{i+2} + 2) M_{3,i} \right).$$

Тогда из этой формулы по принципу подобия получается следующая одноинтервальная формула:

$$\Delta \hat{f}_i = \frac{h_{i+1}^3}{6H_i^{i+1}} \left(\frac{H_{3i}^{2(i+1)}}{h_{i+1}^2} f_{i+1}' + \frac{H_i^{i+1} H_{3i}^{i+1}}{h_{i+1}^2 h_i} f_i' - \frac{1}{h_i} f_{i-1}' \right) \quad \left(\frac{h_i^2 h_{i+1}^2}{72} \delta_{i+1} (\delta_{i+2} + 2) M_{4,i} \right). \quad (8.23)$$

Здесь, как и выше, принято обозначение: $H_{k,i}^{m(k+1)} = k h_i + m h_{i+1}$

– параметр, являющийся линейной комбинацией двух соседних шагов трехточечного шаблона (x_{i-1}, x_i, x_{i+1}) сетки $\{x_i, i = 0, 1, ..., n\}$. Последние две формулы, как видно из оценки остаточного слагаемого, указанного в скобках, имеют четвертый порядок аппроксимации. При этом формулы (8.21), (8.23) (а также и некоторые приводимые ниже) позволяют построить явные схемы вычисления значений функции по значениям производных во всех узлах сетки $\{x_i, i = 0, 1, ..., n\}$.

Кроме того, они позволяют конструировать различные схемы решения задачи Коши (в том числе и повышенного порядка точности) в общем случае на нерегулярном шаблоне, которые не изложены в классических учебниках по численным методам. Обобщение приведенных здесь формул для приращений функций на численные схемы решения задач Коши для обыкновенных дифференциальных уравнений приводится в подразделе 8.4 данной книги.

Одноинтервальная квадратурная формула четвертого порядка аппроксимации экстраполяционного типа (см. [66]) порождает следующие две подобные формулы:

$$\hat{I}_i^{i+1} = \frac{h_{i+1}^2}{6H_{i-1}^i}\left[\frac{H_{3i}^{2(i+1)}}{h_{i-1}}f_{i-2} - \frac{3(H_{i-1}^i)^2 + 2h_{i+1}H_{i-1}^i}{h_{i-1}h_i}f_{i-1} + \right.$$
$$\left. + \frac{6h_iH_{i-1}^i + h_{i+1}(3h_{i-1} + 6h_i + 2h_{i+1})}{h_ih_{i+1}}f_i\right]; \quad (8.24)$$

$$\Delta\hat{f}_i = \frac{h_{i+1}^2}{6H_{i-1}^i}\left[\frac{H_{3i}^{2(i+1)}}{h_{i-1}}f'_{i-2} - \frac{3(H_{i-1}^i)^2 + 2h_{i+1}H_{i-1}^i}{h_{i-1}h_i}f'_{i-1} + \right.$$
$$\left. + \frac{6h_iH_{i-1}^i + h_{i+1}(3h_{i-1} + 6h_i + 2h_{i+1})}{h_ih_{i+1}}f'\right]. \quad (8.25)$$

Двухинтервальная (трехточечная) обобщенная на нерегулярный шаблон формула четвертого порядка на отрезке $[x_{i-1}, x_{i+1}]$, выражающая сумму «удельных» значений интегралов через линейную комбинацию значений f_{i-1}, f_i, f_{i+1}, имеет вид (см. (3.13)):

$$3\left(\frac{1}{h_i^2}\hat{I}_{i-1}^i + \frac{1}{h_{i+1}^2}\hat{I}_i^{i+1}\right) = \frac{1}{h_i}f_{i-1} + 2\left(\frac{1}{h_i} + \frac{1}{h_{i+1}}\right)f_i + \frac{1}{h_{i+1}}f_{i+1} .$$

Подобная ей формула, связывающая приращения функций, принимает вид:

$$3\left(\frac{1}{h_i^2}\Delta\hat{f}_{i-1} + \frac{1}{h_{i+1}^2}\Delta\hat{f}_i\right) = \frac{1}{h_i}f'_{i-1} + 2\left(\frac{1}{h_i} + \frac{1}{h_{i+1}}\right)f'_i + \frac{1}{h_{i+1}}f'_{i+1}. \quad (8.26)$$

Интегрирование параболических дифференциальных сплайнов

$$\widetilde{S}_{2\text{Д}2,i}(x) \quad (8.17) \quad \text{и} \quad \widetilde{S}_{2\text{Д}3,i}(x) = f_i + \left(\frac{2\Delta f_i}{h_{i+1}} - f'_{i+1}\right)(x - x_i) + \left(\frac{f'_{i+1}}{h_{i+1}} - \frac{\Delta f_i}{h_{i+1}^2}\right)(x - x_i)^2$$

(узлы сплайна $\widetilde{S}_{2\text{Д}3,i}(x)$ совпадают с узлами сеточной функции, а коэффициенты вычисляются из соотношений $\widetilde{S}_{2\text{Д}3,i}(x_i) = f_i$, $\widetilde{S}_{2\text{Д}3,i}(x_{i+1}) = f_{i+1}$, $\widetilde{S}'_{2\text{Д}3,i}(x_{i+1}) = f'_{i+1}$) приводит, соответственно, к следующим одноинтервальным квадратурным формулам функционально-дифференциального типа:

$$\hat{I}_i^{i+1} = \frac{h_{i+1}}{3}\left(2 f_i + f_{i+1}\right) + \frac{h_{i+1}^2}{6} f' \quad \left(\frac{5}{24} h_i^4 M_{3,i}\right), \qquad (8.27)$$

$$\hat{I}_i^{i+1} = \frac{h_{i+1}}{3}\left(f_i + 2 f_{i+1}\right) - \frac{h_{i+1}^2}{6} f'_{i+1} \quad \left(\frac{5}{24} h_i^4 M_{3,i}\right). \qquad (8.28)$$

Далее, интегрирование другого параболического дифференциального сплайна $\widetilde{S}_{2\text{Д}4,i}(x) = f_i + f'_i(x - x_i) + \frac{\Delta f'_i}{2 h_{i+1}}(x - x_i)^2$, узлы которого совпадают с узлами сеточной функции, а коэффициенты получаются из соотношений: $\widetilde{S}_{2\text{Д}4,i}(x_i) = f_i$, $\widetilde{S}'_{2\text{Д}4,i}(x_i) = f'_i$, $\widetilde{S}'_{2\text{Д}4,i}(x_{i+1}) = f'_{i+1}$, приводит к следующей одноинтервальной квадратурной формуле функционально-дифференциального типа:

$$\hat{I}_i^{i+1} = h_{i+1} f_i + \frac{h_{i+1}^2}{6}\left(2 f'_i + f'_{i+1}\right) \quad \left(\frac{1}{24} h_i^4 M_{3,i}\right). \qquad (8.29)$$

Формулы, подобные (8.27) – (8.29) принимают вид:

$$\Delta \hat{f}_i = \frac{h_{i+1}}{3}\left(2 f'_i + f'_{i+1}\right) + \frac{h_{i+1}^2}{6} f''_{i+1} \quad \left(\frac{5}{24} h_i^4 M_{4,i}\right), \qquad (8.30)$$

$$\Delta \hat{f}_i = \frac{h_{i+1}}{3}\left(f'_i + 2 f'_{i+1}\right) - \frac{h_{i+1}^2}{6} f''_{i+1} \quad \left(\frac{5}{24} h_i^4 M_{4,i}\right), \qquad (8.31)$$

$$\Delta \hat{f}_i = h_{i+1} f'_i + \frac{h_{i+1}^2}{6}\left(2 f''_i + f''_{i+1}\right) \quad \left(\frac{1}{24} h_i^4 M_{4,i}\right). \qquad (8.32)$$

С помощью формул (8.30)-(8.32) можно восстановить значения функции по известным (или вычисленным заранее) значениям ее первых и вторых производных.

Из формулы (3.19), полученной при исследовании ИД-сплайна $\tilde{S}_{2\text{ИД}1}(x)$ (звено которого имеет вид (3.18)), следует интегрально-дифференциальное параметрическое соотношение, выражающее связь разности удельных интегралов на двух смежных отрезках с линейной комбинацией производных в точках шаблона (x_{i-1}, x_i, x_{i+1}):

$$\frac{\hat{I}_i^{i+1}}{h_{i+1}} - \frac{\hat{I}_{i-1}^i}{h_i} = \frac{h_i}{6} f'_{i-1} + \frac{h_i + h_{i+1}}{3} f'_i + \frac{h_{i+1}}{6} f'_{i+1}.$$

Для этого соотношения подобная формула имеет вид:

$$\frac{\Delta \hat{f}_i}{h_{i+1}} - \frac{\Delta \hat{f}_{i-1}}{h_i} = \frac{h_i}{6} f''_{i-1} + \frac{h_i + h_{i+1}}{3} f''_i + \frac{h_{i+1}}{6} f''_{i+1} \ . \tag{8.33}$$

8.3 Обобщение теорем Коши и Лагранжа о среднем значении на основе применения принципа подобия

В математическом анализе для функций, непрерывных на отрезке $[a,b]$ и дифференцируемых на интервале (a,b) весьма значимыми являются теоремы о среднем значении Коши и Лагранжа. Так, для функций $f(x)$ и $g(x)$, удовлетворяющих указанным условиям, теорема Коши сводится к соотношению:

$$\frac{f(b) - f(a)}{g(b) - g(a)} = \frac{f'(c)}{g'(c)} . \tag{8.34}$$

Здесь точка $x = c$ принадлежит интервалу (a,b).

Следствием формулы (8.34) является классическая формула Лагранжа о конечном приращении, которая для функции $f(x)$, непрерывной на отрезке $[a,b]$ и дифференцируемой на (a,b), имеет вид:

$$f(b) - f(a) = f'(c)(b-a) \ , \ a < c < b \ . \tag{8.35}$$

Если формулу (8.34) записать для первообразных $F(x)$, $G(x)$, соответствующих $f(x)$ и $g(x)$, то получится формула, подобная (8.34):

$$\frac{F(b)-F(a)}{G(b)-G(a)} = \frac{F'(c)}{G'(c)} \Rightarrow \frac{I_a^b(f)}{I_a^b(g)} = \frac{f(c)}{g(c)}, \ c \in (a,b) \ . \quad (8.36)$$

Формула (8.36) связывает отношение определенных интегралов с отношением средних значений функций $f(x)$ и $g(x)$ на интервале (a,b), **и поэтому условия теоремы Коши, накладываемые на эти функции, применительно к отношению интегралов (8.36) ослабляются, т.е. они могут не быть дифференцируемыми**.

Замечание. Формула (8.34) в соответствии с методом подобия может быть записана также в виде

$$\frac{f'(b)-f'(a)}{g'(b)-g'(a)} = \frac{f''(c)}{g''(c)}, \quad c \in (a,b).$$

Если в качестве $g(x)$ взять константу $g(x) = 1$, то интеграл $I_a^b(g) = \int\limits_a^b dx = b - a$ и формула (8.36) принимает вид:

$$I_a^b(f) = f(c)\,(b-a). \quad (8.37)$$

Подчеркнем, что формула (8.37) является подобной классической формуле Лагранжа.

Переписывая соотношение (8.37) применительно к отрезку $\Delta x_i = x_{i+1} - x_i = h_i$ и принимая $c = x_{i+0.5}$, получим классическую квадратурную формулу прямоугольников:

$$I_i^{i+1} = f_{i+0.5}\,h_{i+1}, \quad (8.38)$$

имеющую третий порядок аппроксимации относительно шага h_i. Формуле Лагранжа (8.35) о конечном приращении также могут быть сопоставлены подобные формулы физики, описывающие прямолинейное движение материальной точки (тела).

Переписывая формулу (8.35) для интервала Δx, получаем выражение:

$$\Delta f = f'(c)\,\Delta x, \quad x_0 < c < x_0 + \Delta x . \qquad (8.39)$$

Построим для формулы (8.39) подобные ей. С этой целью необходимо функции $f(x)$ сопоставить путь $s(t)$ в случае равномерного прямолинейного движения тела, приращению Δx сопоставить интервал времени Δt, а производной $f'(x)$ – скорость $V(t) = const$. Тогда при выполнении условий теоремы Лагранжа вместо соотношения (8.39) получается соотношение:

$$\Delta s = V\,\Delta t \qquad (8.40)$$

или

$$s = s_0 + V_{cp}\,(t - t_0), \qquad (8.41)$$

где V_{cp} – средняя скорость движения на участке Δs.

Формулы (8.40), (8.41) соответствуют закону равномерного прямолинейного движения тела. Применяя к формулам (8.40), (8.41) принцип подобия еще раз, т.е. увеличивая порядок производной в этом соотношении на единицу, получим формулу для приращения скорости:

$$\Delta V = V'\,\Delta t \qquad (8.42)$$

или

$$V = V_0 + a\,(t - t_0), \qquad (8.43)$$

где $a = V'$ – есть ускорение.

Таким образом, получены формулы (8.42) – для приращения скорости и (8.43) – для скорости тела при его равноускоренном прямолинейном движении.

Процесс построения данной физической группы может быть продолжен. В следующем по порядку соотношении получится формула для приращения ускорения тела. Подчеркнем, что группа подобия может строиться не только в направлении повышения порядка производной, но и в направлении ее понижения. Например, если в формуле (8.39) понизить порядок производной на единицу и точку $x = c$ совместить с серединой отрезка Δx, то получается указанная выше квадратурная формула прямоугольников (8.38).

Если группу подобия выстраивать по квадратурной формуле (8.38), взяв ее в качестве базовой, то из нее получится как теорема Лагранжа, так и приведенные выше формулы физики.

В заключение данного подраздела приведем формулу, подобную формуле для определенного интеграла с использованием интегральной суммы Римана.

Эти две приближенные формулы (переход к пределу не осуществляется) имеют вид:

$$F(b) - F(a) = \lim_{n \to \infty} \sum_{i=1}^{n-1} f(\xi_i)\, \Delta x_i,$$

$$f(b) - f(a) = \lim_{n \to \infty} \sum_{i=1}^{n-1} f'(\xi_i)\, \Delta x_i = \int_a^b f'(x)\, dx. \tag{8.44}$$

Отметим, что формула (8.44), которая до публикации статей авторов данной книги [64], [6] в численном анализе не применялась, может быть использована в качестве *интегральной нормы* для контроля точности вычисления производных. При этом производные могут быть вычислены с применением как явных (локальных) формул, так и неявных (глобальных) алгоритмов численного дифференцирования. Апробация этой формулы производится в подразделе 8.7.

8.4 Операционное подобие формул и параметрических соотношений для ИД-сплайнов четных степеней и дифференциальных сплайнов нечетных степеней

8.4.1 Формулы сплайнов четных и нечетных степеней и параметрические соотношения, сопоставляемые по принципу подобия

В данном подразделе на примере сплайнов 2-й и 4-й степеней и сплайнов 3-й и 5-й степеней (соответственно) рассматривается *операционное подобие* в смысле подобия операторов и формул звеньев сплайнов четных и нечетных степеней (в соответствии с определением 1.3), а также подобие соотношений связи между определенными и неопределенными параметрами (параметрических соотношений). Подчеркнем, что рассматриваемые сплайны четной степени являются интегродифференциальными, а сплайны нечетной степени – дифференциальными.

Как отмечено во введении, для интерполяционных дифференциальных сплайнов (Д-сплайнов) третьей степени в качестве определенных параметров всегда принимаются значения исходной сеточной функции во всех внутренних узлах, а в качестве неопределенных – производные первого или второго порядка этой функции. Для Д-сплайнов пятой степени в качестве определенных параметров по необходимости принимаются как значения аппроксимируемой функции, так и производные определенных порядков от этой функции, а в качестве неопределенных – также производные, но других порядков. Для параболических ИД-сплайнов четной степени в качестве определенных параметров всегда принимаются значения определенных интегралов I_i^{i+1} от аппроксимируемой функции на всех отрезках $[x_i, x_{i+1}]$, $i = 1, 2, \ldots n-1$

области разбиения $[a,b]$, а в качестве неопределенных – производные некоторого порядка (возможно, нулевого – то есть, значения функции). Для приводимых ниже ИД-сплайнов четвертой степени (рассмотренных в [54]) определенными параметрами являются как интегралы I_i^{i+1}, так и значения исходной сеточной функции в узлах, а неопределенными – производные третьего порядка от аппроксимируемой функции.

В данной работе проводится сопоставление на предмет операционного подобия формул для двух возможных типов глобальных сплайнов 2-й и 3-й степеней (рассмотренных подразделах 3.2 и B.1 соответственно) и формул для одного глобального сплайна 4-й степени и соответствующего глобального сплайна 5-й степени. Все необходимые формулы в данном разделе выписываются снова с целью их наглядного сопоставления.

Как было указано в подразделе 1.1, для выявления операционного подобия некоторые совокупности слагаемых в правых частях сопоставляемых соотношений, связывающих определенные и неопределенные параметры, необходимо записывать с помощью приращений. Отметим, что такой же неклассический вид записи некоторых формул использован при описании сплайнов и операторов численного дифференцирования в книге [66].

Подчеркнем, что **операционное подобие формул звеньев сплайнов четных и нечетных степеней и соотношений для вычисления их параметров глобальным способом определяется также соответствием (подобием) условий согласования.** Поэтому рассмотрение вопроса об операционном подобии начинается с записи формул звеньев сплайнов, условий согласования звеньев с аппроксимируемой функцией и уравнений связи определенных и неопределенных параметров для глобальных сплайнов. Формулы

287

звеньев сплайнов и соотношения для нахождения их параметров рассмотрены в порядке возрастания степеней сплайнов.

В формулах, приведенных ниже, приняты следующие обозначения:

x_i – узлы сетки Δ_n (формула (В.1));

r – степень сплайна;

$p = 0, 1, 2, \ldots$ – порядок производной, указываемый в скобках в верхнем индексе;

t – номер типа сплайна;

$$h_{i+1} = x_{i+1} - x_i, \ I_i^{i+1} = \int\limits_{x_i}^{x_{i+1}} f(x)dx, \ \nabla I_i^{i+1} = I_i^{i+1} - f_i \, h_{i+1}, \ \nabla I_{i-1}^i = I_{i-1}^i - f_{i-1}h_i;$$

$$f_i = f(x_i), \ f_i' = f'(x_i), \ \Delta f_i = f_{i+1} - f_i, \ \Delta f_i' = f_{i+1}' - f_i', \ \nabla f_i = \Delta f_i - f_i' \, h_{i+1};$$

$$\overline{m}_i = f'(x_i), \ \Delta \overline{m}_i = \overline{m}_{i+1} - \overline{m}_i;$$

$$m_i = f''(x_i), \ \Delta m_i = m_{i+1} - m_i;$$

$$\widetilde{m}_i = f'''(x_i), \ \Delta \widetilde{m}_i = \widetilde{m}_{i+1} - \widetilde{m}_i;$$

$$\hat{m}_i = f^{(4)}(x_i), \ \Delta \hat{m}_i = \hat{m}_{i+1} - \hat{m}_i;$$

$$\delta S_{\underset{t}{r,i}}^{(-1)}(x_i, x_{i+1}) = \int\limits_{x_i}^{x_{i+1}} S_{\underset{t}{r,i}}(x)dx - I_i^{i+1} - \text{интегральная невязка};$$

$$\delta S_{\underset{t}{r,i}}^{(p)}(x_к) = S_{\underset{t}{r,i}}^{(p)}(x_к) - f^{(p)}(x_k) = 0 \quad (k = i, i+1) - \text{ дифференциальные}$$

невязки на концах отрезка $[x_i, x_{i+1}]$.

Звено **Д-сплайна 1-й степени** на отрезке $[x_i, x_{i+1}]$ и условия согласования для него имеют следующий вид:

$$S_{1,i}(x) = f_i + \frac{\Delta f_i}{h_{i+1}}(x - x_i) \ , \quad \delta S_{1,i}(x_i) = 0 \ , \quad \delta S_{1,i}(x_{i+1}) = 0, \quad (8.45)$$

где $\delta S_{1,i}(x_к) = S_{1,i}(x_к) - f(x_k) = 0, \ k = i, i+1$ – невязки (условия согласования многочлена $S_{1,i}(x)$ с заданной сеточной функцией $f(x_i)$).

Соотношение связи определенных и неопределенных параметров для линейной функции $S_{1,i}(x)$ отсутствует в силу отсутствия неопределенных параметров.

Для **параболического ИД-сплайна первого** ($T = 1$) **типа**, получаемого на основе интегрального условия согласования сплайна и аппроксимируемой функции на отрезке $[x_i, x_{i+1}]$ и условия непрерывности сплайна в точке x_{i+1}, имеют место следующие формулы:

формула звена сплайна на отрезке $[x_i, x_{i+1}]$ (см. (3.6) в п.3.2.1):

$$S_{2_1,i}(x) = f_i + (\frac{6}{h_{i+1}^2} I_i^{i+1} - \frac{6}{h_{i+1}} f_i - \frac{2}{h_{i+1}} \Delta f_i)(x - x_i) +$$

$$+ \left(-\frac{6}{h_{i+1}^3} I_i^{i+1} + \frac{6}{h_{i+1}^2} f_i + \frac{3}{h_{i+1}^2} \Delta f_i \right)(x - x_i)^2 ; \quad (8.46)$$

$\delta S_{2_1,i}^{(-1)}(x_i, x_{i+1}) = 0$ – интегральная невязка (см. (3.1) в п. 3.1.1);

$S_{2_1,i}(x_{i+1}) = S_{2_1,i+1}(x_{i+1})$ – условие непрерывности сплайна в точке

x_{i+1} (см. (3.2) при $p = 0$ в п. 3.1.1);

формула связи определенных и неопределенных параметров (см. (3.7) в п. 3.2.1):

$$\frac{1}{h_i} f_{i-1} + 2\left(\frac{1}{h_i} + \frac{1}{h_{i+1}}\right) f_i + \frac{1}{h_{i+1}} f_{i+1} = 3\left(\frac{I_{i-1}^i}{h_i^2} + \frac{I_i^{i+1}}{h_{i+1}^2}\right) . \quad (8.47)$$

В формуле (8.47) значения f_i являются неопределенными параметрами, а значения интегралов I_i^{i+1} – определенными параметрами. Значения f_i, вычисленные из СЛАУ (8.47) (дополненной граничными условиями, например, в виде (3.8)), близки к заданным значениям функции $f(x_i)$ (как показано в подразделе 3.2, их отличие имеет порядок $O(H^3)$). Соотношение (8.47) получается путем алгебраических преобразований из условия непрерывности первой производной сплайна $S_{2_1}(x)$ в узле x_i (см. (3.2) при $p = 1$ в п. 3.1.1).

Напомним, что неопределенные параметры в соотношениях связи здесь и ниже по тексту записываются в левой части равенств, а определенные параметры – в правой.

Для **кубического Д-сплайна первого** $(T=1)$ **типа**, получаемого с использованием дифференциальных условий согласования, накладываемых на функцию и производную первого порядка, имеют место соотношения:

формула звена сплайна на отрезке $[x_i, x_{i+1}]$ (см. формулу (В.4) в подразделе В.1):

$$S_{3_1,i}(x)=f_i+\overline{m}_i(x-x_i)+(3\frac{\Delta f_i}{h_{i+1}^2}-\frac{3}{h_{i+1}}\overline{m}_i-\frac{\Delta \overline{m}_i}{h_{i+1}})(x-x_i)^2 +$$

$$+(-2\frac{\Delta f_i}{h_{i+1}^3}+2\frac{\overline{m}_i}{h_{i+1}^2}+\frac{\Delta \overline{m}_i}{h_{i+1}^2})(x-x_i)^3 ; \quad (8.48)$$

$$\delta S_{3_1,i}^{(0)}(x_i)=0, \ \delta S_{3_1,i}^{(0)}(x_{i+1})=0, \ \delta S_{3_1,i}^{(1)}(x_i)=0, \ \delta S_{3_1,i}^{(1)}(x_{i+1})=0 \ -$$

дифференциальные невязки (см. формулу (В.2) в подразделе В.1);

формула связи определенных и неопределенных параметров (см. формулу (В.5) в подразделе В.1) :

$$\frac{1}{h_i}\overline{m}_{i-1}+2(\frac{1}{h_i}+\frac{1}{h_{i+1}})\overline{m}_i+\frac{1}{h_{i+1}}\overline{m}_{i+1}=3(\frac{\Delta f_i}{h_{i+1}^2}+\frac{\Delta f_{i-1}}{h_i^2}) \ . \quad (8.49)$$

В формуле (8.49) $\overline{m}_i$ являются неопределенными параметрами, а f_i – определенными параметрами. Соотношение (8.49) получается из условия непрерывности второй производной сплайна $S_{3_1}(x)$ в узле x_i.

Для **параболического ИД-сплайна второго** $(T=2)$ **типа**, получаемого с использованием интегрального условия согласования сплайна и аппроксимируемой функции на отрезке $[x_i, x_{i+1}]$ и условия непрерывности первой производной сплайна в точке x_{i+1}, имеют место следующие соотношения:

формула звена сплайна на отрезке $[x_i, x_{i+1}]$ (см. (3.18) в п. 3.2.1):

$$S_{2_2,i}(x) = \frac{1}{h_{i+1}} I_i^{i+1} - \frac{h_{i+1}}{2}\overline{m}_i - \frac{h_{i+1}}{6}\Delta\overline{m}_i + \overline{m}_i(x - x_i) + \frac{\Delta\overline{m}_i}{2h_{i+1}}(x - x_i)^2; \quad (8.50)$$

$\delta S_{2_2,i}^{(-1)}(x_i, x_{i+1}) = 0$ – интегральная невязка (см. (3.1) в п. 3.1.1);

$S_{2_2,i}^{(1)}(x_{i+1}) = S_{2_2,i+1}^{(1)}(x_{i+1})$ – условие непрерывности первой

производной сплайна в точке x_{i+1} (см. (3.2) при $p=1$ в п. 3.1.1);

формула связи определенных и неопределенных параметров (см.

(3.19) в п. 3.2.1):

$$\frac{h_i}{6}\overline{m}_{i-1} + \frac{h_i + h_{i+1}}{3}\overline{m}_i + \frac{h_{i+1}}{6}\overline{m}_{i+1} = \frac{I_i^{i+1}}{h_{i+1}} - \frac{I_{i-1}^i}{h_i} \quad . \quad (8.51)$$

В формуле (8.51) $\overline{m}_i$ являются неопределенными параметрами,

а I_i^{i+1} – определенными параметрами. Соотношение (8.51) получается

из условия непрерывности сплайна $S_{2_1}(x)$ в узле x_i (см. (3.2) при $p=0$

в п. 3.1.1).

Для **кубического Д-сплайна второго** ($T = 2$) **типа**,
получаемого с использованием дифференциальных условий
согласования, накладываемых на функцию и производную второго
порядка, имеют место соотношения:

формула звена сплайна на отрезке $[x_i, x_{i+1}]$ (см. (В.6) в подразделе В.1):

$$S_{3_2,i}(x) = f_i + (\frac{\Delta f_i}{h_{i+1}} - \frac{m_i}{2}h_{i+1} - \frac{\Delta m_i}{6}h_{i+1})(x - x_i) +$$

$$+ \frac{m_i}{2}(x - x_i)^2 + \frac{\Delta m_i}{6h_{i+1}}(x - x_i)^3; \quad (8.52)$$

$\delta S_{3_2,i}^{(0)}(x_i) = 0$, $\delta S_{3_2,i}^{(0)}(x_{i+1}) = 0$, $\delta S_{3_2,i}^{(2)}(x_i) = 0$, $\delta S_{3_2,i}^{(2)}(x_{i+1}) = 0$ –

дифференциальные невязки (см. (В.3) в подразделе В.1);
формула связи определенных и неопределенных параметров (см. (В.7)

в подразделе В.1):

$$\frac{h_i}{6}m_{i-1} + \frac{h_i + h_{i+1}}{3}m_i + \frac{h_{i+1}}{6}m_{i+1} = \frac{\Delta f_i}{h_{i+1}} - \frac{\Delta f_{i-1}}{h_i}. \quad (8.53)$$

В формуле (8.53) m_i являются неопределенными параметрами, а f_i – определенными параметрами. Соотношение (8.53) получается из условия непрерывности первой производной сплайна $S_{3_2}(x)$ в узле x_i.

Для **ИД-сплайна 4-й степени** имеют место следующие соотношения [54]:

формула звена сплайна на отрезке $[x_i, x_{i+1}]$:

$$S_{4,i}(x) = f_i + (\frac{6}{h_{i+1}^2}I_i^{i+1} - \frac{6}{h_{i+1}}f_i - \frac{2\Delta f_i}{h_{i+1}} + \frac{1}{12}h_{i+1}^2\tilde{m}_i + \frac{1}{30}\Delta\tilde{m}_i h_{i+1}^2)(x - x_i) +$$

$$+ (-6\frac{I_i^{i+1}}{h_{i+1}^3} + 6\frac{f_i}{h_{i+1}^2} + 3\frac{\Delta f_i}{h_{i+1}^2} - \frac{1}{4}h_{i+1}\tilde{m}_i - \frac{3}{40}h_{i+1}\Delta\tilde{m}_i)(x - x_i)^2 +$$

$$+ \frac{1}{6}\tilde{m}_i(x - x_i)^3 + \frac{1}{24h_{i+1}}\Delta\tilde{m}_i(x - x_i)^4 ; \qquad (8.54)$$

интегральная и дифференциальные невязки:

$$\delta S_{4,i}^{(-1)}(x_i, x_{i+1}) = 0,$$

$$\delta S_{4,i}^{(0)}(x_i) = 0, \ \delta S_{4,i}^{(0)}(x_{i+1}) = 0, \ \delta S_{4,i}^{(3)}(x_i) = 0, \ \delta S_{4,i}^{(3)}(x_{i+1}) = 0 ;$$

формула связи определенных и неопределенных параметров:

$$\frac{3}{20}h_i\tilde{m}_{i-1} + \frac{7}{20}(h_i + h_{i+1})\tilde{m}_i + \frac{3}{20}h_{i+1}\tilde{m}_{i+1} =$$

$$= 6\left(2\frac{\nabla I_{i-1}^i}{h_i^3} - \frac{\Delta f_{i-1}}{h_i^2}\right) - 6\left(2\frac{\nabla I_i^{i+1}}{h_{i+1}^3} - \frac{\Delta f_i}{h_{i+1}^2}\right). \quad (8.55)$$

В формуле (8.55) $\tilde{m}_k = f'''(x_k)$, $k = i-1, i, i+1$ – значения производных третьего порядка от функции $f(x)$ являются неопределенными параметрами, а значения интегралов I_i^{i+1} и значения функции f_i – определенными параметрами. Соотношение (8.55) получается из условия непрерывности второй производной сплайна $S_4(x)$ в узле x_i.

Для **дифференциального сплайна 5-й степени** (см. [66]) имеют место следующие соотношения:

формула звена сплайна на отрезке $[x_i, x_{i+1}]$:

$$S_{5,i}(x) = f_i + \overline{m}_i (x - x_i) + \left(\frac{3}{h_{i+1}^2} \Delta f_i - 3\frac{f_i'}{h_{i+1}} - \frac{\Delta f_i'}{h_{i+1}} + \frac{1}{24} h_{i+1}^2 \widehat{m}_i + \frac{1}{60} h_{i+1}^2 \Delta \widehat{m}_i \right)(x - x_i)^2 +$$

$$\left(-\frac{2}{h_{i+1}^2} \Delta f_i + \frac{2}{h_{i+1}^2} \overline{m}_i + \frac{1}{h_{i+1}^2} \Delta \overline{m}_i - \frac{h_{i+1}}{12} \widehat{m}_i - \frac{1}{40} h_{i+1} \Delta \widehat{m}_i \right)(x - x_i)^3 + \frac{1}{24} \widehat{m}_i (x - x_i)^4 +$$

$$+ \frac{1}{120\, h_{i+1}} \Delta \widehat{m}_i\ (x - x_i)^5 ; \quad (8.56)$$

дифференциальные невязки:

$$\delta S_{5,i}^{(0)}(x_i) = 0,\ \delta S_{5,i}^{(0)}(x_{i+1}) = 0,\ \delta S_{5,i}^{(1)}(x_i) = 0,\ \delta S_{5,i}^{(1)}(x_{i+1}) = 0,$$
$$\delta S_{5,i}^{(3)}(x_i) = 0,\ \delta S_{5,i}^{(3)}(x_{i+1}) = 0\ ;$$

формула связи определенных и неопределенных параметров:

$$\frac{3}{20} h_i \widehat{m}_{i-1} + \frac{7}{20}(h_i + h_{i+1}) \widehat{m}_i + \frac{3}{20} h_{i+1} \widehat{m}_{i+1} =$$

$$= 6\left(2\frac{\nabla f_{i-1}}{h_i^3} - \frac{\Delta f_{i-1}'}{h_i^2} \right) - 6\left(2\frac{\nabla f_i}{h_{i+1}^3} - \frac{\Delta f_i'}{h_{i+1}^2} \right). \quad (8.57)$$

В соотношении (8.57) производные четвертого порядка $\widehat{m}_k$, $k = i-1, i, i+1$ являются неопределенными параметрами, а значения f_i аппроксимируемой функции и значения ее первых производных f_i' во всех внутренних узлах определенными параметрами. Соотношение (8.57) получается из условия непрерывности третьей производной сплайна $S_5(x)$ в узле x_i.

8.4.2 Подобие явных и неявных операторов, относящихся к сплайнам четных и нечетных степеней

Перейдем теперь непосредственно к рассмотрению подобия приведенных в п. 8.4.1 формул звеньев сплайнов четных и нечетных степеней и соотношений связи определенных и неопределенных параметров для них (далее – «соотношения связи»). Анализ указанных объектов выявляет парное подобие формул звеньев и соотношений связи для двух приведенных выше типов сплайнов второй и третьей степеней и формул звеньев и соотношений связи для сплайнов четвертой и пятой степеней.

Для выявления подобия перечисленных формул некоторые слагаемые в правых частях всех формул звеньев сплайнов и правые части соотношений связи для них, как указано выше в подразделе 1.1, должны быть   выражены через соответствующие приращения определенных параметров.

Устанавливается парное подобие следующих формул:

(8.48) и (8.46), (8.49) и (8.47) для сплайнов $S_{3_1}(x)$ и $S_{2_1}(x)$;

(8.52) и (8.50) , (8.53) и (8.51) для сплайнов $S_{3_2}(x)$ и $S_{2_2}(x)$;

(8.56) и (8.54), (8.57) и (8.55) для сплайнов $S_5(x)$ и $S_4(x)$.

Сначала проводится сопоставление формул (8.48) и (8.46), (8.49) и (8.47),   относящихся соответственно к кубическим и параболическим сплайнам первого типа ($T = 1$). При переходе от кубических сплайнов (8.48) с соотношениями связи (8.49) к параболическим сплайнам (8.46) с соотношениями связи (8.47) наблюдаются следующие закономерности.

1) Порядок производной в соотношениях (8.48), (8.49) понижается на единицу. Таким образом, вместо значения первой производной $\overline{m}_i$ и ее приращения $\Delta\overline{m}_i$, входящих в соотношения (8.48), (8.49), в соотношениях (8.46), (8.47) записываются значение

294

функции f_i и ее приращение Δf_i. Вместо приращений функции Δf_i, Δf_{i+1}, входящих в правые части соотношений (8.48), (8.49), в правых частях соотношений (8.46), (8.47) записываются приращения первообразных, т.е. определенные интегралы I_{i-1}^{i}, I_{i}^{i+1}.

2) Числовые коэффициенты и степени разностей $(x-x_i)$ в звене параболического ИД-сплайна (8.46) равны числовым коэффициентам и степеням разностей $(x-x_i)$ в многочлене, получающемся в результате дифференцирования звена кубического сплайна (8.48). Вместо операции дифференцирования звена кубического сплайна можно осуществить обратную ей операцию интегрирования правой части формулы (8.46) с добавлением константы f_i.

Таким образом, выявляется «операционное подобие» формул звеньев кубических Д-сплайнов первого типа $(T=1)$ соответствующим формулам звеньев параболических ИД-сплайнов также первого типа. Под словосочетанием «операционное подобие» здесь понимается то, что одни формулы, соответствующие Д-сплайнам нечетной степени, с помощью дифференцирования или интегрирования можно преобразовать в формулы, соответствующим ИД-сплайнам четной степени на единицу меньшей.

Аналогично формулами для сплайнов первого типа, сопоставляются формулы (8.52) и (8.50), (8.53) и (8.51) относящихся соответственно к кубическим и параболическим сплайнам второго типа $(T=2)$. При переходе от кубических сплайнов (8.52) с соотношениями связи (8.53) к параболическим сплайнам (8.50) с соотношениями связи (8.51) наблюдаются следующие закономерности.

1) Порядок производной в соотношениях (8.52), (8.53) понижается на единицу – вместо значения второй производной m_i и приращения Δm_i, входящих в соотношения (8.52), (8.53), в соотношениях (8.50), (8.51) записываются значение первой производной $\overline{m}_i$ и приращение $\Delta \overline{m}_i$. Вместо приращений функции Δf_i, Δf_{i+1} входящих в соотношения (8.52), (8.53), в соотношениях (8.50), (8.51) записываются приращения первообразных, т.е. определенные интегралы I_{i-1}^{i}, I_{i}^{i+1}.

2) Числовые коэффициенты и степени разностей $(x-x_i)$ в звене параболического ИД-сплайна (8.50) равны числовым коэффициентам и степеням разностей $(x-x_i)$ в многочлене, получающемся в результате дифференцирования звена кубического сплайна (8.52). Вместо операции дифференцирования звена кубического сплайна можно осуществить обратную ей операцию интегрирования правой части формулы (8.50) с добавлением константы f_i.

Аналогично устанавливается подобие приведенных выше формул для Д-сплайнов пятой степени и ИД-сплайнов четвертой степени (см. формулы (8.54)-(8.57)). Необходимо еще раз подчеркнуть, что изложенное в данном подразделе операционное подобие формул звеньев сплайнов и соотношений связи между определенными и неопределенными параметрами обеспечивается, во-первых, соответствующим выбором условий согласования звеньев сплайнов нечетной и четной степеней, а во-вторых, соответствием (по порядку производных) их условий стыковки в центральном узле x_i двух соседних отрезков $[x_{i-1}, x_i]$, $[x_i, x_{i+1}]$.

В заключение данного подраздела отметим, что формула звена дифференциального сплайна первой степени (8.45) получается с помощью дифференцирования звена параболического ИД-сплайна (8.50) и замены в получаемой формуле значения первой производной $\overline{m}_i$ и приращения $\Delta\overline{m}_i$ на значение функции f_i и приращение Δf_i.

8.5 Подобие неявных соотношений для вычисления производных, интегралов и восстановления значений функций

В классических учебниках по численным методам (в разделах численного дифференцирования и интегрирования) приводятся, как правило, явные (локальные) операторы аппроксимации производных и интегралов на регулярных шаблонах $h = const$. По вышеизложенной классификации с учетом проведенного обобщения эти операторы являются условными. В этих формулах в качестве базовых функций используются непосредственно сеточные функции $f_i = f(x_i)$. В подразделах 8.1 и 8.2 данной книги именно для таких операторов, только в общем случае нерегулярного шаблона, записан ряд групп подобия.

В теории сплайнов (при глобальном способе их построения) для вычисления производных получаются СЛАУ трехдиагонального вида (В.5), (В.7), (3.19). В опубликованных работах авторов на основе анализа предложенных ИД-сплайнов получены также аналогичные системы для вычисления определенных интегралов (7.66)-(7.69), (7.77), (7.78), (7.89). Согласно определениям В.7, 1.13, метод нахождения значений производных и интегралов на основе решения СЛАУ, в отличие от локального (или явного) метода, называется глобальным (или неявным).

Здесь параметрические соотношения, приведенные в подразделе 8.4 для параболических ИД-сплайнов и кубических

Д-сплайнов, а также соотношения, приведенные в подразделе 8.1 для параболических Д-сплайнов, обобщаются применительно к вычислению производных и к восстановлению значений функций. Подчеркнем, что приводимые далее соотношения относятся только к внутренним узлам $x_1, \ldots, x_{n-1}$ сетки Δ_n, образованной разбиением отрезка $[a, b]$ на n частей. Поэтому при конструировании конкретных алгоритмов вычисления производных, интегралов, приращений функций и производных СЛАУ должны быть замкнуты первым и последним уравнениями (граничными условиями).

Как и выше, в скобках справа от формул в данном подразделе приведены оценки точности аппроксимации значений производных, функции или интегралов, относительно которых записаны левые части формул и которые вычисляются в результате решения СЛАУ. Константы в этих оценках имеют вид: $M_{k,i} = \max\limits_{[x_{i-1}, x_{i+1}]} \left| f^{(k)}(x) \right|$.

Из условия стыковки первых производных неустойчивых параболических дифференциальных сплайнов (8.17) $\tilde{S}'_{2Д2,i-1}(x_i) = \tilde{S}'_{2Д2,i}(x_i)$ получается соотношение связи производных и приращений функций:

$$\frac{h_i}{2} f'_{i-1} + \frac{h_i + h_{i+1}}{2} f'_i + \frac{h_{i+1}}{2} f'_{i+1} = \Delta f_{i-1} + \Delta f_i \quad \left(\frac{h_i^3 + h_{i+1}^3}{12} M_{3,i} \right) \qquad (8.58)$$
$(i = 1, 2, \ldots, n-1)$.

На основе (8.58) можно записать подобное соотношение, в котором порядок производной понижен на единицу. Тогда получается СЛАУ для восстановления значений функции по значениям определенных интегралов:

$$\frac{h_i}{2} f_{i-1} + \frac{h_i + h_{i+1}}{2} f_i + \frac{h_{i+1}}{2} f_{i+1} = I_{i-1}^i + I_i^{i+1} \quad \left(\frac{h_i^3 + h_{i+1}^3}{12} M_{2,i} \right) \qquad (8.59)$$
$(i = 1, 2, \ldots, n-1)$.

Группа подобия из соотношений (8.58), (8.59) может быть дополнена применительно к производным второго, третьего и последующих порядков.

СЛАУ (8.51) и (8.53) для параболических и кубических сплайнов (8.50) и (8.52) (соответственно) являются подобными и могут применяться для вычисления первых производных по интегралам и вторых производных по значениям функций:

$$\frac{h_i}{6} f'_{i-1} + \frac{h_i + h_{i+1}}{3} f'_i + \frac{h_{i+1}}{6} f'_{i+1} = \frac{I_i^{i+1}}{h_{i+1}} - \frac{I_{i-1}^i}{h_i} \; (\frac{h_i^3 + h_{i+1}^3}{24} M_{4,i})$$
$$(i = 1, 2, \ldots, n-1);$$

$$\frac{h_i}{6} f''_{i-1} + \frac{h_i + h_{i+1}}{3} f''_i + \frac{h_{i+1}}{6} f'_{i+1} = \frac{\Delta f_i}{h_{i+1}} - \frac{\Delta f_{i-1}}{h_i} \; (\frac{h_i^3 + h_{i+1}^3}{24} M_{4,i})$$
$$(i = 1, 2, \ldots, n-1).$$

СЛАУ (8.47) и (8.49) для параболических и кубических сплайнов (8.46) и (8.48) (соответственно) являются подобными и могут применяться для вычисления значений функции по интегралам и первых производных по значениям функций:

$$\frac{1}{h_i} f_{i-1} + 2(\frac{1}{h_i} + \frac{1}{h_{i+1}}) f_i + \frac{1}{h_{i+1}} f_{i+1} = 3(\frac{I_{i-1}^i}{h_i^2} + \frac{I_i^{i+1}}{h_{i+1}^2}) \; (\frac{h_{i+1}^2 - h_i^2}{24} M_{3,i}) \; (8.60)$$
$$(i = 1, 2, \ldots, n-1);$$

$$\frac{1}{h_i} f'_{i-1} + 2(\frac{1}{h_i} + \frac{1}{h_{i+1}}) f'_i + \frac{1}{h_{i+1}} f'_{i+1} = 3(\frac{\Delta f_{i-1}}{h_i^2} + \frac{\Delta f_i}{h_{i+1}^2}) \; (\frac{h_{i+1}^2 - h_i^2}{24} M_{4,i}) \; (8.61)$$
$$(i = 1, 2, \ldots, n-1).$$

Как видно из приведенных в скобках оценок, соотношения (8.60), (8.61) при фиксированных нижних индексах имеют второй порядок аппроксимации на нерегулярной сетке и третий порядок на регулярной.

Из анализа параметрических соотношений (3.7) и (3.19) для двух типов параболических ИД-сплайнов, приведенных в подразделе 3.2, получаются глобальные формулы (7.66), (7.67) для вычисления определенных интегралов. На регулярном шаблоне они имеют следующий вид:

$$I_{i-1}^{i} + 2I_i^{i+1} + I_{i+1}^{i+2} = \frac{h}{3}\left[f_{i-1} + 5(f_i + f_{i+1}) + f_{i+2}\right] \quad (i = 1, 2, \ldots, n-1),$$

$$I_{i-1}^{i} - 2I_i^{i+1} + I_{i+1}^{i+2} = \frac{h^2}{6}\left[-f'_{i-1} + 3(f'_{i+1} - f'_i) + f'_{i+2}\right] \quad (i = 1, 2, \ldots, n-1).$$

Подобные им формулы принимают, соответственно, такой вид:

$$\Delta f_{i-1} + 2\Delta f_i + \Delta f_{i+1} = \frac{h}{3}\left[f'_{i-1} + 5(f'_i + f'_{i+1}) + f'_{i+2}\right] \quad (i = 1, 2, \ldots, n-1),$$

$$\Delta f_{i-1} - 2\Delta f_i + \Delta f_{i+1} = \frac{h^2}{6}\left[-f''_{i-1} + 3(f''_{i+1} - f''_i) + f''_{i+2}\right] \quad (i = 1, 2, \ldots, n-1).$$

Все приведенные в данном разделе системы для вычисления соответствующих значений функций, производных в узлах сетки и интегралов на всех внутренних отрезках должны быть замкнуты необходимыми граничными условиями с соответствующим порядком аппроксимации.

Аналогично могут быть получены группы подобия из соотношений (7.77), (7.78), (7.89).

8.6 Глобальный устойчивый способ численного дифференцирования

Известно, что классические явные разностные операторы, широко использующиеся в вычислительной практике для нахождения производных, хорошо приближают их только при достаточно малых шагах h. Но во всех этих операторах шаг h находится в знаменателях разностных соотношений, что и является причиной некорректности операции численного дифференцирования. Некорректность проявляется в том, что погрешность, возникающая при делении на h, превосходит погрешности задания значений исходной сеточной функции. Указанная погрешность может неограниченно возрастать при стремлении шага h к нулю. Системы линейных алгебраических уравнений относительно первых и вторых производных, получающиеся из анализа кубических дифференциальных сплайнов, также содержат операцию деления на шаг h (см. подразделы 8.4, 8.5). Поэтому в численном анализе актуальной является задача построения корректных алгоритмов численного дифференцирования. Такой алгоритм, основанный на системе (8.58), изложен в работах авторов [64], [6].

Действительно, система (8.58), записанная относительно первых производных, не содержит операцию деления на шаги h. Вследствие этого, и поскольку система (8.58) имеет трехдиагональный вид и диагональное преобладание матрицы, с ее помощью может быть построен корректный и устойчивый алгоритм численного дифференцирования. (Другие корректные методы численного дифференцирования авторам неизвестны).

Для проверки факта корректности ниже приведены результаты численного расчета производных сеточного представления формульной функции $y = \dfrac{1}{1 + 25\, x^2}$ на отрезке $[-1, 0]$. Особенностью указанной функции является ее резкое изменение в небольшой окрестности $[-0.2, 0]$. В связи с этим для проведения вычислений выбрана нерегулярная сетка, сгущающаяся в направлении к указанной окрестности. Система линейных алгебраических уравнений (8.58) в совокупности с замыкающими ее двумя уравнениями, в качестве которых принимаются точные значения производных в двух крайних точках:

$$f'(-1) = 0.07396, \; f'(0) = 0, \qquad\qquad (8.62)$$

решается методом прогонки. Результаты проведенных расчетов сравнивались с соответствующими результатами, полученными по явной формуле (8.5) с использованием (8.62).

Результаты сопоставительных расчетов сведены в таблицу 8.1, в которой построчно и последовательно записаны соответственно: узлы сеточной функции, шаги $h_{i+1} = x_{i+1} - x_i$, значения исследуемой сеточной функции y_i, точные значения производных во всех узлах сетки y'_t, значения y'_{np}, полученные методом прогонки из системы (8.58) с замыкающими уравнениями (8.62), значения $f'_{лок}$, полученные по локальной формуле (8.5). В последних двух строках таблицы приведены абсолютные погрешности вычислений методом прогонки $\Delta_{np} = \left| y'_{np} - y'_t \right|$ и $\Delta_{лок} = \left| y'_{лок} - y'_t \right|$. Анализ полученных результатов показывает, что корректный метод обеспечивает более высокую точность вычислений.

Таблица 8.1 – Сравнение результатов вычисления производных функции $y = \dfrac{1}{1 + 25\,x^2}$ методом прогонки и локальным методом

x_i	-1.0	-0.75	-0.55	-0.40	-0.30	-0.20	-0.16	-0.12	-0.08	-0.04	0
$h_i/10$	-----	2.5	2.0	1.5	1.0	1.0	0.4	0.4	0.4	0.4	0.4
$y_i/10$	0.3846	0.6639	1.1679	2.0000	3.0769	5.0000	6.0976	7.3529	8.6207	9.6154	10
y'_t	0.0740	0.1653	0.3751	0.8000	1.4202	2.5000	2.9745	3.2439	2.9726	1.8491	0
$y'_{пр}$	0.0740	0.1511	0.3512	0.7608	1.3892	2.4605	3.0185	3.2670	3.0648	1.9159	0
$y'_{лок}$	0.0740	0.1897	0.4250	0.8680	1.5000	2.5090	2.9411	3.1538	2.8281	1.7241	0
$\Delta_{пр}$	0	0.0142	0.0240	0.0392	0.0310	0.0394	0.0440	0.0231	0.0920	0.0668	0
$\Delta_{лок}$	0	0.0244	0.0500	0.0680	0.0800	0.0090	0.0333	0.0900	0.1445	0.1250	0

Кроме этого, полученные результаты сравнивались по введенной выше (см. подраздел 8.3) интегральной норме (8.44). При этом определенные интегралы от производной рассчитывались по квадратурной формуле трапеций, имеющей второй порядок точности. Результаты сопоставления по этой норме следующие:

– точное значение интеграла равно разности: $f(0) - f(-1) = 1 - 0.03846 = 0.96154$;

– приближенное значение интеграла от производных, вычисленных методом прогонки (корректным методом), равно 0.96220;

– приближенное значение интеграла от производных, вычисленных локальным методом, равно 0.98561.

Из сопоставления этих результатов следует, что корректный метод обеспечивает два верных знака, а некорректный – только один верный знак.

Таким образом, в главе 8:

– получены группы подобных формул численного дифференцирования и интегрирования;

– проведено обобщение теорем Коши и Лагранжа о среднем значении на основе принципа подобия (при этом теорема Коши обобщается на случай связи отношения определенных интегралов на отрезке $[a,b]$ от двух непрерывных функций с отношением средних значений этих функций), установлена связь формулы Лагранжа с формулами физики;

– на основе теории подобия предложена интегральная норма для контроля точности вычисления значений производных;

– предложен и апробирован глобальный корректный способ численного дифференцирования, проведено сопоставление результатов расчета значений производных корректным и некорректным способами и проиллюстрировано существенное преимущество корректного способа.

Глава 9. Многошаговые дискретные схемы и непрерывно-дискретные методы решения задачи Коши для обыкновенных дифференциальных уравнений на нерегулярном шаблоне

В данной главе на основе параметрических соотношений для параболических ИД-сплайнов и принципа подобия построены дискретные одно-, двух- и трехшаговые схемы второго и третьего порядков решения задачи Коши для обыкновенных дифференциальных уравнений на нерегулярном шаблоне. Значения, вычисленные по данным схемам, в совокупности с параболическими и кубическими сплайнами используются для построения алгоритма явного последовательного сплайн-метода решения задачи Коши. Данный подход позволяет избежать решения нелинейных алгебраических уравнений.

9.1 Применение метода подобия для построения дискретных численных схем решения задачи Коши для обыкновенных дифференциальных уравнений

В данном разделе принцип подобия наряду с методом аппроксимации применяется для конструирования численных схем решения задачи Коши для обыкновенного дифференциального уравнения первого порядка:

$$y' = F(x,y), \quad y(x_0) = y_0, x \in [a,b], x_0 = a. \qquad (9.1)$$

Пусть отрезок $[a,b]$, как и выше, при рассмотрении явных (локальных) аппроксимационных операторов, разбит сеткой $a = x_0 < x_1 < ... < x_i < x_{i+1} < ... < x_n = b$ на n промежутков, соответствующих шагам численного интегрирования ОДУ: $h_{i+1} = x_{i+1} - x_i, i = 0,1,...,n-1$. Для построения численных схем интегрирования ОДУ первого порядка используются приведенные выше формулы аппроксимации производной на трехточечном нерегулярном шаблоне (см. подраздел 8.1), а также формулы, записанные для приращений функции в подразделе 8.2. В этом случае для получения явных и неявных одношаговых, двухшаговых и трехшаговых схем решения задачи Коши (9.1) используется принцип аппроксимации и принцип подобия, являющийся обобщением интегрально-интерполяционного метода построения разностных схем решения задачи Коши [66].

Заменяя в (8.21) приращения аппроксимируемой функции $\Delta \hat{f}_i$ на приращения решения дифференциального уравнения $\Delta \hat{y}_i$, а производную f_i' – на функцию F_i (правую часть дифференциального уравнения (9.1)) и разрешая полученное соотношение относительно $\hat{y}_{i+1}$, получим *одношаговую неявную схему* второго порядка **1НЯ2** (1 - "шаговость", НЯ - "неявная", 2 - порядок точности) – метод трапеций:

$$\hat{y}_{i+1} = \hat{y}_i + \frac{h_{i+1}}{2}\left[F_i + F(x_{i+1}, \hat{y}_{i+1})\right], \ i = 0,1,...,n-1. \quad (9.2)$$

Здесь введено обозначение $F_i = F(x_i, \hat{y}_i)$.

Подчеркнем, что свойство «неявности» схемы (9.2) обусловлено наличием искомого значения $\hat{y}_{i+1}$ в левой и в правой частях этой схемы, представляющей в общем случае нелинейное алгебраическое уравнение.

Проделав аналогичные выкладки для соотношения (8.18), получим *двухшаговую явную схему* второго порядка **2Я2А** (2 - "шаговость", Я - "явная", 2 - порядок точности, А - модификация):

$$\hat{y}_{i+1} = \hat{y}_i + \delta_{i+1}^2 \Delta \hat{y}_{i-1} + h_{i+1}^2 \left(\frac{F_i}{h_{i+1}} - \frac{F_{i-1}}{h_i} \right). \quad (9.3)$$

Схема (9.3) на регулярном шаблоне $h_{i+1} = h = const$ преобразуется к виду:

$$\hat{y}_{i+1} = 2\hat{y}_i - \hat{y}_{i-1} + h(F_i - F_{i-1}).$$

Путем исключения $\hat{y}_{i-1}$ из (9.3) с помощью соотношения (9.2), преобразованного путем сдвига индекса, получается обобщенная на нерегулярный шаблон *явная схема Адамса-Бэшфорта* второго порядка **2Я2Б**:

$$\hat{y}_{i+1} = \hat{y}_i + \frac{h_{i+1}^2}{2}\left(\frac{H_{2i}^{i+1}}{h_{i+1}h_i}F_i - \frac{1}{h_i}F_{i-1}\right). \qquad (9.4)$$

Эта схема на регулярном шаблоне $h_{i+1} = h = const$ преобразуется к известному виду:

$$\hat{y}_{i+1} = \hat{y}_i + \frac{h}{2}\left(3F_i - F_{i-1}\right).$$

Заменяя в (7.5) производную $\hat{f}_i'$ на функцию F_i (правую часть дифференциального уравнения (9.1)) и разрешая полученное соотношение относительно $\hat{y}_{i+1}$, получим схему **1Я1** – одношаговую явную схему Эйлера первого порядка (явный метод Эйлера):

$$\hat{y}_{i+1} = \hat{y}_i + h_{i+1}F_i \; , \qquad (9.5)$$

Аналогично – заменим в (7.15) производную $\hat{f}_{i,v}'$ на функцию F_i (правую часть дифференциального уравнения), разрешим полученное соотношение относительно $\hat{y}_{i+1}$ – получится схема **2Я2В**:

$$\hat{y}_{i+1} = \hat{y}_i - \delta_{i+1}^2 \Delta \hat{y}_i + H_i^{i+1}\delta_{i+1}F_i \quad (h = var), \qquad (9.6)$$

$$\hat{y}_{i+1} = \hat{y}_{i-1} + 2hF_i \quad (h = const). \qquad (9.7)$$

При $h = const$ (регулярный шаблон) схема 2Я2В - есть двухшаговая схема Эйлера. Из оценки порядка аппроксимации (7.15) следует, что порядок аппроксимации схемы при $h_{i+1} < h_i^2$ повышается на единицу без изменения количества точек шаблона.

Из аппроксимации второй производной (7.19) следует функционально-дифференциальная схема **2Я2Г**:

$$\hat{y}_{i+1} = -\delta_{i+1}\hat{y}_{i-1} + \frac{H_i^{i+1}}{h_i}\hat{y}_i + \frac{h_{i+1}}{2}H_i^{i+1}F'(x_i,\hat{y}_i) \quad (h = var), \qquad (9.8)$$

$$\hat{y}_{i+1} = -\hat{y}_{i-1} + 2\hat{y}_i + h^2 F_i' \quad (h = const).$$

Формула (8.6) аппроксимации первой производной в точке x_{i+1} на трехточечном нерегулярном шаблоне определяет *неявную двухшаговую схему* второго порядка **2НЯ2**:

$$\hat{y}_{i+1} = \frac{h_{i+1}}{H_i^{2(i+1)}}\left[\frac{(H_i^{i+1})^2}{h_i h_{i+1}}\hat{y}_i - \delta_{i+1}\hat{y}_{i-1} + H_i^{i+1}F(x_{i+1},\hat{y}_{i+1})\right]. \quad (9.9)$$

Эта схема на регулярном шаблоне $h_{i+1} = h = const$ является двухшаговой схемой второго порядка и принимает вид:

$$\hat{y}_{i+1} = -\frac{1}{3}\hat{y}_{i-1} + \frac{4}{3}\hat{y}_i + \frac{2}{3}h\,F(x_{i+1}, y_{i+1}). \qquad (9.10)$$

Замечание. Схема (9.9) является одним из *методов Гира*, обобщенным на нерегулярный шаблон. При $h = const$ методы Гира получаются на основе формул численного дифференцирования «назад». В этих схемах используется связь значений производной в точке x_{i+1} со значениями функции в предыдущих точках $x_i, ..., x_{i-k+1}$.

Приведем более точные *многошаговые схемы*, записанные на регулярных шаблонах [66]:

— схема третьего порядка:

$$\hat{y}_{i+1} = \frac{18}{11}\hat{y}_i - \frac{9}{11}\hat{y}_{i-1} + \frac{2}{11}\hat{y}_{i-2} + \frac{6}{11}h f(x_{i+1},\hat{y}_{i+1});$$

— схема четвертого порядка:

$$\hat{y}_{i+1} = \frac{48}{25}\hat{y}_i - \frac{36}{25}\hat{y}_{i-1} + \frac{16}{25}\hat{y}_{i-2} - \frac{3}{25}\hat{y}_{i-3} + \frac{12}{25}h f(x_{i+1},\hat{y}_{i+1});$$

— схема пятого порядка:

$$\hat{y}_{i+1} = \frac{300}{137}\hat{y}_i - \frac{300}{137}\hat{y}_{i-1} + \frac{200}{137}\hat{y}_{i-2} - \frac{75}{137}\hat{y}_{i-3} + \frac{12}{137}\hat{y}_{i-4} + \frac{60}{137}h f(x_{i+1},\hat{y}_{i+1});$$

— схема шестого порядка:

$$\hat{y}_{i+1} = \frac{360}{147}\hat{y}_i - \frac{450}{147}\hat{y}_{i-1} + \frac{400}{147}\hat{y}_{i-2} - \frac{225}{147}\hat{y}_{i-3} + \frac{17}{147}\hat{y}_{i-4} - \frac{10}{147}\hat{y}_{i-5} + \frac{60}{147}h f(x_{i+1},\hat{y}_{i+1}).$$

На основе формулы (8.24) на нерегулярном шаблоне получается *явная трехшаговая схема* третьего порядка **3ЯЗ**:

$$\hat{y}_{i+1} = \hat{y}_i + \frac{h_{i+1}^2}{6H_{i-1}^i}\left[\frac{H_{3i}^{2(i+1)}}{h_{i-1}}F_{i-2} - \frac{3(H_{i-1}^i)^2 + 2h_{i+1}H_{i-1}^i}{h_i h_{i+1}}F_{i-1} + \right.$$
$$\left. + \frac{6h_i H_{i-1}^i + h_{i+1}(H_{3(i-1)}^{6i} + 2h_{i+1})}{h_i h_{i+1}}F_i\right]. \quad (9.11)$$

Схема (9.11) при шаге $h_{i+1} = h = const$ является классической *схемой Адамса-Бэшфорта* третьего порядка и принимает вид:

$$\hat{y}_{i+1} = \hat{y}_i + \frac{h}{12}(5F_{i-2} - 16F_{i-1} + 23F_i).$$

Из формулы (8.26) следует первая *двухшаговая неявная схема* третьего порядка **2НЯ3А** применительно к нерегулярному трехточечному шаблону:

$$\hat{y}_{i+1} = \hat{y}_i - \delta_{i+1}^2 \Delta\hat{y}_{i-1} + \frac{h_{i+1}^2}{3}\left[\frac{1}{h_i}F_{i-1} + 2\left(\frac{1}{h_i} + \frac{1}{h_{i+1}}\right)F_i + \frac{1}{h_{i+1}}F(x_{i+1}, \hat{y}_{i+1})\right]. \quad (9.12)$$

Схема (9.12) на регулярном шаблоне $h_{i+1} = h = const$ ($\delta_{i+1} = 1$) преобразуется к традиционной *схеме парабол (Симпсона):*

$$\hat{y}_{i+1} = \hat{y}_{i-1} + \frac{h}{3}(F_{i-1} + 4F_i + F(x_{i+1}, \hat{y}_{i+1})).$$

Одноинтервальная (трехточечная) квадратурная формула (3.10) определяет вторую *двухшаговую неявную схему* третьего порядка **2НЯ3Б**:

$$\hat{y}_{i+1} = \hat{y}_i + \frac{h_{i+1}^3}{6H_i^{i+1}}\left(\frac{H_{3i}^{2(i+1)}}{h_{i+1}^2}F(x_{i+1}, \hat{y}_{i+1}) + \frac{H_i^{i+1}H_{3i}^{i+1}}{h_{i+1}^2 h_i}F_i - \frac{1}{h_i}F_{i-1}\right). \quad (9.13)$$

Эта схема в соответствии с вышеприведенной оценкой порядка аппроксимации интеграла I_i^{i+1} при $\delta_{i+1} \le h_i$ имеет не третий, а четвертый порядок (условный).

Схема (9.13) на регулярном шаблоне, т. е. при $h_{i+1} = h = const$ принимает следующий вид:

$$\hat{y}_{i+1} = \hat{y}_i + \frac{h}{12}(-F_{i-1} + 8F_i + 5F(x_{i+1}, \hat{y}_{i+1})).$$

Следующие схемы (две *неявные одношаговые схемы и неявная двухшаговая схема:* **1НЯЗА**, **1НЯЗБ** и **2НЯЗВ** соответственно) получаются из формул (8.31)-(8.33) и имеют вид:

$$\hat{y}_{i+1} = \hat{y}_i + \frac{h_{i+1}}{3}\left[F_i + 2F(x_{i+1}, \hat{y}_{i+1})\right] - \frac{h_{i+1}^2}{6}F'(x_{i+1}, \hat{y}_{i+1}), \qquad (9.14)$$

$$\hat{y}_{i+1} = \hat{y}_i + h_{i+1}F_i + \frac{h_{i+1}^2}{6}\left[2F_i' + F'(x_{i+1}, \hat{y}_{i+1})\right], \qquad (9.15)$$

$$\hat{y}_{i+1} = \hat{y}_i + \delta_{i+1}\Delta\hat{y}_{i-1} + \frac{h_{i+1}}{6}\left[h_i F_{i-1}' + 2H_i^{i+1}F_i' + h_{i+1}F'(x_{i+1}, \hat{y}_{i+1})\right], \ (9.16)$$

где $F' = F_x' + F_y' \cdot F$.

Схема (9.16) на регулярном шаблоне $h_{i+1} = h = const$ преобразуется к виду:

$$\hat{y}_{i+1} = -\hat{y}_{i-1} + 2\hat{y}_i + \frac{h^2}{6}(F_{i-1}' + 4F_i' + F'(x_{i+1}, \hat{y}_{i+1})).$$

Подчеркнем, что отличительной особенностью приведенных выше численных схем (9.3)-(9.6), (9.8)-(9.16) является то, что они в общем случае справедливы для нерегулярного шаблона. Поэтому указанные схемы позволяют проводить измельчение шагов расчетной сетки в областях резких изменений искомых функций, что позволяет достигнуть заданной точности решения дифференциальных уравнений или их систем.

9.2 Составные схемы решения задачи Коши для обыкновенных дифференциальных уравнений

Рассматриваемые здесь методы (схемы), называемые **составными**, известны под общим названием **методов прогноза и коррекции**. Из названия следует, что сначала «предсказывается» значение $\hat{y}_{i+1}$, а затем используется тот или иной метод для «корректировки» этого значения.

310

Таким образом, составные схемы включают в себя два шага (этапа) расчета очередного значения $\hat{y}_{i+1}$:

1. Шаг **«предиктор»** (предсказание), на котором рассчитывается предсказанное (предварительное) значение $\hat{y}_{i+1}^{(\Pi)}$.

2. Шаг **«корректор»** (коррекция), на котором предсказанное значение уточняется. В результате находится значение $\hat{y}_{i+1}^{(K)}$, которое принимается за $\hat{y}_{i+1}$. Если промежуток интегрирования не исчерпан, оно далее используется при реализации очередного шага «предиктор» для нахождения следующего предсказанного значения $\hat{y}_{i+2}^{(\Pi)}$.

Первый шаг реализуется с помощью явных методов, а второй шаг основан на применении формул неявных методов, в правую часть которых вместо неизвестного значения $\hat{y}_{i+1}$ подставляется результат предсказания. Схемы такого типа называются также **схемами «предиктор-корректор»** и в итоге относятся к явным методам.

Приведем наиболее часто встречающиеся составные схемы.

А. Предсказание с помощью одношаговой явной схемы Эйлера первого порядка 1Я1 (9.5) или обобщенной на нерегулярный шаблон двухшаговой явной схемы Эйлера второго порядка 2Я2В (9.6) или метода Эйлера–Коши на регулярном шаблоне (9.7), коррекция по методу трапеций 1НЯ2 (9.2).

Шаг «предиктор»:

$$\hat{y}_{i+1}^{(\Pi)} = \hat{y}_i + h_{i+1} F(x_i, \hat{y}_i) \tag{9.17}$$
(одношаговая явная схема Эйлера первого порядка 1Я1)

или

$$\hat{y}_{i+1}^{(\Pi)} = \hat{y}_i - \delta_{i+1}^2 \Delta \hat{y}_i + H_i^{i+1} \delta_{i+1} F(x_i, \hat{y}_i) \tag{9.18}$$
(двухшаговая явная схема Эйлера второго порядка 2Я2В)

или при условии $h_{i+1} = h = \text{const}$

$$\hat{y}_{i+1}^{(\Pi)} = \hat{y}_{i-1} + 2h \cdot F(x_i, \hat{y}_i), \quad \text{(явный метод Эйлера-Коши)}, \tag{9.19}$$
где $\hat{y}_i$ и $\hat{y}_{i-1}$ рассчитаны на предыдущих шагах.

Шаг «корректор»:

$$\hat{y}_{i+1} \equiv \hat{y}_{i+1}^{(K)} = \hat{y}_i + \frac{h_{i+1}}{2}[F(x_i, \hat{y}_i) + F(x_i + h_{i+1}, \hat{y}_i^{(\Pi)})] \qquad (9.20)$$

(метод трапеций 1НЯ2).

Б. Предсказание *по методу Адамса–Бэшфорта* третьего или четвертого порядка, коррекция *по методу Адамса–Мултона* четвертого порядка (при $h_{i+1} = h = \text{const}$) [66].

Шаг «предиктор»:

$$\hat{y}_{i+1}^{(\Pi)} = \hat{y}_i + \frac{h}{12}[23F_i - 16F_{i-1} + 5F_{i-2}] \qquad (9.21)$$

(метод Адамса–Бэшфорта третьего порядка)

или

$$\hat{y}_{i+1}^{(\Pi)} = \hat{y}_i + \frac{h}{24}[55F_i - 59F_{i-1} + 37F_{i-2} - 9F_{i-3}] \qquad (9.22)$$

(метод Адамса–Бэшфорта четвертого порядка).

Шаг «корректор»:

$$\hat{y}_{i+1} \equiv \hat{y}_{i+1}^{(K)} = \hat{y}_i + \frac{h}{24}[F_{i-2} - 5F_{i-1} + 19F_i + 9F(x_{i+1}, \hat{y}_{i+1}^{(\Pi)})] \qquad (9.23)$$

(метод Адамса–Мултона четвертого порядка)

В. *Метод Хемминга* четвертого порядка (при $h_{i+1} = h = \text{const}$) [66].

Шаг «предиктор»:

$$\hat{y}_{i+1}^{(\Pi)} = \hat{y}_{i-3} + \frac{4h}{3}[2F_i - F_{i-1} + 2F_{i-2}] \ . \qquad (9.24)$$

Шаг «корректор»:

$$\hat{y}_{i+1} \equiv \hat{y}_{i+1}^{(K)} = \frac{1}{8}(9\hat{y}_i - \hat{y}_{i-2}) + \frac{3h}{8}[-F_{i-1} + 2F_i + F(x_{i+1}, \hat{y}_{i+1}^{(\Pi)})] \ . \qquad (9.25)$$

Разработчикам прикладных программ рекомендуется при решении конкретных задач выбрать наиболее подходящий составной метод путем комбинирования схем на шагах «предиктор» и «корректор», соответствующих явным и неявным схемам. К числу этих схем относятся: П1К2 (1Я1, 1НЯ2), П2К2 (2Я2В, 1НЯ2), П2К3 (2Я2В, 2НЯ3А), П3К3 (3Я3, 2НЯ3А) и др. (таблица 9.1). Здесь буквы П и К указывают на шаги «предиктор» и «корректор», рядом с ними приведены порядки схем, а в скобках – ранее введенные обозначения формул для этих схем.

Таблица 9.1 – Схемы «предиктор-корректор»

Предикторы	Корректоры	Составная схема
1Я1 (9.5)	1НЯ2 (9.2)	П1К2 (9.5), (9.2)
2Я2В (9.6)	1НЯ2 (9.2)	П2К2 (9.6), (9.2)
2Я2В (9.6)	2НЯ3А (9.11)	П2К3 (9.6), (9.11)
3Я3 (9.10)	2НЯ3А (9.11)	П3К3 (9.10), (9.11)

При использовании многошаговых схем (9.18), (9.19), (9.21)–(9.25) на шаге «предиктор» и шаге «корректор» необходимо предварительно рассчитать требуемое число «разгонных» точек – то есть точек, значения которых нужно знать для начала расчетов по данной схеме (например, для расчетов по формуле (9.18) требуются две «разгонные» точки: $\hat{y}_0, \hat{y}_1$, по формуле (9.21) – три «разгонные» точки: $\hat{y}_0, \hat{y}_1, \hat{y}_2$, по формуле (9.22) – четыре «разгонные» точки: $\hat{y}_0, \hat{y}_1, \hat{y}_2, \hat{y}_3$). При этом желательно использовать схемы, порядок которых соответствует порядку основной схемы.

Приведем геометрическую интерпретацию схемы «предиктор-корректор» (9.17), (9.20) (рисунок 9.1). Пусть известна точка $(x_i, \hat{y}_i)$ на искомой интегральной кривой $y = y(x)$. Через эту точку проведем касательную L, тангенс угла наклона которой равен $y'(x_i) = F(x_i, \hat{y}_i)$. Ее уравнение имеет вид

$$y = \hat{y}_i + F(x_i, \hat{y}_i)(x - x_i).$$

В качестве результата предсказания берется значение $\hat{y}_{i+1}^{(\Pi)}$, получающееся при $x = x_{i+1}$: $\hat{y}_{i+1}^{(\Pi)} = \hat{y}_i + h_{i+1}F(x_i, \hat{y}_i)$. Далее через точку $(x_{i+1}, \hat{y}_{i+1}^{(\Pi)})$ к интегральной кривой проводится прямая L_1 с тангенсом угла наклона, равным $F(x_{i+1}, \hat{y}_{i+1}^{(\Pi)})$. Средняя величина $\dfrac{F(x_i, \hat{y}_i) + F(x_{i+1}, \hat{y}_{i+1}^{(\Pi)})}{2}$ порождает прямую L_2, проходящую через точку $(x_{i+1}, \hat{y}_{i+1}^{(\Pi)})$. Через точку $(x_i, \hat{y}_i)$ проведем прямую L_3, параллельную L_2. Ее уравнение:

$$y = \hat{y}_i + \frac{F(x_i, \hat{y}_i) + F(x_{i+1}, \hat{y}_{i+1}^{(\Pi)})}{2}(x - x_i).$$

Следующая точка $\hat{y}_{i+1} = \hat{y}_{i+1}^{(K)}$ приближенного решения (результат коррекции) получается при $x = x_{i+1}$:

$$\hat{y}_{i+1} = \hat{y}_{i+1}^{(K)} = \hat{y}_i + \frac{h_{i+1}}{2}[F(x_i, \hat{y}_i) + F(x_i, \hat{y}_{i+1}^{(\Pi)})].$$

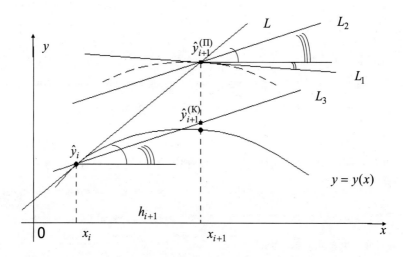

Рисунок 9.1 – Геометрическая интерпретация схемы
«предиктор-корректор»

Замечания.

1. В составных методах может быть использована модификация. Например, в схеме (9.22), (9.23) после шага «предиктор» можно вычислить модифицированное значение

$$\hat{y}_{i+1}^{(\text{ПМ})} = \hat{y}_{i+1}^{(\text{П})} + \frac{251}{270}(\hat{y}_i^{(\text{К})} - \hat{y}_i^{(\text{П})}),$$

где $\hat{y}_i^{(\text{К})}, \hat{y}_i^{(\text{П})}$ – значения, полученные на шагах «предиктор» и «корректор» в предыдущей точке.

Затем выполняется шаг «корректор»:

$$\hat{y}_{i+1}^{(\text{К})} = \hat{y}_i + \frac{h}{24}[F_{i-2} - 5F_{i-1} + 19F_i + 9F(x_{i+1}, \hat{y}_{i+1}^{(\text{ПМ})})].$$

Следующее значение $\hat{y}_{i+1}$ вычисляется по формуле

$$\hat{y}_{i+1} = \hat{y}_{i+1}^{(\text{К})} - \frac{19}{270}(\hat{y}_{i+1}^{(\text{К})} - \hat{y}_{i+1}^{(\text{П})}).$$

Таким образом, здесь фактически выполняются три приближения.

2. При осуществлении шага «корректор» может быть выполнено несколько итераций. Например, для корректора (9.20) итерационная формула имеет вид

$$\hat{y}_{i+1}^{(k+1)} = \hat{y}_i + \frac{h_{i+1}}{2}[F(x_i, \hat{y}_i) + F(x_i + h_{i+1}, \hat{y}_{i+1}^{(k)})], \ k = 0,1,\ldots; \quad \hat{y}_{i+1}^{(0)} = \hat{y}_{i+1}^{(\text{П})}.$$

Итерации прекращаются либо при выполнении условия $\left|\hat{y}_{i+1}^{(k+1)} - \hat{y}_{i+1}^{(k)}\right| \le \varepsilon$ для некоторого положительного ε, либо при выполнении ровно m итераций (как правило, задается $m \le 2$). Тогда полагают $\hat{y}_{i+1} = \hat{y}_{i+1}^{(k+1)}$.

Пример 9.1. Найти приближенное решение задачи Коши

$$y' = x + y, \ y(0) = 1, \ x \in [0; 0,2]$$

методом «предиктор-корректор» П1К2 (9.17),(9.20) второго порядка. Шаг интегрирования принять равным 0,1. Сравнить полученное решение с точным $y(x) = 2e^x - x - 1$.

Вычислим значения $\hat{y}_1$ и $\hat{y}_2$ в точках $x_1 = 0,1$ и $x_2 = 0,2$, полагая $\hat{y}_0 = 1$.

Шаг «предиктор»: по формуле (9.17) при $x_1 = 0,1$ получаем

$$\hat{y}_1^{(\Pi)} = \hat{y}_0 + h \cdot f(x_0, \hat{y}_0) = 1 + 0,1 \cdot (0+1) = 1,1.$$

Шаг «корректор»: по формуле (9.20) имеем

$$\hat{y}_1 \equiv \hat{y}_1^{(K)} = 1 + \frac{0,1}{2}\big[(0+1) + (0,1+1,1)\big] = 1,11.$$

Первый шаг по выбранной схеме выполнен. Реализуем следующий.

Шаг «предиктор»: по формуле (9.17) при $x_2 = 0,2$ получим

$$\hat{y}_2^{(\Pi)} = \hat{y}_1 + h \cdot f(x_1, \hat{y}_1) = 1,11 + 0,1 \cdot (0,1+1,11) = 1,231.$$

Шаг «*корректор*»: по формуле (9.20) имеем

$$\hat{y}_2 \equiv \hat{y}_2^{(K)} = 1,11 + \frac{0,1}{2}\big[(0,1+1,11) + (0,2+1,231)\big] = 1,24205.$$

Точное решение: $y(x_2) = 1,2428055$. Отличие приближенного решения от точного составляет 0,06%. Так как отрезок интегрирования исчерпан, процесс закончен, иначе его следовало бы продолжить.

Пример 9.2. Найти приближенное решение задачи Коши

$$y' = x + y, \quad y(0) = 1, \quad x \in [0; 0,4065]$$

на нерегулярной сетке $\Omega_3 = (0,000;\ 0,150;\ 0,285;\ 0,4065)$ с $h_1 = 0,15; \delta_{i+1} = 0,9;\ i = 1,2$ с помощью методов предсказания и коррекции П1К2, П2К2, П2К3, П3К3.

Численные результаты помещены в таблицу 9.2.

Таблица 9.2

Тип схемы	П1	К2	П2	К2	П2	К3	П3	К3	Точное решение
x_i	1Я1	1НЯ2	2Я2В	1НЯ2	2Я2В	2НЯ3А	3Я3	2НЯ3А	$y(x_i)$
0,150 отн. погр.	1,172711 0,08		1,174097 0,036		1,173700 0,0027		1,1736998 0,0027		1,1736684
0,285 отн. погр.	1,372442 0,15		1,375370 0,061		1,374445 0,0057		1,374467 0,00415		1,374524
0,4065 отн. погр.	1,593437 0,20		1,597867 0,079		1,596537 0,0043		1,596576 0,0019		1,596576

Для обеспечения расчета на первых шагах всех двухшаговых схем и одной трехшаговой предварительно рассчитывалось значение $\hat{y}$ в точке $x = 0{,}01$ по схеме Эйлера П1К2. В последнем столбце табл. 9.2 указано точное значение, полученное аналитически. Относительные погрешности численных результатов указаны в строках, расположенных ниже строк, в которых помещены численные значения $\hat{y}_i$ искомой функции. Анализ результатов свидетельствует об увеличении точности расчетов при повышении порядков схем как на шаге «предиктор», так и на шаге «корректор». Эти результаты оправдывают применение схем с многошаговым предиктором. Минимальная погрешность обеспечивается схемой П3К3, однако схема П2К3 также приводит к хорошим результатам.

9.3 Непрерывно-дискретные сплайн-методы решения задачи Коши для обыкновенных дифференциальных уравнений

9.3.1 Конструирование последовательных сплайн-методов решения задачи Коши для ОДУ

Результаты, получаемые численными методами на заданных сетках (см. подраздел 9.1), имеют дискретный характер и требуют восполнения для определения значений функций на интервалах между точками сетки и, возможно, для последующей обработки найденного решения. Для решения такой задачи используются сплайны. Однако классические сплайн-методы решения задачи Коши, основанные на разложении искомой функции в ряд Тейлора [2], неудобны в практической реализации, так как для нелинейных задач требуется решать нелинейные алгебраические уравнения. В данном подразделе излагаются непрерывно-дискретные методы, называемые последовательными сплайн-методами решения задачи Коши второго и третьего порядков, позволяющие избежать решения нелинейных уравнений [57].

Процедура решения задачи Коши при переходе от известного значения $\hat{y}_i$ в точке x_i к очередному рассчитываемому значению $\hat{y}_{i+1}$ в точке x_{i+1} состоит из двух этапов.

Первый этап. Находится дискретное опорное решение задачи Коши с помощью явных или неявных методов второго и третьего порядков, изложенных выше.

Второй этап. Полученное на первом этапе опорное решение подставляется в соответствующую по порядку формулу многочлена (звена сплайна). В качестве этих звеньев сплайнов могут быть приняты многочлены второй и третьей степени, использующиеся в теории приближений:

$$S_{2,i}(x) = \hat{y}_i + \overline{m}_i \cdot (x - x_i) + \frac{1}{h_{i+1}}\left(\frac{\Delta \hat{y}_i}{h_{i+1}} - \overline{m}_i\right) \cdot (x - x_i)^2, \ (i = 0,1,\ldots,n-1); \ (9.26)$$

$$S_{3,i}(x) = \hat{y}_i + \overline{m}_i \cdot (x - x_i) + \left(\frac{3\Delta \hat{y}_i}{h_{i+1}^2} - \frac{3\overline{m}_i}{h_{i+1}} - \frac{\Delta \overline{m}_i}{h_{i+1}}\right) \cdot (x - x_i)^2 +$$

$$+ \frac{1}{h_{i+1}^2}\left(-\frac{2}{h_{i+1}}\Delta \hat{y}_i + 2\overline{m}_i + \Delta \overline{m}_i\right) \cdot (x - x_i)^3, \ (i = 0,1,\ldots,n-1), \ (9.27)$$

где $\overline{m}_i = \hat{y}'(x_i)$. Формула для $S_{2,i}(x)$ получается из условий согласования $S_{2,i}(x_k) = \hat{y}_k, (k = i, i+1)$, $S'_{2,i}(x_i) = \overline{m}_i$ и соответствует звену сплайна (8.17) (с заменой f_i на $\hat{y}_i$, а f'_i на $\overline{m}_i$), а формула для $S_{3,i}(x)$ соответствует звену сплайна (В.4) с заменой f_i на $\hat{y}_i$.

Таким образом, алгоритм получения непрерывного сплайн-решения задачи Коши на каждом частичном отрезке $[x_i, x_{i+1}]$ $(i = 0,1,\ldots,n-1)$ разбиения отрезка $[a,b]$ на n промежутков (данное разбиение может осуществляться как заранее, так и в процессе

318

решения задачи) содержит две совокупности вычислительных процедур, которые выполняются последовательно и независимо друг от друга. Последовательный характер таких процедур определяет название данного метода решения задачи Коши.

Рассмотрим совокупности этих процедур отдельно для схем второго и третьего порядков, так как они имеют некоторые особенности. Здесь, как и выше, решается задача Коши для уравнения первого порядка

$$y' = F(x, y), \quad y(x_0) = y_0.$$

9.3.2 Схема второго порядка

Первый этап. Рассчитывается дискретное решение $\hat{y}_0, \hat{y}_1, ..., \hat{y}_n$ по одной наиболее приемлемой явной или неявной несоставной схеме (см. подраздел 9.1 данной книги и п. 6.2.1-6.2.3 в [66]) или по составной схеме (из числа методов прогноза и коррекции), скомпонованной из совокупности явной и неявной схем (см. подраздел 9.2 данной книги и подраздел 6.3 в [66]). Решение, полученное на данном этапе, называется опорным. При выборе конкретной схемы необходимо, чтобы ее порядок точности равнялся $k-1=2$, где $k=3$ – порядок сходимости сплайна на отрезке $[x_i, x_{i+1}]$.

Второй этап. На каждом очередном отрезке $[x_i, x_{i+1}]$ дискретное решение преобразуется в непрерывное путем определения одного из звеньев сплайна (9.26). Для этого сначала необходимо рассчитать коэффициенты $a_{0,i}, a_{1,i}, a_{2,i}$ многочлена (т.е. звена сплайна)

$$S_{2,i}(x) = a_{0,i} + a_{1,i}(x - x_i) + a_{2,i}(x - x_i)^2. \tag{9.28}$$

Из сопоставления формул (9.28) и (9.26) видно, что коэффициент $a_{0,i}$ определяется значением $\hat{y}_i$, которое рассчитано на первом этапе.

Для обеспечения непрерывности производной сплайна $S_2(x)$ коэффициент $a_{1,i}$, равный производной $y'(x_i) = \overline{m}_i$, находится путем дифференцирования в точке $x = x_i$ звена $S_{2,i-1}(x)$, полученного на предыдущем частичном отрезке (то есть $\overline{m}_i = S'_{2,i-1}\big|_{x=x_i} = a_{1i-1} + 2a_{2i-1}h_i$).

Таким образом, для $a_{0,i}$ и $a_{1,i}$ имеем:

$$a_{0,i} = \hat{y}_i, \quad a_{1,i} = S'_{2,i-1}\big|_{x=x_i} \quad \left(a_{1,i} = \overline{m}_i\right).$$

Последний коэффициент $a_{2,i}$ вычисляется с использованием полученного на первом этапе дискретного решения $\hat{y}_i$ по формуле

$$a_{2,i} = \frac{1}{h_{i+1}}\left(\frac{\Delta\hat{y}_i}{h_{i+1}} - a_{1,i}\right),$$

следующей из (9.26). Здесь $\Delta\hat{y}_i = \hat{y}_{i+1} - \hat{y}_i$ (значения $\hat{y}_i$, $i = 1,2,\ldots,n$, вычислены на первом этапе), $h_{i+1} = x_{i+1} - x_i$.

Замечания.

1. При построении функции $S_{2,0}(x)$ на первом частичном отрезке следует положить $a_{0,0} = \hat{y}_0 = y_0$ (значение y_0 задано в задаче Коши (9.1), а $a_{1,0} = F(x_0, \hat{y}_0)$).

2. Данный алгоритм построения сплайна $S_2(x)$ обеспечивает непрерывность самого решения $\hat{y}(x) \equiv \bigcup_{i=0}^{n-1} S_{2,i}(x)$ на всем отрезке $[a,b]$, а также его производной, т.е.

$$S'_{2,i-1}(x)\big|_{x=x_i} = S'_{2,i}(x)\big|_{x=x_i} \quad (i = 1,2,\ldots,n-1).$$

Поэтому получаемое по данной схеме решение соответствует параболическому сплайну дефекта $q = 1$.

Пример 9.3. Для задачи Коши

$$y' = x + y; \quad y(0) = 1$$

найти численное решение на отрезке $[0; 0,4065]$ последовательным сплайн-методом второго порядка, задав число частичных отрезков $n = 3$; параметр нерегулярности сетки $\delta_{i+1} = 0,9$ ($i = 1; 2$), шаг $h_1 = 0,15$.

1. Формирование узлов сетки. С учетом заданных параметров сетки находим:

$x_0 = 0$; $x_1 = x_0 + h_1 = 0,15$,

$h_2 / h_1 = 0,9$; $h_2 = 0,15 \cdot 0,9 = 0,135$;

$x_2 = x_1 + h_2 = 0,15 + 0,135 = 0,285$;

$h_3 / h_2 = 0,9$; $h_3 = 0,135 \cdot 0,9 = 0,1215$;

$x_3 = 0,285 + 0,125 = 0,4065$.

2. Получение опорного решения (первый этап). В качестве опорного возьмем решение, полученное методом прогноза и коррекции второго порядка точности по схеме П2К2 (2Я2В (9.6) – предиктор, 1НЯ2 (9.2) – корректор). Данное решение приведено в таблице 9.2 в третьей от левого края колонке. Нумерацию узлов для данных, помещенных в эту таблицу, следует начать с $i = 1$, так как узел $x_0 = 0$ в ней не содержится.

3. Построение формул сплайнов на трех частичных отрезках промежутка $[0; 0,4065]$ (второй этап).

Рассчитаем коэффициенты сплайна на первом частичном отрезке $[0; 0,15]$:

$a_{0,0} = \hat{y}_0 = y_0 = 1$; $\quad a_{1,0} = f(x_0, \hat{y}_0) = x_0 + \hat{y}_0 = 1$,

$$\Delta \hat{y}_0 = \hat{y}_1 - \hat{y}_0 = \hat{y}_1 - 1 = 1,174097 - 1 = 0,174097,$$

$$a_{2,0} = \frac{1}{h_1} \left(\frac{\Delta \hat{y}_0}{h_1} - a_{1,0} \right) = \frac{1}{0,15} \left(\frac{0,174097}{0,15} - 1 \right) = 1,070964.$$

С учетом этих коэффициентов записываем формулу первого звена сплайн-функции: $S_{2,0}(x) = 1 + x + 1,070964 x^2$.

Рассчитаем коэффициенты сплайна на втором частичном отрезке $[0,15; 0,285]$:

$$a_{0,1} = \hat{y}_1 = 1,174096;$$

$$a_{1,1} = S'_{2,0}(x)\big|_{x=0,15} = 1 + 2 \cdot 1,070964 \cdot x\big|_{x=0,15} = 1,321289;$$

$$a_{2,1} = \frac{1}{h_2}\left(\frac{\Delta \hat{y}_1}{h_2} - a_{1,1}\right) = \frac{1}{0,135}\left(\frac{1,375370 - 1,174097}{0,135} - 1,321289\right) = 1,256463.$$

Записываем формулу второго звена сплайна:

$$S_{2,1}(x) = 1,174097 + 1,321289 \cdot (x - 0,15) + 1,256463 \cdot (x - 0,15)^2.$$

Аналогично рассчитываются коэффициенты сплайна и записывается формула третьего звена:

$$S_{2,2}(x) = 1,375370 + 1,660534 \cdot (x - 0,285) + 1,405082 \cdot (x - 0,285)^2.$$

В результате получено непрерывное решение задачи Коши, соответствующее параболическому сплайну дефекта $q = 1$.

Замечание. В примере 9.3, так же как и в последующих двух примерах, связанных с применением кубических сплайнов $S_3(x)$, процессы получения дискретного и непрерывного решений (на первом и втором этапах) для упрощения полностью разделены. При решении реальных задач Коши более целесообразно их не разделять, а сразу после определения дискретного решения на очередном частичном отрезке $[x_i, x_{i+1}]$ строить соответствующее непрерывное решение, т.е. формировать очередное звено сплайна.

9.3.3 Схема третьего порядка

Схема третьего порядка может быть реализована двумя различными способами, первый из которых основан на использовании формулы (9.27), а второй на иной конструкции формулы звена сплайна, получаемой в данном разделе из условий непрерывности первой и второй производной.

Первый способ реализации схемы третьего порядка.

Первый этап. Рассчитывается дискретное (опорное) решение $\hat{y}_{i+1}$ в точке x_{i+1} по одной наиболее приемлемой явной или неявной несоставной схеме или по некоторой составной схеме, состоящей из явной и неявной схем. Порядок точности этой схемы должен быть не ниже трех, что соответствует $k-1$, где $k = 4$ – порядок сходимости сплайна $S_3(x)$.

Второй этап. При выполнении этого этапа дискретное решение $\hat{y}_i$, $\hat{y}_{i+1}$, соответствующее концам отрезка $[x_i, x_{i+1}]$, преобразуется в непрерывное путем построения одного звена сплайна (9.27). Для этого, так же как и для схемы второго порядка, вначале рассчитываются коэффициенты $a_{0,i}, a_{1,i}, a_{2,i}, a_{3,i}$ многочлена $S_{3,i}(x)$:

$$S_{3,i}(x) = a_{0,i} + a_{1,i}(x - x_i) + a_{2,i}(x - x_i)^2 + a_{3,i}(x - x_i)^3, \ i = 0,1,\ldots,n-1. \ (9.29)$$

Из сопоставления формул (9.27) и (9.29) видно, что $a_{0,i}$ определяется значением $\hat{y}_i$, которое рассчитано на первом этапе. Коэффициент $a_{1,i}$ вычисляется с использованием правой части исходного дифференциального уравнения по формуле $a_{1,i} = \overline{m}_i = F(x_i, \hat{y}_i)$, а коэффициенты $a_{2,i}$ и $a_{3,i}$ – с использованием дискретного решения по формулам:

$$a_{2,i} = \frac{3\Delta\hat{y}_i}{h_{i+1}^2} - \frac{3\overline{m}_i}{h_{i+1}} - \frac{\Delta\overline{m}_i}{h_{i+1}}; \quad a_{3,i} = \frac{1}{h_{i+1}^2}\left(-\frac{2\Delta\hat{y}_i}{h_{i+1}} + 2\overline{m}_i + \Delta\overline{m}_i\right),$$

следующим из (9.27).

Здесь, как и выше, принято обозначение $m_i = \hat{y}'(x_i)$. Величина $\overline{m}_{i+1}$ вычисляется с использованием правой части исходного дифференциального уравнения, т.е. $\overline{m}_{i+1} = F(x_{i+1}, \hat{y}_{i+1})$. При построении функции $S_{3,0}(x)$ на первом отрезке следует положить $a_{0,0} = \hat{y}_0 = y_0$, а $a_{1,0} = F(x_0, \hat{y}_0)$.

Пример 9.4. Для задачи Коши

$$y' = x + y; \quad y(0) = 1$$

найти численное решение на отрезке $[0; 0,4065]$ последовательным сплайн-методом третьего порядка $(n = 3, \delta_{i+1} = 0,9; h_1 = 0,15)$ в соответствии с изложенным первым способом.

1. Формирование узлов сетки осуществляется аналогично примеру 9.3.

2. Получение опорного решения (первый этап). В качестве опорного возьмем решение, полученное методом прогноза и коррекции третьего порядка точности по схеме П2К3 (2Я2В (9.6) – предиктор, 2НЯ3А (9.11) - корректор). Данное решение приведено в табл. 9.2 в четвертой от левого края колонке. Нумерацию узлов для данных, помещенных в эту таблицу, следует начать с $i = 1$, так как узел $x_0 = 0$ в ней не содержится.

3. Построение формул сплайна на трех частичных отрезках разбиения отрезка $[0; 0,4065]$ (второй этап).

Рассчитаем коэффициенты сплайна на первом отрезке $[0; 0,15]$ (первое звено сплайна)

$$a_{0,0} = \hat{y}_0 = y_0 = 1; \quad a_{1,0} = \hat{y}_0' = F(x_0, \hat{y}_0) = 1 = \overline{m}_0;$$

$$\overline{m}_1 = F(x_1, \hat{y}_1) = x_1 + \hat{y}_1 = 0,15 + 1,173700 = 1,323700;$$

$$a_{2,0} = \frac{3\Delta\hat{y}_0}{h_1^2} - \frac{3\overline{m}_0}{h_1} - \frac{\Delta\overline{m}_0}{h_1} = \frac{3(1,173700 - 1)}{0,15^2} - \frac{3 \cdot 1}{0,15} - \frac{1,323700 - 1}{0,15} = 1,001975;$$

$$a_{3,0} = \frac{1}{h_1^2}\left(-\frac{2\Delta\hat{y}_0}{h_1} + 2\overline{m}_0 + \Delta\overline{m}_0\right) =$$

$$= \frac{1}{0,15^2}\left(-2 \cdot \frac{0,173700}{0,15} + 2 \cdot 1 + 0,323700\right) = 0,342332.$$

По значениям рассчитанных коэффициентов записывается формула первого звена сплайна

$$S_{3,0}(x) = 1 + x + 1,001975 \cdot x^2 + 0,342332 \cdot x^3.$$

324

Аналогично находятся и два оставшихся звена кубического сплайна. Коэффициенты всех трех звеньев приведены в таблице 9.3.

Таблица 9.3

Номер звена i	$a_{0,i}$	$a_{1,i}$	$a_{2,0}$	$a_{3,0}$
0	1,0000	1,0000	1,0020	0,3423
1	1,1737	1,3237	1,1419	0,5016
2	1,3744	1,6594	1,3318	0,4507

Второй способ реализации схемы третьего порядка.

При необходимости строгого выполнения условия непрерывности первой и второй производной в узлах расчетной сетки коэффициенты искомого кубического сплайна определяются из двух условий интерполяции (согласования) на концах отрезка $[x_i, x_{i+1}]$ и двух условий стыковки (непрерывности) первой и второй производной сплайна в узлах, соединяющих два соседних отрезка $[x_{i-1}, x_i]$ и $[x_i, x_{i+1}]$, т.е.

$$S'_{3,i-1}(x)\big|_{x=x_i} = S'_{3,i}(x)\big|_{x=x_i}, \quad i=1,2,\ldots,n-1,$$

$$S''_{3,i-1}(x)\big|_{x=x_i} = S''_{3,i}(x)\big|_{x=x_i}, \quad i=1,2,\ldots,n-1.$$

Производные, указанные в левых частях этих условий стыковки, при каждом значении i вычисляются с помощью многочлена, полученного на предыдущем шаге интегрирования, т.е. на отрезке $[x_{i-1}, x_i]$.

Условия интерполяции на концах отрезка $[x_i, x_{i+1}]$:

$$S_{3,i}(x)\big|_{x=x_i} = \hat{y}_i, \ S_{3,i}(x)\big|_{x=x_{i+1}} = \hat{y}_{i+1}$$

определяют формулу звена сплайна:

$$S_{3,i}(x) = \hat{y}_i + \overline{m}_i(x-x_i) + \frac{m_i}{2}\cdot(x-x_i)^2 + \frac{1}{h_{i+1}^3}\left(\Delta\hat{y}_i - \overline{m}_i\,h_{i+1} - \frac{m_i}{2}h_{i+1}^2\right)\cdot(x-x_i)^3, \quad (9.30)$$

где $\overline{m}_i = \hat{y}'(x_i)$, $m_i = \hat{y}''(x_i)$.

Для обеспечения непрерывности первой и второй производной сплайна параметры $\overline{m}_i$ и m_i следует вычислять из условий стыковки первой и второй производной:

$$\overline{m}_i = \hat{y}'(x_i) = S'_{3,i-1}(x_i); \quad m_i = \hat{y}''(x_i) = S''_{3,i-1}(x_i)$$

(соответственно).

Таким образом, коэффициенты звена сплайна (9.30) находятся по формулам

$$a_{0,i} = \hat{y}_i, \quad a_{1,i} = \overline{m}_i = S'_{3,i-1}(x_i), \quad a_{2,i} = \frac{m_i}{2} = \frac{S''_{3,i-1}(x_i)}{2},$$

$$a_{3,i} = \frac{1}{h_{i+1}^3}\left(\Delta\hat{y}_i - a_{1,i}\,h_{i+1} - a_{2,i}h_{i+1}^2\right), \quad i = 1,2,\ldots,n-1.$$

На первом отрезке для первого звена сплайна коэффициенты $a_{0,0}$, $a_{1,0}$, $a_{2,0}$ вычисляются по формулам

$$a_{0,0} = \hat{y}_0 = y_0, \quad a_{1,0} = \overline{m}_0 = f(x_0,\hat{y}_0), \quad a_{2,0} = \frac{m_0}{2} = \frac{y''(x_0)}{2} = \frac{F'(x_0,\hat{y}_0)}{2}.$$

Пример 9.5. Решить задачу, сформулированную в примерах 9.3 и 9.4, с помощью второго способа реализации схемы третьего порядка.

1. Формирование узлов сетки аналогично примерам 9.3 и 9.4.

2. Получение опорного решения. Осуществляется аналогично изложенному в примере 9.4.

3. Построение звеньев сплайна на трех частичных отрезках $[0;0,15]$; $[0,15;0,285]$; $[0,285;0,4065]$.

Рассчитаем коэффициенты сплайна на первом частичном отрезке $[0;0,15]$ (первое звено сплайна):

$$a_{0,0} = \hat{y}_0 = y_0 = 1; \qquad a_{1,0} = \hat{y}_0' = F(x_0, \hat{y}_0) = 1 = \overline{m}_0;$$

$$a_{2,0} = \frac{\hat{y}_0''}{2} = \frac{f'(x,y)\big|_{x=x_0}}{2} = \frac{(x+y)'\big|_{x=0}}{2} = \frac{1+\hat{y}_x'\big|_{x=0}}{2} = \frac{1+1}{2} = 1;$$

$$a_{3,0} = \frac{1}{h_1^3}\left(\Delta\hat{y}_0 - \overline{m}_0 \cdot h_1 - \frac{m_0}{2}h_1^2\right) =$$

$$= \frac{1}{0{,}15^3}\left(0{,}1736998 - 1\cdot 0{,}15 - 1\cdot 0{,}15^2\right) = 0{,}3554963.$$

С помощью этих коэффициентов записываем формулу первого вена сплайна:

$$S_{3,0}(x) = 1 + x + x^2 + 0{,}355496\,x^3.$$

Рассчитаем коэффициенты второго звена сплайна на втором частичном отрезке $[0{,}15;\,0{,}285] = [x_1, x_2]$ $(h_2 = 0{,}135)$. По формуле первого звена $S_{3,0}(x)$ вычисляются первые и вторые производные $S_{3,0}'(x)\big|_{x=x_1}$, $S_{3,0}''(x)\big|_{x=x_1}$ соответственно:

$$S_{3,0}'(x)\big|_{x=0{,}15} = \left(1 + 2x + 3\cdot 0{,}355496\,x^2\right)\big|_{x=0{,}15} = 1{,}323996 = \overline{m}_1;$$

$$S_{3,0}''(x)\big|_{x=0{,}15} = \left(2 + 6\cdot 0{,}355496\,x\right)\big|_{x=0{,}15} = 2{,}319947 = m_1.$$

После этого легко найти все коэффициенты многочлена $S_{3,1}(x)$ – второго звена сплайна:

$$a_{0,1} = \hat{y}_1 = 1{,}173700;\ a_{1,1} = \overline{m}_1 = 1{,}323996;$$

$$a_{2,1} = \frac{m_1}{2} = \frac{2{,}3199466}{2} = 1{,}159973;$$

$$a_{3,1} = \frac{1}{h_2^3}\left(\Delta\hat{y}_1 - \overline{m}_1 h_2 - \frac{m_1}{2}h_2^2\right) =$$

$$= \frac{1}{0{,}135^3}\left[(1{,}374445 - 1{,}173700) - 1{,}323996\cdot 0{,}135 - \frac{2{,}319947}{2}\cdot 0{,}135^2\right] =$$

$$= 0{,}352884.$$

С использованием этих коэффициентов записывается формула второго звена сплайна:

$$S_{3,1}(x) =$$
$$= 1,173700 + 1,323996 \cdot (x - 0,15) + 1,159973 \cdot (x - 0,15)^2 + 0,352884 \cdot (x - 0,15)^3.$$

Процесс построения последующих звеньев сплайна выполняется аналогично до конца отрезка $[a,b]$. В частности, для рассматриваемого примера получается такая формула последующего третьего звена сплайна:

$$S_{3,2}(x) =$$
$$= 1,374445 + 1,656483 \cdot (x - 0,285) + 1,302912 \cdot (x - 0,285)^2 + 0,889458 \cdot (x - 0,285)^3.$$

С помощью найденных звеньев формируется многозвенный кубический сплайн дефекта $q = 1$, являющийся приближенным решением задачи Коши.

Таким образом, в главе 9:

— на основе принципа подобия и параметрических соотношений для параболических ИД-сплайнов получены дискретные одно-, двух- и трехшаговые явные и неявные дискретные схемы второго и третьего порядков точности решения задачи Коши для ОДУ на нерегулярном шаблоне;

— с помощью указанных явных и неявных дискретных схем сконструированы составные методы прогноза и коррекции для решения задачи Коши;

— приведены алгоритмы явных последовательных сплайн-методов решения задачи Коши для ОДУ, восполняющие функцию на интервалах между точками сетки, в которых определены дискретные значения, и позволяющие избежать решения нелинейных алгебраических уравнений.

Литература

1. Алберг Дж., Нильсон Э., Уолш Дж. Теория сплайнов и ее приложения. М.: Мир, 1972. 316 с.

2. Бахвалов Н.С. , Жидков Н.П. , Кобельков Г.М. Численные методы. М.: Наука, 1987. 598 с.

3. Белоцерковский О.М., Давыдов Ю.М. Метод крупных частиц в газовой динамике. Вычислительный эксперимент. М.: Наука, 1982. 392 с.

4. Березин И.С., Жидков Н.П. Методы вычислений. В 2 т. Т. 1. М.: Наука, 1966. 632 с.

5. Бирюкова Т.К., Гершкович М.М., Киреев В.И. Интегро-дифференциальные многочлены и сплайны произвольной четной степени в задачах анализа параметров функционирования распределенных информационных систем // Системы компьютерной математики и их приложения (СКМП-2012): материалы XIII международной научной конференции, посвященной 75-летию профессора Э.И. Зверовича (Смоленск, 18–20 мая 2012). Смоленск: Изд-во СмолГУ, 2012. Вып.13. С. 67–72.

6. Бирюкова Т.К., Киреев В.И. Интегральное обобщение теорем Коши и Лагранжа о среднем значении на основе применения принципа подобия с приложением к физике и к численному интегрированию // Материалы XIX Международного симпозиума «Динамические и технологические проблемы механики конструкций и сплошных сред» им. А.Г. Горшкова (Ярополец, 18-22 февраля 2013). Т. 2. М.: ООО «Тр-принт», 2013. С. 61–66.

7. Бирюкова Т.К., Киреев В.И. Интегродифференциальные интерполяционные и сглаживающие параболические сплайны и многочлены // Деп. ВИНИТИ, 1997. № 1016. В97. 80 с.

8. Бирюкова Т.К., Киреев В.И. Многошаговые дискретные схемы решения обыкновенных дифференциальных уравнений на нерегулярном шаблоне // Системы компьютерной математики и их приложения (СКМП-2013): материалы XIV международной научной конференции, посвященной 90-летию профессора М.Б. Балка (Смоленск, 17–19 мая 2013). Смоленск: Изд-во СмолГУ, 2013. Вып.14. С. 122–127.

9. Бирюкова Т.К., Киреев В.И. Параболические интегродифференциальные сплайны в задачах интерполирования и сглаживания одномерных и двумерных функций // Вестник МАИ. 1997. Т.4. №2. С 26-36.

10. Богданов В.В., Карстен В.В., Мирошниченко В.Л. Сплайновый метод решения задачи об определении скоростной характеристики среды по данным сейсмического профилирования // Методы сплайн-функций. Российская конференция, посвящённая 80-летию со дня рождения Ю. С. Завьялова (Новосибирск, 31 января –2 февраля 2011 г.): тез. докл. Новосибирск: Изд-во ИМ СО РАН, 2011. С. 22.

11. Бор К. де. Практическое руководство по сплайнам. М.: Радио и связь, 1985. 304 с.

12. Буслаев А.П., Яшина М.В. О численных методах в задачах наилучшего приближения сплайнами и нелинейного спектрального анализа // Журнал вычислительной математики и математической физики. 1993. Т. 33, № 10. С. 1455-1467.

13. Варга Р. Функциональный анализ и теория аппроксимации в численном анализе. М.: Мир, 1974. 130 с.

14. Василенко В.А. Обработка содержащей ошибки информации методом сплайн-сглаживания // Сб. "Машинная графика и ее применение". Новосибирск: Изд-во СО АН СССР, 1973. С. 104-110.

15. Василенко В.А. Сплайн-функции: теория, алгоритмы, программы. Новосибирск: Наука, 1983. 224 с.

16. Василенко В.А. Теория сплайн-функций. Новосибирск: НГУ, 1978. 65 с.

17. Василенко В.А., Переломов Е.М. Сплайн-интерполяция в прямоугольной области с хаотически расположенными узлами // Сб. "Машинная графика и ее применение", Новосибирск: Изд-во СО АН СССР, 1973. с. 96-103.

18. Великин В.Л. Точные значения приближения эрмитовыми сплайнами на классах дифференцируемых функций // Изв. АН СССР, сер. матем., 1973. Т. 37. № 1. С. 165-185.

19. Вержбицкий В.М. Основы численных методов. М.: Высшая школа, 2002. 840 с.

20. Вершинин В.В., Завьялов Ю С., Павлов Н.Н. Экстремальные свойства сплайнов и задача сглаживания. Новосибирск: Наука, 1988. 102 с.

21. Волков Е.А. Численные методы. М.: Наука, 1982. 254 с.

22. Волков Ю.С. Исследование аппроксимативных свойств интерполяционных сплайнов // Методы сплайн-функций. Российская конференция, посвящённая 80-летию со дня рождения Ю. С. Завьялова (Новосибирск, 31 января –2 февраля 2011 г.): тез. докл. Новосибирск: Изд-во ИМ СО РАН, 2011. С.33-34.

23. Волков Ю.С., Мирошниченко В.Л. Сплайны как инструмент геометрического моделирования // Методы сплайн-функций. Российская конференция, посвящённая 80-летию со дня рождения Ю. С. Завьялова (Новосибирск, 31 января –2 февраля 2011 г.): тез. докл. Новосибирск: Изд-во ИМ СО РАН, 2011. С. 5-10.

24. Волков Ю.С., Стрелкова Е.В., Шевалдин В.Т. О локальной аппроксимации кубическими сплайнами // Методы сплайн-функций. Российская конференция, посвящённая 80-летию со дня рождения Ю. С. Завьялова (Новосибирск, 31 января –2 февраля 2011 г.): тез. докл. Новосибирск: Изд-во ИМ СО РАН, 2011. С. 35-36.

25. Воронова Л.Г., Скороспелов В.А., Турук П.А. Сплайны в инженерной геометрии // Методы сплайн-функций. Российская конференция, посвящённая 80-летию со дня рождения Ю. С. Завьялова (Новосибирск, 31 января –2 февраля 2011 г.): тез. докл. Новосибирск: Изд-во ИМ СО РАН, 2011. С. 37-38.

26. Гельфонд А.О. Исчисление конечных разностей. М.: Гостехиздат, 1952. 480 с.

27. Гершкович М.М., Бирюкова Т.К. Задачи идентификации информационных объектов в распределенных массивах данных // Системы и средства информатики. 2014. Т. 24, № 1. С. 224-243.

28. Гончар А.А. О кусочно полиномиальной аппроксимации // Матем. заметки. 1972. Т. 11. № 2, С. 129-134.

29. Гончаров В.Л. Теория интерполирования и приближения функций. М.: Гостехиздат, 1954. 328 с.

30. Даугавет И.К. Введение в теорию приближения функций. - Ленинград, Изд-во Ленинградского университета, 1977, 184 с.

31. Демидович Б.П., Марон И.А. Основы вычислительной математики. М.: Наука, 1966. 664 с.

32. Демидович Б.П., Марон И.А., Шувалова Э.З. Численные методы анализа. М.: Наука, 1967. 368 с.

33. Демьянович Ю.К. Вложенные пространства сплайнов и их всплесковое разложение // Методы сплайн-функций. Российская конференция, посвящённая 80-летию со дня рождения Ю. С.

Завьялова (Новосибирск, 31 января –2 февраля 2011 г.): тез. докл. Новосибирск: Изд-во ИМ СО РАН, 2011. С. 43-44.

34. Егоров Э.В., Тузов А.Д. Моделирование поверхностей агрегатов ЛА. М.: МАИ, 1988. 53 с.

35. Завьялов Ю.С. Интерполирование бикубическими многозвенниками // Сб. "Вычислительные системы". Новосибирск: Изд-во СО АН СССР, 1970. Т. 38. С. 74-101.

36. Завьялов Ю.С. Интерполирование кубическими многозвенниками // Сб. "Вычислительные системы". Новосибирск: Изд-во СО АН СССР, 1970. Т. 38.С. 23-73.

37. Завьялов Ю.С. Интерполирование функций одной и двух переменных кусочно-полиномиальными функциями// Сб. "Математические проблемы геофизики". Новосибирск: Изд-во ВЦ СО АН СССР, 1969. Вып. 1. С. 125-141.

38. Завьялов Ю.С. Экстремальное свойство бикубических многозвенников и задача сглаживания // Сб. "Вычислительные системы". Новосибирск:, Изд-во СО АН СССР, 1970. Т. 42. С. 109-158.

39. Завьялов Ю.С. Экстремальное свойство кубических многозвенников и задача сглаживания // Сб. "Вычислительные системы". Новосибирск: Изд-во СО АН СССР, 1970. Т. 42. С. 89-108.

40. Завьялов Ю.С., Квасов Б.И., Мирошниченко В.Л. Методы сплайн-функций. Новосибирск: Наука, 1980. 350 с.

41. Завьялов Ю.С., Леус В.А., Скороспелов В.А. Сплайны в инженерной геометрии. М.: Машиностроение, 1985. 224 с.

42. Зматраков Н. Л. Сходимость интерполяционного процесса для параболических и кубических сплайнов // Тр. Матем. ин-та АН СССР. 1975, Т. 138, С. 71-93.

43. Ибрагимов И.И. Методы интерполяции функций и некоторые их применения. М.: Наука, 1971. 518 с.

44. Интегродифференциальные сплайны и их применение в прикладных задачах анализа данных в территориально-распределенных информационных системах / Т.К. Бирюкова, В.И. Киреев, М.М. Гершкович, В.И. Синицин //Тезисы докладов на XII Международной научной конференции «Системы компьютерной математики и их приложения» (СКМП-2011). Смоленск: Изд-во СмолГУ, 2011. С. 82-84.

45. Исаев В.К., Шустова Л.И. Процедуры интерполяции и дифференцирования функций одной и двух переменных с помощью локальной сплайн-функции пятой степени // Труды ЦАГИ. 1980. Вып. 2071. С. 18-41.

46. Калиткин Н.Н. Численные методы. М.: Наука, 1978 512 с.

47. Квасов Б.И. Алгоритмы и комплекс программ изогеометрической аппроксимации обобщенными сплайнами // Вычислительные технологии. Новосибирск: Изд-во ИВТ СО РАН, 1995. Т. 4. №10. С. 219-232.

48. Квасов Б.И. Изогеометрическая аппроксимация сплайнами с натяжением // Методы сплайн-функций. Российская конференция, посвящённая 80-летию со дня рождения Ю. С. Завьялова (Новосибирск, 31 января –2 февраля 2011 г.): тез. докл. Новосибирск: Изд-во ИМ СО РАН, 2011. С. 53.

49. Квасов Б.И. Интерполяция дискретными параболическими сплайнами // Журнал вычислительной математики и математической физики. 1984. Т. 24. № 5. С. 640-649.

50. Квасов Б.И. Методы изогеометрической аппроксимации сплайнами. М.: Физматлит, 2006. 360 с.

51. Квасов Б.И. Полиномиальные сплайны // Вычислительные технологии. Новосибирск: Изд-во ИВТ СО РАН, 1994. Т. 3. № 9. С. 71-107.

52. Квасов Б.И., Яценко С.А. Изогеометрическая интерполяция рациональными сплайнами // Аппроксимация сплайнами. Вычислительные системы. Новосибирск, 1987. Вып. 121. С. 11-36.

53. Келдыш М.В. О среднеквадратичных приближениях полиномами функций комплексного переменного // Матем. сб. 1945. Т. 16 (58) № 1. С. 1-20.

54. Киреев В.И. Интегральный метод приближения функций алгебраическими многочленами и биквадратными сплайнами // Вестник МАИ. 1994 Т.1. № 1. С. 48-57.

55. Киреев В.И. Интегродифференциальные явные подобные сплайны и их приложения к численному дифференцированию и интегрированию // Деп. ВИНИТИ. 1993. № 1673- В93. 37 с.

56. Киреев В.И. Интегродифференциальный метод приближения функций алгебраическими многочленами // Вычислительные технологии. Новосибирск: Изд-во ИВТ СО РАН, 1993. Т.2. № 6. С. 179-188.

57. Киреев В.И. Многошаговые дискретные схемы и явные, последовательные сплайн-методы решения обыкновенных дифференциальных уравнений на нерегулярном шаблоне // Вычислительные технологии. Новосибирск: Изд-во ИВТ СО РАН, 1996. Т.1, №2. С. 74-81.

58. Киреев В.И. Сглаживание экспериментальных данных интегро-дифференциальными параболическими сплайнами и методом наименьших квадратов. М.: Издательство МГГУ, отдельный выпуск (препринт), 2009. 46 с.

59. Киреев В.И. Численные методы решения задач алгебры и теории приближений. М.: МАИ, 1991. 59 с.

60. Киреев В.И., Бирюкова Т.К. Полиномиальные интегро-дифференциальные одномерные и двумерные сплайны // Вычислительные технологии. Новосибирск: Изд-во ИВТ СО РАН, 1998. Т.3. № 36. С. 19-34.

61. Киреев В.И., Бирюкова Т.К., Гершкович М.М. Квадратурные и кубатурные формулы на нерегулярном шаблоне // Системы компьютерной математики и их приложения (СКМП-2014): материалы XV международной научной конференции (Смоленск, 15–18 мая 2014). Смоленск: Изд-во СмолГУ, 2014. Вып.15. С. 157–163.

62. Киреев В.И., Войновский А.С. Численное моделирование газодинамических течений. М.: Изд-во МАИ, 1991. 247 с.

63. Киреев В.И., Гершкович М.М., Бирюкова Т.К. Об аппроксимации и сходимости одномерных параболических интегродифференциальных многочленов и сплайнов // Информатика и ее применения. 2014. Т. 8, Вып. 1. С. 118-126.

64. Киреев В.И., Киреева О.В. О подобии операторов численного дифференцирования, интегрирования и сплайнов и сплайнов четной и нечетной степеней //Горный информационно-аналитический бюллетень. М.: «Горная книга», 2010. №12. С. 95-106 (часть 1), 2011. №1. С. 386-398 (часть 2).

65. Киреев В.И., Павлов Ю.А. Интегро-дифференциальные параболические сплайны в прикладных задачах формообразования поверхностей сложных промышленных изделий //Вестник МАИ. М.: Издательство МАИ, 2009. Т.16. №3. С. 130-137.

66. Киреев В.И., Пантелеев А.В. Численные методы в примерах и задачах. М.: Высшая школа, 2008. 480 с.

67. Киреев В.И., Патрикеева (Бирюкова) Т.К. Интегродифференциальные консервативные сплайны и их применение в интерполяции, численном дифференцировании и интегрировании // Вычислительные технологии. Новосибирск: Изд-во ИВТ СО РАН, 1995. Т.4. № 10. С. 233-244.

68. Киреев В.И., Патрикеева (Бирюкова) Т.К. Консервативный интегро-дифференциальный сплайн-метод сглаживания газодинамических параметров // Международный симпозиум "Актуальные проблемы механики сплошных и сыпучих сред" (Москва, 5 - 8 февраля, 1997 г.): тез. докл. Москва, 1997. С. 101-102.

69. Киреев В.И., Патрикеева (Бирюкова) Т.К. Полиномиальные интегро-дифференциальные одномерные и двумерные сплайны // Международная конференция "Математические модели и численные методы механики сплошных сред" под ред. Ю.Н. Шокина (Новосибирск, 26 мая - 2 июня, 1996): тез. докл. Новосибирск, 1996. С.325-327.

70. Киреев В.И., Патрикеева (Бирюкова) Т.К. Сглаживающие многочлены наилучшего интегрального приближения и их применение в задаче аппроксимации сеточных функций // В сб. трудов Всероссийского семинара по черчению и компьютерной графике "Совершенствование подготовки студентов в области графики, конструирования и стандартизации". Саратов, 1996. С. 56-57.

71. Киреев В.И., Формалев В.Ф. Методы алгебры и теории приближений. М.: Изд-во МАИ, 1995. 92 с.

72. Киреев В.И., Цирков Г.В. Квадратурные формулы, неявные и вложенные алгоритмы вычисления интегралов на нерегулярном шаблоне // Математическое моделирование. 2000. Т12. №7. С.29-35.

73. Киреев В.И., Якунин В.И., Чекалин А.А. Аппроксимация сложных технических поверхностей двумерными интегро-дифференциальными сплайнами // В сб. трудов Всероссийского семинара по черчению и компьютерной графике "Совершенствование подготовки студентов в области графики, конструирования и стандартизации". Саратов, 1996. С. 58-60.

74. Колобов Б.П., Колобов П.П. Вариационный способ построения нелокальных кубических сплайнов из C^1 для описания пространственных кривых и поверхностей // Моделир. в мех. 1992. Т. 6. № 2. С. 77-99.

75. Корнейчук Н.П. Сплайны в теории приближения. М.: Наука, 1984. 352 с.

76. Крылов В.И., Бобков В.В., Монастырский П.И. Вычислительные методы. Т.1, Т. 2. М.: Наука, 1976-1977. 400 с.

77. Кузнецов Е.Б., Шалашилин В.И. Параметрическое приближение // Журнал вычислительной математики и математической физики. 1994. Т. 34. № 12. С. 1757-1769.

78. Лоран П.Ж. Аппроксимация и оптимизация. М. Мир, 1975. 496 с.

79. Макаров В.Л. , Хлобыстов В.В. Сплайн-аппроксимация функций. М.: Высшая школа, 1983. 80 с.

80. Мала С. Вейвлеты в обработке сигналов. Пер. с англ. М.: Мир, 2005. 672 с.

81. Матвеев О.В. Сплайн-интерполяция функций нескольких переменных и базисы в пространствах Соболева // Тр. Мат. ин-та РАН. 1992. № 198. С. 125-152.

82. Методы сплайн-функций. Российская конференция, посвящённая 80-летию со дня рождения Ю. С. Завьялова (Новосибирск, 31 января –2 февраля 2011 г.): тезисы. докладов / под ред. В.Л. Мирошниченко. Новосибирск: Изд-во ИМ СО РАН, 2011. 113 с.

83. Михалевич Ю.И., Омельченко О.К. Процедуры кусочно-полиномиальной интерполяции функции одной и двух переменных. Новосибирск: ВЦ СО АН СССР, 1970. 24 с.

84. Михальский А.И. Метод осредненных сплайнов в задаче приближения зависимостей по эмпирическим данным // Автоматика и телемеханика. 1974. № 3. С. 45-50.

85. Молоденкова И.Д. Рациональные базисные сплайны // Мат. и ее прил. 1991. № 2. С. 77-78.

86. Мысовских И.П. Интерполяционные кубатурные формулы. М.: Наука, 1981. 336 с.

87. Никольский С.М. Квадратурные формулы. М.: Наука, 1979. 224 с.

88. Патрикеева (Бирюкова) Т.К. Интегродифференциальные сплайны и их применение в задаче интерполяции геометрических форм, численном дифференцировании и интегрировании // Молодежная научная конференция "21 Гагаринские чтения" (Москва, МАТИ, 4 - 8 апреля 1995): тез. докл. Москва, 1995. С. 42.

89. Пахнутов И.А. Устойчивость сплайн-аппроксимации и восстановление сеточных функций // Матем. заметки. 1974. Т. 16. № 4. С. 537-544.

90. Пацко Н. Приближение сплайнами на отрезке // Матем. заметки. 1974. Т. 16. № 3. С. 491-500.

91. Пацко Н.Л. Сплайн-интерполяция второго порядка // Сб. "Программы оптимизации". Свердловск, 1973. Вып. 3. С. 3-10.

92. Плавник А.Г., Сидоров А.Н. Оценка устойчивости геокартирования в рамках сплайн- аппроксимационного подхода // Методы сплайн-функций. Российская конференция, посвящённая 80-летию со дня рождения Ю. С. Завьялова (Новосибирск, 31 января –2 февраля 2011 г.): тез. докл. Новосибирск: Изд-во ИМ СО РАН, 2011. С. 73-74.

93. Применение рекуррентных сплайн-функций для обработки речевых и видеосигналов / Серединский А.В., Ванде-Кирков В.А., Буздалина И.А. и др. // Электросвязь. 1982. №2. С. 60-64.

94. Самарский А.А., Гулин А.В. Численные методы. М.: Наука, 1989. 432 с.

95. Светов И.Е. Использование В-сплайнов при численном решении задачи векторной 2D-томографии // Методы сплайн-функций. Российская конференция, посвящённая 80-летию со дня рождения Ю. С. Завьялова (Новосибирск, 31 января –2 февраля 2011 г.): тез. докл. Новосибирск: Изд-во ИМ СО РАН, 2011. С. 81-82.

96. Смоленцев Н.К. Основы теории вейвлетов. Вейвлеты в MATLAB. DMK Пресс, 2005. 304 с.

97. Стечкин С.Б., Субботин Ю.Н. Сплайны в вычислительной математике. М.: Наука, 1976. 248 с.

98. Субботин Ю.Н. Некоторые экстремальные и аппроксимативные свойства сплайнов и интерполяционные регулярные и нерегулярные всплески // Методы сплайн-функций. Российская конференция, посвящённая 80-летию со дня рождения Ю. С. Завьялова (Новосибирск, 31 января –2 февраля 2011 г.): тез. докл. Новосибирск: Изд-во ИМ СО РАН, 2011. С. 89.

99. Субботин Ю.Н. О кусочно-полиномиальной интерполяции. // Матем. заметки. 1967. Т. 1. № 1. С. 63-70.

100. Субботин Ю.Н. Экстремальная функциональная интерполяция и приближение сплайнами // Матем. заметки. 1974. Т. 16. № 5. С. 843-854.

101. Субботин Ю.Н., Черных Н.И. Порядок наилучших сплайн-приближений некоторых классов функций. // Матем. заметки. 1970. Т. 7. № 1. С. 31-42.

102. Тихомиров В.М. Наилучшие методы приближения и интерполяции дифференцируемых функций в пространстве C(-1,1) // Матем. сб. 1969. Т. 80. № 2. С. 290-304.

103. Тузов А.Д. Образование пространственного каркаса поверхности и его сглаживание // Вычислительные системы. Новосибирск, 1977. Вып. 72: Методы сплайн-функций. С. 65-68.

104. Тузов А.Д. Сглаживание функций, заданных таблицами // Вычислительные системы. Новосибирск, 1976. Вып. 68: Методы сплайн-функций. С. 61-66.

105. Фокс А. Пратт М. Вычислительная геометрия. Применение в проектировании и на производстве. М.: Мир, 1982. 304 с.

106. Черных Н.И. Приближение сплайнами с заданной плотностью распределения узлов // Тр. Матем. ин-та АН СССР. 1975. Т. 138. С. 174-197.

107. Численное решение многомерных задач газовой динамики / С.К. Годунов, А.В Забродин, М.Я. Иванов, А.Н. Крайко, Г.П. Прокопов. М.: Наука, 1976. 400 с.

108. Чуи К. Введение в вейвлеты. Пер. с англ. М.: Мир, 2001. 412 с.

109. Шпаков П.С., Попов В.Н. Статистическая обработка экспериментальных данных. М.: Изд-во МГГУ, 2003. 268 с.

110. Якунин В.И. Основы прикладной геометрии поверхностей элементов ЛА. М.: МАИ, 1991. 67 с.

111. Яненко Н.Н. Метод дробных шагов решения многомерных задач математической физики. Новосибирск: Наука,1967. 197 с.

112. Яценко С.А., Квасов Б.И. О выборе параметризации для кубических сплайнов // Моделирование в механике. Новосибирск, 1991. Т. 5(22). № 5. С. 118-135.

113. Ahlberg J.H., Nilson E.N., Walsh J.L. Best approximation and convergence properties of higher order spline approximations // J. Math. Mech. 1965. V. 14. P. 231-244.

114. Andria G.D., Byrne G.D., Hall C.A. Convergence of cubic spline interpolants of functions possessing discontinuities // J. Approx. Th. 1973. V. 8. № 2. P. 150-159.

115. Anselone P.M., Laurent P.J. A general method for the construction of interpolating or smoothing spline functions //Numer. Math. 1968. V. 12. № 1. P. 66-82.

116. Atkinson K.E. On the order of convergence of natural cubic spline interpolation // J. Numer. Anal. 1968. V. 5. № 1. P. 89-101.

117. Behforooz G. The not-a-knot piecewise interpolatory cubic polynomial // Appl. Math. and Comput. 1992. V. 52. № 1. P. 29-35.

118. Birkhoff G. Piecewise bicubic interpolation and approximation with polygons // Approximation with special emphasis on spline functions. New York: Acad. Press, 1969. P. 185-121.

119. Birkhoff G., Boor C. de. Error bounds for spline interpolation // J. Math. and Mech. 1964. V. 13. P. 827-836.

120. Birkhoff G., Garabedian H. L. Smooth surface interpolation // J. Math. Phys. V. 39. № 3, 1960. P. 258-268.

121. Boor C. de. Bicubic spline interpolation // J. Math. Phys. V. 41. № 3. 1962. P. 212-218.

122. Boor C. de., Lynch R. E. General spline functions and their minimum properties // Notic. Amer. Math. Soc. 1964. V. 11. № 6. P. 681-685.

123. Carlson R.E., Hall C.A. Bicubic spline interpolation in L-shaped domains // J. Approx. Th. 1973. V. 8. № 1. P. 62-68.

124. Carlson R.E., Hall C.A. Error bounds for bicubic spline interpolation // J. Approx. Th. 1973. V. 7. № 1. P. 41-47.

125. Computer aided geometric design. / Ed. Barnhill R., Riesenfeld R. New York - San Francisco - London: Academic Press, 1974. 326 p.

126. Gasparo M.G., Morandi R. Piecewise cubic monotone interpolation with assigned slopes // Computing. 1991.V. 46. № 4. P. 355-365.

127. Hall C.A. Uniform convergence of cubic spline interpolants // J. Approx. Th. 1973. V. 7. № 1. P. 71-75.

128. Holladay J.C. Smoothest curve approximation // Math. Tables Aids Comput. 1957. V. 11. P. 233-243.

129. Hanler A. An error estimate for quadratic splines // Rostock. math. Kolloq. 1993. № 46. P. 60-64.

130. Kammerer W.J., Reddien G.W. Local convergence of smooth cubic spline interpolate // J. Numer. Anal. 1972. V. 9. № 4. P. 678-694.

131. Kershaw D. A note on convergence of interpolatory cubic splines // J. Numer. Anal. 1971. V. 8. № 1. P. 67-75.

132. Lucas T.R. Error bounds for interpolating cubic spline under various end conditions // J. Numer. Anal. 1974. V. 11. № 3. P. 569-584.

133. Marsden M. Cubic spline interpolation of continuous functions // J. Approx. Th. 1974. V. 10. № 2. P. 103-111.

134. Marsden M. Quadratic spline interpolation // Bull Amer. Math. Soc. 1974. V. 80. № 5. P. 903-906.

135. Munteanu M.J. Generalized smoothing spline functions for operators // J. Numer. Anal. 1973. V. 10. № 1. P. 28-34.

136. Newbery A.C.R., Garrett T.S. Interpolation with minimized curvature // Comput. and Math. Appl. 1991. V. 22. № 1. P. 37-43.

137. Nilson G.H. Multivariate smoothing and interpolating splines // J. Numer. Anal. 1974. V. 11. № 2. P. 435-446.

138. Plonka G. Nonperiodic Hermite-spline-interpolation // Rostock. math. Kolloq. 1993. №46. P. 65-74.

139. Reinsch C.H. Smoothing by spline functions // Numer. Math. 1967. V. 10. № 3. P. 177-183.

140. Schoenberg I.J. Cardinal interpolation and spline functions // Jour. Approx. Theory. 1969. V. 2. № 2. P. 167-206.

141. Schoenberg I.J. Contributions to problem of approximation of equidistant data by analytic function. // Quart. Appl. Math. 1946. V. 4. P. 45-99.

142. Schoenberg I.J. Notes on spline functions. The limits of the interpolating periodic spline functions as their degree tends to finity // Indag. Math. 1972. V. 34. P. 412-422.

143. Schoenberg I.J. Spline functions and the problem of graduation // Proc. Nat. Acad. Sci. U. S. A. 1964. V. 52. № 4. P. 947-949.

144. Schoenberg I.J. Spline interpolation and the higher derivatives // Number theory and analysis. New York, 1968. P. 279-295.

145. Schoenberg I.J., Grewille T.N.E. Smoothing by generalized spline functions // SIAM Rev. 1965. V. 7. № 4. P. 617-619.

146. Schumaker L.L. Spline Functions. Basic theory. New York: Cambridge University Press, 2007. 598 p.

147. Speech coding and Synthesis / Ed. by Kleijn W.B., Paliwal K.K.//Amsterdam, Lelsevier, 1995. 755 p.

148. Walsh J.L., Ahlberg J.H., Nilson E.N. Best approximation properties of the spline fit // J. Math. Mech. 1962. V. 11. № 2. P. 225-234.

本书是一部俄文原版的数学专著,由数学工作室购买了影印版权,中文的书名可译为《微积分代数样条和多项式及其在数值方法中的应用》.本书的作者有两位,一位是弗拉基米尔·伊万诺维奇·基列耶夫,俄罗斯人,物理和数学科学博士,俄罗斯国家研究型技术大学教授,研究方向包括气动力学复合边界问题、数学物理数值方法.另一位是位女数学家,名为塔季扬娜·康斯坦季诺夫娜·比留科娃,俄罗斯人,物理和数学科学副博士.

俄罗斯的学位制度比国内严格,能够获得物理和数学科学博士很难,大多数是只获得副博士学位.而且俄罗斯国家研究型技术大学也很牛.王世襄先生曾回忆其欲进中央研究院历史语言研究所,通过梁思成见到了所长傅斯年.傅斯年问他:"你是哪里毕业的?"王世襄答:"燕京大学."傅斯年即说:"燕京毕业的不配到我们这里来(《大师谈艺录——关于艺术与人生的对话》第二册,第90页(南方日报出版社)).从这方面可见傅斯年的"学阀"霸气,也反映了当时人才的层次.现在在大学里面对人才的层次还是有讲究的.

本书的内容相当丰富,从目录可见一斑.

342

第4章　二维抛物线微积分多项式和样条

数学虽然是一种世界语言,但由于历史及地域的因素,各个流派对同一数学对象处理及研究的风格各有不同,如由于微积分优先权之争所导致的英国与欧洲大陆数学交流的不畅,导致对微积分产生了两种不同的风格,以牛顿为代表的几何倾向和以莱布尼茨为代表的代数倾向,俄罗斯的数学在国际上自成一派,风格独特.

据本书作者介绍本书主要内容为:

本书分为绪论和九章内容,给出了利用代数多项式和样条进行函数逼近的微积分方法理论基础和在数值分析中应用这一理论的途径.该方法基于使用积分残差作为逼近函数和互补函数的适配条件.

第1章确定了构成逼近算子、偶数级微积分样条及相应代数多项式所必须的基本概念和定义.

第2章主要给出了微积分类型二级多项式的描述和数学依据,以及局部抛物线微积分样条.这里证明了有关利用抛物线微积分多项式和局部抛物线微积分样条进行网络函数及其导数逼近误差评估的原理.证明了有关局部微积分样条收敛性的命题.

第3章研究了以全局方法构成的一维抛物线微积分样条.在本章中研究了两种类型的微积分样条:弱平滑类型——与插值相近,以及强平滑类型.后者用于平滑给定离散度较大的网络函数.这些样条构成了最小二乘法的替代方法,并更加充分地考虑了逼近函数的局部特征.

第4章描述了保守的二维抛物线微积分样条.这些样条的保守性是由于二维积分匹配条件确保了逼近函数和所需二维样条下的体积相等.此处证明了二维抛物线微积分样条的收敛原理,并且给出了证明表面逼近高度准确性的数值实验的结果.提出了分析二维抛物线微积分样条时获得的体积公式.

第5章研究了四次和任意偶数次一维和二维微积分样条.给出了其数学依据,推出了不同平滑等级的函数逼近数值结果.积分匹配条件的应用在很大程度上扩展了函数近似值理论的装置.因此,构成最优积分近似值平滑多项式成为可能(第6章).这些多项式是相应阶次积分差的线性组合,首先在文献[59,71]中被纳入研究.第6章中提供了通过最优积分近似值 $Pr(x)(r=1,2,3)$ 进行网络函数逼近误差估计的证明.

针对于在其上给定了逼近函数的均匀和不均匀(不规则)网格,在第 7 章中给出了新的数值微分和积分的显式算子和隐式方案,并根据逼近顺序对其进行证明.其中研究了一阶和二阶导数的泛函数、积分、泛函数—积分逼近公式,以及四、五、六阶逼近的单积分组成、泛函数和泛函数—微分体积公式.在文献中首次提出了数值微分和积分的隐式方案,这些方案通过求解线性代数方程组提供了全局确定导数和积分的可能性.

在对偶数和奇数级样条链和广义逼近算子的研究基础上[64],[6],第 8 章介绍了对于偶数和奇数级样条—函数,多项式链的导数、积分和公式逼近理论中的相似性原则.此处提供了有关平均值的拉格朗日和柯西公式同针对质点均匀和匀速运动的物理公式之间的关系的材料.编写积分范数以控制导数数值计算的准确性.

在总结性的第 9 章研究了常见微分方程柯西问题解的数值方案,这些方程的建立利用了微积分样条的参数关系及其推论(在文献[57]中被首次提出,并在本书中得到发展).提出了针对不规则结构上常见微分方程的柯西问题解的准确性的二阶和三阶一、二、三步离散方案.介绍了柯西问题解的显式序列样条—方法的算法,以避开求解非线性代数方程.

资料的介绍相对简单,熟悉数值分析基础的广大读者都可以使用.本书适用于大学生、研究生、教师、科学工作者和在实践中应用数值方法的工程师.

公式、表格、图、定理有双编号,第一位数字是章节序号,第二位数字是该公式、表格、图、定理在本章中的序号.

数值分析是数学应用的一个重要分支,其重要性我们可以引一

位院士的话进行评论. 薛禹胜院士指出:①②

　　用简明的方式解决极其复杂的问题,这是科学研究的理想境界. 相比之下,数学家更重视扩展概念的外延,因此希望采用尽可能弱的前提,以得到最广的成立范围;工程师则更着重于概念的内涵,注意动力学过程的几何和物理特点,以解决实际工程问题. 其结果是,数学家比较容易忽略工程问题的具体内涵,漂亮的形式化并不一定能解决实际问题,而工程师对于定理的前提则可能过于粗糙化,不一定能保证方法的强壮性. 数学分析在揭示问题的内在关系和演化规律方面起着不可替代的作用,因此是理论研究的基本工具,离开数学分析就不可能做出真正有分量的工作. 但是数学分析方法往往存在很大的局限性,例如大多数非线性动态系统并不存在解析解,故数值仿真极其重要. 重大的理论突破往往建立在全新的概念上,而好的理论和方法不但要满足工程应用的要求,还应该兼蓄数学推导的严格性和物理概念的真实性. 我努力在不同的思想方式之中寻找互补,重视物理概念的启发,依靠逻辑思维的

　　①　薛禹胜,电力系统自动化专家.1941年2月7日生于江苏无锡.1963年毕业于原山东工学院.1981年电力科学研究院研究生毕业,获工学硕士学位.1987年获比利时列日大学博士学位.现任国家电力公司电力自动化研究院总工程师.1995年当选为中国工程院院士.

　　作为电力系统暂态稳定定量分析理论的开拓者和学术带头人,创建的扩展等面积准则(EEAC)是对电力系统暂态稳定快速分析这一世界性难题的重大突破,是唯一得到严格证明的定量分析法,不但精确,且比数值积分求临界条件快数十倍,并能提供其他方法不能提供的重要信息.EEAC开创了非自治系统运动稳定性的理论研究,揭示了多机电力系统暂态失稳的本质及失稳模式随故障切除时间而变的机理.按EEAC开发的大电网在线暂稳态安全分析软件包,成功地应用于我国东北电网,开创了电力系统在线暂态安全分析先例,获国家科技进步一等奖.法国电力公司(EDF)已将EEAC正式运用于法国电网规划;美国电科院的软件支持中心和跨国软件公司也正在将此技术引入国际电力界.

　　②　摘自:《院士思维》(第四卷·中国工程院院士卷),卢嘉锡等主编,安徽教育出版社,2003.

判断,将数学分析与计算机技术相结合.

杨振宁先生将数学书分成了两类,一类是看完第一页就不想再看下去了,还有一类是看了一行就不想看了,原因是枯燥,从定义 A, B,C……到定理 A,B,C……再到推论 A,B,C……. 而有些数学家的著作却很受读者喜爱,比如华罗庚教授的著作,原因是他的特点是顶天立地,从一个非常简单,甚至是从一个初等数学的例子问题谈起,逐渐深入,最后将读者带到前沿.

20 世纪 80 年代初正是中国百废俱兴、朝气蓬勃的年代,也是中国教育的黄金岁月. 那时的中学师生对数学知识的渴望恰似饥饿的人扑到面包上,于是每一道有背景的数学竞赛试题都得到了充分挖掘. 下面的这道试题就是 1983 年全国高中数学联赛试题.

试题 1 （1983 年全国高中数学联赛试题）函数 $F(x)=|\cos^2 x+2\sin x\cos x-\sin^2 x+Ax+B|$ 在 $0\leqslant x\leqslant\dfrac{3}{2}\pi$ 上的最大值 M 与参数 A,B 有关. 问 A,B 取什么值时 M 为最小,并证明之.

如果是没有一点高等观点,那么本题的初等解法会是很丑陋的.

解法 1 设 $f=\cos^2 x+2\sin x\cos x-\sin^2 x+Ax+B$,则
$$-Ax+(f-B)=\cos^2 x+2\sin x\cos x-\sin^2 x$$
即
$$-Ax+(f-B)=\sqrt{2}\sin\left(2x+\frac{\pi}{4}\right)$$
作出函数 $y=\sqrt{2}\sin\left(2x+\dfrac{\pi}{4}\right)$ $\left(x\in\left[0,\dfrac{3\pi}{2}\right]\right)$ 的图像（图 1）.

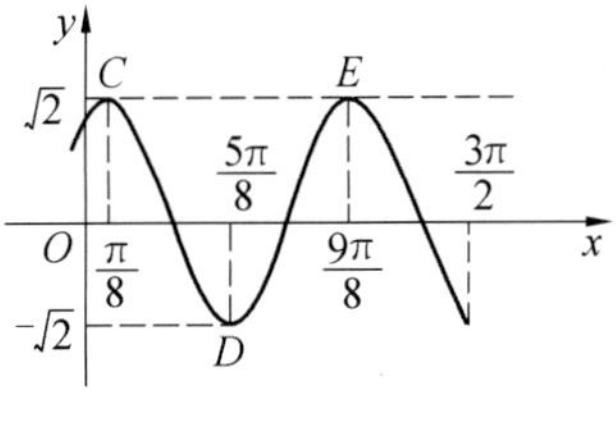

图 1

（1）当 $A=0$ 时,过曲线 $y=\sqrt{2}\sin\left(2x+\dfrac{\pi}{4}\right)$ $\left(x\in\left[0,\dfrac{3\pi}{2}\right]\right)$ 上每一点作平行于 x 轴的一簇平行线,显然这簇

平行线都位于直线 $l_1: y = \sqrt{2}$ 与直线 $l_2: y = -\sqrt{2}$ 之间,从而这簇平行线的截距 $f - B$ 满足

$$-\sqrt{2} \leqslant f - B \leqslant \sqrt{2}$$

即

$$B - \sqrt{2} \leqslant f \leqslant B + \sqrt{2}$$

则

$$\max f = \sqrt{2} + B, \min f = -\sqrt{2} + B$$

当 $B = 0$ 时

$$M = |\max f| = |\min f| = \sqrt{2}$$

当 $B \neq 0$ 时

$$M = \max\{|\max f|, |\min f|\} > \sqrt{2}$$

(2)当 $A \neq 0$ 时,过曲线 $y = \sqrt{2} \sin\left(2x + \dfrac{\pi}{4}\right)$ $\left(x \in \left[0, \dfrac{3\pi}{2}\right]\right)$ 上 C, D, E 三点作斜率为 $-A$ 的直线在 y 轴上的截距分别为

$$f_C - B = \sqrt{2} + \frac{1}{8}\pi A$$

$$f_D - B = -\sqrt{2} + \frac{5}{8}\pi A$$

$$f_E - B = \sqrt{2} + \frac{9}{8}\pi A$$

于是

$$f_C = \sqrt{2} + \frac{1}{8}\pi A + B$$

$$f_D = -\sqrt{2} + \frac{5}{8}\pi A + B$$

$$f_E = \sqrt{2} + \frac{9}{8}\pi A + B$$

由于 $\dfrac{1}{8}\pi A + B, \dfrac{5}{8}\pi A + B, \dfrac{9}{8}\pi A + B$ 是三个不同时为零的数,且构成等差数列,因此,若 $\dfrac{5}{8}\pi A + B = 0$,则 $\dfrac{1}{8}\pi A + B$ 与

350

$\dfrac{9}{8}\pi A+B$ 异号；若 $\dfrac{5}{8}\pi A+B\neq0$，则 $\dfrac{5}{8}\pi A+B$ 至少与 $\dfrac{1}{8}\pi A+B$，

$\dfrac{9}{8}\pi A+B$ 中之一同号．故 $|f_C|,|f_D|,|f_E|$ 中必有其一的值大

于 $\sqrt{2}$，从而

$$M=\max\{|f_C|,|f_D|,|f_E|\}>\sqrt{2}$$

综合（1）（2）可知，当 $A=B=0$ 时，M 有最小值 $\sqrt{2}$．

解法2 （1）由题意得

$$F(x)=\left|\sqrt{2}\sin\left(2x+\dfrac{\pi}{4}\right)+Ax+B\right|$$

当 $A=B=0$ 时，$F(x)$ 成为

$$f(x)=\sqrt{2}\left|\sin\left(2x+\dfrac{\pi}{4}\right)\right|$$

在区间 $\left[0,\dfrac{3\pi}{2}\right]$ 上，有三点

$$x_1=\dfrac{\pi}{8},x_2=\dfrac{5\pi}{8},x_3=\dfrac{9\pi}{8}$$

使 $f(x)$ 取得最大值 $M_f=\sqrt{2}$，它就是要求的最小的 M 的值．

（2）下面证明，对任何 A,B 不同时为 0 时，有

$$\max_{0\leqslant x\leqslant\frac{3}{2}\pi}F(x)>\max_{0\leqslant x\leqslant\frac{3}{2}\pi}f(x)=M_f=\sqrt{2}\qquad(1)$$

（注：$\max F(x)$ 是 $F(x)$ 的最大值的记号）．

分几种情形讨论：

（i）当 $A=0,B\neq0$ 时，显然

$$\max_{0\leqslant x\leqslant\frac{3}{2}\pi}F(x)=\max_{0\leqslant x\leqslant\frac{3}{2}\pi}\left|\sqrt{2}\sin\left(2x+\dfrac{\pi}{4}\right)+B\right|$$

$$=\sqrt{2}+|B|>\sqrt{2}\qquad(2)$$

所以式（1）成立．

（ii）当 $A>0,B\geqslant0$ 时，因为

$$F\left(\dfrac{\pi}{8}\right)=\sqrt{2}+\dfrac{\pi}{8}A+B>\sqrt{2}$$

所以式（1）成立．

（iii）当 $A>0,B<0$ 时，应再分两种情况：

351

情况 1. 若

$$|B| < \frac{9\pi}{8}A$$

则

$$\frac{9\pi}{8}A + B > 0$$

于是

$$F\left(\frac{9\pi}{8}\right) = \left| \sqrt{2} + \frac{9\pi}{8}A + B \right| > \sqrt{2}$$

所以式(1)成立.

情况 2. 若

$$|B| \geqslant \frac{9\pi}{8}A$$

则

$$|B| > \frac{5\pi}{8}A, \frac{5\pi}{8}A + B < 0$$

于是

$$F\left(\frac{5\pi}{8}\right) = \left| -\sqrt{2} + \frac{5\pi}{8}A + B \right| > \sqrt{2}$$

所以式(1)成立.

(iv) 当 $A<0, B \leqslant 0$ 时,因为

$$F\left(\frac{5\pi}{8}\right) = \left| -\sqrt{2} + \frac{5\pi}{8}A + B \right| > \sqrt{2}$$

所以式(1)成立.

(v) 当 $A<0, B>0$ 时,也应再分两种情况:

情况 1. 若

$$B < -\frac{5\pi}{8}A$$

则

$$\frac{5\pi}{8}A + B < 0$$

于是

$$F\left(\frac{5\pi}{8}\right) = \left| -\sqrt{2} + \frac{5\pi}{8}A + B \right| > \sqrt{2}$$

所以式(1)成立.

情况2.若

$$B \geqslant -\frac{5\pi}{8}A$$

则

$$B > -\frac{\pi}{8}A$$

即

$$\frac{\pi}{8}A+B>0$$

于是

$$F\left(\frac{\pi}{8}\right) = \left| \sqrt{2}+\frac{\pi}{8}A+B \right| > \sqrt{2}$$

所以式(1)成立.

综合上述五种情形,式(1)都成立.

解法3 (1)同解法2.

(2)下面证明,对任何 A,B 不同时为 0 时有

$$\max_{0 \leqslant x \leqslant \frac{3}{2}\pi} F(x) > \max_{0 \leqslant x \leqslant \frac{3}{2}\pi} f(x) = M_f = \sqrt{2}$$

用反证法证明:若设

$$\max_{0 \leqslant x \leqslant \frac{3}{2}\pi} F(x) \leqslant \sqrt{2} \qquad (3)$$

则应有

$$F\left(\frac{\pi}{8}\right) \leqslant \sqrt{2}, F\left(\frac{5\pi}{8}\right) \leqslant \sqrt{2}, F\left(\frac{9\pi}{8}\right) \leqslant \sqrt{2}$$

即

$$\begin{cases} \left| \sqrt{2}+\frac{\pi}{8}A+B \right| \leqslant \sqrt{2} \\ \left| -\sqrt{2}+\frac{5\pi}{8}A+B \right| \leqslant \sqrt{2} \\ \left| \sqrt{2}+\frac{9\pi}{8}A+B \right| \leqslant \sqrt{2} \end{cases}$$

即

$$\begin{cases} -\sqrt{2} \leqslant \sqrt{2} + \dfrac{\pi}{8}A + B \leqslant \sqrt{2} \\ -\sqrt{2} \leqslant -\sqrt{2} + \dfrac{5\pi}{8}A + B \leqslant \sqrt{2} \\ -\sqrt{2} \leqslant \sqrt{2} + \dfrac{9\pi}{8}A + B \leqslant \sqrt{2} \end{cases}$$

也就是

$$\begin{cases} -2\sqrt{2} \leqslant \dfrac{\pi}{8}A + B \leqslant 0 \\ 2\sqrt{2} \geqslant \dfrac{5\pi}{8}A + B \geqslant 0 \\ -2\sqrt{2} \leqslant \dfrac{9\pi}{8}A + B \leqslant 0 \end{cases}$$

由

$$\begin{cases} \dfrac{\pi}{8}A + B \leqslant 0 \\ \dfrac{5\pi}{8}A + B \geqslant 0 \end{cases}$$

所以

$$\dfrac{4\pi}{8}A \geqslant 0$$

因此

$$A \geqslant 0$$

而由

$$\begin{cases} \dfrac{5\pi}{8}A + B \geqslant 0 \\ \dfrac{9\pi}{8}A + B \leqslant 0 \end{cases}$$

所以

$$\dfrac{4\pi}{8}A \leqslant 0$$

则

$$A \leqslant 0$$

因而

$$A = 0$$

但当 $A=0, B \neq 0$ 时有

$$\max_{0 \leqslant x \leqslant \frac{3}{2}\pi} F(x) = \max_{0 \leqslant x \leqslant \frac{3}{2}\pi} \left| \sqrt{2} \sin\left(2x + \frac{\pi}{4}\right) + B \right|$$

$$= \sqrt{2} + |B| > \sqrt{2}$$

与式(3)矛盾,所以式(1)成立.

其实许多数学工作者都从中看到了魏尔斯特拉斯(Weierstrass)定理的背景.

随后的几年里,复旦大学的黄宣国教授又给出一道逼近论的好题:

试题 2 对给定的实数 a_1, a_2, a_3, a_4, a_5,记

$$F = \max_{x \in [-1, 1]} |x^5 - a_1 x^4 - a_2 x^3 - a_3 x^2 - a_4 x - a_5|$$

当实数 a_1, a_2, a_3, a_4, a_5 变化时,求 F 的最小值.

解 令

$$f(x) = x^5 - a_1 x^4 - a_2 x^3 - a_3 x^2 - a_4 x - a_5 \tag{4}$$

利用上式,可以看到

$$f(1) - f(-1) = 2 - 2(a_2 + a_4) \tag{5}$$

$$f\left(\cos\frac{2\pi}{5}\right) - f\left(-\cos\frac{2\pi}{5}\right)$$

$$= 2\cos^5\frac{2\pi}{5} - 2a_2\cos^3\frac{2\pi}{5} - 2a_4\cos\frac{2\pi}{5} \tag{6}$$

$$f\left(\cos\frac{4\pi}{5}\right) - f\left(-\cos\frac{4\pi}{5}\right)$$

$$= 2\cos^5\frac{4\pi}{5} - 2a_2\cos^3\frac{4\pi}{5} - 2a_4\cos\frac{4\pi}{5} \tag{7}$$

利用

$$\cos^3\theta = \frac{1}{4}(\cos 3\theta + 3\cos\theta) \tag{8}$$

有

$$\cos^3\frac{2\pi}{5} = \frac{1}{4}\left(-\cos\frac{\pi}{5} + 3\cos\frac{2\pi}{5}\right) \tag{9}$$

$$\cos^3 \frac{4\pi}{5} = \frac{1}{4}\left(\cos \frac{2\pi}{5} - 3\cos \frac{\pi}{5}\right) \tag{10}$$

把式(9)代入式(6),有

$$f\left(\cos \frac{2\pi}{5}\right) - f\left(-\cos \frac{2\pi}{5}\right)$$

$$= 2\cos^5 \frac{2\pi}{5} - \frac{1}{2}a_2\left(3\cos \frac{2\pi}{5} - \cos \frac{\pi}{5}\right) - 2a_4 \cos \frac{2\pi}{5} \tag{11}$$

把式(10)代入式(7),有

$$f\left(\cos \frac{4\pi}{5}\right) - f\left(-\cos \frac{4\pi}{5}\right)$$

$$= -2\cos^5 \frac{\pi}{5} - \frac{1}{2}a_2\left(\cos \frac{2\pi}{5} - 3\cos \frac{\pi}{5}\right) + 2a_4 \cos \frac{\pi}{5} \tag{12}$$

考虑

$$S = f(1) - f(-1) + A\left(f\left(\cos \frac{2\pi}{5}\right) - f\left(-\cos \frac{2\pi}{5}\right)\right) +$$

$$B\left(f\left(\cos \frac{4\pi}{5}\right) - f\left(-\cos \frac{4\pi}{5}\right)\right) \tag{13}$$

这里 A, B 是待定实数,利用(11)和(12)两式,使得公式(13)的右端的 a_2, a_4 的系数都为 0,兼顾公式(5),有

$$\begin{cases} -2 - \dfrac{A}{2}\left(3\cos \dfrac{2\pi}{5} - \cos \dfrac{\pi}{5}\right) - \dfrac{B}{2}\left(\cos \dfrac{2\pi}{5} - 3\cos \dfrac{\pi}{5}\right) = 0 \\ -2 - 2A\cos \dfrac{2\pi}{5} + 2B\cos \dfrac{\pi}{5} = 0 \end{cases}$$

$$\tag{14}$$

解上述关于 A, B 的二元一次方程组,有

$$A = 2, B = 2 \tag{15}$$

注 有兴趣的读者可以自己解这个方程组.

利用公式(5)(13)和(15),这时,有

$$S = 2\left(1 + 2\cos^5 \frac{2\pi}{5} - 2\cos^5 \frac{\pi}{5}\right) \tag{16}$$

由于

$$\frac{1}{16}\cos 5\theta = \cos^5 \theta - \frac{5}{4}\cos^3 \theta + \frac{5}{16}\cos \theta \tag{17}$$

利用公式(8)和(17),可以看到

356

$$\cos 5\theta = 16\cos^5\theta - 5\cos 3\theta - 10\cos\theta \qquad (18)$$

从上式,有

$$\cos^5\theta = \frac{1}{16}(\cos 5\theta + 5\cos 3\theta + 10\cos\theta) \qquad (19)$$

利用上式,有

$$\cos^5\frac{2\pi}{5} = \frac{1}{16}\left(1 + 10\cos\frac{2\pi}{5} - 5\cos\frac{\pi}{5}\right) \qquad (20)$$

$$\cos^5\frac{\pi}{5} = \frac{1}{16}\left(-1 + 5\cos\frac{3\pi}{5} + 10\cos\frac{\pi}{5}\right) \qquad (21)$$

把上两式代入公式(16),有

$$S = \frac{5}{2} + \frac{15}{4}\left(\cos\frac{2\pi}{5} - \cos\frac{\pi}{5}\right) \qquad (22)$$

由于

$$2\left(\cos\frac{\pi}{5} - \cos\frac{2\pi}{5}\right) = 4\sin\frac{3\pi}{10}\sin\frac{\pi}{10}$$

$$= \frac{1}{\cos\frac{\pi}{10}}2\sin\frac{3\pi}{10}\sin\frac{2\pi}{10} = \frac{1}{\cos\frac{\pi}{10}}2\sin\frac{2\pi}{10}\cos\frac{2\pi}{10}$$

$$= \frac{\sin\frac{4\pi}{10}}{\cos\frac{\pi}{10}} = 1 \qquad (23)$$

利用上两式,有

$$S = \frac{5}{8} \qquad (24)$$

利用题目条件及公式(14),有

$$10F \geqslant |f(1)| + |f(-1)| + 2\left|f\left(\cos\frac{2\pi}{5}\right)\right| +$$

$$2\left|f\left(-\cos\frac{2\pi}{5}\right)\right| + 2\left|f\left(\cos\frac{4\pi}{5}\right)\right| +$$

$$2\left|f\left(-\cos\frac{4\pi}{5}\right)\right|$$

$$\geqslant S(\text{利用公式}(13)\text{和}(15))$$

$$= \frac{5}{8}(\text{利用公式}24) \qquad (25)$$

从上式,有

$$F \geqslant \frac{1}{16} \qquad (26)$$

取

$$a_1 = 0, a_2 = \frac{5}{4}, a_3 = 0, a_4 = -\frac{5}{16}, a_5 = 0 \qquad (27)$$

$$F = \max_{x \in [-1,1]} \left| x^5 - \frac{5}{4}x^3 + \frac{5}{16}x \right| \qquad (28)$$

令

$$x = \cos \theta \quad (\theta \in [0, \pi]) \qquad (29)$$

利用公式(17)(28)和(29),有

$$F = \max_{\theta \in [0,\pi]} \frac{1}{16} |\cos 5\theta| = \frac{1}{16}$$

因此,所求的最小值是 $\frac{1}{16}$.

两道试题的背景均为逼近论中的斯通(Stone)和魏尔斯特拉斯的逼近定理. 在此我们先来介绍伯恩斯坦(Bernstein)多项式.

定义 1 设 f 是定义在区间 $[0,1]$ 上的实值函数. 由

$$B_n(f;x) = \sum_{p=0}^{n} \binom{n}{p} f\left(\frac{p}{n}\right) x^p (1-x)^{n-p}$$
$$(x \in [0,1])$$

定义的函数 $B_n(f)$ 叫作函数 f 的 n 阶伯恩斯坦多项式. $B_n(f)$ 是次数不大于 n 的多项式.

伯恩斯坦多项式关于函数 f 是线性的,即若 a_1, a_2 是常数,$f = a_1 f_1 + a_2 f_2$,则

$$B_n(f) = a_1 B_n(f_1) + a_2 B_n(f_2)$$

由于在 $[0,1]$ 上

$$\binom{n}{p} x^p (1-x)^{n-p} \geqslant 0$$

并且

$$\sum_{p=0}^{n} \binom{n}{p} x^p (1-x)^{n-p} = [x + (1-x)]^n = 1 \qquad (30)$$

故在 $[0,1]$ 上 $m \leqslant f(x) \leqslant M$ 时, 有
$$m \leqslant B_n(f;x) \leqslant M$$

考虑二项式
$$(x+y)^n = \sum_{p=0}^{n} \binom{n}{p} x^p y^{n-p}$$

关于 x 微分, 再乘以 x, 得
$$nx(x+y)^{n-1} = \sum_{p=0}^{n} p\binom{n}{p} x^p y^{n-p}$$

类似地, 把这个二项式关于 x 微分两次再乘以 x^2, 得
$$n(n-1)x^2(x+y)^{n-2} = \sum_{p=0}^{n} p(p-1)\binom{n}{p} x^p y^{n-p}$$

于是, 若令
$$r_p(x) = \binom{n}{p} x^p (1-x)^{n-p}$$

则有
$$\sum_{p=0}^{n} r_p(x) = 1, \quad \sum_{p=0}^{n} pr_p(x) = nx$$
$$\sum_{p=0}^{n} p(p-1)r_p(x) = n(n-1)x^2$$

因而
$$\sum_{p=0}^{n} (p-nx)^2 r_p(x)$$
$$= n^2 x^2 \sum_{p=0}^{n} r_p(x) - 2nx \sum_{p=0}^{n} pr_p(x) + \sum_{p=0}^{n} p^2 r_p(x)$$
$$= n^2 x^2 - 2nx[nx] + [nx + n(n-1)x^2]$$
$$= nx(1-x)$$

但 $4x^2 - 4x + 1 = (2x-1)^2 \geqslant 0$, 故 $x(1-x) \leqslant \dfrac{1}{4}$, 从而证得了下列结果:

引理 1 对所有实数 x, 有
$$\sum_{p=0}^{n} (p-nx)^2 \binom{n}{p} x^p (1-x)^{n-p} \leqslant \frac{n}{4} \tag{31}$$

命题 1 (伯恩斯坦定理) 对 $[0,1]$ 上的任意连续函数 f, 在 $[0,1]$ 上 $B_n(f)$ 一致逼近于 f.

证 设在 $[0,1]$ 上 $|f(x)| \leqslant M < \infty$. 由 f 的一致连续性,对任意 $\varepsilon > 0$,存在某个 $\delta > 0$,使

$$|x - x'| < \delta \text{ 时}, |f(x) - f(x')| < \varepsilon$$

任取 $x \in [0,1]$,由式(30)有

$$f(x) = \sum_{p=0}^{n} f(x) \binom{n}{p} x^p (1-x)^{n-p}$$

因此

$$|B_n(f;x) - f(x)| \leqslant \sum_{p=0}^{n} \left| f\left(\frac{p}{n}\right) - f(x) \right| \binom{n}{p} x^p (1-x)^{n-p}$$

$$(32)$$

把数 $p = 0, 1, 2, \cdots$ 如下地分成 A 与 B 两类

$$\text{当} \left| \frac{p}{n} - x \right| < \delta \text{ 时}, p \in A$$

$$\text{当} \left| \frac{p}{n} - x \right| \geqslant \delta \text{ 时}, p \in B$$

当 $p \in A$ 时,有

$$\left| f\left(\frac{p}{n}\right) - f(x) \right| < \varepsilon$$

因而由式(30)得

$$\sum_{p \in A} \left| f\left(\frac{p}{n}\right) - f(x) \right| \binom{n}{p} x^p (1-x)^{n-p}$$

$$< \varepsilon \sum_{p \in A} \binom{n}{p} x^p (1-x)^{n-p}$$

$$\leqslant \varepsilon \sum_{p=0}^{n} \binom{n}{p} x^p (1-x)^{n-p} = \varepsilon \qquad (33)$$

当 $p \in B$ 时,有

$$\frac{(p-nx)^2}{n^2 \delta^2} \geqslant 1$$

因而由引理 1 得

$$\sum_{p \in B} \left| f\left(\frac{p}{n}\right) - f(x) \right| \binom{n}{p} x^p (1-x)^{n-p}$$

$$\leqslant \frac{2M}{n^2 \delta^2} \sum_{p \in B} (p - nx)^2 \binom{n}{p} x^p (1-x)^{n-p}$$

360

$$\leq \frac{2M}{n^2\delta^2} \sum_{p=0}^{n} (p-nx)^2 \binom{n}{p} x^p (1-x)^{n-p}$$

$$\leq \frac{M}{2n\delta^2} \qquad (34)$$

结合(32)(33)(34)三式,我们看到:对任一 $x \in [0,1]$,有

$$|B_n(f;n) - f(x)| < \varepsilon + \frac{M}{2n\delta^2}$$

而这就是说,只要

$$n > \frac{M}{2\varepsilon\delta^2}$$

便有 $|B_n(f;x) - f(x)| < 2\varepsilon$.

命题 2　(魏尔斯特拉斯逼近定理)设 $[a,b]$ 是有界闭区间,f 在 $[a,b]$ 上连续,则对任意 $\varepsilon > 0$,存在多项式 P 使对所有 $x \in [a,b]$,有

$$|f(x) - P(x)| < \varepsilon \qquad (35)$$

这时,我们说 f 容许由多项式 P 一致逼近.

证　若 $[a,b] = [0,1]$,则本命题是命题 1 的直接结果. 设 $[a,b] \neq [0,1]$. 考虑 y 的函数

$$f(a + y(b-a))$$

这个函数在 $[0,1]$ 上有定义、连续,因此存在多项式 $Q(y)$ 使对所有 $y \in [0,1]$ 有

$$|f(a+y(b-a)) - Q(y)| < \varepsilon$$

当 $x \in [a,b]$ 时

$$\frac{x-a}{b-a} \in [0,1]$$

于是

$$\left| f(x) - Q\left(\frac{x-a}{b-a}\right) \right| < \varepsilon$$

因而多项式

$$P(x) = Q\left(\frac{x-a}{b-a}\right)$$

即为所求.

注　当 $0 < a < b < 1$ 时命题 2 也成立,而且式(35)里的多项式 $P(x)$ 是整系数的. 因为,多项式

$$P(x) = \sum_{p=1}^{n-1} \left[\binom{n}{p} f\left(\frac{p}{n}\right) \right] x^p (1-x)^{n-p}$$

(这里 $[c]$ 表示不大于 c 的最大整数) 是整系数的, 它与 $B_n(f;x)$ 的差小于

$$M(x^n + (1-x)^n) + \sum_{p=1}^{n-1} x^p (1-x)^{n-p} \tag{36}$$

后一个和数不超过

$$\frac{1}{n} \sum_{p=1}^{n-1} r_p(x) \leqslant \frac{1}{n}$$

因而在区间 $[a,b]$ 上式 (36) 一致收敛于 0.

现在我们要概要地讲一下命题 2 的另一种证明. 这种有价值的证法是由勒贝格 (H. Lebesgue) 给出的, 它建立在对特殊的函数 $f(x) = |x|$ 的逼近的基础上.

引理 2 对任意实数 $\varepsilon > 0$ 及有界闭区间 I, 存在没有常数项的多项式 $p(t)$, 使对所有 $t \in I$, 有

$$|p(t) - |t|| < \varepsilon$$

注 当然, 要证明这个引理, 只要对形如 $I = [-a, a]$ 的区间证明就够了; 用 at 代替 t, 就只要对区间 $I = [-1, 1]$ 证明. 因为

$$|t| = \sqrt{t^2}$$

所以引理 2 是下列结果的推论.

引理 3 设 $(p_n)_{n=0}^{\infty}$ 是由

$$p_0(t) = 0, \quad p_{n+1}(t) = p_n(t) + \frac{1}{2}(t - p_n^2(t)) \quad (n \geqslant 0) \tag{37}$$

定义的没有常数项的多项式列, 则在区间 $[0,1]$ 上 $(p_n)_{n=0}^{\infty}$ 单调增加, 且一致收敛于 $\sqrt{t}$.

证 为证引理 3, 只要证明对所有 $t \in [0,1]$, 有

$$0 \leqslant \sqrt{t} - p_n(t) \leqslant \frac{2\sqrt{t}}{2 + n\sqrt{t}} \tag{38}$$

因为式 (38) 蕴含 $0 \leqslant \sqrt{t} - p_n(t) \leqslant \frac{2}{n}$.

我们用对 n 的数学归纳法证明式 (38). 当 $n = 0$ 时它是成立的. 若 $n \geqslant 0$, 则从对式 (38) 所做的归纳假设可得

$$0 \leqslant \sqrt{t} - p_n(t) \leqslant \sqrt{t}$$

因此 $0 \leqslant p_n(t) \leqslant \sqrt{t}$. 从式 (37) 有

$$\sqrt{t} - p_{n+1}(t) = (\sqrt{t} - p_n(t)) \left(1 - \frac{1}{2}(\sqrt{t} + p_n(t))\right)$$

于是 $\sqrt{t} - p_{n+1}(t) \geqslant 0$, 并且从式 (38) 得

$$\sqrt{t} - p_{n+1}(t) \leqslant \frac{2\sqrt{t}}{2 + n\sqrt{t}} \left(1 - \frac{\sqrt{t}}{2}\right)$$

$$\leqslant \frac{2\sqrt{t}}{2 + n\sqrt{t}} \left(1 - \frac{\sqrt{t}}{2 + (n+1)\sqrt{t}}\right)$$

$$= \frac{2\sqrt{t}}{2 + (n+1)\sqrt{t}}$$

证毕.

现在回到论证的主要路线上来, 我们注意 $|x|$ 的图像是有一个角的折线. 我们想要证明: 任何折线函数容许由多项式一致逼近. 首先, 对区间 $[-k, k]$ 上的函数 $|x|$ 这是正确的, 因为 $|x| = k \left| \dfrac{x}{k} \right|$, 并且在 $[-k, k]$ 上 $\left| \dfrac{x}{k} \right| \leqslant 1$. 每个区间 $[a, b]$ 上的函数

$$L_c(x) = \begin{cases} 0, & x \leqslant c \text{ 时} \\ x - c, & x \geqslant c \text{ 时} \end{cases}$$

仍可以由多项式逼近, 因为

$$L_c(x) = \frac{1}{2} ((x - c) + |x - c|)$$

现在设 g 是 $[a, b]$ 上的任一折线函数, 它的图像在基点 $a = a_0 < a_1 < \cdots < a_n = b$ 处有角. 我们将会看到 g 是 $L_c(x)$ 的线性组合. 令

$$g_0(x) = g(a) + c_0 L_{a_0}(x) + c_1 L_{a_1}(x) + \cdots + c_{n-1} L_{a_{n-1}}(x)$$

并由方程

$$g_0(a_j) = g(a_j) \quad (j = 0, 1, \cdots, n)$$

定义常数 c_j. 这些方程里第一个是恒等式, 第二个是

$$g(a) + c_0 L_{a_0}(a_1) = g_0(a_1)$$

它确定了 c_0, 第三个方程确定 c_1, 等等. 两个折线函数 g 和 g_0 在所有的基点处重合, 因而它们是恒等的. 这表明 g 容许由多项式逼近.

363

最后,若 f 在有界闭区间 $[a,b]$ 上连续,则它一致连续,因此可以由与它误差任意小的折线函数一致逼近.事实上,f 在有界闭区间上一致连续当且仅当 f 容许由这个区间上的折线函数一致逼近.这就完成了著名的魏尔斯特拉斯定理的勒贝格证明.

下面的三个命题属于斯通,它们是对魏尔斯特拉斯逼近定理的有意义的推广.

定义 2 设 f,g 是 $[a,b]$ 上的实值函数.所谓 $\max\{f,g\}$ 是指在 $x \in [a,b]$ 处取值 $\max\{f(x),g(x)\}$ 的函数;$\min\{f,g\}$ 是指在 x 处取值 $\min\{f(x),g(x)\}$ 的函数.

命题 3 设 $\mathscr{S}$ 是有界闭区间 $[a,b]$ 上的连续函数族,它有这样的性质:若 s_1,s_2 属于 $\mathscr{S}$,则 $\max\{s_1,s_2\}$ 及 $\min\{s_1,s_2\}$ 也属于 $\mathscr{S}$.那么,$[a,b]$ 上的连续函数 f 容许由函数 $s \in \mathscr{S}$ 一致逼近,当且仅当对 $[a,b]$ 上的任两点 y,z 及任意 $\varepsilon>0$,存在函数 s 使对 $x=y$ 和 $x=z$ 有

$$|f(x)-s(x)|<\varepsilon \qquad (39)$$

证 条件的必要性是显然的.为证条件是充分的,任取 $\varepsilon>0$,并以 s_{yz} 表示满足式(39)的某个 $s \in \mathscr{S}$,对固定的 $y \in [a,b]$ 有

$$s_{yz}(z)<f(z)+\varepsilon$$

于是,由连续性,在 z 的某个邻域 $(z-\delta,z+\delta)$ 内有

$$s_{yz}(x)<f(x)+\varepsilon$$

对 $[a,b]$ 上的全部可能的 z,这些邻域覆盖 $[a,b]$;由 Heine-Borel 定理,存在有限个点 $z_1,\cdots,z_n$,它们的邻域覆盖 $[a,b]$.令

$$s_y(x) = \min\{s_{yz_1}(x),\cdots,s_{yz_n}(x)\}$$

由假设,$s_y \in \mathscr{S}$.又,对 $a \le x \le b$ 有

$$s_y(x)<f(x)+\varepsilon \qquad (40)$$

$$s_y(y)>f(y)-\varepsilon \qquad (41)$$

因而对每个 $y \in [a,b]$ 存在 y 的邻域 $(y-\gamma,y+\gamma)$ 使 $s_y(x)>f(x)-\varepsilon$.再用 Heine-Borel 定理,我们能取得有限个点 $y_1,\cdots,y_m$,使对每个 x,有

$$s_{y_k}(x)>f(x)-\varepsilon$$

至少对一个 k 成立.令

$$s(x) = \max\{s_{y_1}(x),\cdots,s_{y_m}(x)\}$$

则对 $x \in [a,b]$ 有

$$s(x)>f(x)-\varepsilon$$

另外,由式(40),得

$$s(x) < f(x) + \varepsilon$$

因此对 $x \in [a,b]$ 有

$$|f(x) - s(x)| < \varepsilon$$

由于 $s \in \mathscr{S}$,这就证明了本命题.

注 注意狄尼(Dini)定理是命题 3 的推论. 事实上,设 $(s_n)_{n=1}^{\infty}$ 是 $[a,b]$ 上连续函数的单调增加列,它逐点收敛于 $[a,b]$ 上的连续函数 f,则族 $\mathscr{S} = \{s_n : n \in \mathbf{N}\}$ 满足命题 3 的全部条件;因此,对每个 $\varepsilon > 0$,存在下标 n_0 使 $|f(x) - s_{n_0}(x)| < \varepsilon$. 于是对 $n \geqslant n_0$ 及 $a \leqslant x \leqslant b$ 也有 $|f(x) - s_n(x)| < \varepsilon$.

若对 $[a,b]$ 上的各对不同的点 y, z,存在 $s \in \mathscr{S}$ 使 $s(y) \neq s(z)$,则说函数族 $\mathscr{S}$ 分离 $[a,b]$ 上的点.

命题 4 设函数族 $\mathscr{S}$ 有下列性质:

(1)函数族 $\mathscr{S}$ 分离 $[a,b]$ 上的点;

(2) $\mathscr{S}$ 含有 $\mathscr{S}$ 中函数的各个有限线性组合及各个常值函数;

(3)对任一 $s \in \mathscr{S}$,$|s|$ 也属于 $\mathscr{S}$.

则 $[a,b]$ 上的连续函数都可以由 $\mathscr{S}$ 中的函数 s 一致逼近.

证 我们证明命题 3 的假设是满足的. 首先,若 $s_1, s_2 \in \mathscr{S}$,则

$$\max(s_1, s_2) = \frac{1}{2}(s_1 + s_2 + |s_1 + s_2|)$$

$$\min(s_1, s_2) = \frac{1}{2}(s_1 + s_2 - |s_1 + s_2|)$$

也属于 $\mathscr{S}$. 其次,若 y, z 是 $[a,b]$ 上的两个不同的点,则存在 $s \in \mathscr{S}$ 使 $s(y) \neq s(z)$;令

$$\bar{s}(x) = f(y) + \frac{f(z) - f(y)}{s(z) - s(y)}(s(x) - s(y))$$

它属于 $\mathscr{S}$,并且以更直接的形式:$\bar{s}(y) = f(y)$,$\bar{s}(z) = f(z)$ 满足式(39).

定义 3 所谓关于函数 $s \in \mathscr{S}$ 的多项式,是指形如 $p(x) = P(s_1(x), \cdots, s_n(x))$ 的函数,其中 $s_k \in \mathscr{S}$,$P(s_1, \cdots, s_n)$ 是变元 $s_1, \cdots, s_n$ 的实系数多项式.

命题 5　设 $\mathscr{S}$ 是 $[a,b]$ 上的某连续函数族. 为使 $[a,b]$ 上的连续函数都容许由关于函数 $s\in\mathscr{S}$ 的多项式一致逼近, 其充分必要条件是: 函数族 $\mathscr{S}$ 分离 $[a,b]$ 上的点.

证　条件是必要的, 因为, 若存在 $[a,b]$ 上的点 $y,z,y\neq z$ 且函数族 $\mathscr{S}$ 不能分离 y 与 z, 则关于 $\mathscr{S}$ 的函数的多项式 $p(x)$ 也不能分离 y 与 z, 而这与这样的事实矛盾: 充分接近函数 $f(x)=x$ 的任一 $p(x)$ 分离 y 与 z.

为证条件是充分的, 我们以 $\mathscr{S}_0$ 表示容许由多项式 $p(x)$ 逼近的所有连续函数之族. 要证明 $\mathscr{S}_0$ 含有 $[a,b]$ 上的所有连续函数, 只要证明这样的函数能由 $\mathscr{S}_0$ 的函数逼近. $\mathscr{S}_0$ 显然满足命题 4 的条件 (1) (2). 若 $s\in\mathscr{S}_0$, 则存在多项式

$$p(x)=P(s_1(x),\cdots,s_n(x)),s_k\in\mathscr{S}$$

在 $[a,b]$ 上逼近 $s(x)$, 误差小于 $\dfrac{\varepsilon}{2}$. 于是 $|p(x)|$ 以小于 $\dfrac{\varepsilon}{2}$ 的误差逼近 $|s(x)|$. 若对 $x\in[a,b],m\leqslant p(x)\leqslant M$, 则可找到普通的多项式 $p_1(t)$, 使在 $m\leqslant t\leqslant M$ 上有

$$||t|-p_1(t)|<\frac{\varepsilon}{2}$$

(见命题 2 后面的引理 2). 于是

$$||s(x)|-\overline{P}(s_1(x),\cdots,s_n(x))|<\varepsilon$$

其中多项式 $\overline{P}(s_1,\cdots,s_n)=p_1(P(s_1,\cdots,s_n))$. 这说明 $\mathscr{S}_0$ 满足命题 4 的条件 (3), 因而由命题 4, 条件是充分的.

注　注意到由一个函数 $s(x)=x$ 组成的函数族分离任何区间的点, 便可从命题 5 得到命题 2. 如果把区间 $[a,b]$ 换成 n 维欧几里得 (Euclid) 空间的有界闭子集 A, 甚至换成紧度量空间或紧拓扑空间, 命题 3 到 5 及其证明仍然不变 (对于紧拓扑空间 A, 命题 5 的必要性部分要求增加假设: A 的点由所有连续函数之集分离). 例如, 设 A 是平面上的单位圆, A 的点由其圆心角 x 确定. 函数 $\sin x,\cos x$ 分离 A 的点, 而关于 $\sin x,\cos x$ 的多项式是三角多项式

$$T_n(x)=a_0+\sum_{k=1}^{n}(a_k\cos kx+b_k\sin kx)$$

因而，$\mathbf{R}^1$ 上的周期为 2π 的任意连续函数 f 可以由三角多项式一致逼近，这也是魏尔斯特拉斯得到的一个结果.

命题 6 设 f 是有界闭区间 $[a,b]$ 上的连续函数，对 $n = 0,1,2,\cdots$，有

$$\int_a^b x^n f(x)\,\mathrm{d}x = 0$$

则在 $[a,b]$ 上 $f \equiv 0$.

证 由命题 2，f 容许由多项式 P 一致逼近；因此对所有 $x \in [a,b]$，有

$$f(x) = P(x) + \varepsilon h(x)$$

其中 ε 是任意正实数，$|h(x)|$ 在 $[a,b]$ 上小于 1，因而

$$\int_a^b f^2(x)\,\mathrm{d}x = \int_a^b f(x)(P(x) + \varepsilon h(x))\,\mathrm{d}x$$

但由假设知

$$\int_a^b f(x)P(x)\,\mathrm{d}x = 0$$

因而

$$\int_a^b f^2(x)\,\mathrm{d}x < \varepsilon \int_a^b |f(x)|\,\mathrm{d}x$$

若 $f \not\equiv 0$，则

$$\frac{\displaystyle\int_a^b f^2(x)\,\mathrm{d}x}{\displaystyle\int_a^b |f(x)|\,\mathrm{d}x}$$

将是 ε 的下界，故得矛盾.

我们为什么推崇国外数学家的著作，这绝非是崇洋媚外，而是觉得他们大多对写作很认真，不投机取巧，自然价值就高.

举个畅销书的例子：黄仁宇的著作曾经红透了半边天. 他的书一而再、再而二地重印，直到他的回忆录《黄河青山》出版，黄仁宇的名字已经跳出了专业圈子，成为大众泛读的标的. 为什么会这样呢？有人说，《万历十五年》的成功缘于黄仁宇扎实的明史功底，他花费 5 年写作《明代的漕运》，并由此获密歇根大学博士学位；他花费 7 年读了 133 册《明实录》及相关资料，作《十六世纪明代中国之财政与

税收》;他的《万历十五年》共 281 页,其中参考书 134 种,注释 555 条,再加上附录,共占掉 65 个页码,几乎是全书篇幅的四分之一. 在这样的学术基础上,再运用他优美的文笔讲述明代的故事,实在游刃有余.

本书也是如此,光是英文和俄文的参考文献就多达 148 种,所以学术价值是有保障的.

刘培杰

2022 年 8 月 28 日

于哈工大

刘培杰数学工作室
已出版(即将出版)图书目录——原版影印

书　名	出版时间	定　价	编号
数学物理大百科全书.第1卷(英文)	2016—01	418.00	508
数学物理大百科全书.第2卷(英文)	2016—01	408.00	509
数学物理大百科全书.第3卷(英文)	2016—01	396.00	510
数学物理大百科全书.第4卷(英文)	2016—01	408.00	511
数学物理大百科全书.第5卷(英文)	2016—01	368.00	512
zeta函数,q-zeta函数,相伴级数与积分(英文)	2015—08	88.00	513
微分形式:理论与练习(英文)	2015—08	58.00	514
离散与微分包含的逼近和优化(英文)	2015—08	58.00	515
艾伦·图灵:他的工作与影响(英文)	2016—01	98.00	560
测度理论概率导论,第2版(英文)	2016—01	88.00	561
带有潜在故障恢复系统的半马尔柯夫模型控制(英文)	2016—01	98.00	562
数学分析原理(英文)	2016—01	88.00	563
随机偏微分方程的有效动力学(英文)	2016—01	88.00	564
图的谱半径(英文)	2016—01	58.00	565
量子机器学习中数据挖掘的量子计算方法(英文)	2016—01	98.00	566
量子物理的非常规方法(英文)	2016—01	118.00	567
运输过程的统一非局部理论:广义波尔兹曼物理动力学,第2版(英文)	2016—01	198.00	568
量子力学与经典力学之间的联系在原子、分子及电动力学系统建模中的应用(英文)	2016—01	58.00	569
算术域(英文)	2018—01	158.00	821
高等数学竞赛:1962—1991年的米洛克斯·史怀哲竞赛(英文)	2018—01	128.00	822
用数学奥林匹克精神解决数论问题(英文)	2018—01	108.00	823
代数几何(德文)	2018—04	68.00	824
丢番图逼近论(英文)	2018—01	78.00	825
代数几何学基础教程(英文)	2018—01	98.00	826
解析数论入门课程(英文)	2018—01	78.00	827
数论中的丢番图问题(英文)	2018—01	78.00	829
数论(梦幻之旅):第五届中日数论研讨会演讲集(英文)	2018—01	68.00	830
数论新应用(英文)	2018—01	68.00	831
数论(英文)	2018—01	78.00	832

刘培杰数学工作室
已出版(即将出版)图书目录——原版影印

书　名	出版时间	定　价	编号
湍流十讲(英文)	2018—04	108.00	886
无穷维李代数:第3版(英文)	2018—04	98.00	887
等值、不变量和对称性(英文)	2018—04	78.00	888
解析数论(英文)	2018—09	78.00	889
《数学原理》的演化:伯特兰·罗素撰写第二版时的手稿与笔记(英文)	2018—04	108.00	890
哈密尔顿数学论文集(第4卷):几何学、分析学、天文学、概率和有限差分等(英文)	2019—05	108.00	891
偏微分方程全局吸引子的特性(英文)	2018—09	108.00	979
整函数与下调和函数(英文)	2018—09	118.00	980
幂等分析(英文)	2018—09	118.00	981
李群,离散子群与不变量理论(英文)	2018—09	108.00	982
动力系统与统计力学(英文)	2018—09	118.00	983
表示论与动力系统(英文)	2018—09	118.00	984
分析学练习.第1部分(英文)	2021—01	88.00	1247
分析学练习.第2部分,非线性分析(英文)	2021—01	88.00	1248
初级统计学:循序渐进的方法:第10版(英文)	2019—05	68.00	1067
工程师与科学家微分方程用书:第4版(英文)	2019—07	58.00	1068
大学代数与三角学(英文)	2019—06	78.00	1069
培养数学能力的途径(英文)	2019—07	38.00	1070
工程师与科学家统计学:第4版(英文)	2019—06	58.00	1071
贸易与经济中的应用统计学:第6版(英文)	2019—06	58.00	1072
傅立叶级数和边值问题:第8版(英文)	2019—05	48.00	1073
通往天文学的途径:第5版(英文)	2019—05	58.00	1074
拉马努金笔记.第1卷(英文)	2019—06	165.00	1078
拉马努金笔记.第2卷(英文)	2019—06	165.00	1079
拉马努金笔记.第3卷(英文)	2019—06	165.00	1080
拉马努金笔记.第4卷(英文)	2019—06	165.00	1081
拉马努金笔记.第5卷(英文)	2019—06	165.00	1082
拉马努金遗失笔记.第1卷(英文)	2019—06	109.00	1083
拉马努金遗失笔记.第2卷(英文)	2019—06	109.00	1084
拉马努金遗失笔记.第3卷(英文)	2019—06	109.00	1085
拉马努金遗失笔记.第4卷(英文)	2019—06	109.00	1086
数论:1976年纽约洛克菲勒大学数论会议记录(英文)	2020—06	68.00	1145
数论:卡本代尔1979:1979年在南伊利诺伊卡本代尔大学举行的数论会议记录(英文)	2020—06	78.00	1146
数论:诺德韦克豪特1983:1983年在诺德韦克豪特举行的Journees Arithmetiques数论大会会议记录(英文)	2020—06	68.00	1147
数论:1985—1988年在纽约城市大学研究生院和大学中心举办的研讨会(英文)	2020—06	68.00	1148

刘培杰数学工作室
已出版(即将出版)图书目录——原版影印

书　名	出版时间	定价	编号
数论:1987 年在乌尔姆举行的 Journees Arithmetiques 数论大会会议记录(英文)	2020－06	68.00	1149
数论:马德拉斯 1987:1987 年在马德拉斯安娜大学举行的国际拉马努金百年纪念大会会议记录(英文)	2020－06	68.00	1150
解析数论:1988 年在东京举行的日法研讨会会议记录(英文)	2020－06	68.00	1151
解析数论:2002 年在意大利切特拉罗举行的 C. I. M. E. 暑期班演讲集(英文)	2020－06	68.00	1152
量子世界中的蝴蝶:最迷人的量子分形故事(英文)	2020－06	118.00	1157
走进量子力学(英文)	2020－06	118.00	1158
计算物理学概论(英文)	2020－06	48.00	1159
物质,空间和时间的理论:量子理论(英文)	2020－10	48.00	1160
物质,空间和时间的理论:经典理论(英文)	2020－10	48.00	1161
量子场理论:解释世界的神秘背景(英文)	2020－07	38.00	1162
计算物理学概论(英文)	2020－06	48.00	1163
行星状星云(英文)	2020－10	38.00	1164
基本宇宙学:从亚里士多德的宇宙到大爆炸(英文)	2020－08	58.00	1165
数学磁流体力学(英文)	2020－07	58.00	1166
计算科学:第 1 卷,计算的科学(日文)	2020－07	88.00	1167
计算科学:第 2 卷,计算与宇宙(日文)	2020－07	88.00	1168
计算科学:第 3 卷,计算与物质(日文)	2020－07	88.00	1169
计算科学:第 4 卷,计算与生命(日文)	2020－07	88.00	1170
计算科学:第 5 卷,计算与地球环境(日文)	2020－07	88.00	1171
计算科学:第 6 卷,计算与社会(日文)	2020－07	88.00	1172
计算科学.别卷,超级计算机(日文)	2020－07	88.00	1173
多复变函数论(日文)	2022－06	78.00	1518
复变函数入门(日文)	2022－06	78.00	1523
代数与数论:综合方法(英文)	2020－10	78.00	1185
复分析:现代函数理论第一课(英文)	2020－07	58.00	1186
斐波那契数列和卡特兰数:导论(英文)	2020－10	68.00	1187
组合推理:计数艺术介绍(英文)	2020－07	88.00	1188
二次互反律的傅里叶分析证明(英文)	2020－07	48.00	1189
旋瓦兹分布的希尔伯特变换与应用(英文)	2020－07	58.00	1190
泛函分析:巴拿赫空间理论入门(英文)	2020－07	48.00	1191
卡塔兰数入门(英文)	2019－05	68.00	1060
测度与积分(英文)	2019－04	68.00	1059
组合学手册.第一卷(英文)	2020－06	128.00	1153
*－代数、局部紧群和巴拿赫 *－代数丛的表示.第一卷,群和代数的基本表示理论(英文)	2020－05	148.00	1154
电磁理论(英文)	2020－08	48.00	1193
连续介质力学中的非线性问题(英文)	2020－09	78.00	1195
多变量数学入门(英文)	2021－05	68.00	1317
偏微分方程入门(英文)	2021－05	88.00	1318
若尔当典范性:理论与实践(英文)	2021－07	68.00	1366
伽罗瓦理论.第 4 版(英文)	2021－08	88.00	1408

刘培杰数学工作室
已出版(即将出版)图书目录——原版影印

书　　名	出版时间	定　价	编号
典型群,错排与素数(英文)	2020－11	58.00	1204
李代数的表示:通过 gln 进行介绍(英文)	2020－10	38.00	1205
实分析演讲集(英文)	2020－10	38.00	1206
现代分析及其应用的课程(英文)	2020－10	58.00	1207
运动中的抛射物数学(英文)	2020－10	38.00	1208
2－纽结与它们的群(英文)	2020－10	38.00	1209
概率,策略和选择:博弈与选举中的数学(英文)	2020－11	58.00	1210
分析学引论(英文)	2020－11	58.00	1211
量子群:通往流代数的路径(英文)	2020－11	38.00	1212
集合论入门(英文)	2020－10	48.00	1213
酉反射群(英文)	2020－11	58.00	1214
探索数学:吸引人的证明方式(英文)	2020－11	58.00	1215
微分拓扑短期课程(英文)	2020－10	48.00	1216
抽象凸分析(英文)	2020－11	68.00	1222
费马大定理笔记(英文)	2021－03	48.00	1223
高斯与雅可比和(英文)	2021－03	78.00	1224
π与算术几何平均:关于解析数论和计算复杂性的研究(英文)	2021－01	58.00	1225
复分析入门(英文)	2021－03	48.00	1226
爱德华·卢卡斯与素性测定(英文)	2021－03	78.00	1227
通往凸分析及其应用的简单路径(英文)	2021－01	68.00	1229
微分几何的各个方面.第一卷(英文)	2021－01	58.00	1230
微分几何的各个方面.第二卷(英文)	2020－12	58.00	1231
微分几何的各个方面.第三卷(英文)	2020－12	58.00	1232
沃克流形几何学(英文)	2020－11	58.00	1233
彷射和韦尔几何应用(英文)	2020－12	58.00	1234
双曲几何学的旋转向量空间方法(英文)	2021－02	58.00	1235
积分:分析学的关键(英文)	2020－12	48.00	1236
为有天分的新生准备的分析学基础教材(英文)	2020－11	48.00	1237
数学不等式.第一卷.对称多项式不等式(英文)	2021－03	108.00	1273
数学不等式.第二卷.对称有理不等式与对称无理不等式(英文)	2021－03	108.00	1274
数学不等式.第三卷.循环不等式与非循环不等式(英文)	2021－03	108.00	1275
数学不等式.第四卷.Jensen不等式的扩展与加细(英文)	2021－03	108.00	1276
数学不等式.第五卷.创建不等式与解不等式的其他方法(英文)	2021－04	108.00	1277

刘培杰数学工作室
已出版(即将出版)图书目录——原版影印

书　名	出版时间	定　价	编号
冯·诺依曼代数中的谱位移函数:半有限冯·诺依曼代数中的谱位移函数与谱流(英文)	2021—06	98.00	1308
链接结构:关于嵌入完全图的直线中链接单形的组合结构(英文)	2021—05	58.00	1309
代数几何方法.第1卷(英文)	2021—06	68.00	1310
代数几何方法.第2卷(英文)	2021—06	68.00	1311
代数几何方法.第3卷(英文)	2021—06	58.00	1312
代数、生物信息和机器人技术的算法问题.第四卷,独立恒等式系统(俄文)	2020—08	118.00	1199
代数、生物信息和机器人技术的算法问题.第五卷,相对覆盖性和独立可拆分恒等式系统(俄文)	2020—08	118.00	1200
代数、生物信息和机器人技术的算法问题.第六卷,恒等式和准恒等式的相等 问题、可推导性和可实现性(俄文)	2020—08	128.00	1201
分数阶微积分的应用:非局部动态过程,分数阶导热系数(俄文)	2021—01	68.00	1241
泛函分析问题与练习:第2版(俄文)	2021—01	98.00	1242
集合论、数学逻辑和算法论问题:第5版(俄文)	2021—01	98.00	1243
微分几何和拓扑短期课程(俄文)	2021—01	98.00	1244
素数规律(俄文)	2021—01	88.00	1245
无穷边值问题解的递减:无界域中的拟线性椭圆和抛物方程(俄文)	2021—01	48.00	1246
微分几何讲义(俄文)	2020—12	98.00	1253
二次型和矩阵(俄文)	2021—01	98.00	1255
积分和级数.第2卷,特殊函数(俄文)	2021—01	168.00	1258
积分和级数.第3卷,特殊函数补充:第2版(俄文)	2021—01	178.00	1264
几何图上的微分方程(俄文)	2021—01	138.00	1259
数论教程:第2版(俄文)	2021—01	98.00	1260
非阿基米德分析及其应用(俄文)	2021—03	98.00	1261
古典群和量子群的压缩(俄文)	2021—03	98.00	1263
数学分析习题集.第3卷,多元函数:第3版(俄文)	2021—03	98.00	1266
数学习题:乌拉尔国立大学数学力学系大学生奥林匹克(俄文)	2021—03	98.00	1267
柯西定理和微分方程的特解(俄文)	2021—03	98.00	1268
组合极值问题及其应用:第3版(俄文)	2021—03	98.00	1269
数学词典(俄文)	2021—01	98.00	1271
确定性混沌分析模型(俄文)	2021—06	168.00	1307
精选初等数学习题和定理.立体几何.第3版(俄文)	2021—03	68.00	1316
微分几何习题:第3版(俄文)	2021—05	98.00	1336
精选初等数学习题和定理.平面几何.第4版(俄文)	2021—05	68.00	1335
曲面理论在欧氏空间 E_n 中的直接表示(俄文)	2022—01	68.00	1444
维纳一霍普夫离散算子和托普利兹算子:某些可数赋范空间中的诺特性和可逆性(俄文)	2022—03	108.00	1496
Maple中的数论:数论中的计算机计算(俄文)	2022—03	88.00	1497
贝尔曼和克努特问题及其概括:加法运算的复杂性(俄文)	2022—03	138.00	1498

刘培杰数学工作室
已出版(即将出版)图书目录——原版影印

书　名	出版时间	定　价	编号
复分析:共形映射(俄文)	2022—07	48.00	1542
微积分代数条和多项式及其在数值方法中的应用(俄文)	2022—08	128.00	1543
蒙特卡罗方法中的随机过程和场模型:算法和应用(俄文)	2022—08	88.00	1544
狭义相对论与广义相对论:时空与引力导论(英文)	2021—07	88.00	1319
束流物理学和粒子加速器的实践介绍:第2版(英文)	2021—07	88.00	1320
凝聚态物理中的拓扑和微分几何简介(英文)	2021—05	88.00	1321
混沌映射:动力学、分形学和快速涨落(英文)	2021—05	128.00	1322
广义相对论:黑洞、引力波和宇宙学介绍(英文)	2021—06	68.00	1323
现代分析电磁均质化(英文)	2021—06	68.00	1324
为科学家提供的基本流体动力学(英文)	2021—06	88.00	1325
视觉天文学:理解夜空的指南(英文)	2021—06	68.00	1326
物理学中的计算方法(英文)	2021—06	68.00	1327
单星的结构与演化:导论(英文)	2021—06	108.00	1328
超越居里:1903年至1963年物理界四位女性及其著名发现(英文)	2021—06	68.00	1329
范德瓦尔斯流体热力学的进展(英文)	2021—06	68.00	1330
先进的托卡马克稳定性理论(英文)	2021—06	88.00	1331
经典场论导论:基本相互作用的过程(英文)	2021—07	88.00	1332
光致电离量子动力学方法原理(英文)	2021—07	108.00	1333
经典域论和应力:能量张量(英文)	2021—05	88.00	1334
非线性太赫兹光谱的概念与应用(英文)	2021—06	68.00	1337
电磁学中的无穷空间并矢格林函数(英文)	2021—06	88.00	1338
物理科学基础数学.第1卷,齐次边值问题、傅里叶方法和特殊函数(英文)	2021—07	108.00	1339
离散量子力学(英文)	2021—07	68.00	1340
核磁共振的物理学和数学(英文)	2021—07	108.00	1341
分子水平的静电学(英文)	2021—08	68.00	1342
非线性波:理论、计算机模拟、实验(英文)	2021—06	108.00	1343
石墨烯光学:经典问题的电解解决方案(英文)	2021—06	68.00	1344
超材料多元宇宙(英文)	2021—07	68.00	1345
银河系外的天体物理学(英文)	2021—07	68.00	1346
原子物理学(英文)	2021—07	68.00	1347
将光打结:将拓扑学应用于光学(英文)	2021—07	68.00	1348
电磁学:问题与解法(英文)	2021—07	88.00	1364
海浪的原理:介绍量子力学的技巧与应用(英文)	2021—07	108.00	1365
多孔介质中的流体:输运与相变(英文)	2021—07	68.00	1372
洛伦兹群的物理学(英文)	2021—08	68.00	1373
物理导论的数学方法和解决方法手册(英文)	2021—08	68.00	1374
非线性波数学物理学入门(英文)	2021—08	88.00	1376
波:基本原理和动力学(英文)	2021—07	68.00	1377
光电子量子计量学.第1卷,基础(英文)	2021—07	88.00	1383
光电子量子计量学.第2卷,应用与进展(英文)	2021—07	68.00	1384
复杂流的格子玻尔兹曼建模的工程应用(英文)	2021—08	68.00	1393
电偶极矩挑战(英文)	2021—08	108.00	1394
电动力学:问题与解法(英文)	2021—09	68.00	1395
自由电子激光的经典理论(英文)	2021—08	68.00	1397

刘培杰数学工作室
已出版(即将出版)图书目录——原版影印

书　名	出版时间	定　价	编号
曼哈顿计划——核武器物理学简介(英文)	2021—09	68.00	1401
粒子物理学(英文)	2021—09	68.00	1402
引力场中的量子信息(英文)	2021—09	128.00	1403
器件物理学的基本经典力学(英文)	2021—09	68.00	1404
等离子体物理及其空间应用导论.第1卷,基本原理和初步过程(英文)	2021—09	68.00	1405
拓扑与超弦理论焦点问题(英文)	2021—07	58.00	1349
应用数学:理论、方法与实践(英文)	2021—07	78.00	1350
非线性特征值问题:牛顿型方法与非线性瑞利函数(英文)	2021—07	58.00	1351
广义膨胀和齐性:利用齐性构造齐次系统的李雅普诺夫函数和控制律(英文)	2021—06	48.00	1352
解析数论焦点问题(英文)	2021—07	58.00	1353
随机微分方程:动态系统方法(英文)	2021—07	58.00	1354
经典力学与微分几何(英文)	2021—07	58.00	1355
负定相交形式流形上的瞬子模空间几何(英文)	2021—07	68.00	1356
广义卡塔兰轨道分析:广义卡塔兰轨道计算数字的方法(英文)	2021—07	48.00	1367
洛伦兹方法的变分:二维与三维洛伦兹方法(英文)	2021—08	38.00	1378
几何、分析和数论精编(英文)	2021—08	68.00	1380
从一个新角度看数论:通过遗传方法引入现实的概念(英文)	2021—07	58.00	1387
动力系统:短期课程(英文)	2021—08	68.00	1382
几何路径:理论与实践(英文)	2021—08	48.00	1385
论天体力学中某些问题的不可积性(英文)	2021—07	88.00	1396
广义斐波那契数列及其性质(英文)	2021—08	38.00	1386
对称函数和麦克唐纳多项式:余代数结构与 Kawanaka 恒等式(英文)	2021—09	38.00	1400
杰弗里·英格拉姆·泰勒科学论文集:第1卷.固体力学(英文)	2021—05	78.00	1360
杰弗里·英格拉姆·泰勒科学论文集:第2卷.气象学、海洋学和湍流(英文)	2021—05	68.00	1361
杰弗里·英格拉姆·泰勒科学论文集:第3卷.空气动力学以及落弹数和爆炸的力学(英文)	2021—05	68.00	1362
杰弗里·英格拉姆·泰勒科学论文集:第4卷.有关流体力学(英文)	2021—05	58.00	1363

刘培杰数学工作室
已出版(即将出版)图书目录——原版影印

书　名	出版时间	定　价	编号
非局域泛函演化方程:积分与分数阶(英文)	2021－08	48.00	1390
理论工作者的高等微分几何:纤维丛、射流流形和拉格朗日理论(英文)	2021－08	68.00	1391
半线性退化椭圆微分方程:局部定理与整体定理(英文)	2021－07	48.00	1392
非交换几何、规范理论和重整化:一般简介与非交换量子场论的重整化(英文)	2021－09	78.00	1406
数论论文集:拉普拉斯变换和带有数论系数的幂级数(俄文)	2021－09	48.00	1407
挠理论专题:相对极大值,单射与扩充模(英文)	2021－09	88.00	1410
强正则图与欧几里得若尔当代数:非通常关系中的启示(英文)	2021－10	48.00	1411
拉格朗日几何和哈密顿几何:力学的应用(英文)	2021－10	48.00	1412
时滞微分方程与差分方程的振动理论:二阶与三阶(英文)	2021－10	98.00	1417
卷积结构与几何函数理论:用以研究特定几何函数理论方向的分数阶微积分算子与卷积结构(英文)	2021－10	48.00	1418
经典数学物理的历史发展(英文)	2021－10	78.00	1419
扩展线性丢番图问题(英文)	2021－10	38.00	1420
一类混沌动力系统的分歧分析与控制:分歧分析与控制(英文)	2021－11	38.00	1421
伽利略空间和伪伽利略空间中一些特殊曲线的几何性质(英文)	2022－01	68.00	1422
一阶偏微分方程:哈密尔顿—雅可比理论(英文)	2021－11	48.00	1424
各向异性黎曼多面体的反问题:分段光滑的各向异性黎曼多面体反边界谱问题:唯一性(英文)	2021－11	38.00	1425
项目反应理论手册.第一卷,模型(英文)	2021－11	138.00	1431
项目反应理论手册.第二卷,统计工具(英文)	2021－11	118.00	1432
项目反应理论手册.第三卷,应用(英文)	2021－11	138.00	1433
二次无理数:经典数论入门(英文)	2022－05	138.00	1434
数,形与对称性:数论,几何和群论导论(英文)	2022－05	128.00	1435
有限域手册(英文)	2021－11	178.00	1436
计算数论(英文)	2021－11	148.00	1437
拟群与其表示简介(英文)	2021－11	88.00	1438
数论与密码学导论:第二版(英文)	2022－01	148.00	1423

刘培杰数学工作室
已出版(即将出版)图书目录——原版影印

书　名	出版时间	定　价	编号
几何分析中的柯西变换与黎兹变换:解析调和容量和李普希兹调和容量、变化和振荡以及一致可求长性(英文)	2021—12	38.00	1465
近似不动点定理及其应用(英文)	2022—05	28.00	1466
局部域的相关内容解析:对局部域的扩展及其伽罗瓦群的研究(英文)	2022—01	38.00	1467
反问题的二进制恢复方法(英文)	2022—03	28.00	1468
对几何函数中某些类的各个方面的研究:复变量理论(英文)	2022—01	38.00	1469
覆盖、对应和非交换几何(英文)	2022—01	28.00	1470
最优控制理论中的随机线性调节器问题:随机最优线性调节器问题(英文)	2022—01	38.00	1473
正交分解法:涡流流体动力学应用的正交分解法(英文)	2022—01	38.00	1475
芬斯勒几何的某些问题(英文)	2022—03	38.00	1476
受限三体问题(英文)	2022—05	38.00	1477
利用马利亚万微积分进行 Greeks 的计算:连续过程、跳跃过程中的马利亚万微积分和金融领域中的 Greeks(英文)	2022—05	48.00	1478
经典分析和泛函分析的应用:分析学的应用(英文)	2022—03	38.00	1479
特殊芬斯勒空间的探究(英文)	2022—03	48.00	1480
某些图形的施泰纳距离的细谷多项式:细谷多项式与图的维纳指数(英文)	2022—03	38.00	1481
图论问题的遗传算法:在新鲜与模糊的环境中(英文)	2022—05	48.00	1482
多项式映射的渐近簇(英文)	2022—05	38.00	1483
一维系统中的混沌:符号动力学,映射序列,一致收敛和沙可夫斯基定理(英文)	2022—05	38.00	1509
多维边界层流动与传热分析:粘性流体流动的数学建模与分析(英文)	2022—05	38.00	1510
演绎理论物理学的原理:一种基于量子力学波函数的逐次置信估计的一般理论的提议(英文)	2022—05	38.00	1511
R^2 和 R^3 中的仿射弹性曲线:概念和方法(英文)	即将出版		1512
算术数列中除数函数的分布:基本内容、调查、方法、第二矩、新结果(英文)	2022—06	28.00	1513
抛物型狄拉克算子和薛定谔方程:不定常薛定谔方程的抛物型狄拉克算子及其应用(英文)	2022—07	28.00	1514
黎曼-希尔伯特问题与量子场论:可积重正化、戴森-施温格方程(英文)	即将出版		1515
代数结构和几何结构的形变理论(英文)	2022—08	48.00	1516
概率结构和模糊结构上的不动点:概率结构和直觉模糊度量空间的不动点定理(英文)	2022—08	38.00	1517

刘培杰数学工作室
已出版(即将出版)图书目录——原版影印

书　名	出版时间	定　价	编号
反若尔当对:简单反若尔当对的自同构	2022－07	28.00	1533
对某些黎曼－芬斯勒空间变换的研究:芬斯勒几何中的某些变换	2022－07	38.00	1534
内诣零流形映射的尼尔森数的阿诺索夫关系	即将出版		1535
与广义积分变换有关的分数次演算:对分数次演算的研究	即将出版		1536
强子的芬斯勒几何和吕拉几何(宇宙学方面):强子结构的芬斯勒几何和吕拉几何(拓扑缺陷)	即将出版		1537
一种基于混沌的非线性最优化问题:作业调度问题	即将出版		1538
广义概率论发展前景:关于趣味数学与置信函数实际应用的一些原创观点	即将出版		1539
纽结与物理学:第二版(英文)	2022－09	118.00	1547
正交多项式和q－级数的前沿(英文)	即将出版		1548
算子理论问题集(英文)	即将出版		1549
抽象代数:群、环与域的应用导论:第二版(英文)	即将出版		1550
菲尔兹奖得主演讲集:第三版(英文)	即将出版		1551
多元实函数教程(英文)	即将出版		1552

联系地址:哈尔滨市南岗区复华四道街 10 号　哈尔滨工业大学出版社刘培杰数学工作室

网　　址:http://lpj.hit.edu.cn/

邮　　编:150006

联系电话:0451－86281378　　13904613167

E-mail:lpj1378@163.com